Windows 10 IOT物聯網入門與實戰

使用Raspberry Pi

作者簡介

柯博文老師是在美國矽谷的科技公司創業者，已經有 20 多年的實際開發經驗。他在 Android 和蘋果 iPhone 手機上的應用軟體開發銷售近百款軟體與多款硬體相關的商品，並替多家大型上市公司開發相關軟體，如臺北國泰世華銀行、台灣房屋、台北市衛生局、中華電信等。曾任中國工信部電子視像行業協會顧問、工研院資通所顧問，並有 20 多本著作。

柯博文老師致力推廣 Raspberry Pi 和手機應用，在國內外與大陸等多個城市都有舉辦教學與推廣活動，並在臺北 Computex、CGDC 中國遊戲開發大會、CSDN 移動開發大會等擔任十多場的演講者，並在各地多個機構教授相關課程，如果你與公司有培訓的需求，請來信寄到 powenkoads@gmail.com。

- 柯博文老師的個人部落格 http://www.powenko.com
- 柯博文老師的部落格： http://www.powenko.com
- 柯博文老師的定期開課列表： http://www.powenko.com/wordpress/?p=3680
- 柯博文老師的微博： http://t.sina.com.cn/powenko
- 柯博文老師的臉書： http://www.facebook.com/powenko1

圖 0-0 柯博文老師

前言

在 Windows 10 推出後，發布了針對物聯網的 Windows 10 IoT Core 版本，並且讓 Windows 10 不只是一個 PC、平板或是手機的作業系統，也是一個能夠在任何運算環境中執行的平臺。這樣的運算平臺未來能連結超過 2 千億個感測器，而 Windows 10 將可以在任何大小螢幕上執行，包括穿戴式設備和物聯網裝置。開發者可以透過 Windows 10 IoT 在「樹莓派 2 和 樹莓派 3」、「MinnowBoard Max」、「DragonBoard 410c」、「Arduino」的硬體上直接或間接的執行相關程式，並且透過 Windows Visual Studio 2015 可以同時在多個硬體上執行，讓企業和開發者節省很多開發時間和提高工作效率。

本書是針對對 Windows 10 IoT Core 有興趣的程式開發者，由入門到進階，使用 C# 程式語言，以淺而易懂的文字來解說，並提供物聯網 IoT 的實際例子，成為最豐富的 Windows 10 IoT Core 物聯網開發書，並全程附有影音教學。在本書中，包含 C# 相關 API 的使用方法，每個範例都可以單獨執行實戰物聯網 IoT 專案。

IoT 需要一個可管理和安全的運作系統，Windows 將是能滿足這個目標的 OS。這正是微軟的物聯網戰略，因為我們已經身處在 IoT 的世界中了。

而對開發者來說，能在熟悉的作業系統開發程式和使用相當成熟的 C# 語言，不但能夠輕易上手，且在物聯網專用的嵌入式電腦上，因為它體積小、低耗電，而且很多專案都是 Open Source 的緣故，因此在現今資訊公開的世界裡，更吸引了無數開發者的投入與分享。

可以預期未來透過 Windows 雲端 Azure 的強大發展，與其低價體積小的優勢，可為物聯網的發展提供了實際的解決之道。因此藉由此書，要與大家分享 Windows 10 IoT Core 在物聯網、無人載具、Big Data、機器人、影像辨識等等用途上的應用。

感謝碁峰資訊的協助，讓這本書能順利上市，更感謝您實質上的支持購買，讓我更有動力分享新科技。如果想更進一步了解 Windows 10 IoT Core 在物聯網、無人載具、Big Data、機器人、影像辨識等等用途上的應用，以及還想有更進一步的瞭解，筆者還有一系列相關的書籍《Raspberry Pi 超炫專案與完全實戰》、《Raspberry Pi 最佳入門與實戰應用》與《Arduino 互動設計專題與實戰》可供參考。

筆者在全球各地定期都有開課，讀完此書後想進一步深造的話，可以拜訪筆者的網站或報名相關課程。若有培訓需求，也歡迎您來信至 powenkoads@gmail.com。筆者居住在美國矽谷近 20 年，書中如有表達不清楚或筆誤之處，也歡迎您來信或至個人網站上惠賜您寶貴的意見，我會盡可能一一回覆。

最後，祝大家在 Windows 10 IoT Core 上無往不利！

柯博文老師
LoopTek 公司技術長
於美國矽谷 San Jose

內容特色

- 全影音教學。
- 第一本 Windows 10 IoT 專案書籍。
- 不只是介紹 Windows 10 IoT 的書，還包括 C# 教學。
- 適合首次接觸物聯網的開發者之入門書。
- 全書可以在全 Windows 環境下開發完成。
- 硬體包含範圍「Raspberry Pi 2 樹莓派 2」、「Raspberry Pi 3 樹莓派 3」、「MinnowBoard Max」、「DragonBoard 410c」，讀者可以任選其一。

目錄

Chapter 01 Windows 10 IoT

Chapter 02 Win 10 IoT 支援的硬體

Chapter 03 認識電子零件與器材

Chapter 04 Win 10 IoT Core 安裝和執行

Chapter 05 Win 10 IoT 開發環境設定－Visual Studio Community 2015

Chapter 06 Windows 10 IoT Core 使用教學

Chapter 07 Windows 10 IoT Core 文字指令

Chapter 08 我的第一個 Visual C# 程式

Chapter 09 C# 程式語言

Chapter 10 我的第一個 Win 10 IoT Core 程式

Chapter 11 GPIO 接腳輸出控制

Chapter 12 GPIO 接腳輸入控制－硬體按鍵

Chapter 13 類比資料輸出－RGB 燈光控制

Chapter 14 PWM 輸出－步進馬達控制

Chapter 15 類比資料輸入

Chapter 16 脈衝 Pulse 輸入和輸出－距離感應器

Chapter 17 UART 序列通信資料傳遞

Chapter 18 I²C 和 SPI 資料傳遞控制－水平垂直

Chapter 19 BLE 藍牙 4.0 與 IoT－家電控制

Chapter 20 多個數位輸出接腳

Appendix A Win 10 IoT Core 的 Arduino 程式

1 CHAPTER

Windows 10 IoT

本章重點

1.1 Windows 10 IoT Core 介紹

1.2 Windows 10 IoT Core 功能和特色

本章節將介紹 Windows 10 IoT 系統和特色。

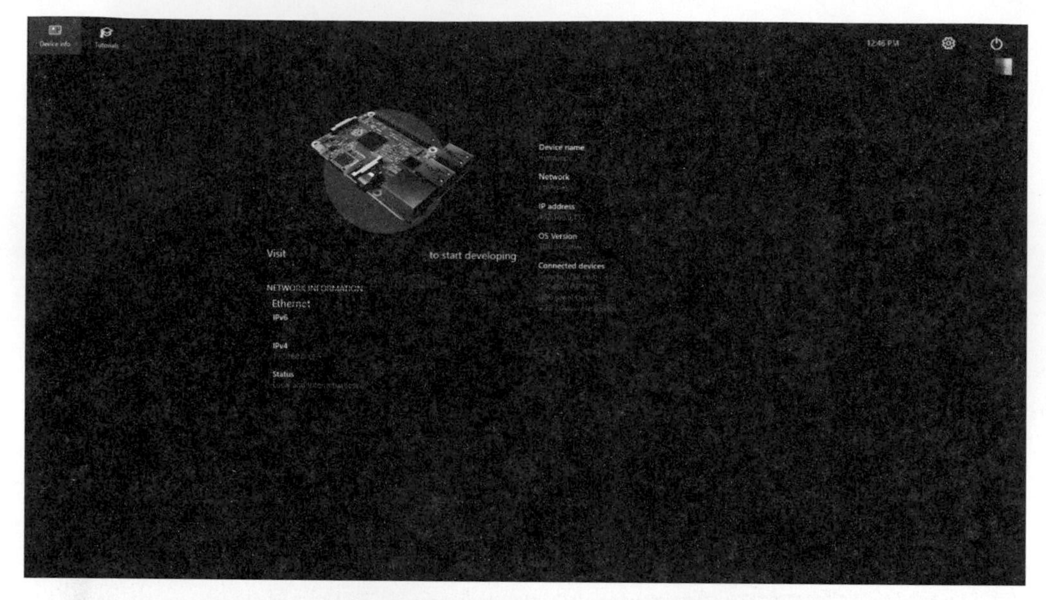

圖 1-0 Windows 10 IoT 執行畫面

1.1 Windows 10 IoT Core 介紹

2014 年 9 月 30 日，在舊金山的 Windows 10 技術預覽大會上，由微軟作業系統事業群執行副總 Terry Myerson 帶頭主講，號稱有史以來最完整作業系統的產品『Windows 10』。並且於 2014 年 10 月 7 日，在 Gartner 一場超過 3 千名 CIO 參加的研討會 Symposium/ITxpo 2014 上，微軟執行長 Satya Nadella 首度揭露了 Windows 10 的戰略定位。Satya Nadella 表示，Windows 10 是微軟跨入全新一代 Windows 作業系統的第一步，而不只是延續 Windows 8 的下一個版本。IoT 需要一個可管理和安全的運作系統，Windows 將是能滿足這個目標的 OS。

Windows 10 不只是一個 PC、平板或是手機的作業系統，也是一個能夠在任何運算環境中執行的平臺。這樣的運算平臺在未來能連結超過 2 千億個感測器，而 Windows 10 將可以在任何大小螢幕上執行，包括穿戴式設備和物聯網裝置。

來自雲端產品部門的 Satya Nadella，也從雲端高度來勾勒微軟戰略藍圖，將各種 IoT 裝置、行動裝置蒐集到的訊息和資料，透過一個單一微軟作業系統平臺，串連到微軟雲端 Azure 中，儲存在 Azure 的儲存雲、資料服務雲上。再利用運算雲、大資料分析等服務來處理，並結合機器學習運算服務、IoT 智慧系統服務（Intelligent Systems Services）等，打造一個無所不在的智慧環境。

在 2015 年 3 月，微軟宣布釋出可執行於 Raspberry Pi 2 和 MinnowBoard Max 的物聯網作業系統 Windows 10 IoT Core，並且針對 Arduino 提供提供微軟的開發方案。開發者可到 Windows IoT Dev Center 選擇開發板種類，再循序下載必要的工具，以開始打造物聯網裝置，本章節稍後會詳細介紹完整的安裝和設定步驟。

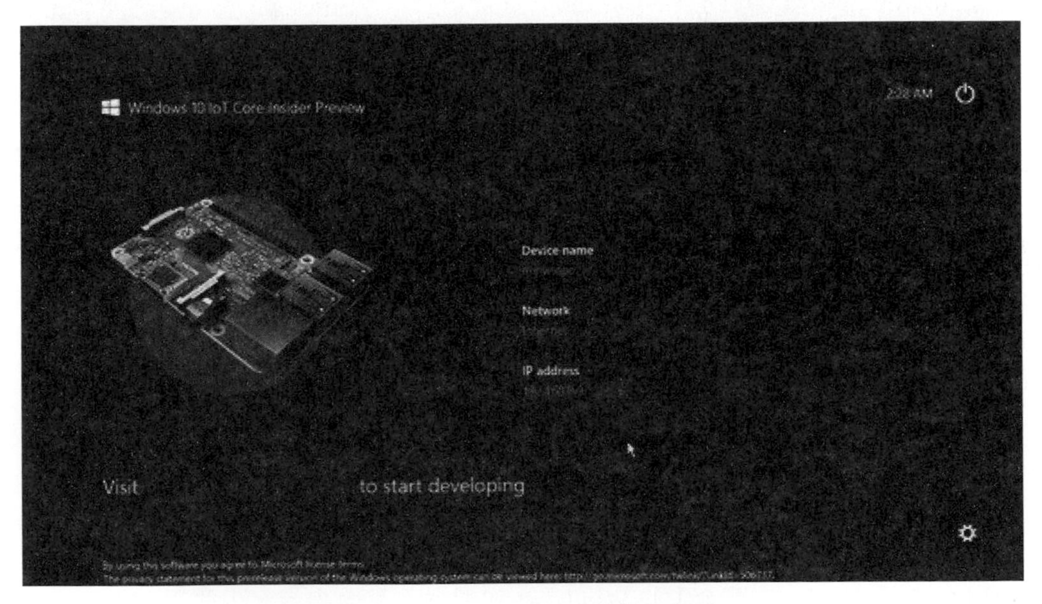

圖 1-1 Window 10 IoT 的執行畫面

最新版 Windows 10 IoT Core 需要執行 2015/7/29 版本 Windows 10（Build 10240）及 Visual Studio 2015 的開發 PC 環境。Windows 10 IoT Core 可以免費下載，微軟於 2015 年 5 月 Build 大會宣布這是專為小型、嵌入式物聯網裝置打造的輕量型作業系統 Windows 10 IoT Core。微軟指出，在有螢幕的裝置環境下，Windows 10 IoT Core 並不具 Windows shell，開發人員只要撰寫通用型 Windows App 就可以當成裝置介面。IoT Core 旨在降低開發專業級裝置的門檻，並可和多種開放源碼語言及 Visual Studio 等結合使用。 為了示範推廣 Windows 10 IoT Core，微軟還提供相當多的範例程式，提供開發者下載使用。

而在 2016 年 2 月 28 日 Raspberry Pi 3 的推出之後，微軟的 Windows 10 IoT Core 也同步宣布已經同步支援 Raspberry Pi 3，相信更快的硬體，必定會讓使用者有更佳體驗。

物聯網市場除了微軟，目前其他重量級的作業系統還有 Ubuntu，它在 2016 年初也推出為物聯網打造的 Snappy Ubuntu Core。Google 也將於 2016 年 5 月間公布輕量級 Android 作業系統，代號為 Brillo。

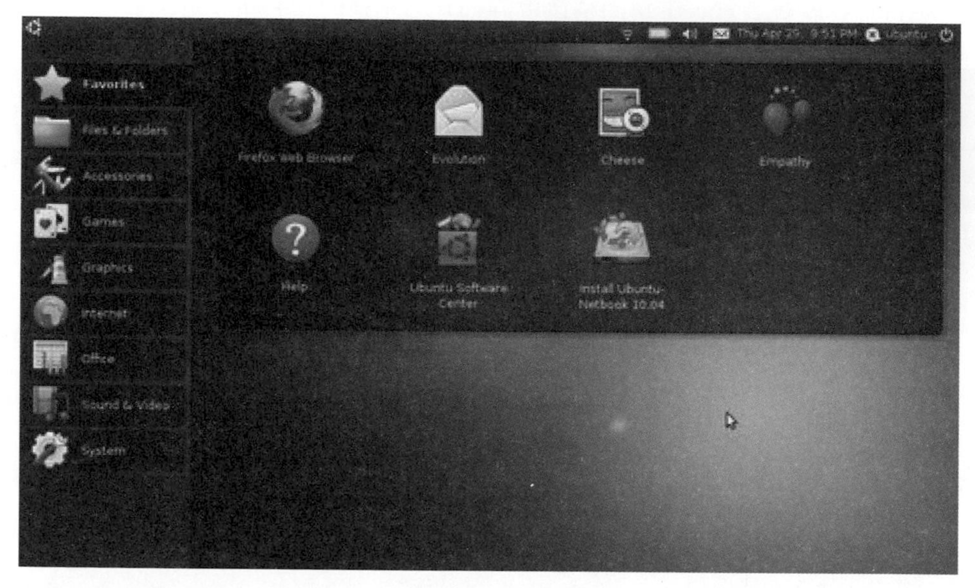

圖 1-2 Snappy Ubuntu Core 在樹莓派 2 的執行畫面

1.2 Windows 10 IoT Core 功能和特色

目前 Windows 10 IoT Core 的硬體支援有：

- Raspberry Pi 2 樹莓派 2 和 Raspberry Pi 3 樹莓派 3
- MinnowBoard Max
- DragonBoard410C

而每一個硬體的介紹，會在第二章會有詳細的說明。而因為硬體的差異，會產生不同功能上的差異。

在正式版的 Windows 10 IoT Core 中加入了 Wi-Fi 及藍牙 4.0 支援、強化 Python 程式語言與 Node.js 支援，包括新的 Express Node.js 專案樣板。此外，新的通用視窗平台（Universal Windows Platform，UWP）API 也讓應用程式更容易控制時區及網路連線等系統管理功能。 微軟並強調 Windows 10 IoT Core 的開放性，除了支援多種開放源碼語言，開發人員也可在 Github 找到 IoT 的開發範例，以及許多技術文件、函式庫和工具、並以開放源碼方式公開 Python 及 Node.js 的專案系統與 runtime 支援。

微軟也強化與 Arduino 社群的合作，使 Windows 10 及 Windows 裝置更容易和 Arduino 互通。這意謂著在 Arduino 上製作的裝置可以在 Windows 10 裝置上使用，而且開發者也可以用 Arduino 程式語言直接開發，並在 Windows 10 IoT Core 執行 Arduino 程式，詳細的說明請看「附錄 A Win 10 IoT Code 的 Arduino 程式」。

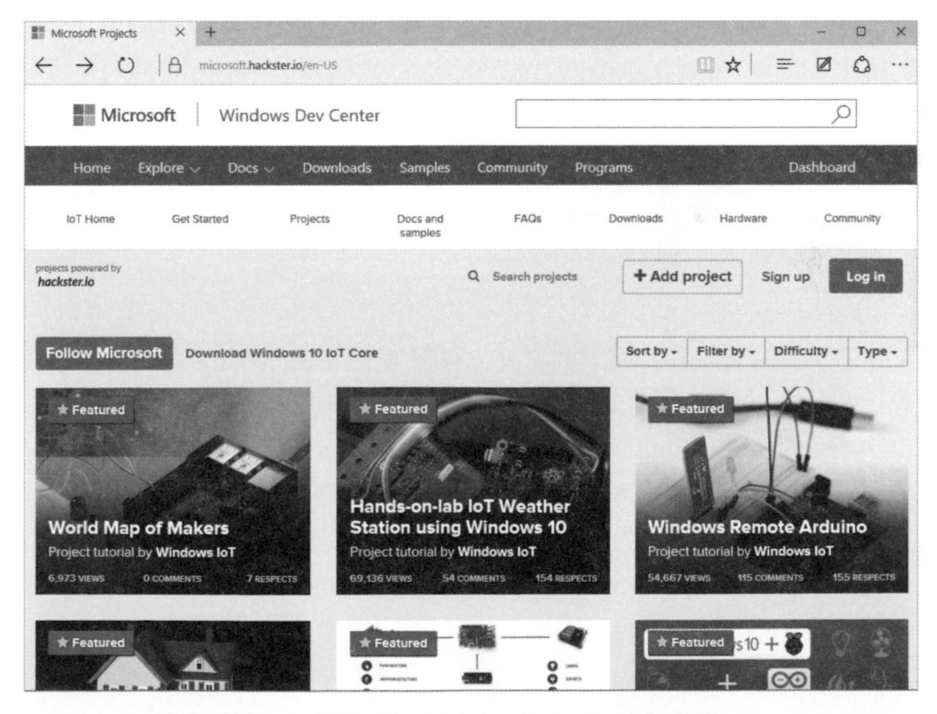

圖 1-3 微軟 Win 10 在 hackster.io 範例專案

Windows 10 IoT 的主要特色，是只要開發一個專案，就能在多種執行 Windows 10 IoT 核心版的裝置上，快速建立您的 Windows IoT 解決方案原型並加以建置。

整合 Visual Studio 的開發環境，透過 Windows 10 提供您可用來快速開發並部署到您裝置的強大工具。

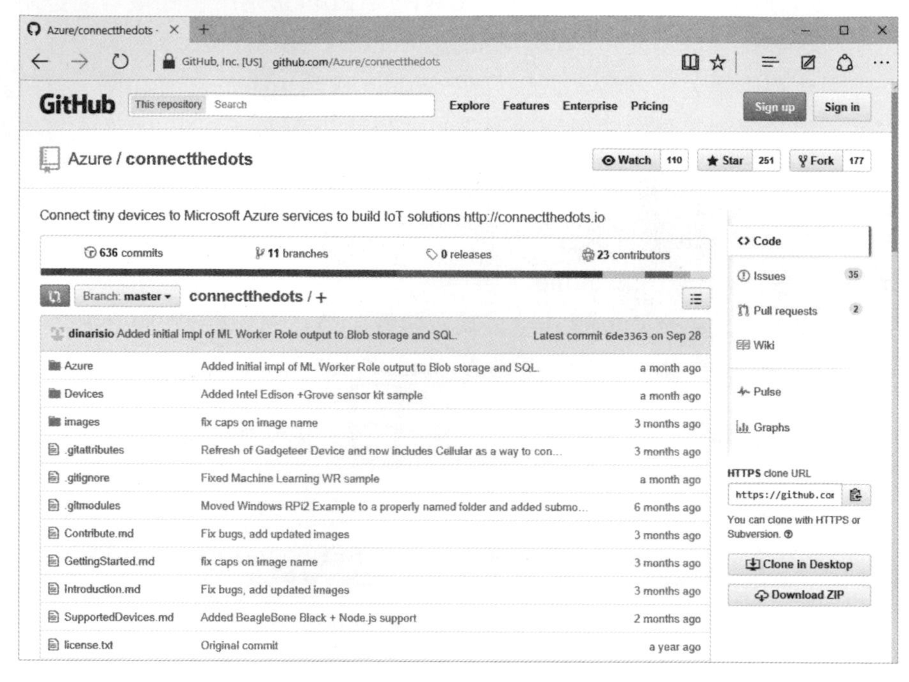

圖 1-4 結合雲端 Azure

運用開放式架構，協助將開發者的裝置連線到 Microsoft Azure。透過運用進階分析服務、Microsoft Azure 雲端服務，結合 IoT 的專案，例如 Connect-the-Dots 這個專案，網址是 https://github.com/Azure/connectthedots，而透過雲端的技術，就能整合出大數據 Big Data 的威力。

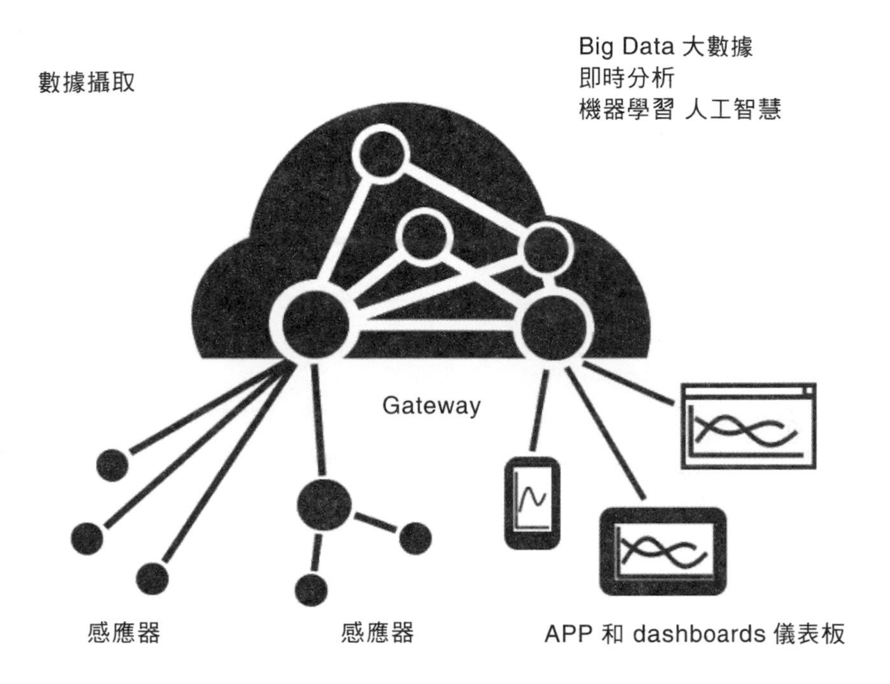

圖 1-5 結合雲端 Azure

在 Win 10 IoT 的專案中，微軟透過 GitHub 與其他 Maker 開發者合作，以分享程式碼和教學並做出貢獻。只要加入 GitHub 社群即可查看其他人建置的 Win 10 IoT 專案項目，這樣相互正面的協助下，將會對未來發布的 SDK 產生正面的影響，讓開發者擁有更多的資源。

目前官方提供很多範例，所有 IoT Core 的研發專案都集結在 hackster.io 中，網址為 https://microsoft.hackster.io/en-US。

Win 10 IoT 支援的硬體

2

CHAPTER

本章重點

本章節將介紹 Windows 10 IoT 支援的硬體。

圖 2-0 Windows 10 IoT 支援的硬體

2.1 Windows 10 IoT Core 的硬體支援介紹

目前 Windows 10 IoT Core 的硬體支援有：

- Raspberry Pi 2 樹莓派 2
- Raspberry Pi 3 樹莓派 3
- MinnowBoard Max
- DragonBoard 410c

由硬體規格看來，Windows 10 同時支援多個版子，有 32 位元 ARM 架構，也有 64 位元 x86 架構，而又分為單核或為雙核。主要看開發者偏好哪種架構，以及所期望的價位與效能，從而去選擇樹莓派 2 和樹莓派 3、MinnowBoard Max 和 DragonBoard 410c 甚至 Arduino 都是可以支援的硬體，而本書將以樹莓派 2 為主，並經測試全部相容樹莓派 3。

2.2 Raspberry Pi 2 樹莓派 2

介紹

Raspberry Pi 2 Model B 在 2015 年 2 月 2 日釋出，並且連續 2 個月占據美國亞馬遜網站的電腦類產品銷售第一名。新版的樹莓派 2 使用 BCM2836 處理器 quad core ARMv7 的速度是 900MHz，現在售價 US$35。

樹莓派 2 的硬體為：

- 處理器 Broadcom BCM2836 ARMv7 Quad Core Processor 900MHz
- 記憶體 1GB RAM
- GPIO 的接腳延續前一版的排法
- 40pin 的 GPIO 接腳
- 網路 10/100 Ethernet Port

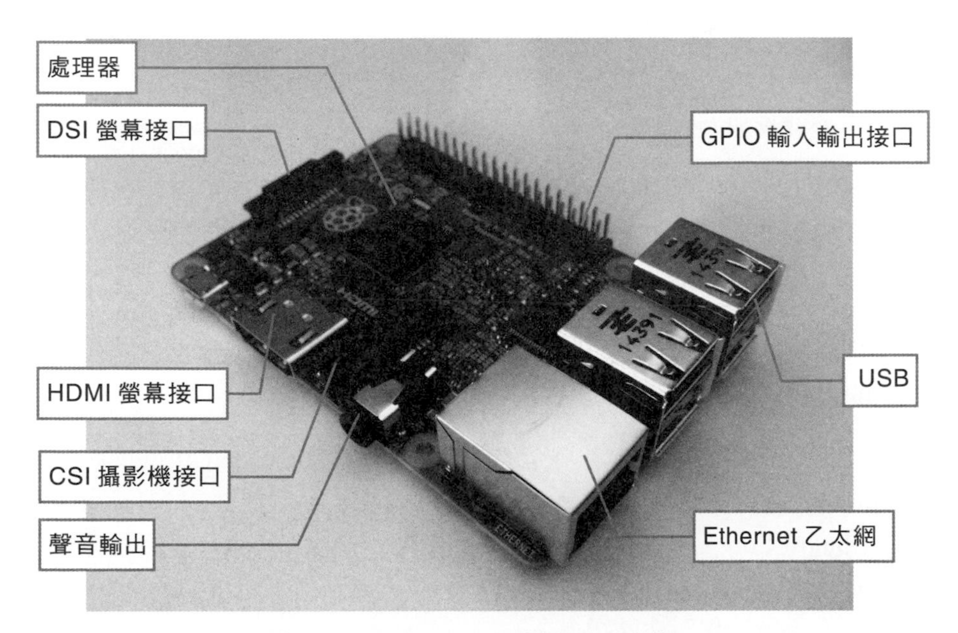

圖 2-1 Raspberry Pi 2 樹莓派 2 外觀

因為 Raspberry Pi 2 相當普及，所以本書所有的內容是針對 Raspberry Pi 2 撰寫，而樹莓派 2 詳細規格請看表 2-1。

表 2-1　樹莓派 2 的硬體

功能	規格
處理器	Broadcom BCM2836 ARMv7 四核心
處理器速度	四核心每個 900MHz
GPU	Videocore IV
記憶體	1GB SDRAM @ 450MHz
容量	microSD
USB	USB 2.0，4 個接口
電源	1.8A 5V
GPIO	40 Pin
大小	85 x 56 x 17 mm
重量	42 克

新的 SoC BCM2836

- 900MHz quad-core ARM Cortex-A7 CPU，大約有 6 倍的效能提昇。
- 記憶體容量加大到 1GB LPDDR2 SDRAM。
- 捨棄 PoP（package-on-package），而是將處理器和記憶體分別焊在板子的正反兩面。
- 因為採用 quad-core ARMv7 的處理器，所以會有較高的功耗，也就是比較耗電。

OS 的差異

但因為採用了 ARMv7 的處理器，所以可執行更多的 ARM GNU/Linux 版本，例如過去採用 ARMv6 指令集而無法執行 Ubuntu，現在也可以在 Raspberry Pi 2 上執行 Snappy Ubuntu Core。甚至可支援 Microsoft Windows 10 IoT，並且是免費提供，本書後面會有詳細的介紹，因為使用 ARMv7 的處理器，所以 Raspberry Pi 2 對 Android 作業系統的相容性就好很多。

相同的部分

- Model B+一樣的外型與尺寸，所以可以持續使用以前的保護外殼。
- Camera 的接線、LCE Display 的接線和 GPIO 40-pin 位置也相同。
- PCB 板固定螺絲開孔處相同。
- USB、Ethernet、A/V、HDMI、microSD 和 micro USB 位置相同，尺寸也相同。

2.3 Raspberry Pi 3 樹莓派 3

介紹

新的 Raspberry Pi 3 在 2016 年 2 月 28 日釋出，新版的樹莓派 3 使用的 Broadcom BCM2837 處理器是 ARM Cortex-A53 1.2Ghz 四核心處理器，並且有圖形處理器 GPU 部分為 400MHz VideoCore IV。Raspberry Pi 3 也加入了 BCM43438 晶片，裡面有 802.11n 無線網路與 Bluetooth 4.1 兩個新功能，速度是 900MHz，64 bit 並擁有 1GB LPDDR2 記憶體的 Raspberry Pi 3 售價為 35 元。

Raspberry Pi 3 的硬體為：

- Broadcom BCM2837 處理器是 ARM Cortex-A53 1.2Ghz 900MHz
- 記憶體 1GB RAM LPDDR2
- GPIO 的接腳延續前一版的排法
- 40pin 的 GPIO 接腳
- 網路 10/100 Ethernet Port

圖 2-2 Raspberry Pi 3 樹莓派 3 外觀

樹莓派 3 詳細規格請看表 2-2 的列表。

表 2-2　樹莓派 3 的硬體規格

功能	規格
處理器	Broadcom BCM2837 ARMv7 64 bit ARMv8 四核心
處理器速度	四核心每個 1.2GHz
GPU	Videocore IV 400MHz
記憶體	1GB SDRAM @ 450MHz
容量	microSD
USB	USB 2.0，4 個接口
電源	1.8A 5V
GPIO	40 Pin
大小	85 x 56 x 17 mm
重量	42 克

2.4 樹莓派硬體 GPIO 接腳

介紹

在樹莓派 2 和樹莓派 3 一共有 40 個接腳，功能如下：

- 電源在接腳 1、2、4、17（請注意一下電力分別是 3.3V 和 5V）。
- 8 個接地 Ground 接腳在 6、9、14、20、25 這幾個接腳。
- I2C 的一個：分別在 SDA 的接腳 3，SCL 的接腳 5。
- UART 的有一組，分別在 TX 接腳 8 和 RX 的接腳 10。
- SPI 數據通信的有一組，SPI 的全名是 Serial Peripheral Interface。
    - MISO（Master In Slave Out）的接腳為 21。
    - MOSI（Master Out Slave In）的接腳為 19。
    - SCK（Serial Clock）的接腳為 23。
    - SS（Slave Select）這個接腳在樹莓派上被省略。
- 17 個 GPIO 接腳。

另外 GPIO 35 是控制板子上的紅色 LED 燈，是主要用在代表電源開關的燈，GPIO 47 是控制校子上綠色 LED 的燈，主要是用在代表動作的燈。

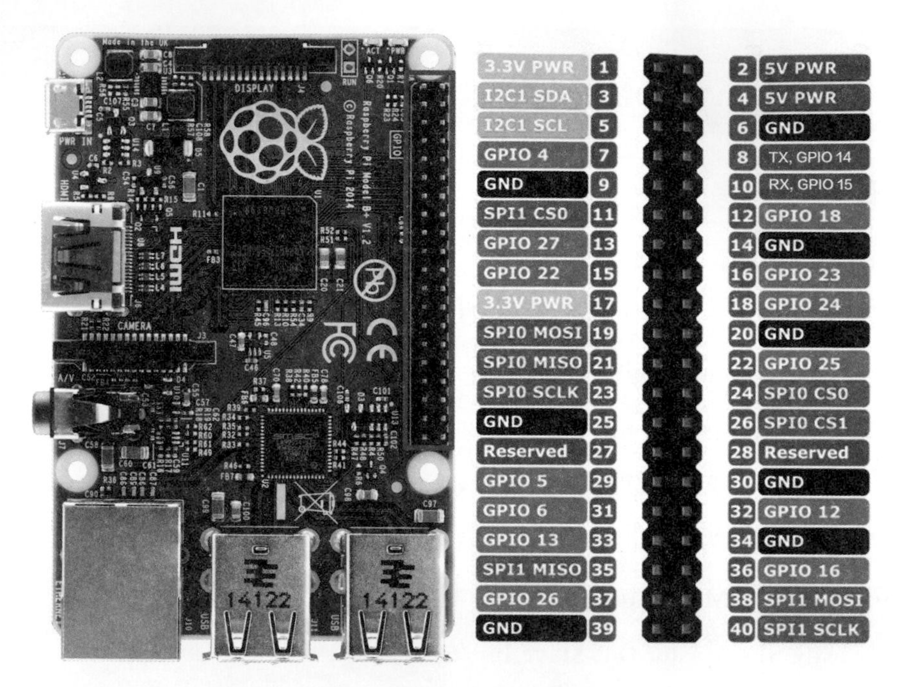

圖 2-3 Raspberry Pi 2 樹莓派 2 的接腳圖，與樹莓派 3 相容

2.5 innowBoard Max

介紹

新款 MinnowBoard Max 是 2014 年 7 月發布的預載 Intel Atom 640 處理器 MinnowBoard 板的第二代產品，MinnowBoard 的售價也僅僅 199 美元。而新的 MinnowBoard Max 板不僅擁有更為強大的硬體配置，且價格也相當吸引，單核心版 MinnowBoard Max 的售價以 99 美元起跳。

MinnowBoard 其實也是開放硬體，主要是針對小型、低成本的嵌入式應用而設計的，並使用 x86 架構，而在 Windows 10 未支援前，MinnowBoard 用的是 Angstrom 發行版的 Linux。

它上面有 1.46Ghz Intel Atom E850 單核心處理器、1GB 記憶體。用戶如果期望更好的硬體性能，則還能夠選擇 1.33Ghz 主頻的 Atom E3825 雙核心處理器，搭配的是 2GB 記憶體。

在擴展連接方面，MinnowBoard Max 有 microSD 卡的擴展。作業系統方面支援 Android 4.4、Debian Linux 和 Yocto Project Linux。消耗電力為 5 至 6W。

MinnowBoard Max 的作業系統都在 2014 年 7 月份發布，MinnowBoard Max 比 Raspberry Pi 優勝之處是更強的處理能力和相容於 x86 平台並且由 Intel 力捧的物聯網硬體設備。

MinnowBoard Max 目前有幾家廠商在生產銷售，如 Arrow、Techno Disti 均有提供單核版與雙核版的 Max，製造商建議售價分別為 99 美元、129 美元。另有 4 家業者只銷售雙核版，包含 Allied Electronics、AVNET、Mouser，以及 Netgate。

硬體規格

MinnowBoard Max 的硬體規格如下：

- MinnowBoard Max 使用單核或雙核的 64 位元 Atom CPU，所以購買可以選擇是單核或雙核版本。
- MinnowBoard Max 的單核版記憶體是 1GB，但雙核版變成 2GB。
- 韌體儲存方面，MinnnowBoard Max 增至 8MB。
- 在 I/O 接口方面，MinnowBoard Max 使用 26 接腳排列的 GPIO。

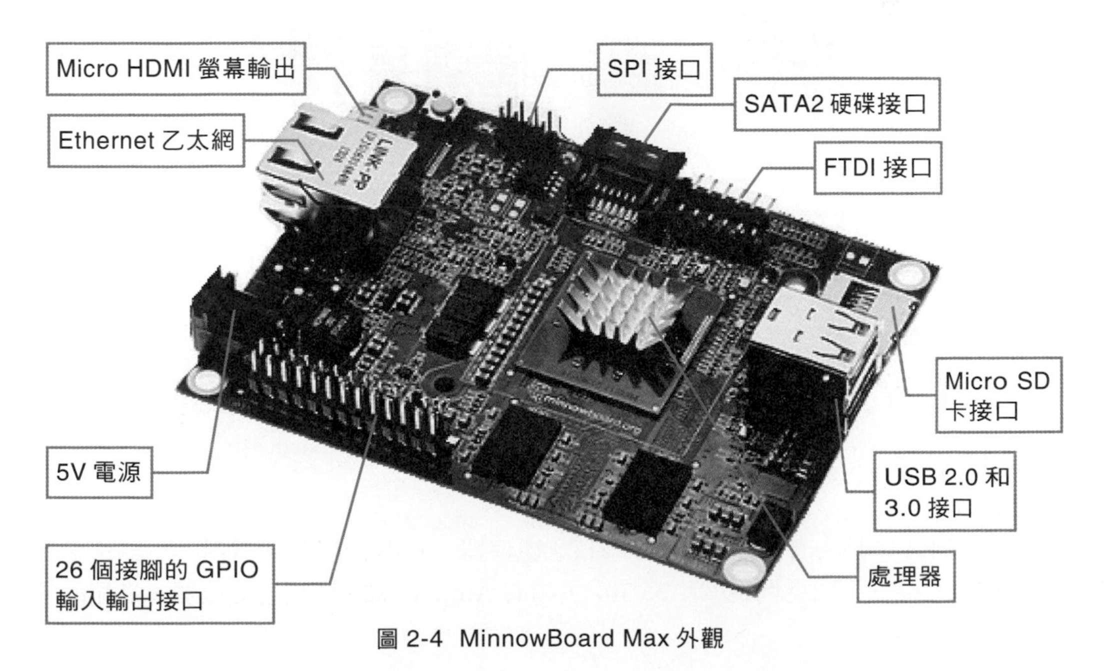

圖 2-4 MinnowBoard Max 外觀

而 MinnowBoard Max 詳細規格請看表 2-3 的列表。

表 2-3　MinnowBoard Max 的詳細規格

功能	規格
處理器	單核或雙核的 64 位元 Atom CPU
處理器速度	1.46Ghz Intel Atom E850 單核心處理器或 1.33Ghz Intel Atom E3825 雙核心處理器
GPU	Intel HD Graphics
記憶體	DDR3 系統記憶體 2GB 8MB SPI 快閃 Firmware 記憶體
容量	microSD
USB	USB 3.0，2 個接口
電源	2.5A 5V
GPIO	26 Pin
大小	99 x 74 mm

MinnowBoard Max 的接腳定義如下所示。

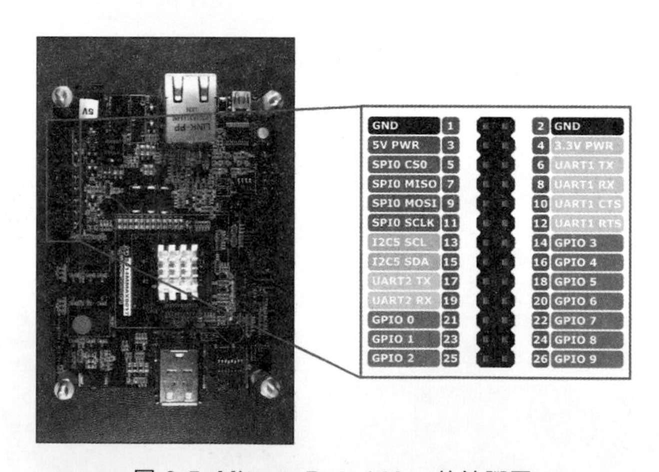

圖 2-5 MinnowBoard Max 的接腳圖

2.6 DragonBoard 410c

介紹

2015 年 6 月 19 日在 Maker Faire 2015 深圳會議上，高通產品管理資深副總 Jason Bremner 宣布 DragonBoard 410c 即日起上市，採用高通 S410 處理器，是全球首批同時為開發者、OEM、ODM 商所推出的 64 位元低成本平台，強調透過支援 Android、Tizen、Linux、Firefox、Win 10 等系統平台，並將控制板縮小到幾乎是一張名片大小。

而型號當中的「c」代表的是「連結」（community），開發原理主要是移植智慧行動產品技術，轉移到萬物互聯（IoE，Internet of Everything）的領域，讓 OEM 商、開發者得以開發新的應用或是新的產品。

DragonBoard 410c 採用的是高通 Snapdragon 410 四核心處理器，內建四顆 ARM Cortex-A53 處理核心，每個核心時脈 1.2GHz，可支援到 64 位元，並向下相容 32 位元，同時採用高通 Adreno 306 400MHz GPU，1GB 的 LPDDR2/3 533MHz 單通道 32 位元記憶體，以及 8GB 的 emmc 儲存空間。基本上就是一個微型手機的概念，支援 1300 萬畫素拍攝鏡頭，內建小波雜訊抑制、JPEG 解碼器等硬體後處理技術，以及 iZat Gen8C 定位技術，支援高通 VIVE 802.11 b/g/n、Wi-Fi、藍牙、FM 收音機。

DragonBoard 410c 本身有 1 個 40 針腳的低速連接線、1 個 60 針腳的高速連接線及類比擴充連接線。在 I/O 介面上，DragonBoard 410c 提供 HDMI 全尺寸 Type A 接頭(1080p HD@30fps)、1 個 USB 2.0 micro B、2 個 USB 2.0 Type A 和一個 microSD 卡插槽，基本上已經可以應付現今像是電視、音響、掃地機器人、冰箱、冷氣、監控設備等智慧家電，甚至是智慧車、智慧鞋、體感控制、色彩辨識、螢幕調整、家用機器人等開發需求。

而作業系統方面 DragonBoard 410c 可以支援 Android、Tizen OS、FireFox、Linux 等各個系統平台，並且也支援 Win 10 IoT Core 版本。

DragonBoard 410c 相容了 ARM 架構的 96Boards 高性能開發板平台規範，只要加上附加版模塊，不用額外單獨接口，就可以進行外接產品、擴充板與配件等相關擴充應用。除了擴充優勢，這個 410c 的技術優勢在於適用多系統平台，是首批支援 Windows 10 作業系統的低成本 ARM 平台，並且在多媒體功能應用、CPU 效能、集成連接性上都是超越競爭對手，是專為支援快速軟體研發及商用開發平台等產品原型製作所設計，應用相當廣泛。

功能特色

- 支援操作系統：Android 的 5.1、Linux 內核 3.10，Ubuntu、Windows 10 IoT 和聯網核心的 Linux
- CPU：四核 ARM®Cortex®A53，每個內核高達 1.2GHz 的 32 位元和 64 位元支援
- 內存/存儲器：1GB LPDDR3 533 / 8GB 的 eMMC 4.5 / SD 3.0（UHS-I）
- 顯示卡：高通的 Adreno 306 GPU 與高級 API，包括 OpenGL ES 3.0，OpenCL 的，DirectX 和內容安全支持
- 硬體影片解碼：1080P @ 30fps 的高清影片播放和拍攝、支援 H.264（AVC）和 720p 播放 H.265（HEVC）
- 鏡頭支援：ISP 與圖像傳感器支援高達 13MP
- GPS：連接及定位
- 無線網路連接：支援 802.11 b / g / n 的 2.4GHz
- 內建藍牙 4.1
- QUALCOMM®伊扎特™定位技術 Gen8C
- 內建無線網路：BT 和 GPS 天線
- I/O 接口：HDMI 全尺寸 A 型接口、1 個 micro USB 接口（僅設備模式）、2 個 USB 2.0（主機模式）、microSD 卡插槽
- 一個 40 個接腳的低速擴展接口：可連接 UART、SPI、I2S、I2C X2、GPIO X12、直流電源
- 一個 60 個接腳的高速擴展接口：可連接 4L MIPI-DSI、USB、I2C X2、2L + 4L MIPI-CSI
- 立體聲耳機/線路輸出
- 該板可使用附加的夾層板製成帶的 Arduino 兼容

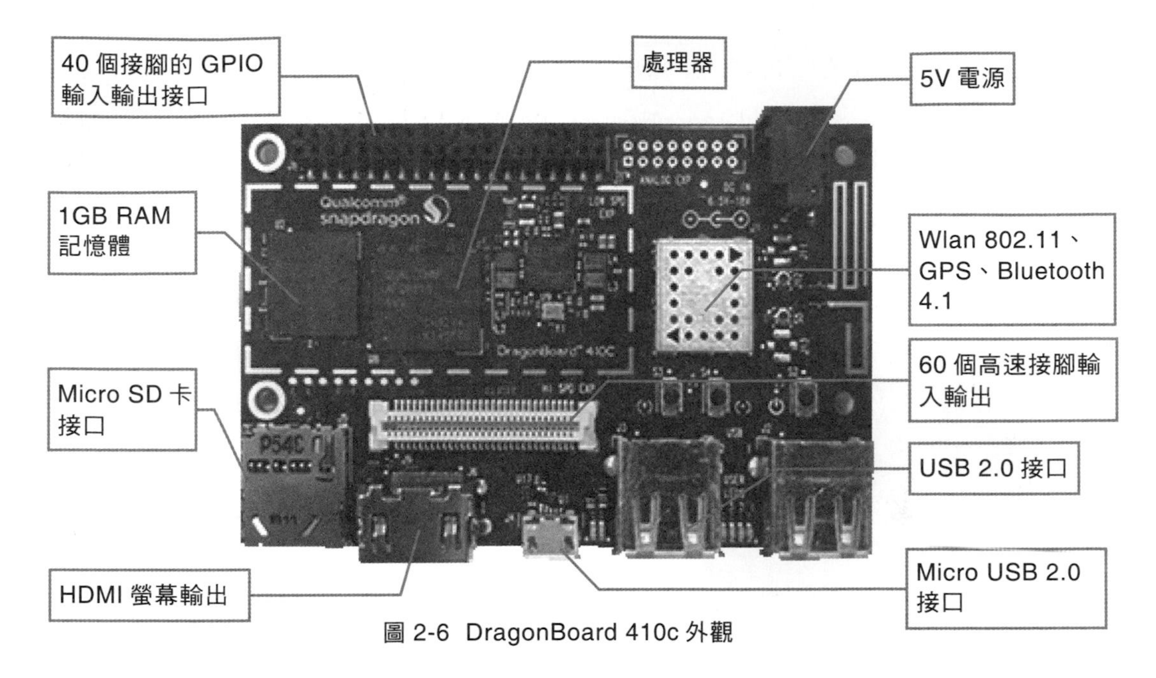

圖 2-6 DragonBoard 410c 外觀

跟其他板子不同的地方，除了在接腳上具有一般常見的 40 個接腳，還有一個 60 個高速接腳外，另外還有 GPS、藍牙 4.0 和無線網路。

而 DragonBoard 410c 詳細規格請看表 2-4 的列表。

表 2-4 DragonBoard 410c 的詳細規格

功能	規格
處理器	四核 ARM® Cortex® A53 64 bit
處理器速度	每核心處理速度 1.2Ghz
GPU	Qualcomm Adreno 306 GPU
記憶體	1GB LPDDR3 533MHz 8GB eMMC 4.5 SD 3.0 (UHS-I)
容量	microSD
USB	2 個 USB 2.0，1 個 Micro USB type B
電源	2.5A 5V
GPIO	40 個接腳和 60 個接腳
其他	內建 GPS 無線網路 WLAN 802.11a/b/g/n 2.4GHz 藍牙 Bluetooth 4.1

注意 DragonBoard 410c 的 Micro USB(設備模式)和 USB 2.0(主機模式)是相互排斥的，不能在同一時間操作。

DragonBoard 410c 的接腳定義如下圖所示。

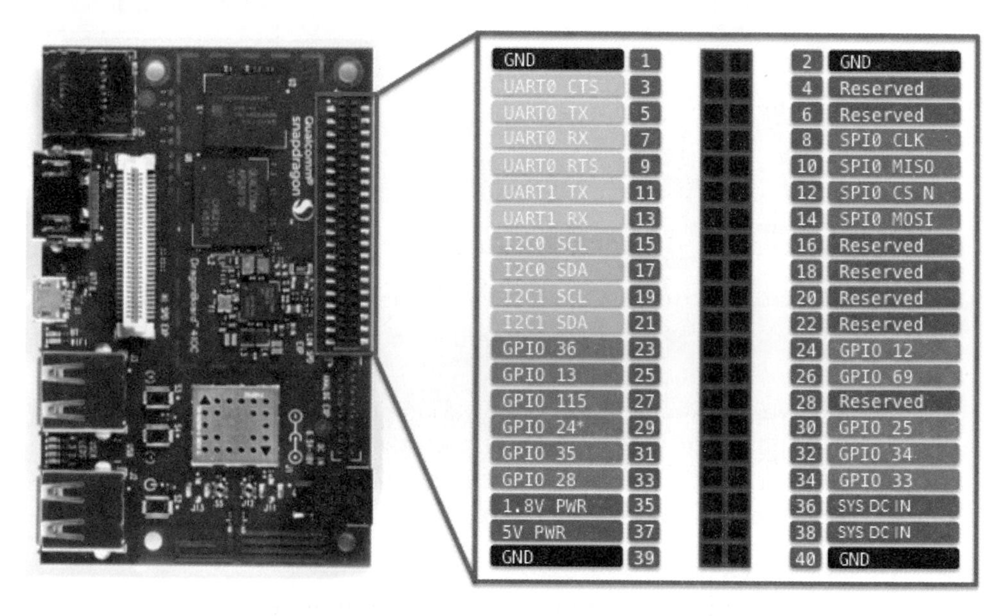

圖 2-7 DragonBoard 410c 的接腳圖

2.7 Sharks Cove

介紹

鯊魚灣 Sharks Cove 是由微軟、英特爾和製造商 CircuitCove 共同開發的，兼容 Windows 系統，允許在上面部署各類應用軟件和移動設備的驅動，旨在推進更多智能手機、平板電腦和各種 SoC 嵌入設備在 Windows 平台上順暢地執行，並且支持電腦一樣的 Windows 10 系統。請注意！不是 Windows 10 IoT Core 系統。

這個開發板的大小為 6×4 英寸，配備了英特爾的 Atom Z3735G 處理器，預設主頻為 1.33GHz，儲存為 16GB，帶有一個 USB2.0 端口及 HDMI 接口，還有一個 MicroSD

卡擴展槽。此外，還有一個微型 USB 端口用於供電。由於開發板上沒有內建乙太網路和 Wi-Fi，所以您需要一個 USBWi-Fi 來連上網路。

299 美元這個價格，不僅包括硬體的成本，還附帶了 Windows 8.1 系統，這些都可以在 Sharks Cove 上執行。您可以考慮一下，這個 Windows Driver Kit 8.1 將搭配有 Visual Studio Express，以及一個免費使用的 MSDN 帳戶，能大幅地降低開發成本。

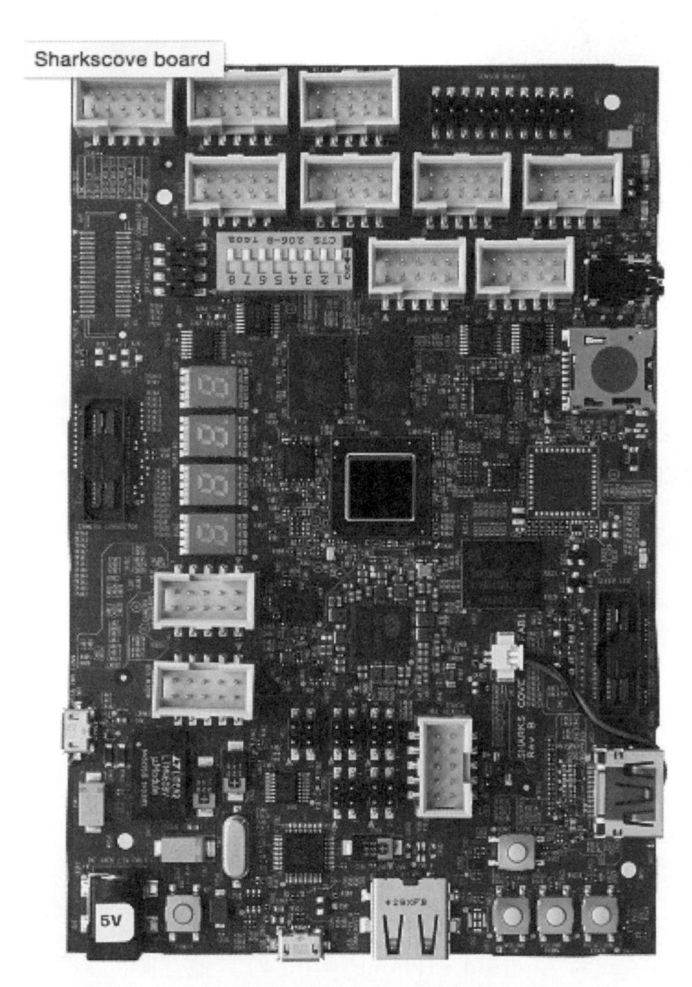

圖 2-8 Sharks Cove 外觀

2.8 Arduino

Arduino 是目前市面上最受歡迎的控制板，而 Arduino 是源自義大利一個開放源程式的硬體專案平台，該平台包括一塊具備 I/O 功能的電路板及一套程式開發環境軟體。開發者可以將它用於開發互動產品，例如它可以讀取大量用來控制電源開關和感測器設備的訊號，並且可以控制電燈、電機及其他各式各樣的周邊設備。Arduino 也可以開發出與 PC 相連的周邊裝置，與 PC 上的軟體進行通信和溝通。

您也可以自行焊接組裝 Arduino 的硬體電路板，或是購買已經組裝好的硬體商品，程式開發軟體則可以從網上免費下載與使用。Arduino 可以與其他的電子元件做互動，例如可變電阻、各式各樣的感應器、遙控器、LED、步進馬達等等其他輸出裝置。本書的重點也會著重在如何與其他電子元件做結合，產生新的應用。因為 Arduino 是一塊開放原始程式的輸入輸出介面板，並且具有類似 java 語言的開發環境，能做出互動資料傳遞，讓沒有電子背景的您，也能快速上手。

如果對 Arduino 程式開發感興趣，可以參考柯老師的另一本著作「Arduino 互動設計專題與實戰（深入 Arduino 的全方位指南）」，裡面有詳細介紹。

Arduino 特色

Arduino 的特色如下列所示：

- Open Source + 公布電路圖設計 + 程式開發介面。
- 免費下載，也可依需求任意修改!!
- 燒入程式超容易，只要在電腦上透過 USB 就能直接燒入程式。
- 可依據官方電路圖簡化 Arduino 模組，完成獨立運作的微處理控制。
- 可簡單地與感測器、各式各樣的電子元件連接（例如：紅外線、超音波、熱敏電阻、光敏電阻、伺服馬達…等）。
- 支援各式各樣的程式，例如：Adobe Flash、Max/Msp、VVVV、PD、C、Processing，或者 Android、iPhone 與 PC 等其他互動的裝置。
- 使用低價格的微處理控制器（ATMEGA 8 / 168 / 328）。

- USB 介面，不需外接電源，透過 USB 上的電源就可以供電，另外有提供 5V 直流電輸入。

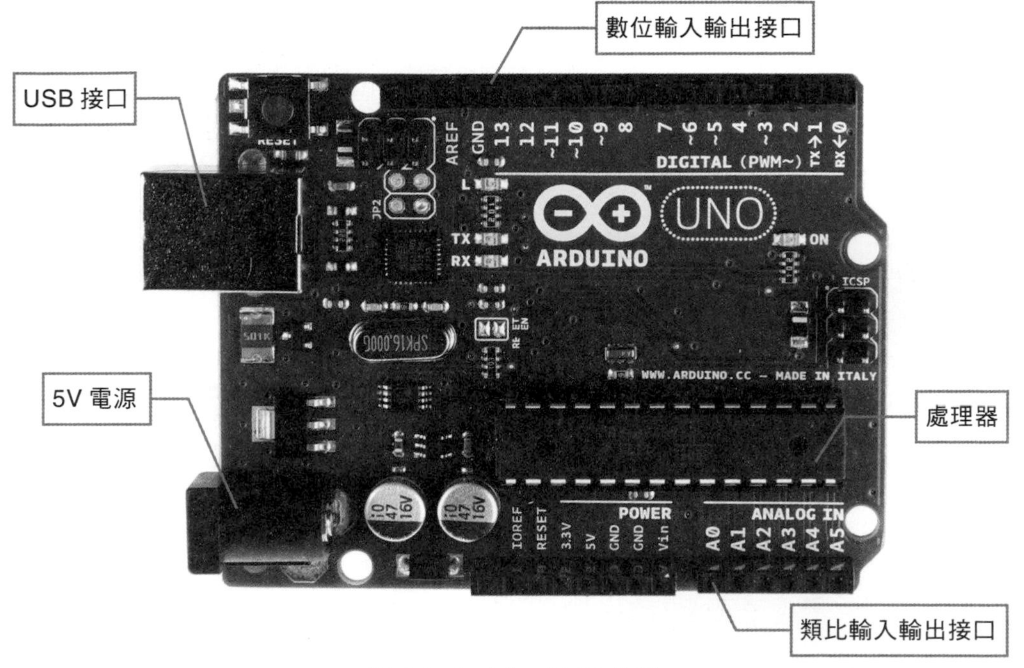

圖 2-9 Arduino UNO 外觀

而 Arduino UNO 詳細規格請看表 2-5 的列表。

表 2-5　Arduino UNO 的詳細規格

功能	規格
處理器	ATMEGA168
處理器速度	20MHz 處理速度
記憶體	2K bytes
電源	1.5A 5V
GPIO	13 個數位輸入輸出接腳和 6 個類比輸出接腳
Arduino 尺寸	寬 70mm x 高 54mm

因硬體限制，有二個方法可以使用 Arduino：

1. 開發者使用 Arduino 程式語言，在微軟的 Visual Studio 上開發，並且在執行 Win 10 IoT Core 的設備上執行編譯後的程式語言。
2. 開發者也可以在 Windows 的環境下直接透過 Arduino 環境開發，並且透過電腦將程式上傳到 Arduino。完成之後，可以透過 UART 或網路資料傳遞方法，將 Arduino 硬體和其他 Win 10 IoT Core 的設備有效的整合在一起。

由於硬體限制，Windows 10 IoT Core 系統無法在 Arduino 上執行喔！

認識電子零件與器材

本章重點

3.1 電壓、電流、電阻

3.2 電阻

3.3 電容

3.4 三用電表

3.5 麵包板

本章節將介紹電子學概念、零件與器材。

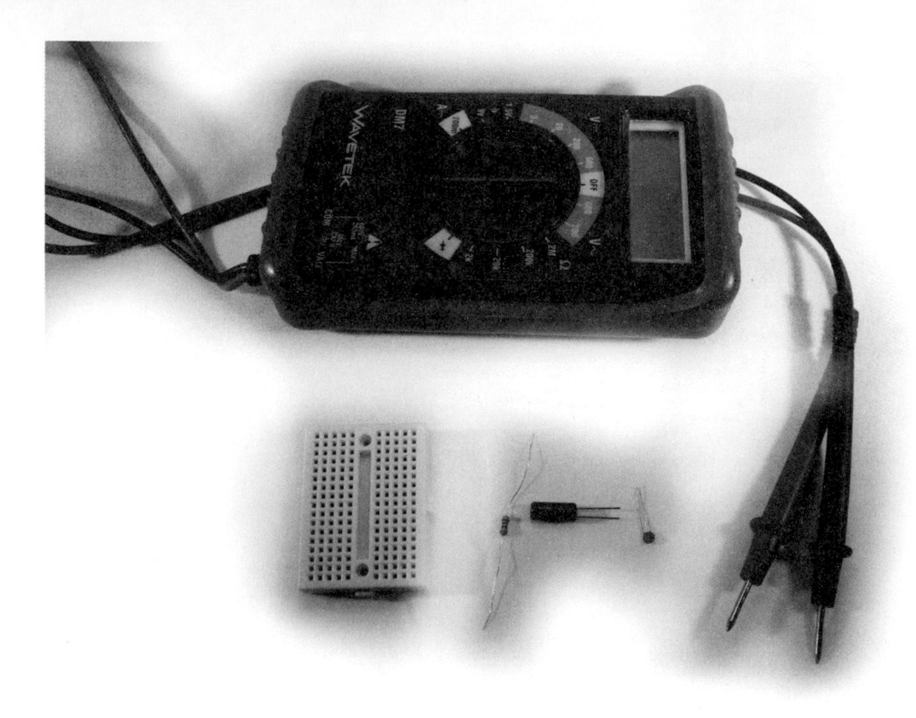

圖 3-0 常見的電子零件與器材

3.1 電壓、電流、電阻

這個章節將會簡單的介紹什麼是電子學和一些常用的電子學相關專業術語，以及組裝成物連網的作品時，會需要的一些基本概念。而後面的章節將會介紹 Maker 物聯網，屆時會需要動手添購一些電子設備和電子零件。

就如各位在以前的農村會看到，農夫能利用水流的力量來推動水車磨豆子，而整個電子學的基本概念也可以運用在這樣的情況中。各位可以把電子的世界，想成是水車和水的關係，水的力量就像電流的大小，當水流的力量越大，就可以將水車推得更快；水車的大小也會影響到磨豆子的效果，當水車越大台時，就會需要更大的力量來推動，所以水車也就如電阻的概念一樣；而水的來源例如水庫，就如電池一樣，當然有一天水會流光，所以後面的水庫越大（電力越大）就能做更持久的動作。

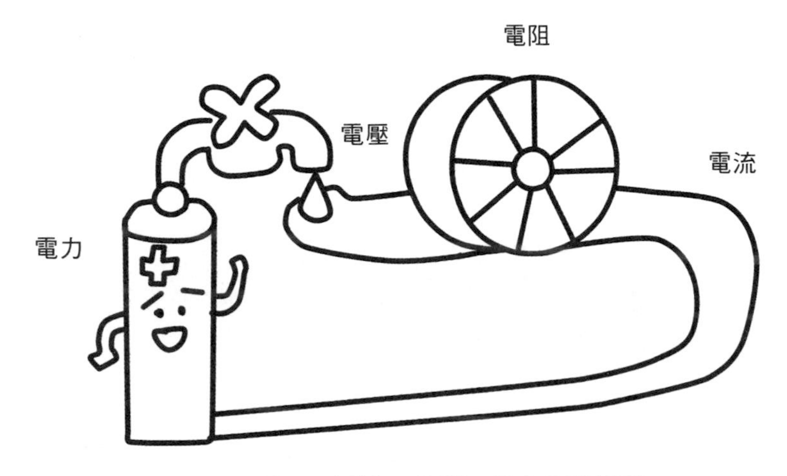

圖 3-1 電壓、電流 、電阻、電力的關係圖

電流 i

電流是指一群電荷的流動，就如同流水一樣。電流的大小稱為電流強度，是指單位時間內通過導線某一截面的電荷，每秒通過 1 庫侖的電荷量稱為 1 安培。

大自然中有很多種承載電荷的載子，例如，導電體內可移動的電子、電解液內的離子（手機鋰電池）、電漿內的電子和離子。這些載子的移動，形成了電流。有一些效應和電流有關，例如電流的熱效應，根據安培定律，電流也會產生磁場，馬達、電感及發電機都和此效應有關。

電壓 V

電壓，也稱作電勢差或電位差，是衡量單位電荷在靜電場中由於電勢不同所產生的能量差的物理量，此概念與水位高低所造成的「水壓」相似。

直流電 DC

使用直流電流對電池進行充電，並且在幾乎所有的電子系統中，作為電源。使用上如手機、電子產品、用電池的玩具等，都是使用直流電的電子產品。一般電池是用 1.5V 的電壓，而本書介紹的電子產品、樹莓派和 Arduino 都是使用 5V 的直流電。

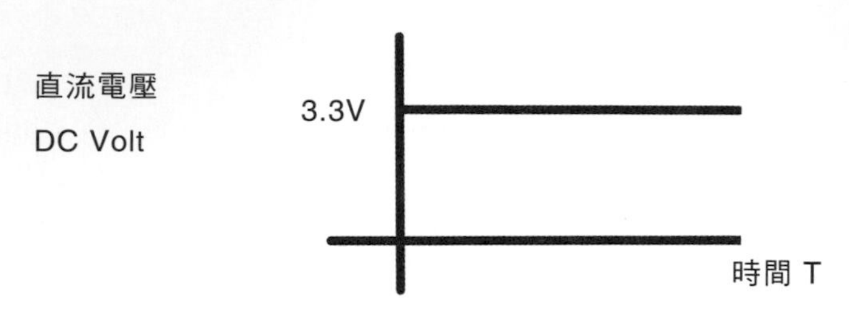

圖 3-2 直流電 3.3V DC

交流電 AC

交流電是指大小和方向都發生週期性變化的電流，在一個週期內的運行平均值為零。不同於方向不隨時間發生改變的直流電。通常波形為正弦曲線，而家中用的 110V 電力，便是使用交流電。

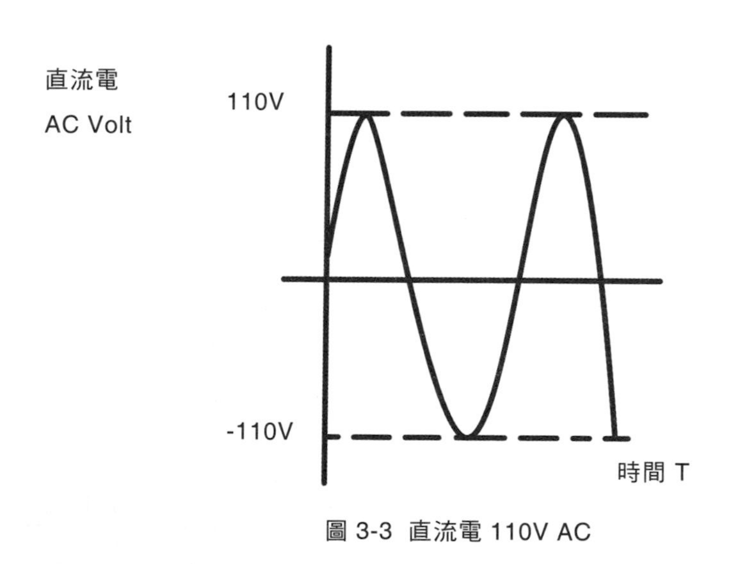

圖 3-3 直流電 110V AC

歐姆定律

電子學中最重要的一個定律，就是歐姆定律。

歐姆定律關係，就是 I=V/R

- I 是電流（單位是安培 A）
- V 是電壓（單位是伏特 V）
- R 是電阻（單位是歐姆 R）

3.2 電阻

介紹

電阻是電子在導體內流動的阻力，代表標記為 R，其主要用途是減低電流。而電阻的外觀像電線一類的物體，具有低電阻，可以很有效率地傳輸電流，這類物體稱為「導體」。通常導體是由像銅、金和銀一類具有優等導電性質的金屬製造，或者次等導電性質的鋁。電阻器是具有特定電阻的電路元件。製備電阻器所使用的原料有很多種；應該使用哪種原料，要視指定的電阻、能量耗散、準確度和成本等因素而定。

色碼電阻

而電阻的外觀如下圖所示，上面會有四個顏色，以下圖為例，這張圖片的顏色為「紅紅棕金」，而第四個顏色（最右邊）的通常是金色或銀色。

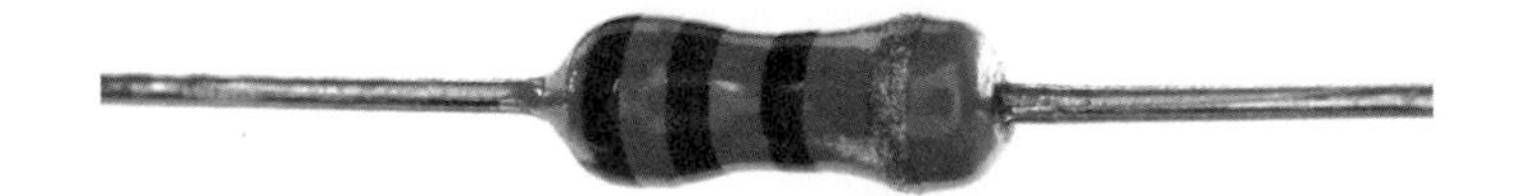

圖 3-4 電阻的外觀

而電阻上面的顏色，是代表該電阻的大小，每個顏色所代表的意義如下表所示。

表 3-1 電阻顏色值表

顏色	顏色值
黑	0
棕	1
紅	2
橙	3
黃	4
綠	5
藍	6

顏色	顏色值
紫	7
灰	8
白	9
金	5%
銀	10%
透明	20%

而計算電阻的大小是用以下的公式：

((第一個顏色值 x 10) + 第二個顏色值) x (10 的第三個顏色值的次方)+ 第四個顏色的誤差值%

圖 3-4 中的電阻顏色為「紅紅棕金」，所以號碼為「2、2、1、5%」，其電阻的大小經由公式求出為

((2x 10) + 2) x (10 的 1 次方) + 5%的誤差值

計算之後，就能算出該電阻是 220 歐姆。

3.3 電容

介紹

在電路學裡，電容器儲存電荷的能力，稱為電容（capacitance），代表標記為 C。而電容的單位是法拉（farad），代表標記為 F。電路圖中多半以 C 開頭標示電容。

電容就像是可以充電的電池，只是容量非常的小。而電容的基本作用就是充電與放電，由這種基本充放電作用，延伸出許多電路，使電容器有種種不同的用途。例如，在馬達中，用它來產生相移；在照相閃光灯，用它來產生高能量的瞬間放電。而在電子電路中，電容不同性質的用途很多，雖然其中也有截然不同之功用，但其作用均來自充電與放電。

電容大小的計算方法

電容的外觀如下圖所示，在常見的陶瓷電容上面會有數字，以這張圖片為例，上面所印的是「104」。

圖 3-5 陶瓷電容的外觀

計算電容的大小是用以下的公式：

(前面二個數字)x (10 的第三個值的次方)

所以圖 3-5 的電容，數字為 104，經由公式計算求出為

(10)x (10 的 4 次方)

計算之後，也就是 10x10000 = 100000 pF = 0.1uF

電容的單位換算為：（電容之單位為 F（法拉））

- u：micro = 10 的負 6 次方
- n：nano = 10 的負 9 次方
- p：pico = 10 的負 12 次方

而彼此的單位關係如下：

- 1 uF = 1000 nF
- 1 nF = 1000 pF

3.4 三用電表

介紹

三用電表（英語：multimeter），是一種多用途電子測量儀器，主要用於物理、電氣、電子等測量領域。而用於電流、電壓和電阻的測量，一般被視為萬用計的基本功能。該設備能夠測量功能有：直流電壓（DCV）、直流電流（DCmA，DCA）、交流電壓（ACV）、電阻（Ω、 KΩ、MΩ）、交流電流（ACmA、ACA）。

也因為早期是量測電流表（安培計）、電壓表（伏特計）、電阻表（歐姆計）這三個功能，所以電子零件行稱這設備為三用電表，但也能稱為萬用計、多用計、多用電錶、萬用電表，或萬用表。指針萬用表在英文中又稱 VOM（Volt-Ohm meter，伏特（Volt）-歐姆（Ohm）量測器）。

目前市面上有指針型和數字型的電表，建議初學者選購數字型的會比較容易取得量測後的數據。

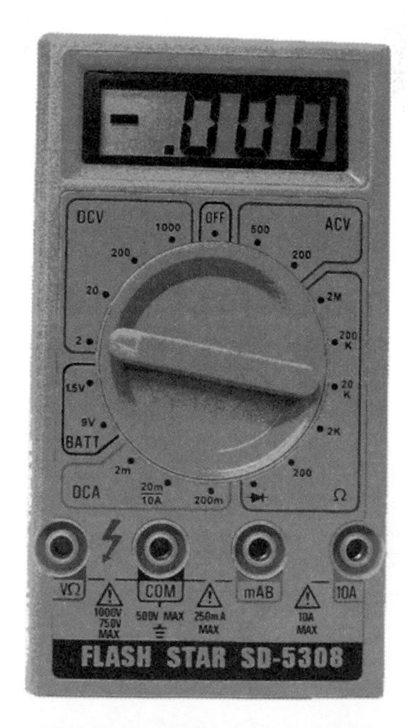

圖 3-6 數字型三用電表的外觀

3.5 麵包板

介紹

免焊萬用電路板（solderless breadboard）俗稱麵包板（Breadboard），是電子電路設計和 Maker 界中所常用的必備設備之一。麵包板提供不需要焊接，就能將電子元件連結完成電路，且易於更換零件、裝配過程快速。

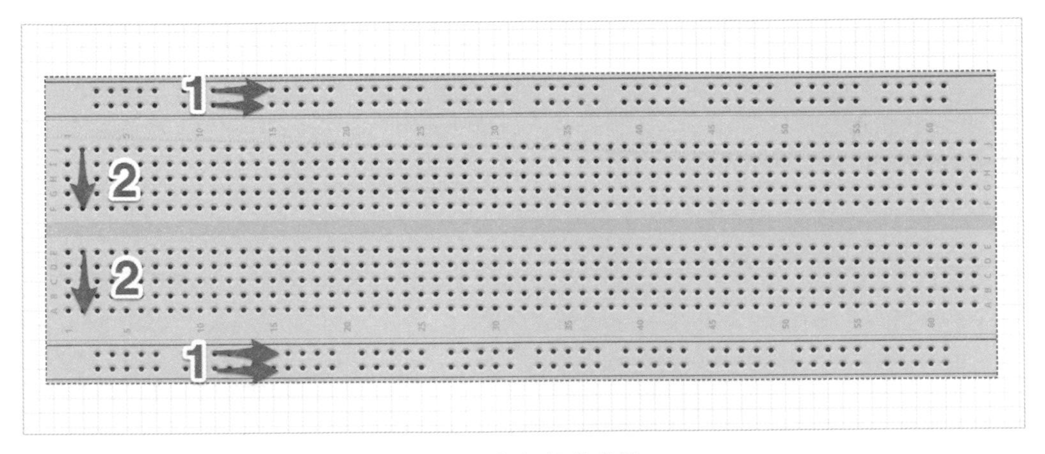

圖 3-7 麵包板的外觀

而麵包板（Breadboard），好用的原因是如上圖所示，圖中有數字 1 號和 2 號，數字 1 左右橫向的接點，底下都有一排長條形的磷青銅片組成，所以第一排的 50 號插孔，彼此都是連接接觸在一起。在這張圖片上的麵包板，一共有 4 組橫向的裝置，在使用上通常都是接上電源和接地用的，所以只要元件接在上面的位置，彼此就會連接在一起。

而圖片上的數字 2，意思為上下一組的單位，也就是上下 5 個接點為一個單位，彼此都是透過底下的磷青銅片連接在一起，所以在這張圖片上的麵包板，上下五個插孔為一個單位的的裝置，一共有 2*72 組，而越大的麵包板，就會提供更多的單位。

使用電路板時，應避免將過粗的接線或零件接腳插入電路板插孔。另外，若接線已彎曲，應先用尖嘴鉗將其弄直，才可插入電路板插孔。否則插孔容易鬆弛，而造成電路板接觸不良。

Win 10 IoT Core 安裝和執行

本章重點

本章節將介紹如何下載和安裝 Windows 10 IoT Core 程式和作業系統，並在樹莓派 2 和樹莓派 3 上執行。

圖 4-0 Windows 10 IoT Core 開機畫面

4.1 快速安裝法：使用 Dashboard 安裝 Windows 10 IoT Core

步驟

Step 1 進入官方網站

請打開瀏覽器，並且到以下的網址 https://dev.windows.com/en-us/iot，連接到微軟的官方網站，並點選「Get started now」按鈕。

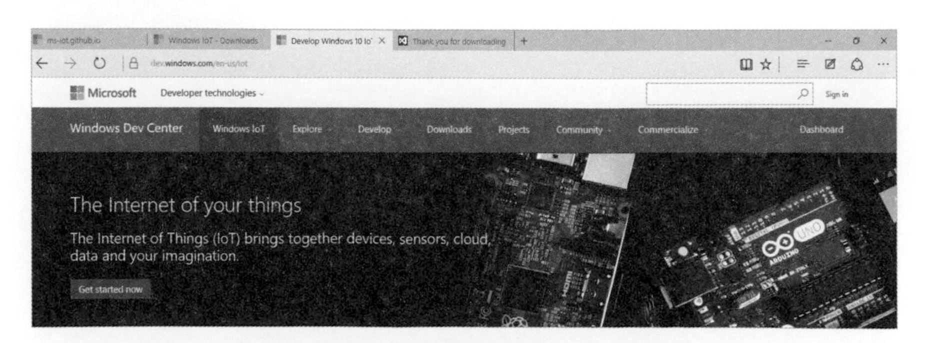

圖 4-1 點選「Get started now」按鈕

Step **2**　點選和下載「Windows 10 IoT Dashboard」

在這畫面中，點選「Windows 10 IoT Dashboard」按鈕，就能進行下載安裝程式。下載完成後，請點選和執行該程式，或者是執行「IoT Dashboard」進行下一步驟，而建議樹莓派 3 的用戶到網址 https://ms-iot.github.io/content/en-US/win10/GetStarted/SetUpYourDeviceManually.htm 下載最新版本的「Get Windows 10 IoT Core Insider Preview」，並使用最新版本，這樣才能夠支援樹莓派 3。

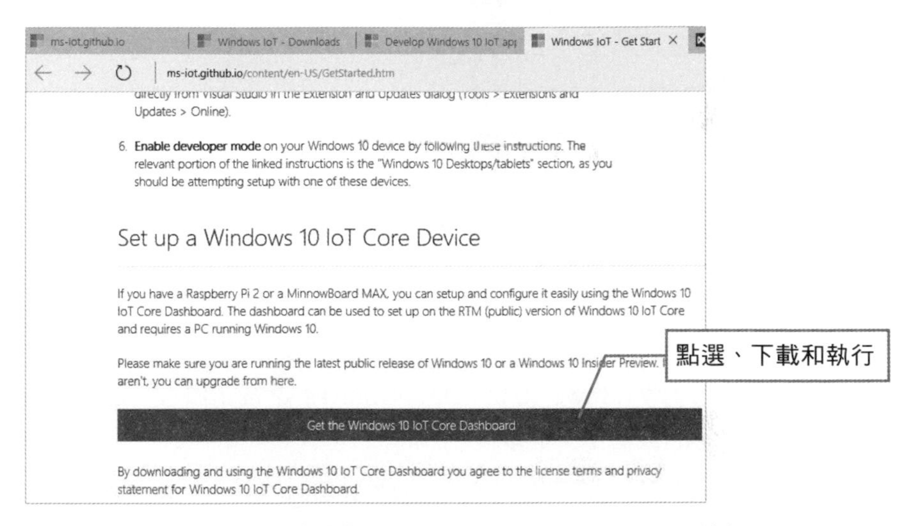

圖 4-2　樹莓派 2 的版本請點選「Windows 10 IoT Dashboard」按鈕

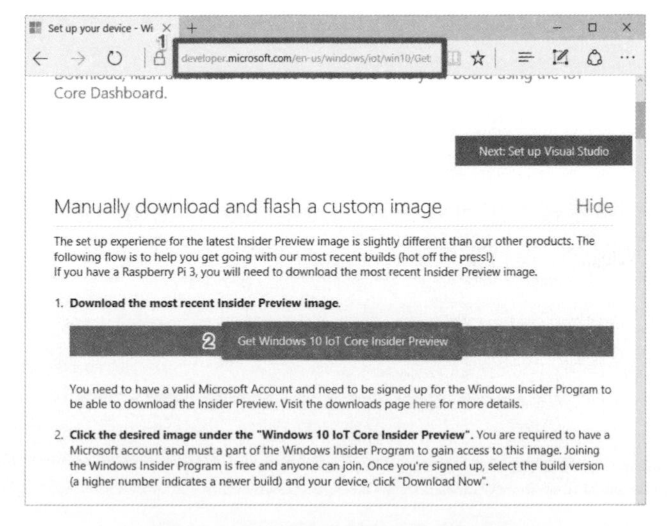

圖 4-3　樹莓派 3 的版本下載位置

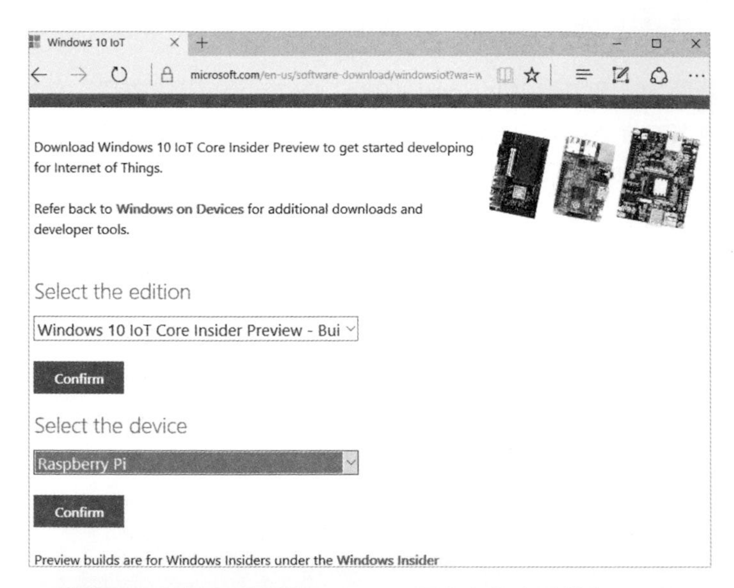

圖 4-4 樹莓派 3 請選取最新的 Preview 版本和指定設備為 Raspberry Pi

Step **3** 執行「Windows 10 IoT Dashboard」

當執行「Windows 10 IoT Dashboard」之後，請在「Setup a new device」設定新的設備中，選取：

1. Device type：設備總類，請選「Raspbery Pi 2」和「Windows 10 IoT Core for Raspberry Pi 2」。
2. Driver：設備請選取「Inset an SD card into your computer」把 SD 卡插入這台電腦中。
3. 「I accept the software license terms 我同意軟體版權宣告」：勾選同意。
4. 等一切確定後，就可以按下「Download and install」進行下載並將檔案燒錄到 SD 進行安裝。

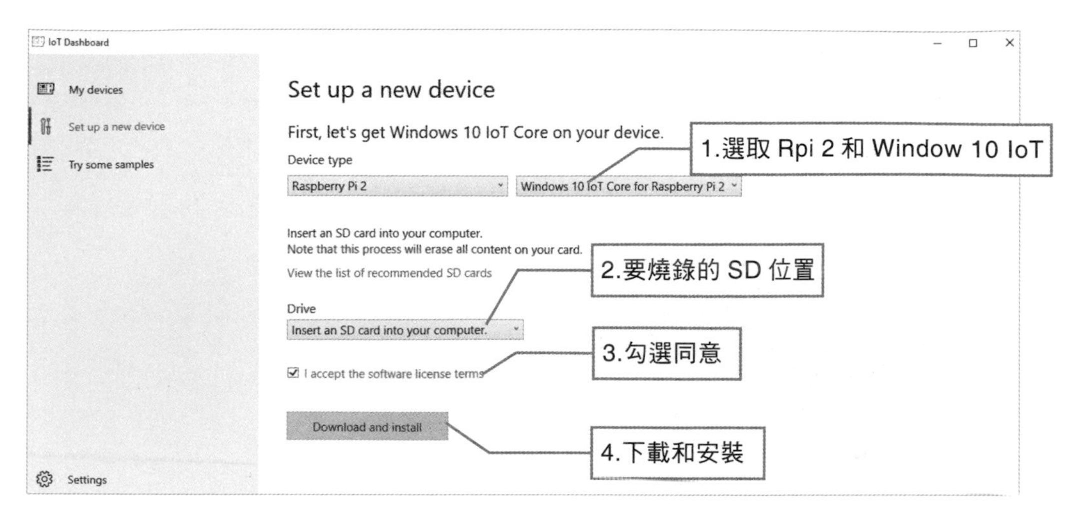

圖 4-5 執行和設定「Windows 10 IoT Dashboard」

確認之後，Dashboard 便會自動的下載和燒錄程式到 microSD 中，使用時請先備份 microSD 中的資料，因為 microSD 卡會被格式化並安裝 Windows 10 IoT Core 作業系統，完成後，就完成整個 microSD 卡。

結果

完成之後，就會出現如下圖所示的視窗。

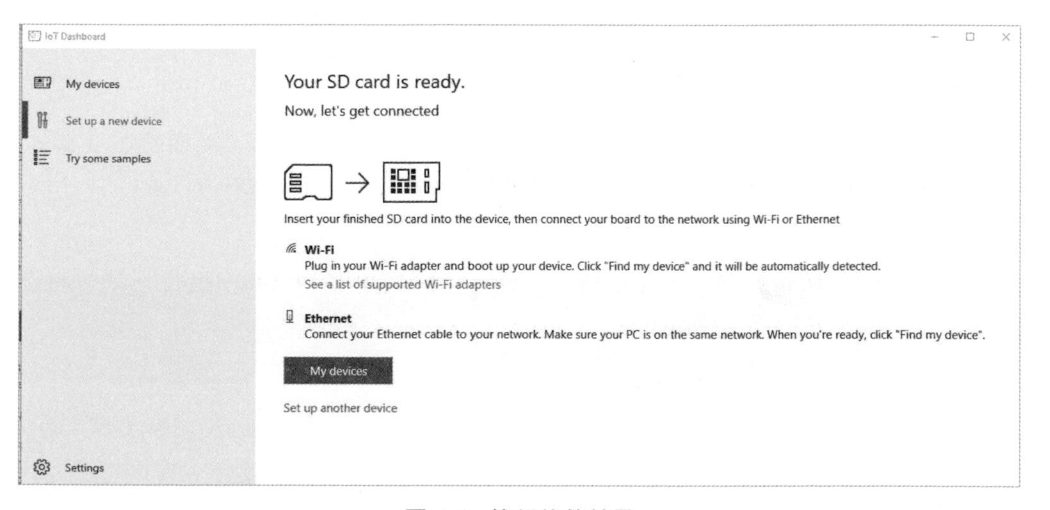

圖 4-6 執行後的結果

透過檔案總管，直接打開 microSD 卡，確認裡面有如下圖所示的檔案，就代表燒錄成功。

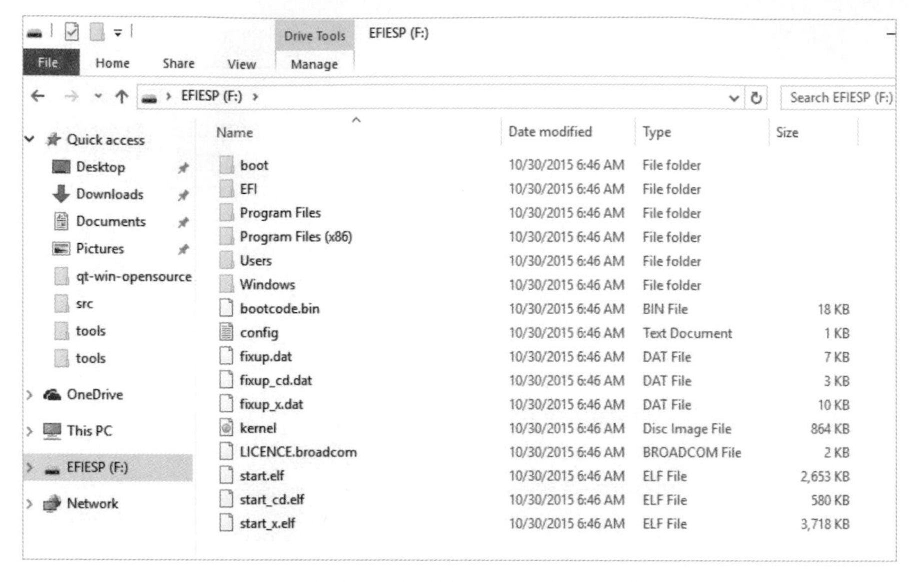

圖 4-7 執行後的 microSD 卡檔案

完成之後，可以直接跳到 4.3 章節「在 Raspberry Pi 2 執行 Windows 10 IoT Core」，準備執行 Windows 10 IoT Core。另外也可以繼續往下學習如何使用一般正式的安裝方法之流程。

教學影片

完整教學影片可以參考 *4-1-RPI2_Win10_Win10IoT_Dashboard*，而樹莓派 3 版本的教學影片請看 *4-1-RPI2_Win10_Win10IoT_DashboardForRPi3*。

4.2 安裝方法二：下載檔案和燒錄

上一章節的方法，能非常的快速和容易把 Windows 10 IoT Core 燒錄到 SD 卡之中。這次我們要介紹另外的方法，就是一步一步的透過檔案下載、使用「安裝程式」，然後經由安裝程式把完成的資料燒錄到 SD 之中。

4.2.1 下載 Raspberry Pi 2 的 Windows 10 IoT Core tools 軟體

本章節將會介紹如何下載 Windows 10 IoT Core tools 軟體。

步驟

Step 1 進入官方網站

打開瀏覽器連接到 http://ms-iot.github.io/content/en-US/Downloads.htm，進入該網頁。

Step 2 下載「Windows 10 IoT Core」

並在「Downloads and tools」的網頁中，點選「Download Windows 10 IoT Core for Raspberry Pi 2」按鈕，並開始下載。

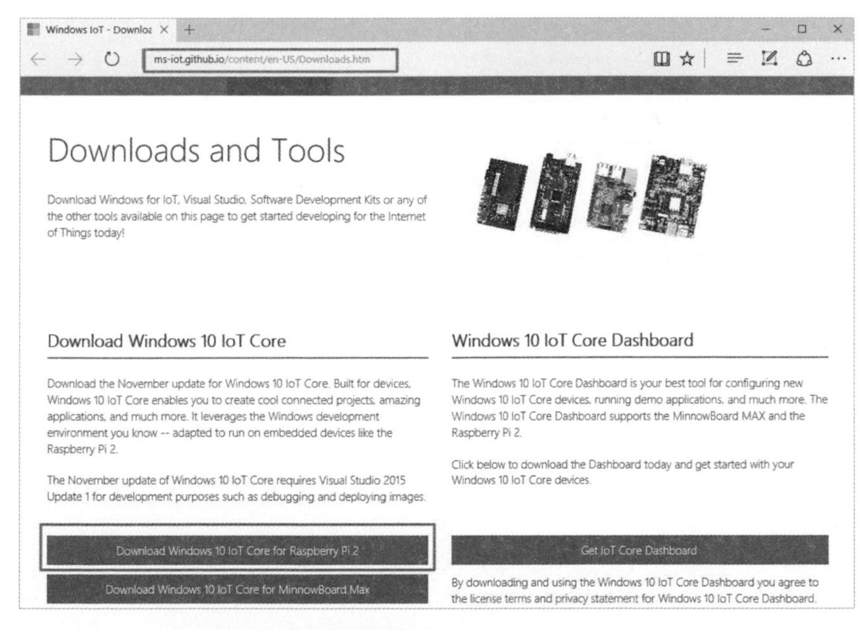

圖 4-8 開啟下載「Windows 10 IoT Core」

教學影片

完整教學影片可以參考 *4-2-RPI2_Win10_Win10IoT_Download*。

4.2.2 安裝 Raspberry Pi 版的 Windows 10 IoT Core tools

步驟

Step **1** 打開「Windows 10 IoT Core tools」

下載成功之後，請打開剛剛下載的「Windows 10 IoT Core tools」。

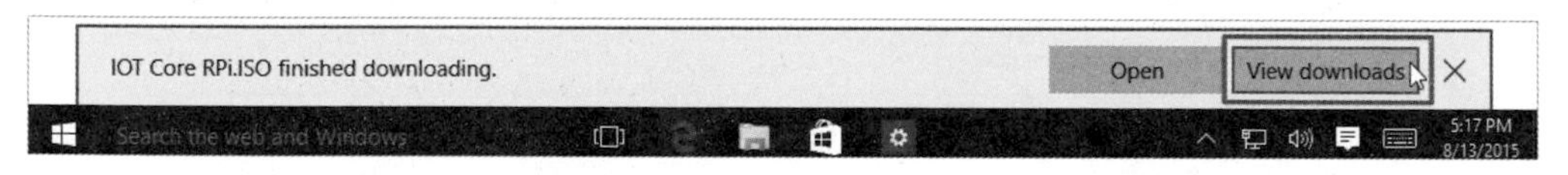

圖 4-9 開啟檔案「Windows 10 IoT Core tools」

Step **2** 執行「Windows 10 IoT Core」

點擊「Windows 10 IoT Core tools（IoT Core Rpi）」檔案，並且開始執行安裝的動作。

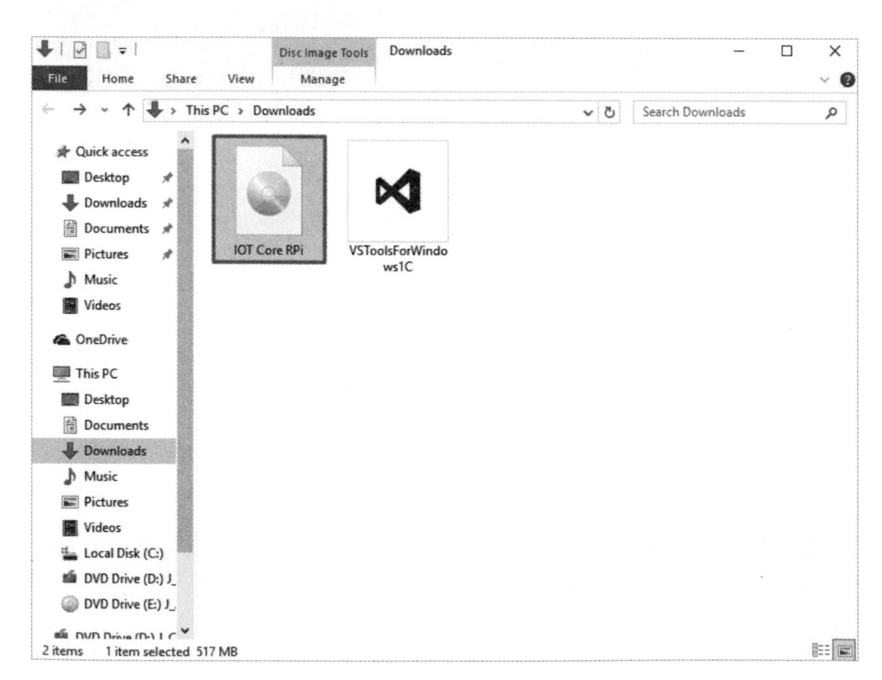

圖 4-10 執行「Windows 10 IoT Core tools（IoT Core Rpi）」

Step 3 執行「Windows_10_IoT_Core_Rpi」

執行「Windows 10 IoT Core tools（IoT Core Rpi）」後，會自動產生新的DVD 磁碟機，請透過檔案總管進入新的 DVD 磁碟機，便會看到「Windows_10_IoT_Core_Rpi」檔案，請點擊並執行，以再度進行另外一個安裝的動作。

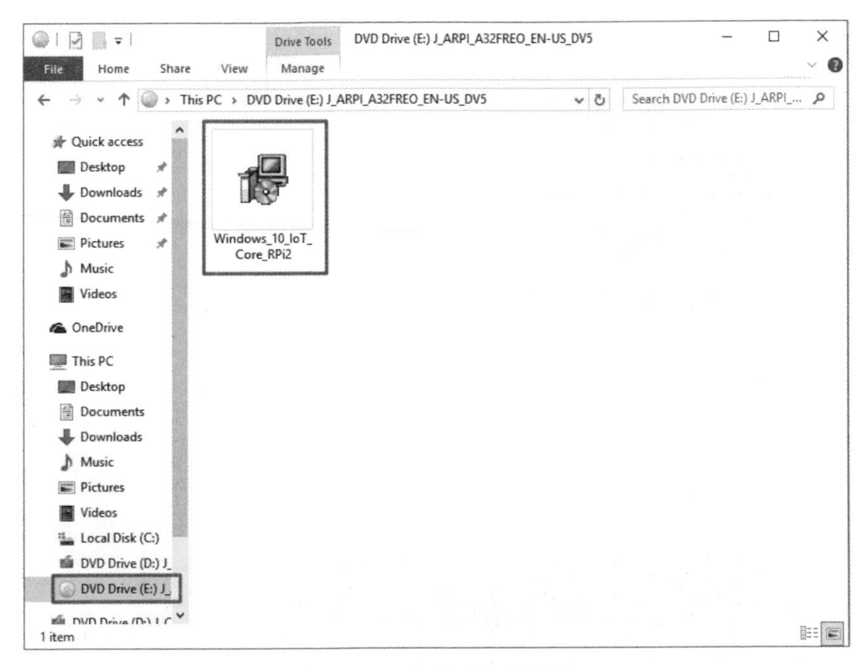

圖 4-11 產生新的磁碟機

Step 4 安裝「Windows 10 IoT Core For Raspberry Pi 2」之設定

請在「Windows 10 IoT Core For Raspberry Pi 2」安裝程式過程中，將「I accept the terms in the License Agreement（我同意合約的內容）」項目打勾，點擊「Install（安裝）」並且執行開始安裝的動作。

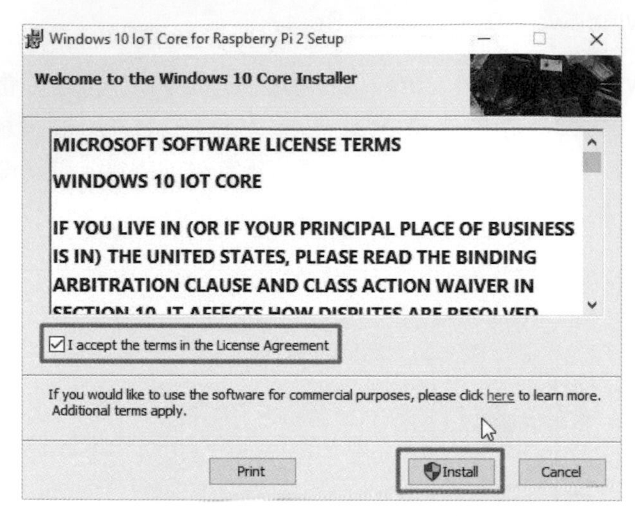

圖 4-12 勾選「I accept the terms in the License Agreement」，並點擊「Install（安裝）」

Step **5** 允許執行安裝程式

接下來「Windows 10」作業系統會出現一個警告訊息，並且詢問用戶是否確定要執行這個應用軟體，請點選「Yes （確定）」，到下一個步驟。

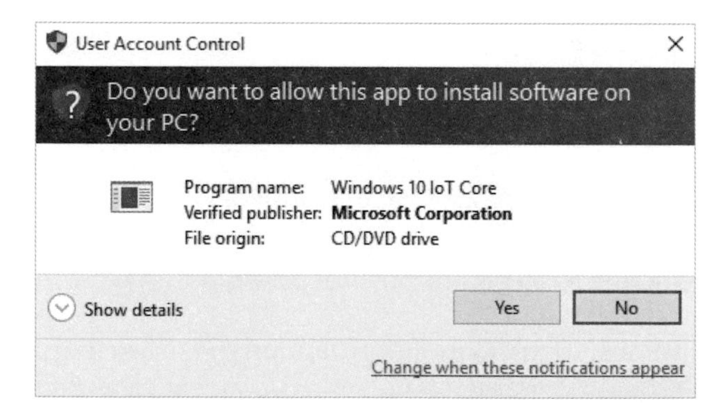

圖 4-13 允許執行安裝程式

Step **6** 安裝過程

請稍等一下，它會自動的將「Windows 10 IoT Core For Raspberry Pi 2」軟體安裝到現在的 Windows 10 作業系統上。

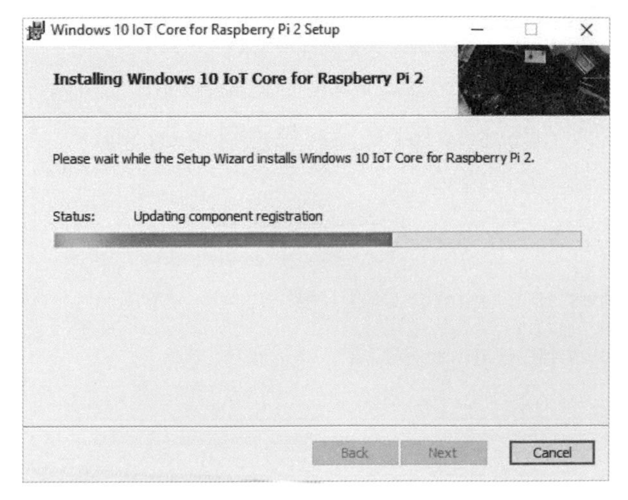

圖 4-14 安裝過程

執行結果

安裝結束之後，便會出現如下圖所示的視窗。請點選「Finish（完成）」按鈕，就能完成「樹莓派 2 版的 Win 10 IoT 安裝程式」的工作。

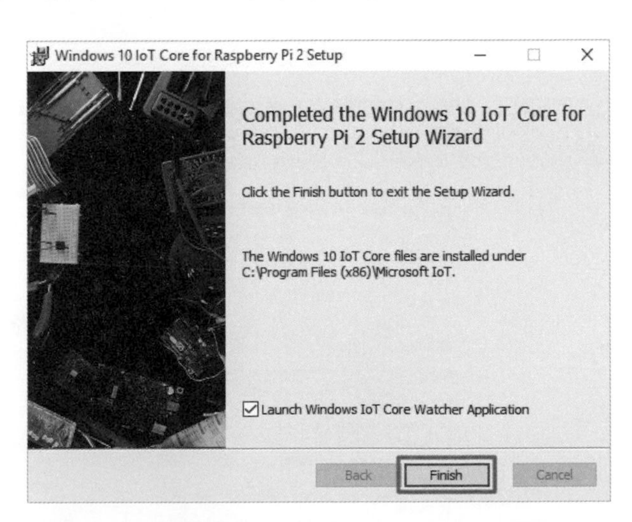

圖 4-15 完成樹莓派 2 版的 Win 10 IoT 安裝程式

教學影片

完整的教學影片可以參考 *4-3-RPI2_Win10_Win10IoT_install_IoTCoreRPI*。

4.2.3 燒錄 Raspberry Pi 2 版的 Windows 10 IoT Core 到 microSD 卡上

接下來要準備要把 Windows 10 IoT 的資料燒錄到 microSD 卡中，請您準備好以下的東西：

- 8GB 以上的 microSD 卡 class 10 以上。
- 支援 Windows 10 的 microSD 讀卡機。
- 安裝 Windows 10 的 microSD 讀卡機驅動程式。

步驟

Step 1 格式化 microSD 卡

- 請把 microSD 卡放入讀卡機中。
- 打開檔案總管。
- 選取 microSD 卡，並透過滑鼠右鍵選取「Format...」。
- 然後在跳出的「Format Removable Disk」中，選取「FAT32」，並點擊「Start」按鈕，開始進行安裝的動作。

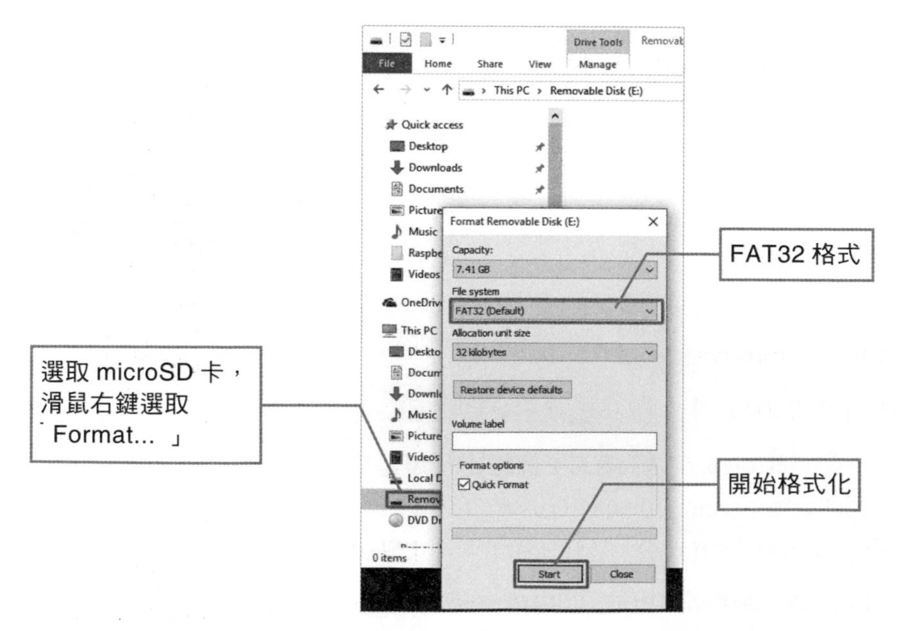

圖 4-16 把它格式化為 MS-DOS（FAT32）格式

Step 2　開啟「WindowsIoTImageHelper」執行

接來需要開啟「WindowsIoTImageHelper」軟體，請在「Windows 10」系統的左下角點選視窗的圖片，並且輸入「IoT」來尋找「WindowsIoTImageHelper」這個軟體，並且開啟它。

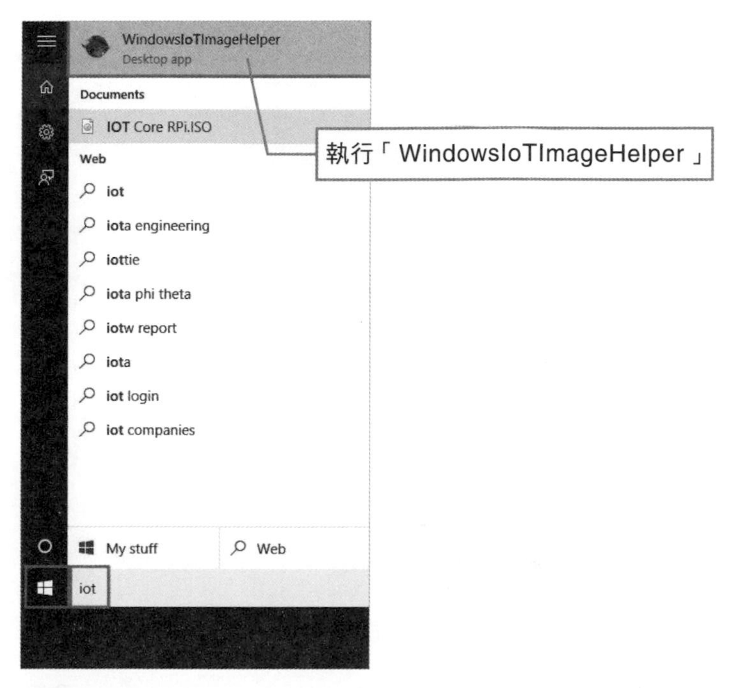

圖 4-17 開啟「WindowsIoTImageHelper」執行

Step 3　設定燒錄資料

在這裡要準備幫SD卡做燒錄的工作，所以請在「WindowsIoTImageHelper」軟體進行以下設定。

- 請點選「Reflash」按鈕。
- 在出現的 SD 之中，請點選要燒錄的目標。
- 請點選「Browser」按鈕，並且指定要燒錄的檔案，在這裡請把檔案指定到「c:\program Files\Microsoft IoT\FFU\RaspberryPi2\flash.ffu」或「c:\program File(x86)」\Microsoft IoT\FFU\RaspberryPi2\flash.ffu」。
- 完成之後，請按下「flash」按鈕，開始把資料燒錄到卡片。

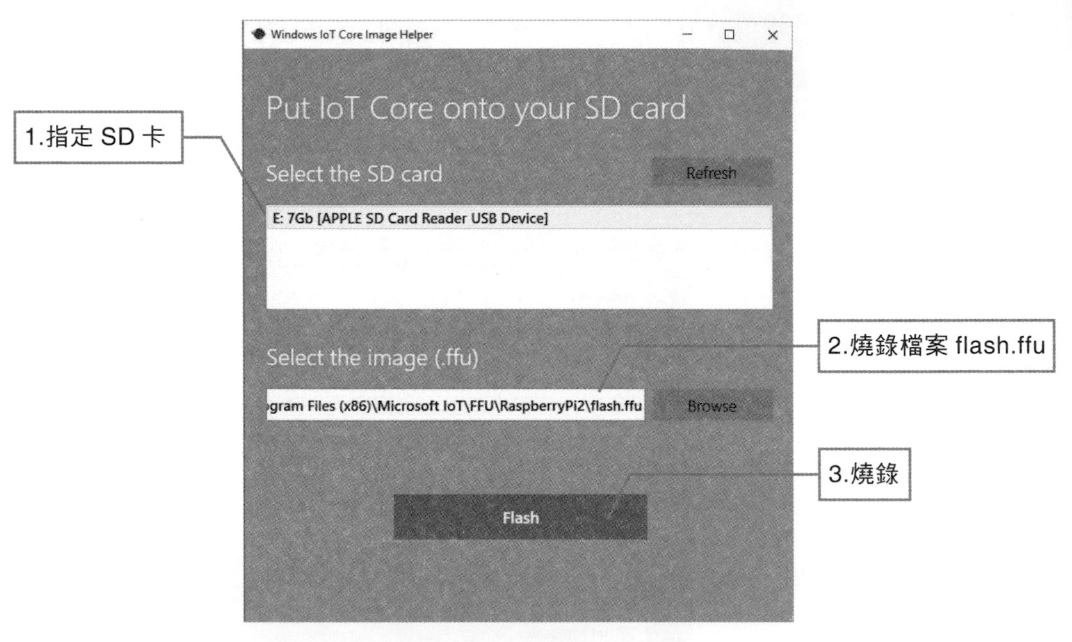

圖 4-18 設定燒錄資料

Step **4** 完成確認

在執行時候會出一個提示視窗，詢問是否確認要執行這個軟體，請點選「Yes（確定）」就會開始進行安裝的動作。

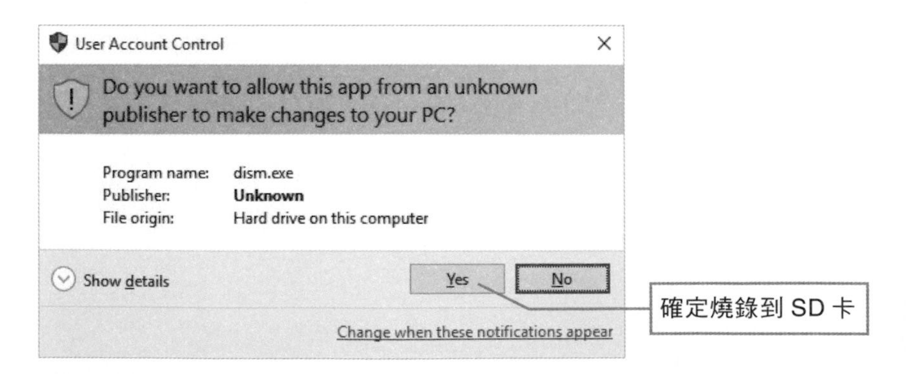

圖 4-19 確認

Step **5**　燒入 SD 卡

請稍等一下，「WindowsIoTImageHelper」軟體會出現一個視窗，並等狀態欄到百分之百，就可順利完成燒錄到 SD 卡的動作。

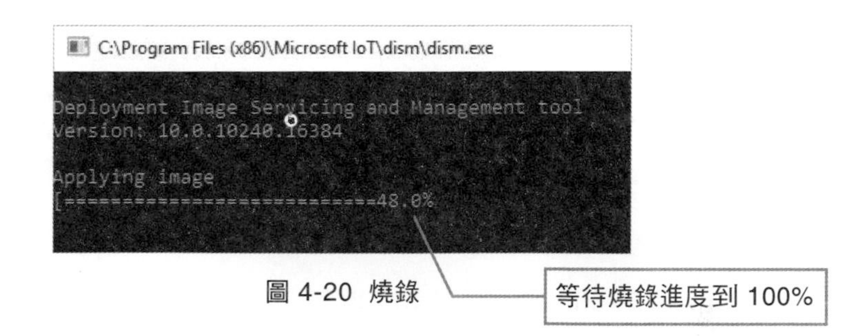

圖 4-20　燒錄

執行結果

安裝結束之後，便會出現如下圖所示的視窗，請點選「Ok（完成）」按鈕，這時 SD 卡就能由電腦退出，拿出來準備使用。

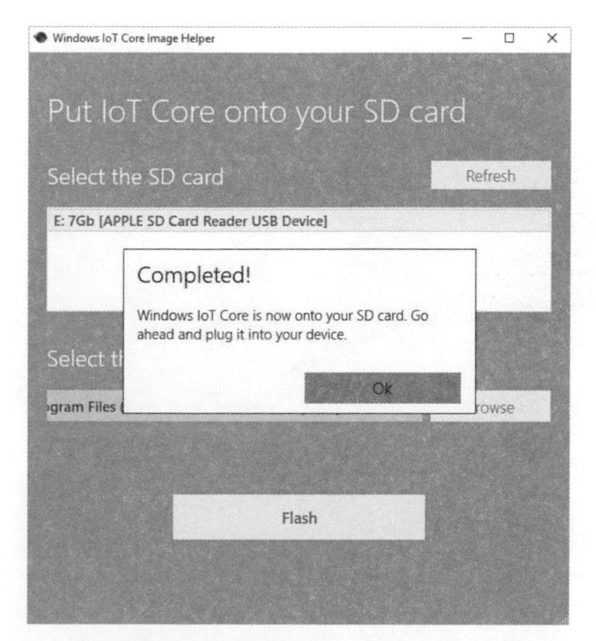

圖 4-21　完成樹莓派 2 版 Windows 10 IoT Core 的 SD 卡

教學影片

完整教學影片可以參考 *4-4-RPI2_Win10_Win10IoT_BrunToSDCard*。

4.3 在 Raspberry Pi 執行 Windows 10 IoT Core

準備了這麼久，就是為了要讓 Windows 10 IoT Core 可以順利在 Raspberry Pi 2 上執行。

Step 1 開機準備

接下來請準備好以下的東西：

- 剛剛燒錄好的 microSD 卡 class 10 以上。
- Raspberry Pi 2 或 Raspberry Pi 3。
- HDMI 線。
- HDMI 的螢幕。
- 網路和網路線。
- USB 滑鼠和鍵盤。
- USB 電源變壓器，建議使用超過 2A。

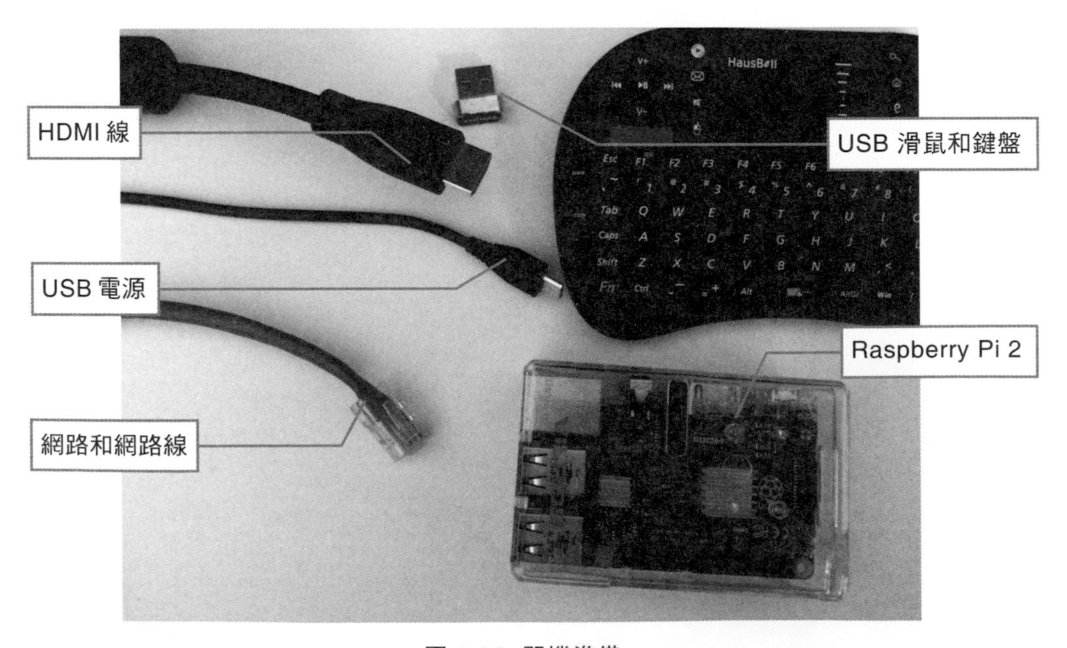

圖 4-22 開機準備

Step **2** 開機

- 請先把 Raspberry Pi 關機。
- 請把 microSD 卡放入 Raspberry Pi 中。
- 連接 HDMI 線到螢幕上，並且連接 Raspberry Pi。
- 連接網路和網路線到 Raspberry Pi。
- 把 USB 滑鼠和鍵盤連接到 Raspberry Pi。
- 最後確認後，把 USB 電源連接到 Raspberry Pi。

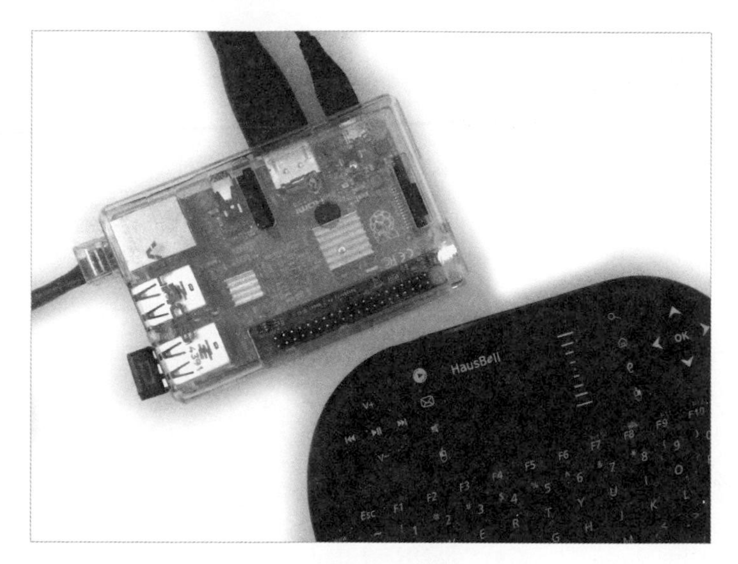

圖 4-23 開機

執行結果

開機之後，螢幕便會出現如下圖所示的畫面，這就代表已經順利在「Raspberry Pi 2」上啟動「Windows 10 IoT Core」。初始化和設定的部分，將會在下一個章節詳細介紹。

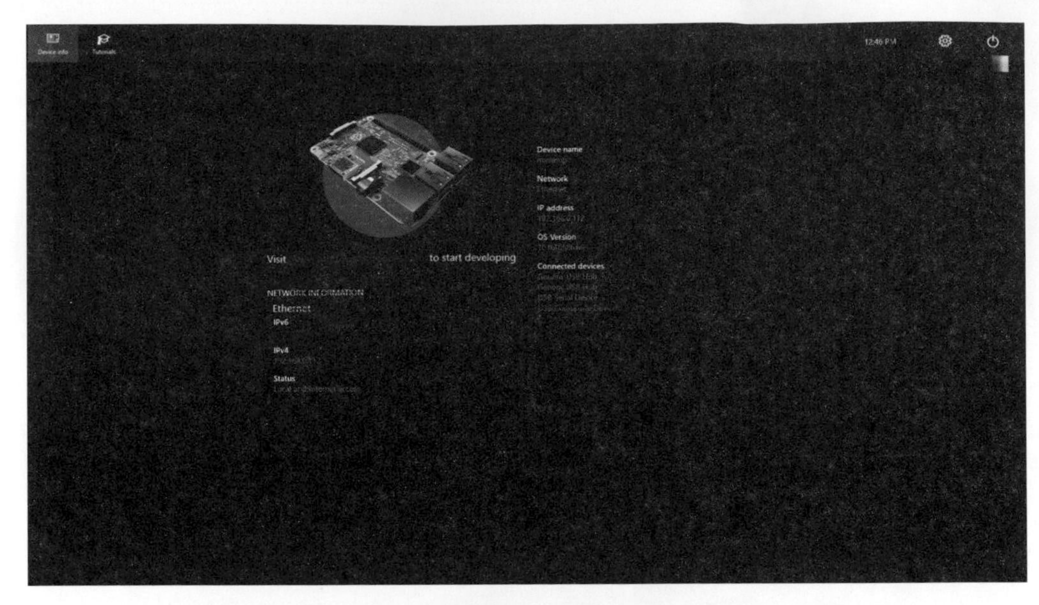

圖 4-24 完成

教學影片

完整教學影片可以參考 *4-5-RPI2_Win10_Win10IoT_RaspberryPi2*。

Win 10 IoT 開發環境設定－Visual Studio Community 2015

本章重點

- 5.1 作業系統 Windows 10 的版本確認和升級
- 5.2 安裝 Visual Studio Community 2015
- 5.3 設定 Visual Studio Community 2015
- 5.4 確認 Visual Studio 版本
- 5.5 設定和開啟 Developer Mode 開發者模式

本章節將介紹如何安裝設定 Windows 10 IoT Core 的開發環境 Visual Studio Community 2015 和開發設定。

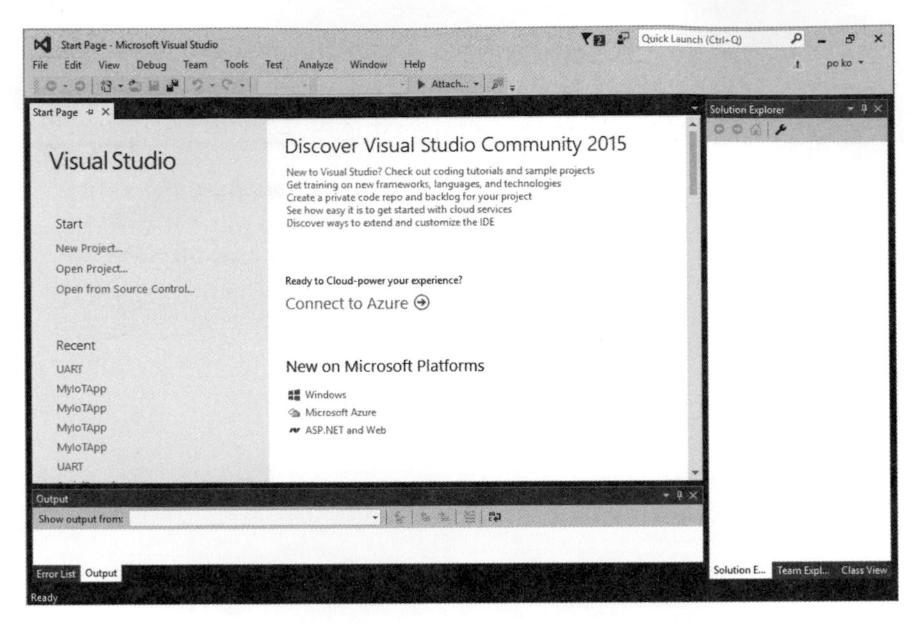

圖 5-0 Visual Studio Community 2015 執行結果

5.1 作業系統 Windows 10 的版本確認和升級

整個 Windows 10 IoT Core 的程式和開發環境，需要在 Windows 10 的作業環境之中，才能正確的安裝與設定。請將你的工作用電腦，升級到最少 Windows 10（version 10.0.10240）版本，可以到此 https://www.microsoft.com/en-us/software-download/windows10 ISO 取得和安裝最新的版本。

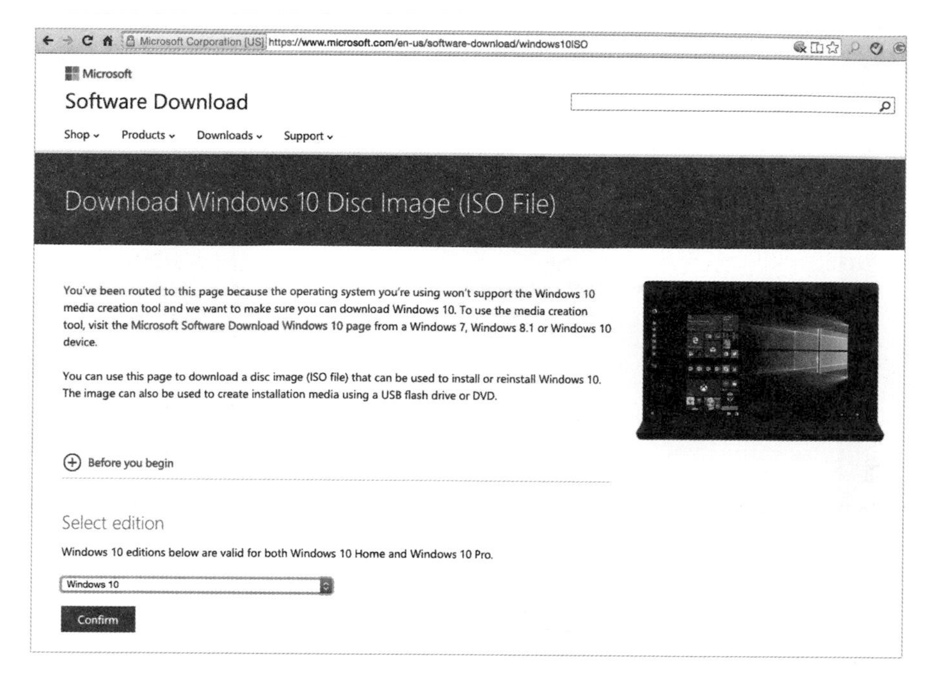

圖 5-1　微軟 Window 10 的下載和升級

若已經使用 Windows 10 的作業環境，請透過以下的動作，來確認 PC 的作業系統版本。

1. 請點選作業系統左下角的「Windows」按鈕，並且通過鍵盤輸入「winver」。
2. 在搜尋結果中，點選 winver 的「Run command」按鈕執行 winver 程式。
3. 跳出來的「winver 程式」所顯示的版本編號最少要高過於 Windows 10（version 10240）的版本編號。

如果作業系統版本低於這個版本編號，建議先更新完作業系統之後，再來做以下的步驟。

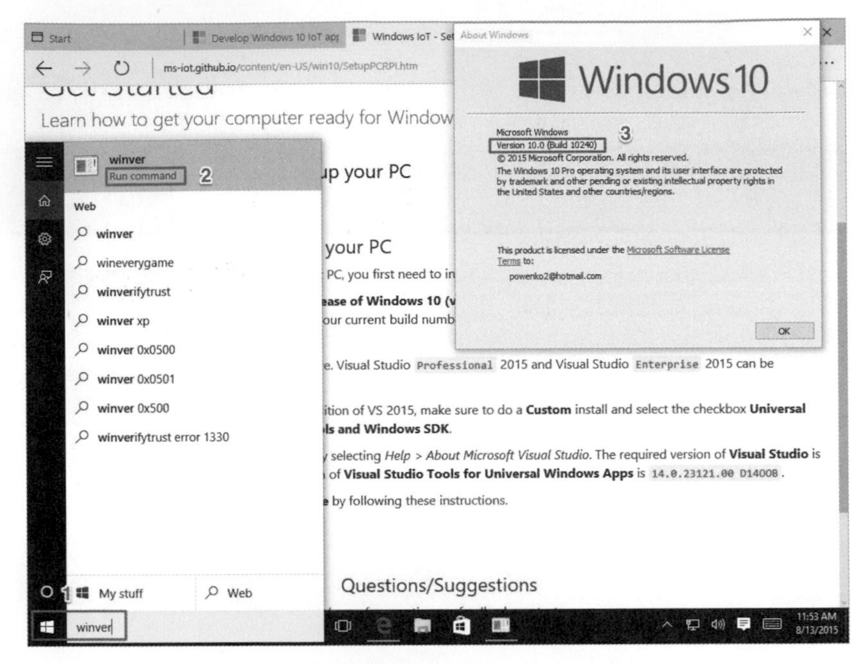

圖 5-2 Windows 10 PC 版本確認

5.2 安裝 Visual Studio Community 2015

因為「Windows 10 IoT Core」開發程式時需要「Visual Studio Community 2015」，如果 Windows 10 作業系統的 PC 上還沒有安裝任何「Visual Studio Community 2015」、「Visual Studio Professional 2015」、「Visual Studio Enterprise 2015」開發工具，請依照以下步驟完成整個下載和安裝動作，它們是完全免費的開發的工具。

圖 5-3　微軟 Visual Studio 官方網站

步驟

Step 1　Windows 10 作業環境

請注意一下，在 Raspberry Pi 安裝和設定 Windows 10 IoT Core 需使用微軟的 Windows 10 作業環境，在這裡筆者使用的是 Windows 10 專業版作業系統。

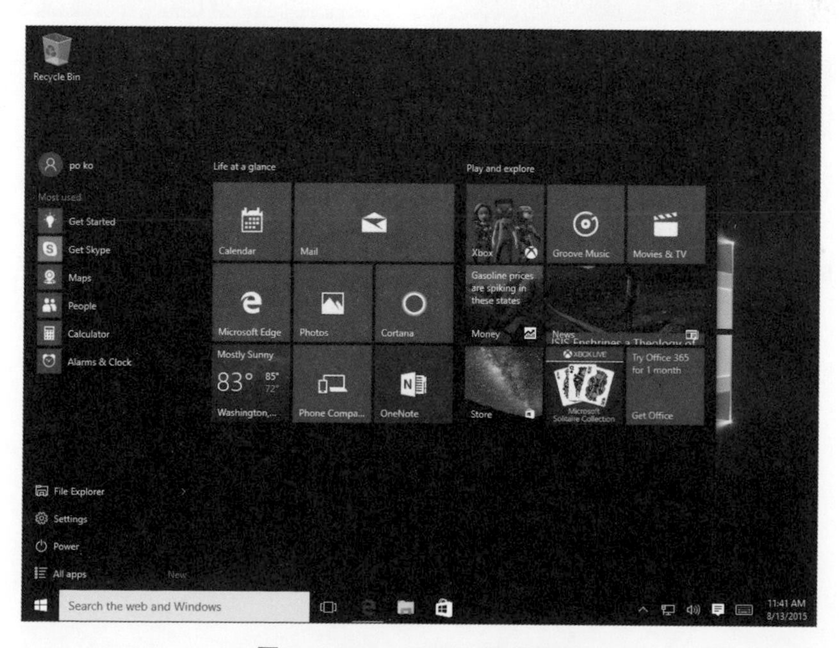

圖 5-4　Windows 10 作業環境

Step **2** 進入官方網站

有二個方法可以下載，第一是可以透過搜尋引擎尋找「Vistal Studio Community 2015」或是到微軟官方網站 https://www.visualstudio.com/en-us/downloads/download-visual-studio-vs.aspx 下載。另外也可以在 Windows 10 IoT 的官網上下載，請打開瀏覽器，並且輸入以下網址 https://dev.windows.com/en-us/iot，連接到微軟的官方網站，並點選「Get started now」按鈕。

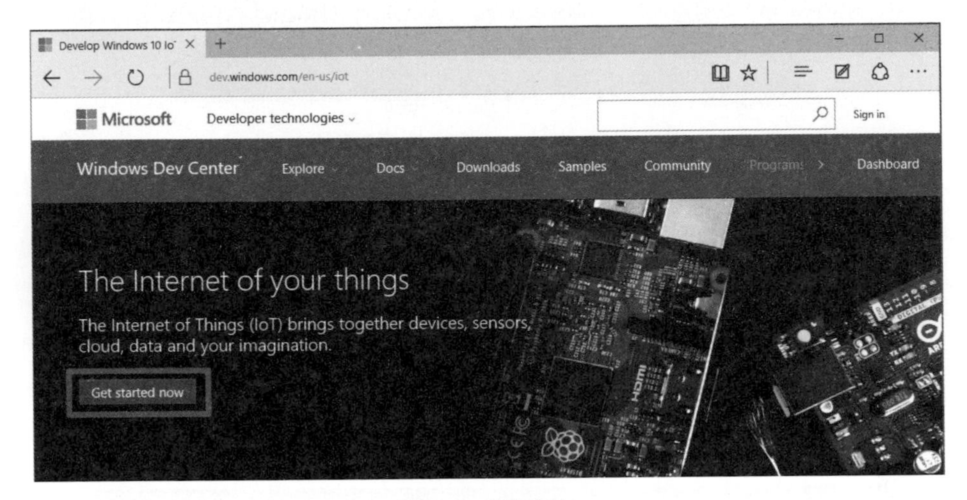

圖 5-5 官方網站

Step **3** 進入官方網站

在微軟的官方網站中有三個硬體可以支援，分別是「Raspberry Pi」、「MinnowBoard Max」、「Galileo」，並點選「Raspberry Pi 2」下方的「Start Now」按鈕開始進行設定。

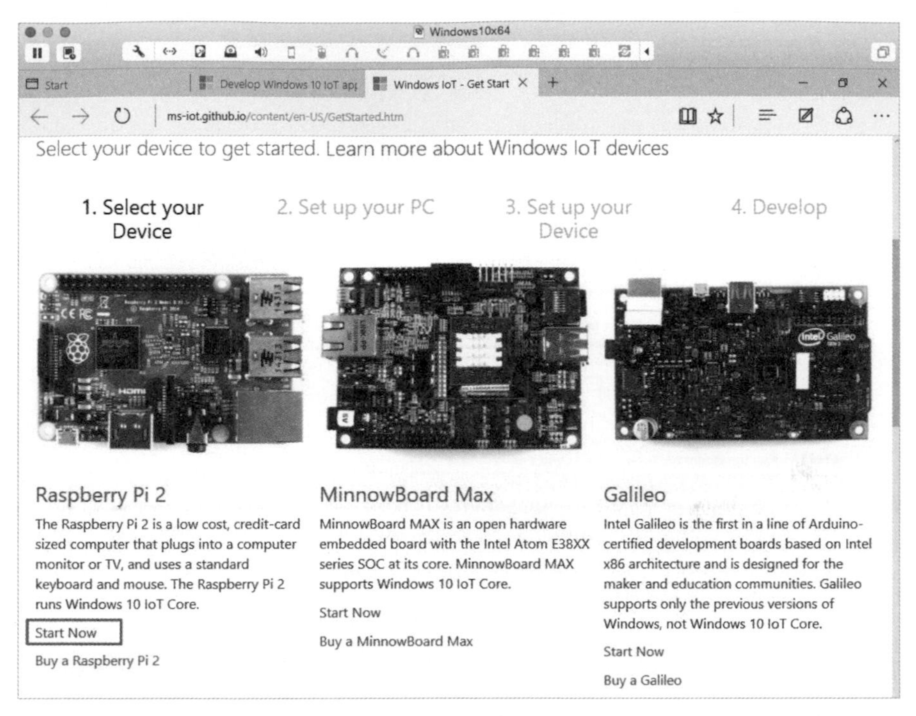

圖 5-6 進入官方網站

Step **4** 下載 Visual Studio Community 2015

如果 Windows 10 作業系統的 PC 上還沒有安裝任何「Vistal Studio Community 2015」、「Vistal Studio Professional 2015」、「Vistal Studio Enterprise 2015」開發工具，可以在官方網站上面點選這個免費的「Vistal Studio Community 2015」版本，然後請點擊「here」按鈕，就可以進行下載的動作。

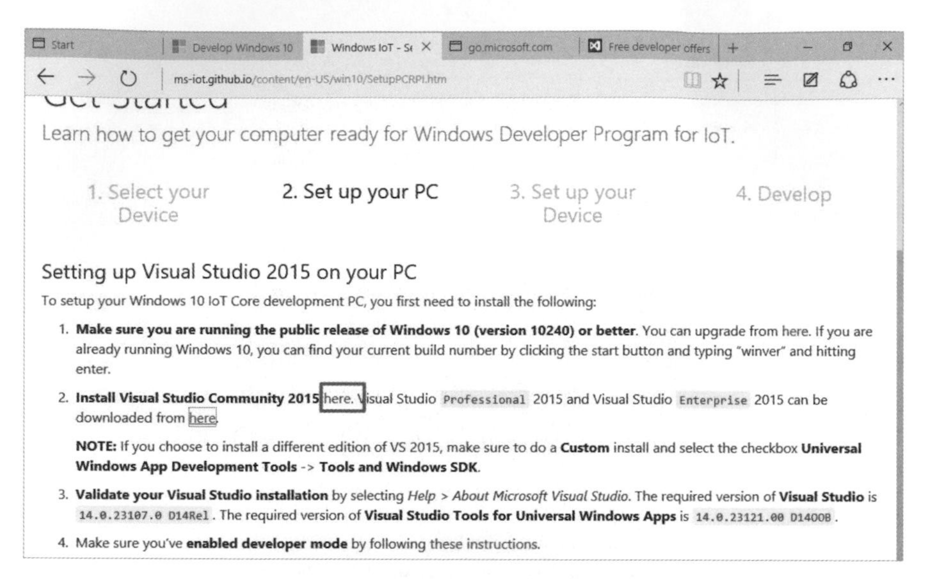

圖 5-7 下載 Visual Studio 2015

Step **5** 下載 Visual Studio Community 2015 並執行

稍等一下便會順利下載「Visual Studio Community 2015」，完成請點選「Run」進行安裝。

圖 5-8 下載 Visual Studio Community 2015 並執行

Step **6** 安裝路徑

安裝程式時，請自行決定好安裝路徑，並且點選「Typical for Windows 10 Developers」選項，這樣可以確保會安裝必須的元件，尤其是「Universial Windows App Development tools」元件。完成後，請點擊「Install」按鈕到下一步。

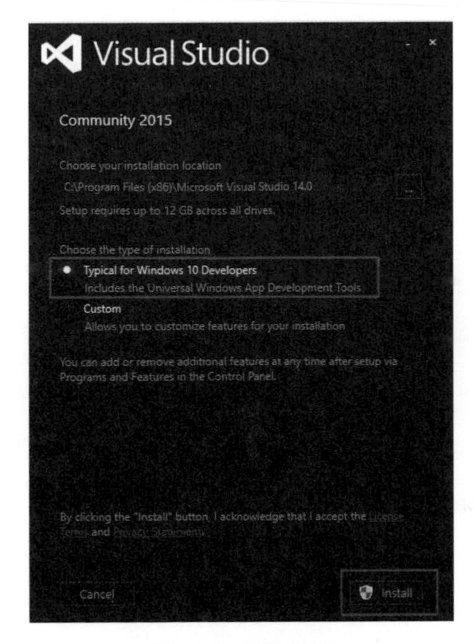

圖 5-9　安裝路徑

Step **7**　安裝

首先會出現「User Account Control」安全詢問視窗，請點「Yes」按鈕，到下一步。

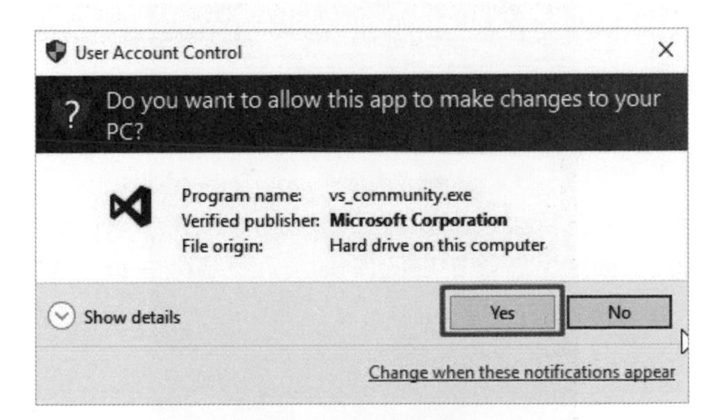

圖 5-10 安全詢問

接下來就會出現安裝的視窗，請稍等一下就可以完成這個步驟。

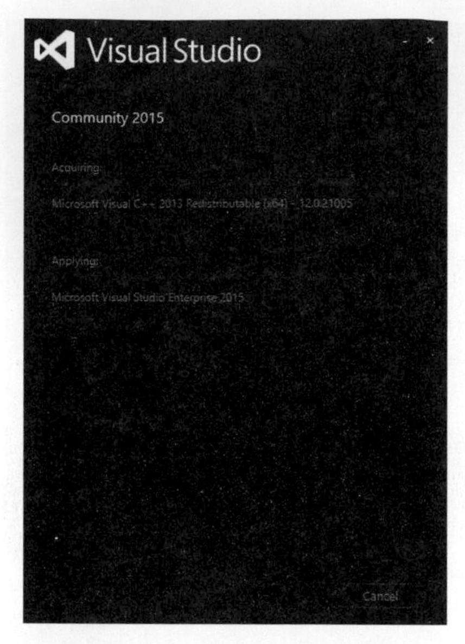

圖 5-11 安裝過程視窗

執行結果

這個安裝過程結束之後，就會出現如下圖所示，代表已經順利地下載和安裝「Visual Studio Community 2015」軟體。

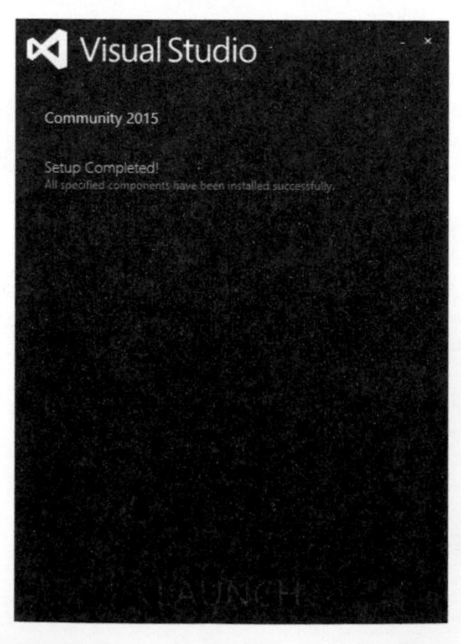

圖 5-12 順利安裝「Visual Studio Community 2015」完成

教學影片

完整教學影片可以參考 *5-2-RPI2_Win10_1_SettingUpVSCommunity2015*，裡面有詳細的執行過程。

補充說明

另外也建議使用一段時間之後，可定期回到「Vistal Studio Community 2015」看一下是否有新的軟體可以下載和升級。

5.3 設定 Visual Studio Community 2015

第一次啟動「Visual Studio Community 2015」時需要做帳號等設定，請依照以下步驟完成整個設定動作。

步驟

Step 1 登入的動作

請點選「Sign」登入，這是第一次啟動「Visual Studio Community 2015」，所以需要做帳號等設定。

圖 5-13 登入的動作

Step **2** 登錄

輸入 email 的名稱，這個名稱可以與 Windows 10 作業系統登錄的同一個，如果沒有，可以到微軟的網站上新增一組帳號密碼，最簡單的方法就是去登記一組 hotmail 電子信箱。

圖 5-14 登錄帳號

Step **3** 登錄型態

然後，選擇登錄型態。一般來說如果沒有特別的需求就直接點選「Microsoft account」到下一步。如果各位所使用的是學校或公司的電腦，公司應該會有購買帳號，如有帳號，請點選「Work or school account」。

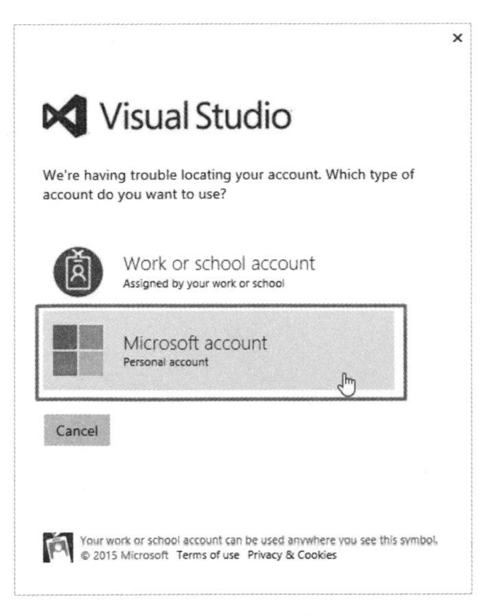

圖 5-15 登錄型態

Step 4 填寫個人資料

輸入基本的個人資料之後，點選「Continue」按鈕，進入下一個步驟。

圖 5-16 填寫個人資料

Step **5** 建立一個專案

接下來請建立一個專案，以確認「Visual Studio 2015」的安裝是否正確。

- Project name：專案名稱請輸入一組英文的名稱。
- Project template： 專案的樣版，請選取「Scrum」。

完成後，請按下「Create project」按鈕到下一步。

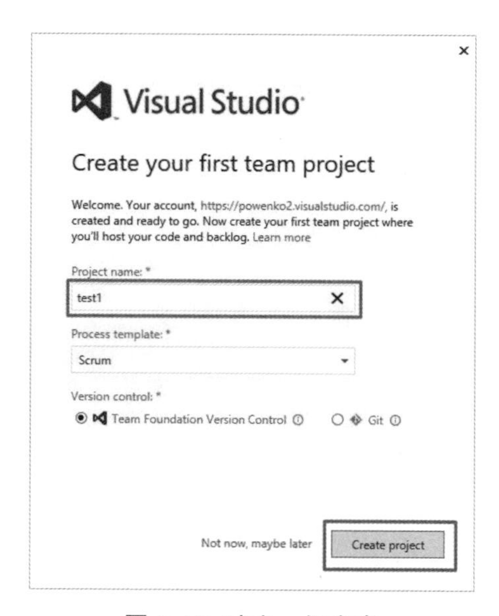

圖 5-17 建立一個專案

Step **6** 專案外觀

接下來，請設定這個專案的外觀。

- Development Settings: 開發者設定，請選取「General」做一般基本設定。
- Choose your color theme: 專案的外觀的顏色，請選取「Blue」做基本設定。

做完成之後，請按下「Start Visual Studio」按鈕到下一步。

圖 5-18 專案外觀

執行結果

整個設定結束之後，就會出現如下圖所示，代表已經順利地啟動「Visual Studio Community 2015」。

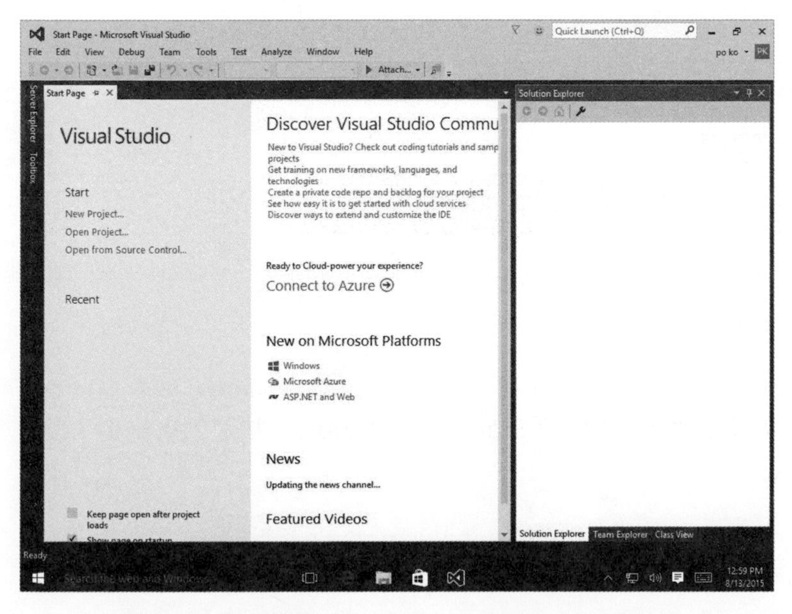

圖 5-19 順利開啟 Visual Studio Community 2015

教學影片

完整教學影片可以參考 *5-3-RPI2_Win10_2_SingIn_VSCommunity2015*，裡面有詳細的執行過程。

5.4 確認 Visual Studio 版本

請把剛剛安裝的「Visual Studio」打開，並且透過下拉式選單「Help\About Microsoft Visual Studio」所跳出來的視窗，確定版本編號：

- Visual Studio 版本編號需要高於 14.0.23107.0 D14Rel。
- Visual Studio Tools for Universal Windows Apps 需要高於 14.0.23121.00 D14OOB。

圖 5-20 Visual Studio 2015 確定版本

教學影片

完整的教學影片請參考 *5-4-RPI2_Win10_3_VSCommunity2015_versionCheck*。

5.5 設定和開啟 Developer Mode 開發者模式

介紹

在 Windows 10 中，如果要執行編譯和 IoT，需要開啟「Windows 10」的「Developer Mode」開發者模式，請透過以下的步驟，打開該設定。

步驟

Step 1　進入「For developers settings」視窗

為了進入「Developer Mode」視窗，請依照以下步驟進行操作：

1. 點選「Windows 10」作業系統下的左下角「Windows」圖片。
2. 輸入「Developer」。
3. 點選「For developers settings」開啟。

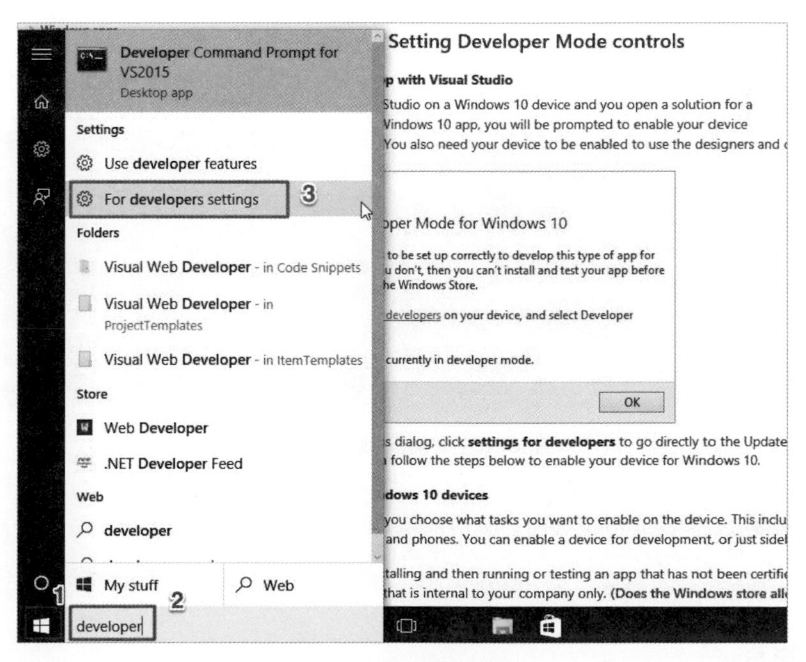

圖 5-21　進入官方網站

Step **2** 開啟「Developer Mode」

請點選「Developer Mode」按鈕，開啟設定。

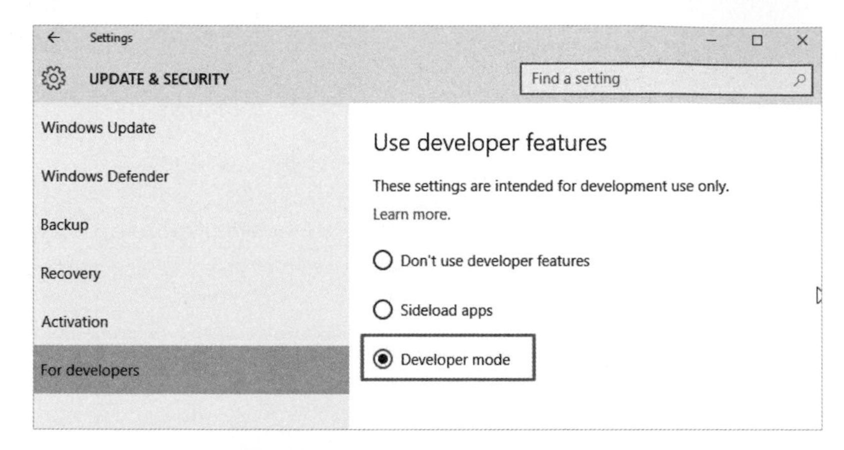

圖 5-22 開啟「Developer Mode」

Step **3** 確認開啟發者模式

請於提示訊息中點選「Yes」按鈕，確認要開啟開發者模式。

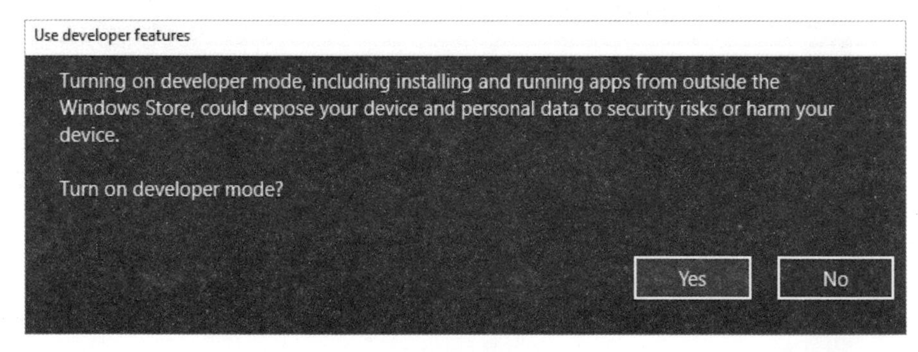

圖 5-23 確認開啟發者模式

執行結果

整個設定結束後，就會將「Windows 10」作業系統順利的開啟開發者模式。

教學影片

完整教學影片可以參考 *5-5-RPI2_Win10_4_VSCommunity2015_setupDeveloperMode*。

Windows 10 IoT Core 使用教學

6
CHAPTER

本章重點

本章節將介紹 Windows 10 IoT Core 環境設定的功能和使用方法。

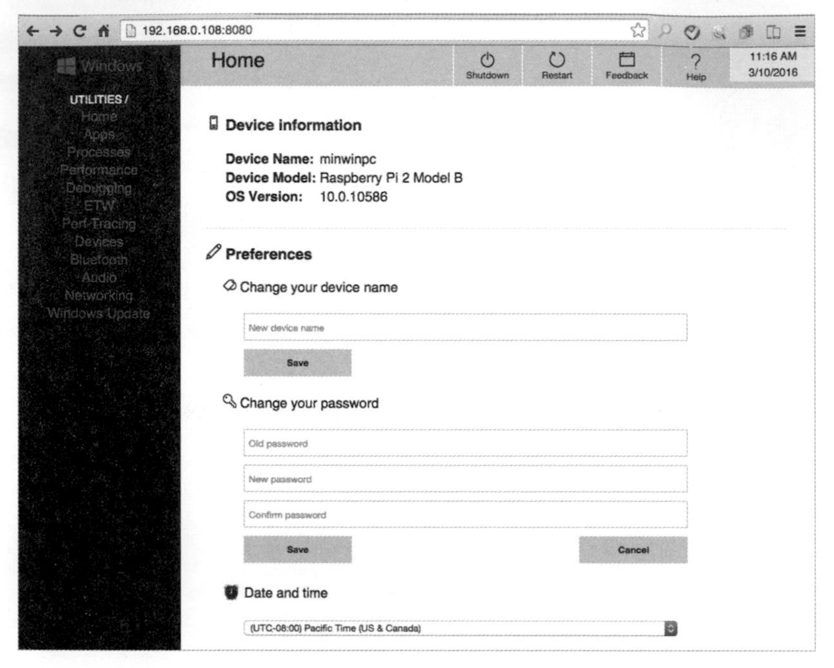

圖 6-0 Windows 10 IoT Core 環境設定

6.1 Windows 10 IoT Core 系統

順利啟動後，有二種操作系統的方法，最簡單的就是透過滑鼠跟鍵盤直接來控制。

第一次開機的時候，Windows 10 IoT Core 系統會詢問您要使用的語言，因為之後程式開發的關係，本書還是以英文為主，當然也可以設定為中文。

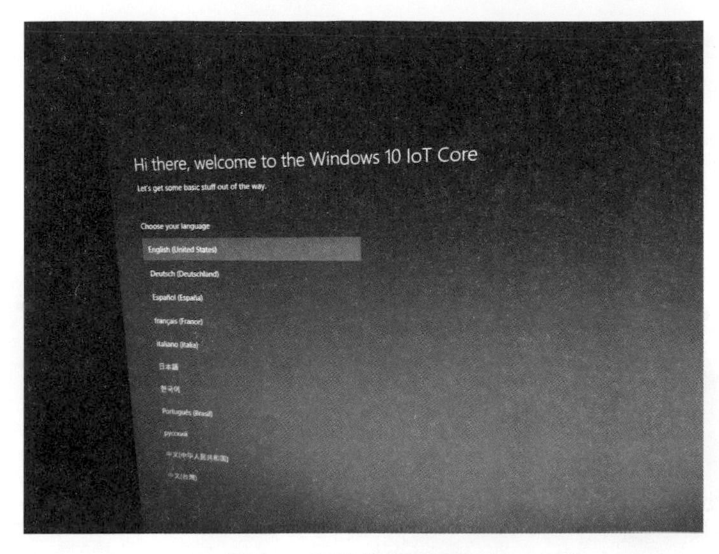

圖 6-1 啟動後的語言設定

語言設定成功之後，就會進入主畫面「Device info 設備資訊」。在畫面上，顯示有：

- Device name：設備名稱
- Network：網路
- IP address：網路位址
- OS Version：Windows 10 IoT Core 的版本
- Conneted devices：目前連接的設備列表

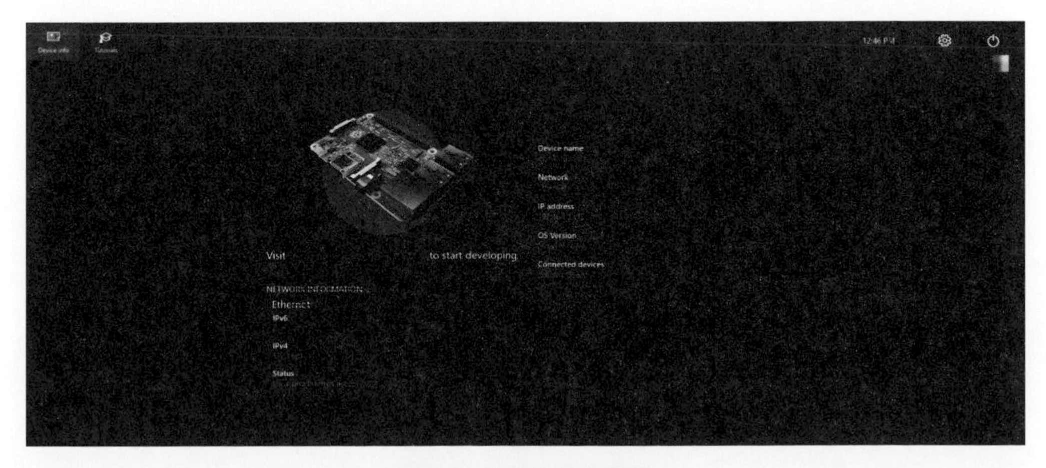

圖 6-2 啟動後的主畫面

在畫面的左上角，有兩大選項，第一個按鈕是「Device info」，顯示目前該系統的設定值，也就是剛剛上圖所示的啟動後主畫面 。

左上角第二個按鈕是「Tutorial 教學」，有幾個文字教學的範例，其內容跟網頁上的教學是一樣的。

圖 6-3 「Tutorial 教學」

而右上角有三個按鈕，從由左到右分別是「時間」、「設定」、「關機」。因為作業系統的關係，所以強烈建議於關閉設備時，請先選取「關機」之後，才移除電源，以免造成下回無法順利開啟作業系統。

圖 6-4 「時間」、「設定」、「關機」

而選取「設定」按鈕後，就可以進入設定畫面。這個選項還可以設定語言，如果剛剛各位沒有設定想要的語言，還是可以在這邊選取和設定。

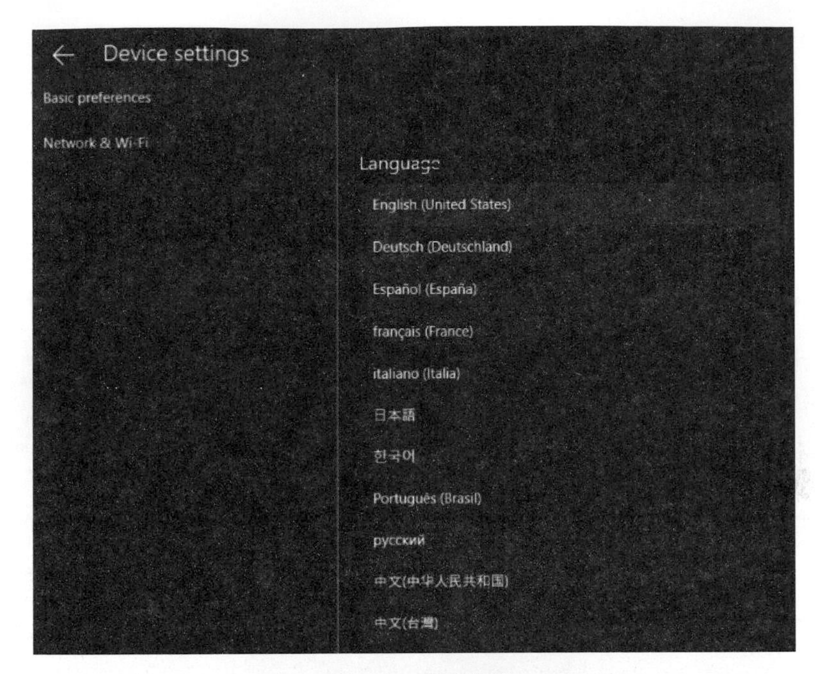

圖 6-5 語言設定

目前繁體中文、簡體中文都有支援。

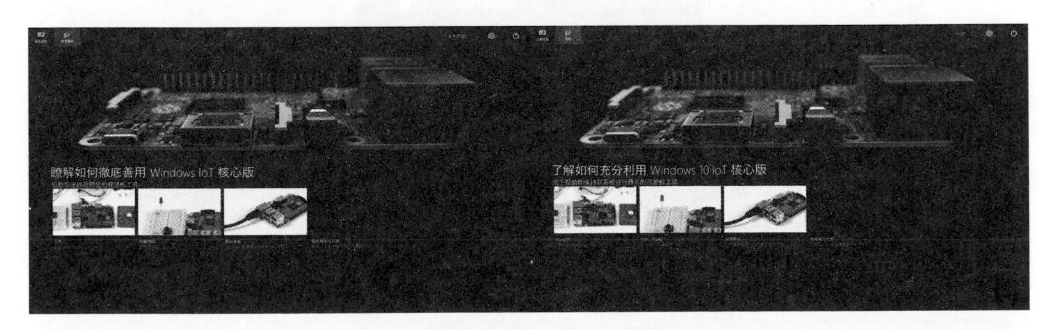

圖 6-6 支援繁體中文、簡體中文

然後第二個是「Network & Wi-Fi」的網路設定，這邊可以進行有線網路和無線網路的設定、路由器和密碼的網路相關設定。

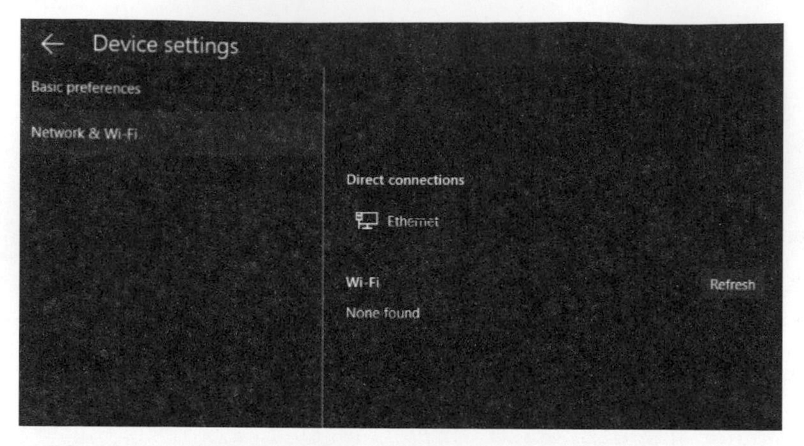

圖 6-7 網路設定

最後的「關機」之中有二個選項，分別是「restart」重新開機和「shutdown」關機。

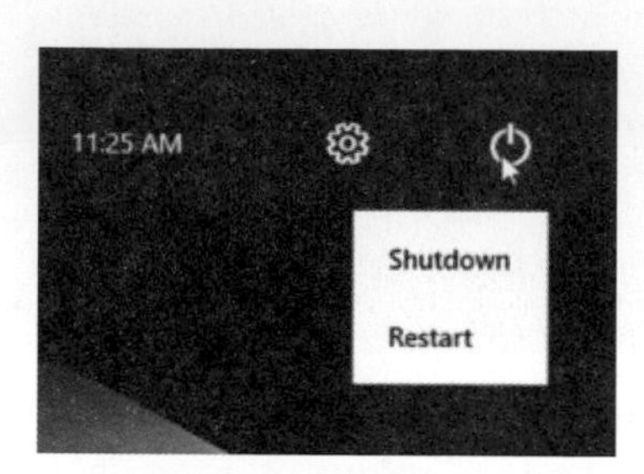

圖 6-8 「restart」重新開機和「shutdown」關機

教學影片

完整的教學影片可以參考 *6-1-StartWin10IoTCore*。

6.2 透過瀏覽器連線到 Windows 10 IoT Core

在 Windows 10 IoT Core 的作業系統，可以讓用戶透過瀏覽器連線到 Raspberry Pi 2 上，並上傳程式和設定相關的資料，請透過以下步驟進入該設備的網頁。

步驟

Step **1** 開機並記下 IP address 網路位址

請先將執行「Windows 10 IoT Core」的 Raspberry Pi 2 開機，並記下畫面上顯示的網路位址。

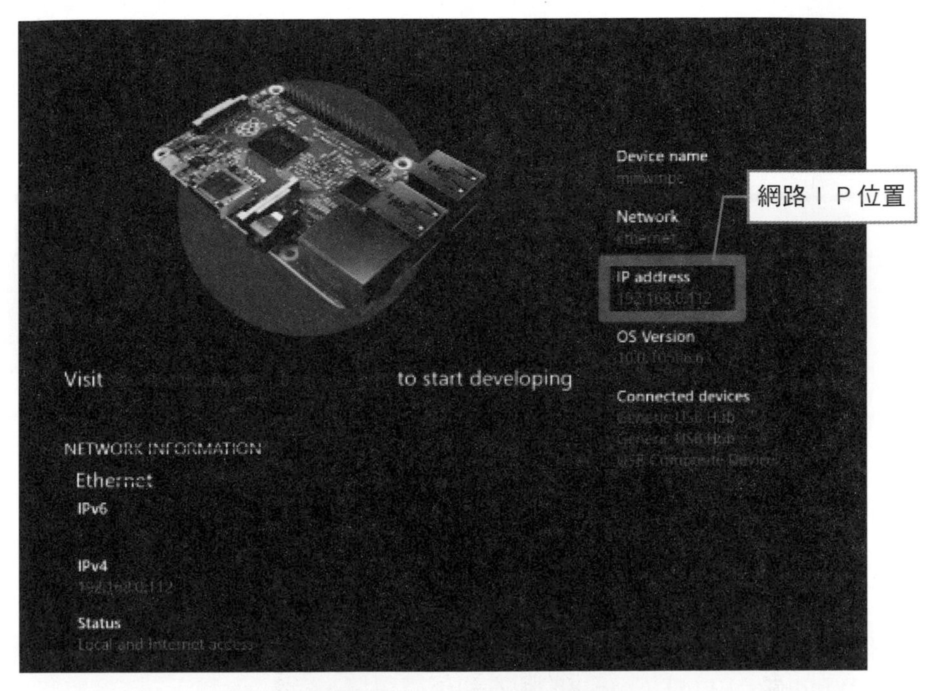

圖 6-9 開機並記下 IP address 網路位址

Step **2** 瀏覽器

此時可以在相同的區域網路中使用 PC、手機、平板，透過瀏覽器連接到該設備的實際網路位址。

1. 例如以 http://192.168.0.155:8080 連上該網頁，即連接到 Raspberry Pi 的設備上並進行設定和處理，請自行調整網路位址，並且不要忘記在後面加上 :8080。
2. 接下來會跳出詢問視窗，請輸入帳號和密碼：

   帳號：Administrator

   密碼：p@ssw0rd

   請注意帳號的 A 是大寫，而密碼的 a 和 o，是以@符號代替字母 a，數字 0 代替字母 o。
3. 完成後，請按下「OK」按鈕，就能夠順利使用。

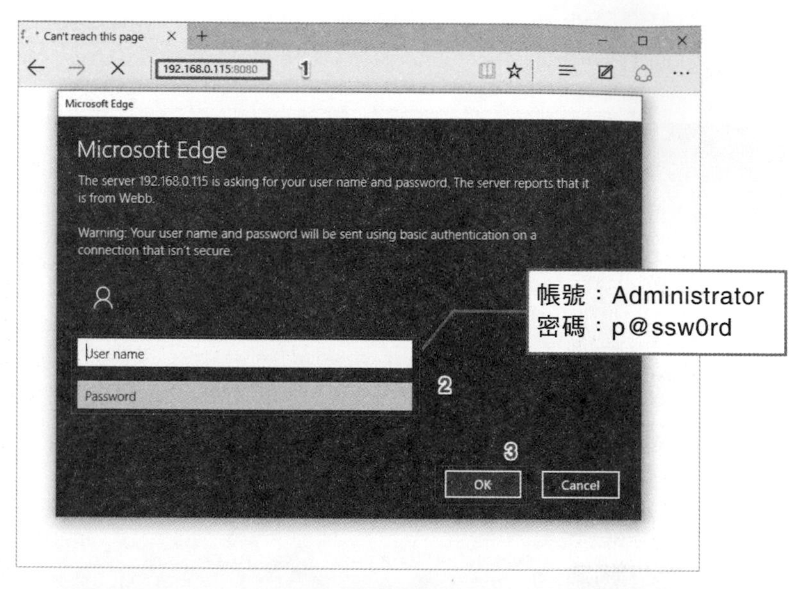

圖 6-10 瀏覽器

執行結果

接下來，會進入 Raspberry Pi 的「Windows 10 IoT Core」網頁環境，如下圖顯示的是「Windows 10 IoT Core」的版本和硬體環境。

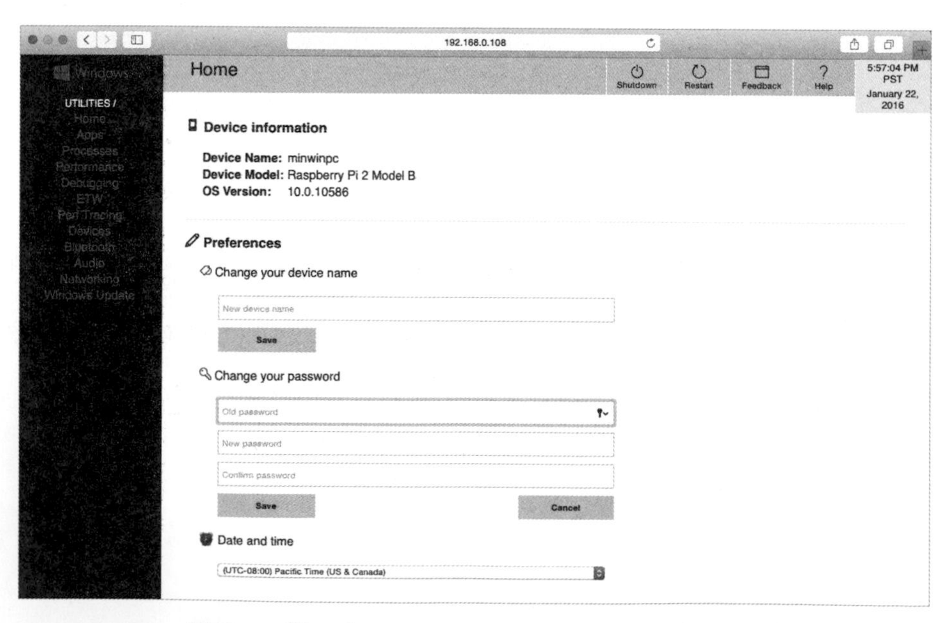

圖 6-11 進入「Windows 10 IoT Core」的網頁環境

經過測試，因為是網頁的功能，所以可以在 Windows、Linux、Mac 甚至手機平台下，透過瀏覽器連接就能使用。

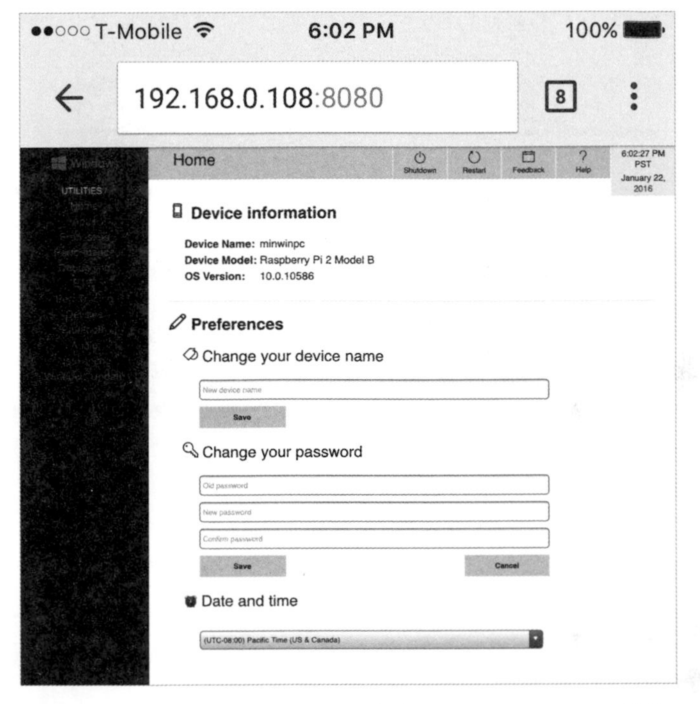

圖 6-12 在 iPhone 6s Plus 手機透過 Google Chrome 連線

教學影片

完整教學影片可以參考 *6-2-Win10_8_Win10IoT_HTTP*。

6.3 Windows 10 IoT Core 的網頁環境功能介紹

「Windows 10 IoT Core」的網頁環境提供了很多功能，例如 CPU 使的情況、版本、上傳下載、執行程式、檔案總管等等，在本章節會一個一個為各位介紹。提醒一下，目前的 Windows 10 IoT Core 版本，網頁的部分還是顯示英文。

關機

在這個視窗右上角的功能按鈕，分別是「Shutdown 關機」、「Restart 重新開機」、「feedback 意見反應」、「Help 協助」。

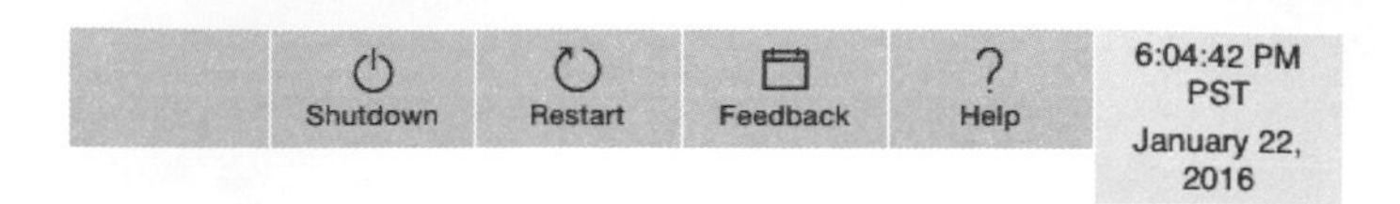

圖 6-13 右上角的功能按鈕

- 「Shutdown 關機」：關機時使用。
- 「Restart 重新開機」：重新啟動機器。
- 「Feedback 意見反應」：會開啟 feedback 意見反應的功能。
- 「Help 協助」：將會連接 Windows 10 IoT 的線上教學和協助的網頁。

Utilities 工具 / Home 首頁

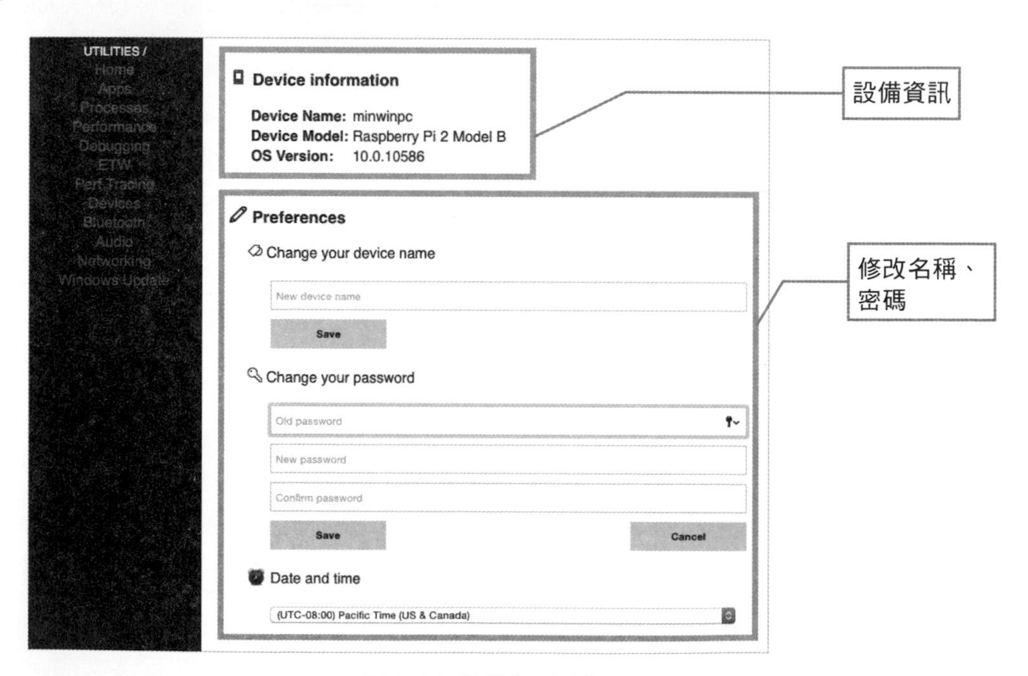

圖 6-14 Utilities 工具

Device information 設備資訊：如圖 6-15 所示為樹莓派的相關資料。尤其是「Device Name 設備名稱」，它是用來指定這個設備的名稱，在應用上可以用在網路連線的 IP 位址，也就是說目前是在瀏覽器上透過 IP 位址，連線到該設備做動作。同樣的，也可以透過「Device Name 設備名稱」在瀏覽器上面輸入，就可以連結到這個設備。例如： http://minwinpc.local:8080/。

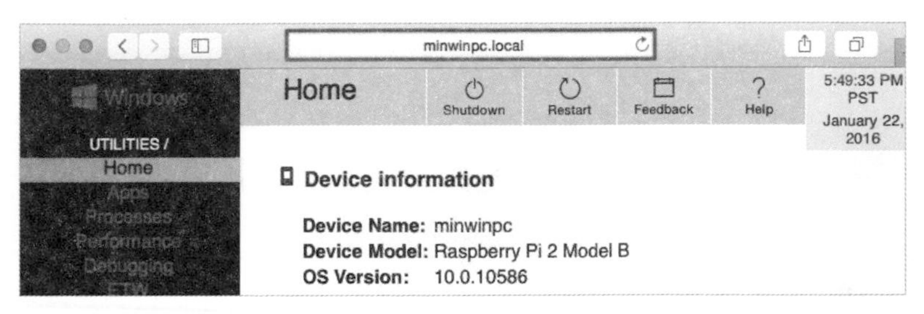

圖 6-15 透過「Device Name 設備名稱」連線 http://minwinpc.local:8080/

- 「Change your device name 修改設備名稱」

  目前系統內定的名稱是「minwinpc」，如果想要修改可以在「Preference 偏愛」中的「Change your device name 修改設備名稱」進行修改，完成之後按下「Save 儲存」，就可以更新設備的名字。

- 「Password 修改密碼」

  目前系統內定的密碼是「p@ssw0rd」，如果要修改可以在「Preference 偏愛」中的「Change your password 修改密碼」進行修改，依序輸入「舊密碼」、「新的密碼」、「新的密碼」，完成之後按下「Save 儲存」，就可以更新設備的密碼。

- 「Date & Time 時間和日期」

  如果要修改時間和日期的顯示方法，可以在此選取喜愛的顯示日期和時間的方式。

Apps 應用程式

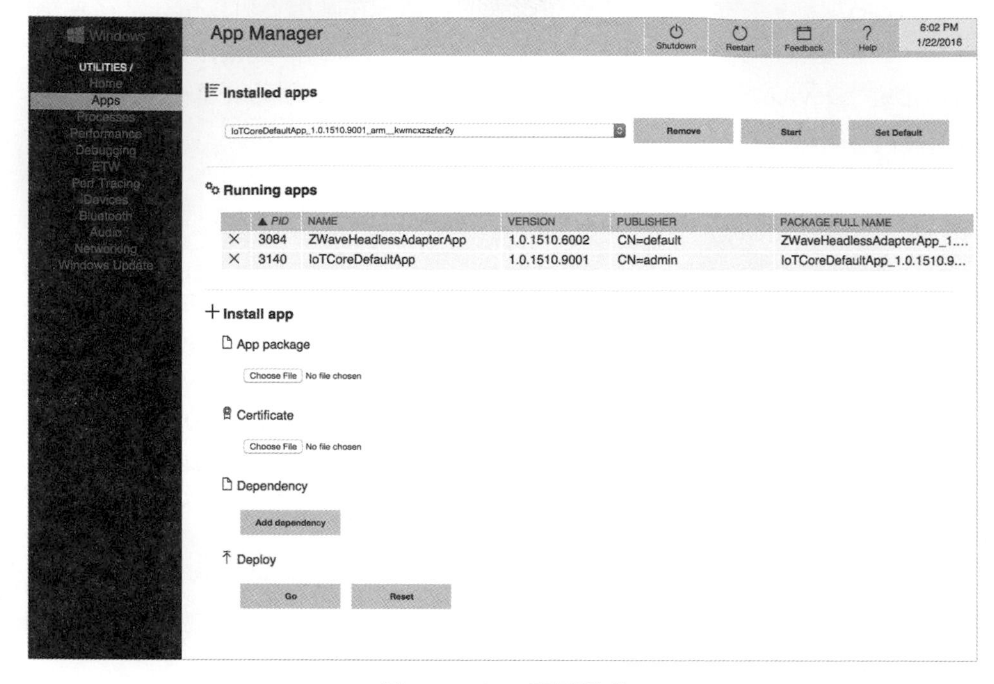

圖 6-16 App 應用程式

「Installed apps 已安裝的應用程式」

此處有三個功能分別是：

- 「Remove 移除」移除程式。
- 「Start 開始」執行應用程式。
- 「Set Default」用來指定這個應用程式，啟動後就會執行。

詳細的功能，屆時會在「10.3.5 指定啟動時執行的應用程式」會有詳細的介紹。

「Running apps 正在執行的應用程式」

透過該列表，可以發現目前正在執行的應用程式有哪些，並且可以透過左邊的「X」按鈕直接強制關閉該程式。

詳細的功能，屆時會在「10.3.4 透過 AppX Manager 管理執行、關閉和移除 App」會有詳細的介紹。

+ 「Install app 安裝應用程式」

透過此項目，可以完成四個功能，分別是：

- 「App package 應用程式安裝」：可以透過此功能，把應用程式安裝在這台機器上。
- 「Certificate 認證安裝」：透過此功能，把認證安裝在這台機器上。
- 「Dependency 相依」：上傳相依認證，並安裝在這台機器上。
- 「Deploy 部屬」：可以透過此功能，把部屬認證安裝在這台機器上。

Processes 處理現況

Running Processes

	PID	NAME	USER NAME	SESSION ID	CPU	PRIVATE WORK...	WORKING SET
×	0	System Idle Process	NT AUTHORITY\SYST...	0	60.9...	8.0 KB	8.0 KB
×	4	System	NT AUTHORITY\SYST...	0	0.00%	8.0 KB	60.0 KB
×	240	smss.exe	NT AUTHORITY\SYST...	0	0.00%	112.0 KB	720.0 KB
×	364	csrss.exe	NT AUTHORITY\SYST...	0	0.00%	272.0 KB	1.5 MB
×	432	wininit.exe	NT AUTHORITY\SYST...	0	0.00%	420.0 KB	2.6 MB
×	480	services.exe	NT AUTHORITY\SYST...	0	0.00%	1.2 MB	3.6 MB
×	496	lsass.exe	NT AUTHORITY\SYST...	0	0.00%	2.5 MB	8.8 MB
×	592	svchost.exe	NT AUTHORITY\SYST...	0	0.00%	1.8 MB	9.2 MB
×	792	dwm.exe	Window Manager\DWM-0	0	0.00%	6.3 MB	15.7 MB
×	812	svchost.exe	NT AUTHORITY\NETW...	0	0.00%	1.2 MB	4.6 MB
×	932	svchost.exe	NT AUTHORITY\LOCA...	0	0.00%	3.9 MB	11.4 MB
×	940	svchost.exe	NT AUTHORITY\LOCA...	0	0.00%	2.9 MB	11.4 MB
×	956	svchost.exe	NT AUTHORITY\LOCA...	0	0.00%	4.8 MB	10.8 MB
×	1040	svchost.exe	NT AUTHORITY\LOCA...	0	0.00%	476.0 KB	3.2 MB
×	1096	svchost.exe	NT AUTHORITY\SYST...	0	0.00%	6.6 MB	24.5 MB
×	1140	svchost.exe	NT AUTHORITY\SYST...	0	0.00%	12.9 MB	23.3 MB
×	1276	svchost.exe	NT AUTHORITY\NETW...	0	0.00%	2.6 MB	8.5 MB

圖 6-17 「Windows 10 IoT Core」顯示 CPU 使用的情況

可以透過表格，顯示出每一個應用程式現在正在執行的情況、處理器所占用的比率，以及花費的時間。

× 可以透過左邊的「X」按鈕直接強制關閉該程式。

Preformace 執行效能

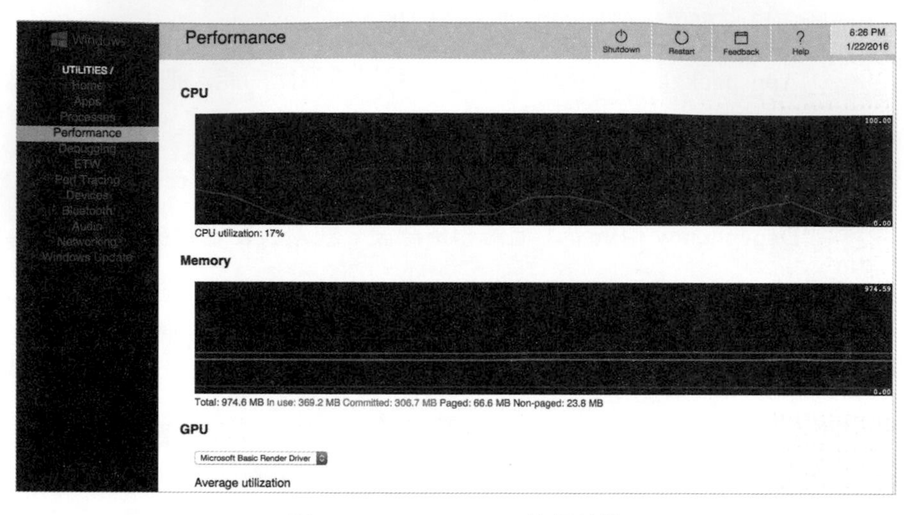

圖 6-18 Preformace 執行效能

在此功能圖表，顯示出 Windows 10 IoT Code 的硬體現況，包含處理器、記憶體、GPU 圖形顯示晶片、輸入輸出和網路所占用的比率和時間。

Debugging 除錯

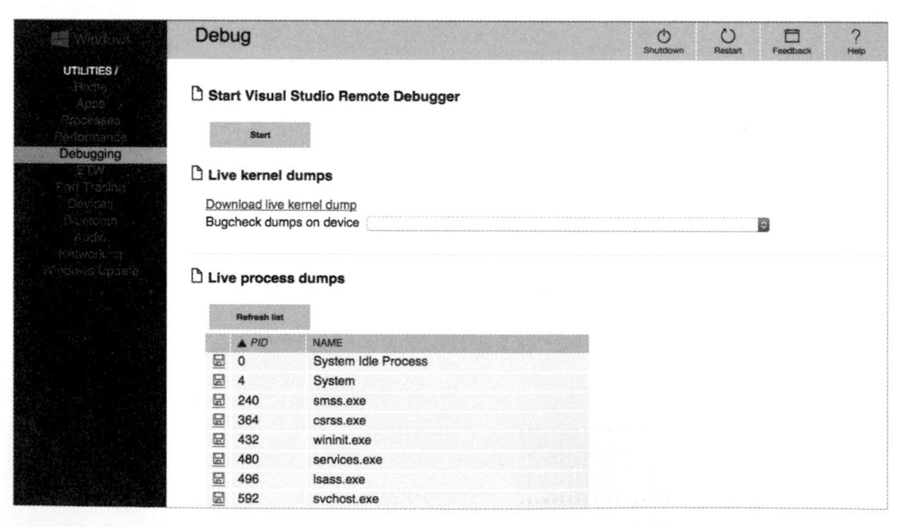

圖 6-19 「Windows 10 IoT Core」的 Debugging 除錯和下載 Kernal 的使用紀錄

透過這個功能，可以看得出每一個應用程式的使用記錄，以方便開發者程式使用，並且在後面章節會介紹如何在程式中把要除錯的資料放入這個儲存檔案中。

ETW（Event Tracing for Windows）觸發事件追蹤

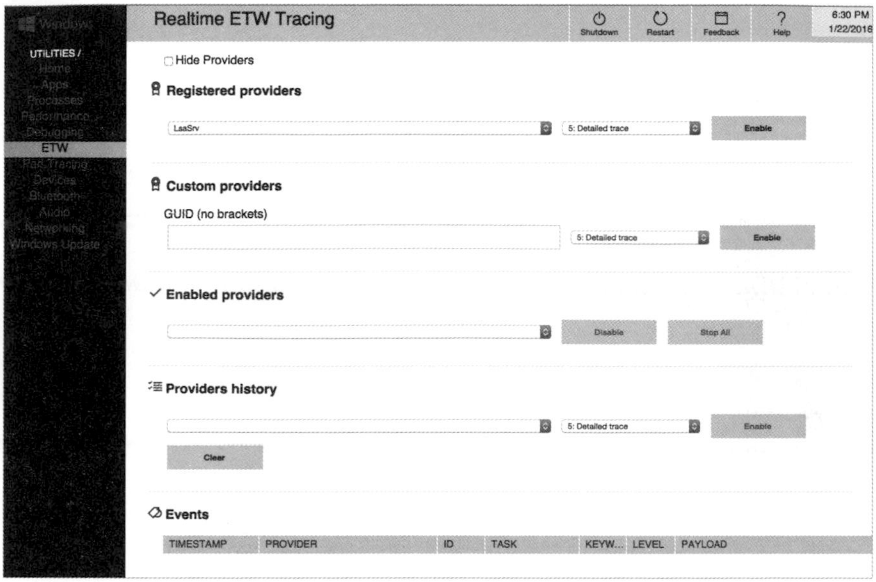

圖 6-20 即時 ETW（Event Tracing for Windows）觸發事件追蹤

另外程式在開發除錯時，也需要知道用戶使用的方法和觸控的方式，所以在的這個表格中，會把用戶對應用程式做的所有動作都顯示出來，方便日後程式開發者除錯時使用。

Performance tracing 執行效率追蹤

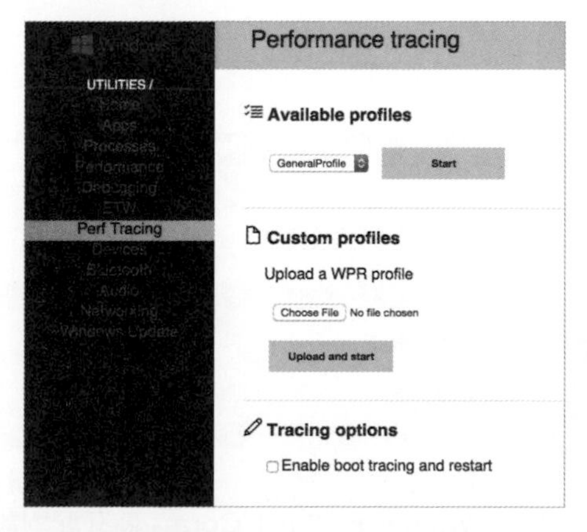

圖 6-21 「Performace tracing」執行效率追蹤

它可以指定單獨對一個應用程式進行追蹤和處理其執行情況。

Devices 設備

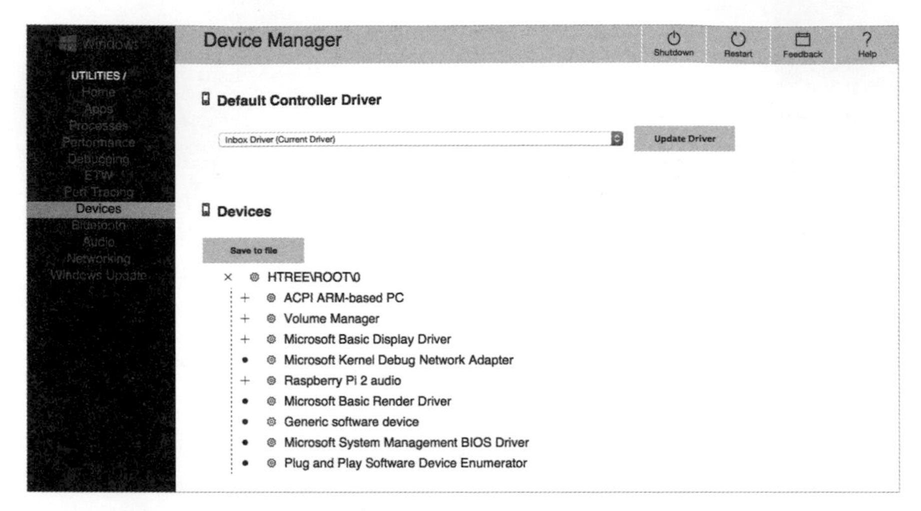

圖 6-22 「Windows 10 IoT Core」設備管理

圖 6-22 中所示為「Windows 10 IoT Core」的 Devices 設備和目前有哪些硬體。以目前的設備，不見得每一個硬體接上去都會有反應，這是因為驅動程式的關係。所以在實際使用時，當新的硬體連接後，必須要在這邊確認一下，連接到樹莓派上的設備是不是已經可以正常的動作，並且系統可以正確的辨識和執行。

Bluetooth 藍牙

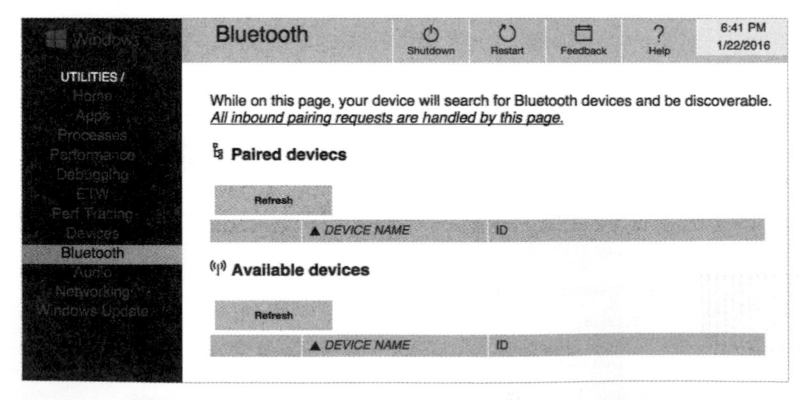

圖 6-23 「Windows 10 IoT Core」藍牙配對設定

在「Bluetooth 藍牙」工具頁中，會在「Paired devices 已配對的設備」顯示出目前已經配對成功的設備，如果還沒配對成功，可透過「Available devices 可用的藍牙設備」來搜尋附近的藍牙設備，並且進行藍牙配對的功能。

Audio 聲音輸出

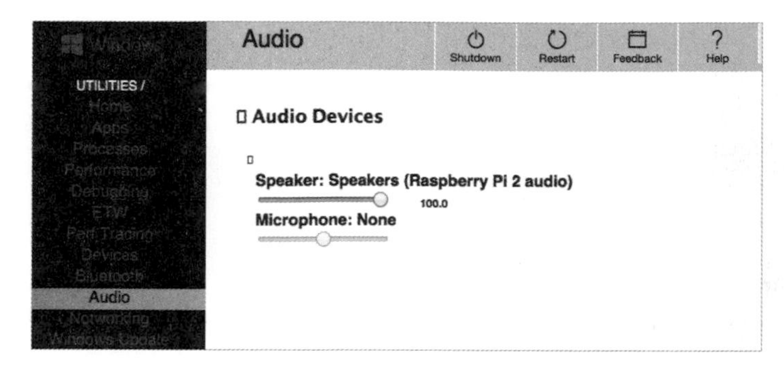

圖 6-24 「Windows 10 IoT Core」Audio 聲音輸出

在「Audio 聲音輸出」工具頁中，可以設定音量大小。

Networking 網路

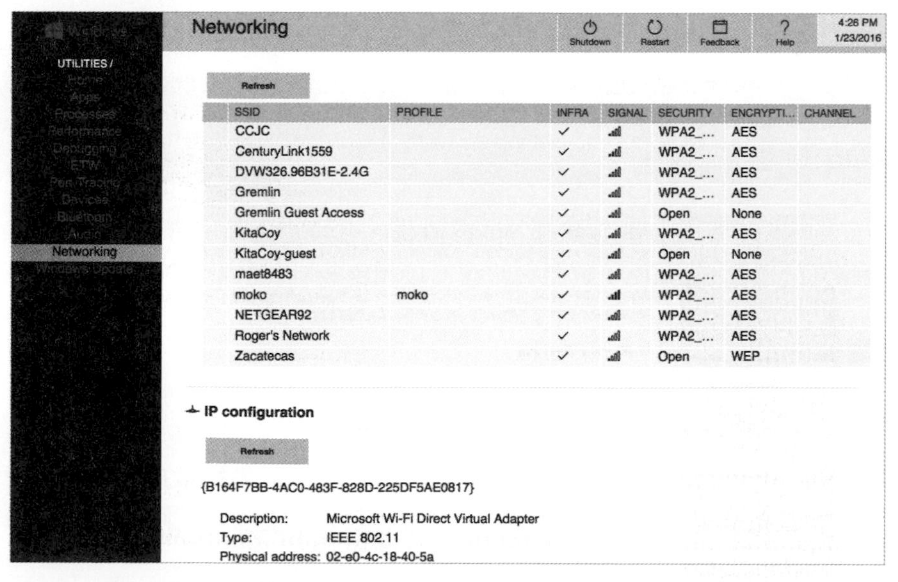

圖 6-25 「Windows 10 IoT Core」Wi-Fi 和網路設定

在「Networking 網路」工具頁中，可以顯示目前的網路情況和 IP 位置。如果是一般的網路線，只要直接連接 RJ45 的線，系統就會自己連線。如果硬體有藍牙設備，也會顯示出藍牙設備的位置 Mac Address。

無線網路的設定請看「6.4 設定 Wi-Fi 連線」，將會有完整的解說和設定的過程。

Windows Update 系統升級

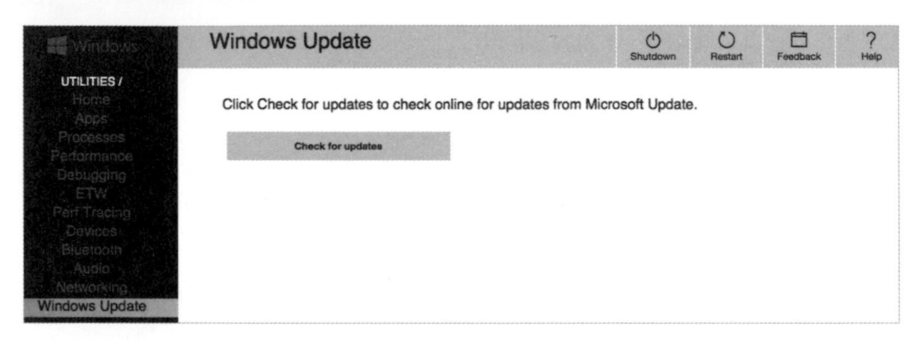

圖 6-26 「Windows 10 IoT Core」系統升級

在「Windows Update 系統升級」工具頁中，按下「Check for updates」就可以幫您確認一下是否有新的版本可以使用，並且進行安裝。

6.4 設定 Wi-Fi 連線

在本章節中，將介紹如何設定無線 Wi-Fi 設備。在設定之前，請依照之前的章節，順利地將系統啟動，並且使用實體網路線連接網路後，再透過瀏覽器進入設定網頁。

步驟

Step **1** 挑選合適的 USB Wi-Fi

因為「Windows 10 IoT Core」對於 USB Wi-Fi 設備還蠻挑剔的，即使您現在手上的設備可以在 Rasbian 上執行，但也不見得一定可以在這個設備上執行。

而筆者目前手上的三個設備，雖然可以在樹莓派的 Rasbian 作業系統上執行，但只有「Realtek RTL8188EU」的 Wi-Fi 才能在Windows IoT 系統上順利的工作。

圖 6-27 「Realtek RTL8188EU」硬體

Step **2** 設定頁面

當把 USB Wi-Fi 連接上樹莓派硬體時，請務必要重新開機，才能啟動驅動程式並且正常的工作。

請依照「6.2 透過瀏覽器連線到 Windows 10 IoT Core」，透過瀏覽器到「Networking 網路」：

1. 如果一切順利，就會看到如圖所示，出現該 USB Wi-Fi 設備的名稱。
2. 請點選「Networking」按鈕，搜尋附近可以連線的無線網路。

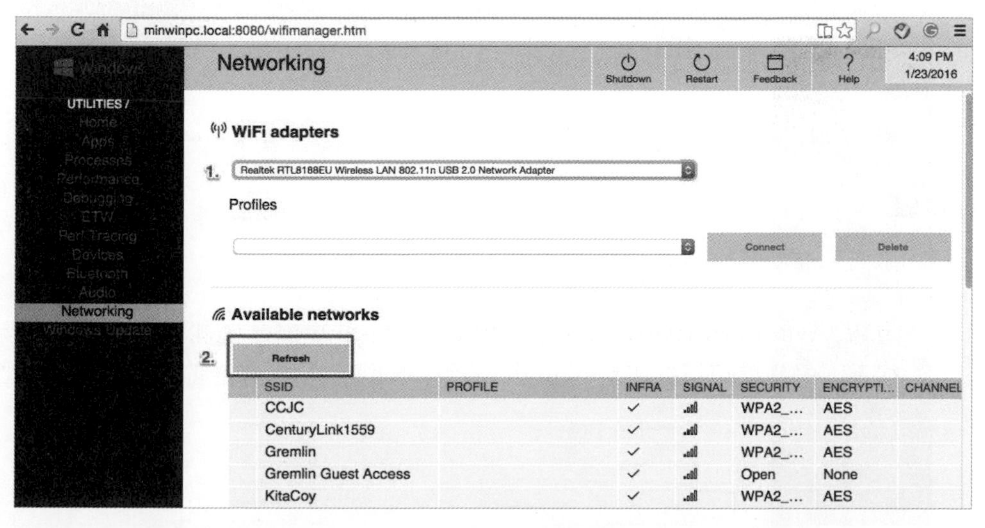

圖 6-28 「Windows 10 IoT Core」網頁的「Networking 網路」

Step **3** 選取設備和輸入密碼

請點擊選項上的無線網路名稱，在「Key」輸入密碼，並按一下右邊的「Connect」按鈕進行連線的動作。

如果下次使用時要自動連線該設備，可以勾選「Create Pofile（auto re-connect）建立下次自動連線」。

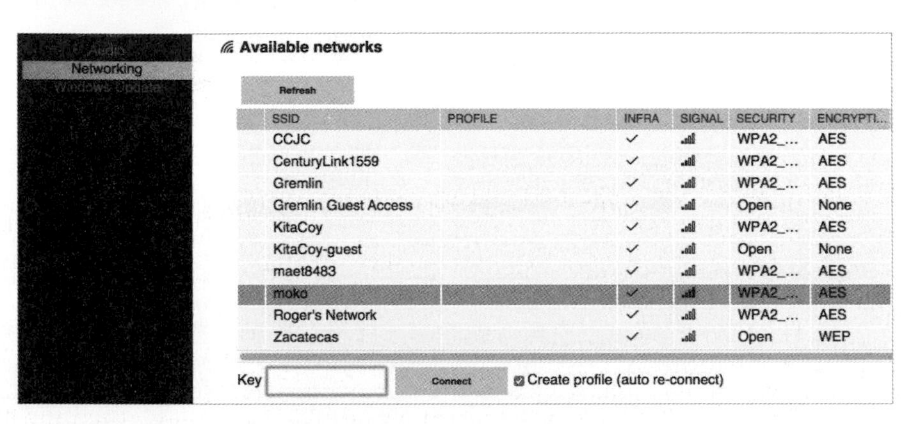

圖 6-29 選取設備和輸入密碼

執行結果

如果一切順利，就可以連上網路。在瀏覽器畫面更新後，就能看到代表連上該無線網路的 ✓ 勾勾在設備前。

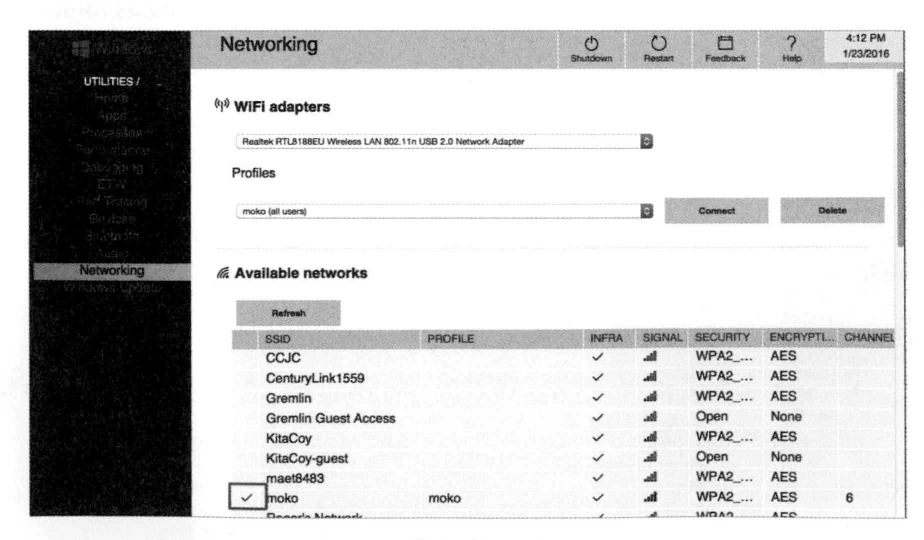

圖 6-30 順利連上無線 Wi-Fi

教學影片

完整的教學影片可以參考 *6-4-Win10IoT-Wifi*。

補充資料

另外，也可以透過滑鼠和鍵盤直接在樹莓派上面設定 Wi-Fi。開機後，透過右上角的「設定」進入設定頁面，再點選「Network & Wi-Fi」，就可以透過「Wi-Fi」的 refresh 選取設備和輸入密碼。不過依照教學的經驗，這個方法有時會無法找到其他 Wi-Fi 熱點。

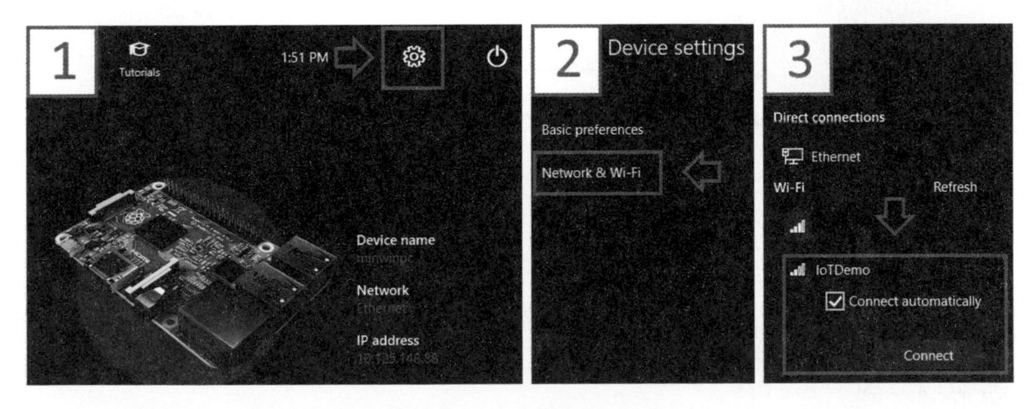

圖 6-31 設定無線 Wi-Fi

6.5 在 Windows PC 執行 Putty 連線到 Windows 10 IoT Core

各位都知道 Windows 10 IoT Core 是使用 Windows 的作業系統，本章將介紹如何透過軟體「Putty」來做遠端連線設定。

步驟

Step **1** 開機並記下 IP address 網路位址

請先把執行「Windows 10 IoT Core」的 Raspberry Pi 2 開機，並記下畫面上顯示的網路位址。

Step **2** 連線到 Putty 官方網站

請在Windows系統的電腦上，透過瀏覽器連線到官方網站http://www.putty.org/，並且點選「here」到下載頁。

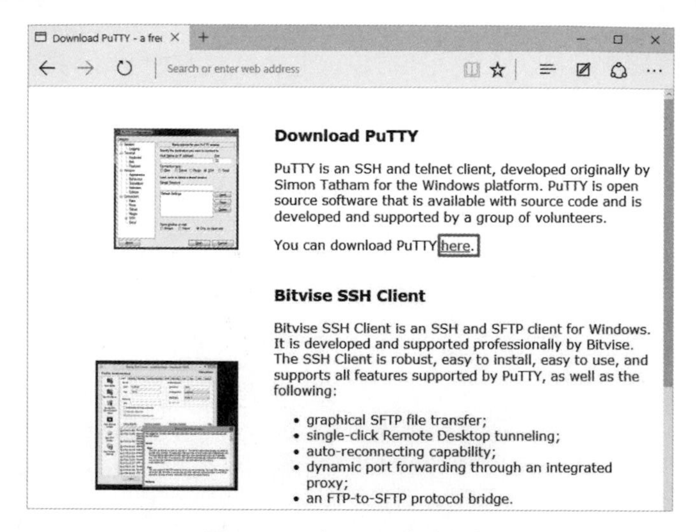

圖 6-32 到 Putty 官方網站

Step **3** 點選「putty.exe」並下載

到 Putty 官方網站上，並且點選 Windows Inter x86 的「putty.exe」並下載。

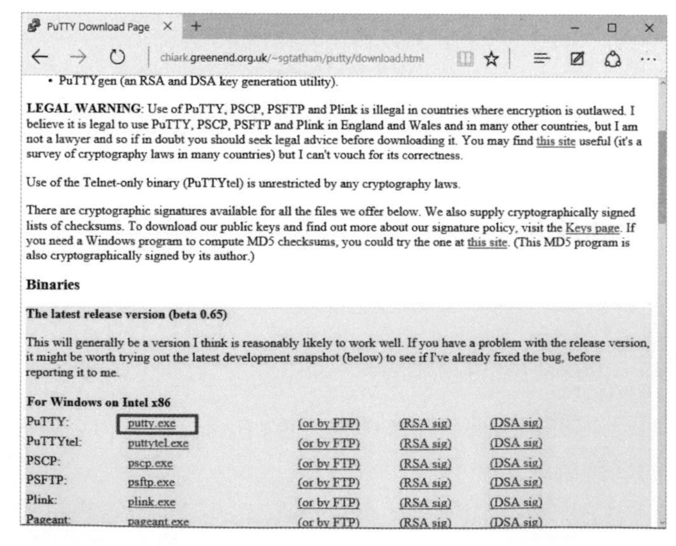

圖 6-33 點選「putty.exe」並下載

Step **4**　執行 Putty

Putty 軟體本身是綠色軟體，意思是說不用特地安裝，等完全下載之後，只要直接點選就可以執行。所以請把下載後的軟體，複製到合適的路徑，避免下回要用的時候找不到。

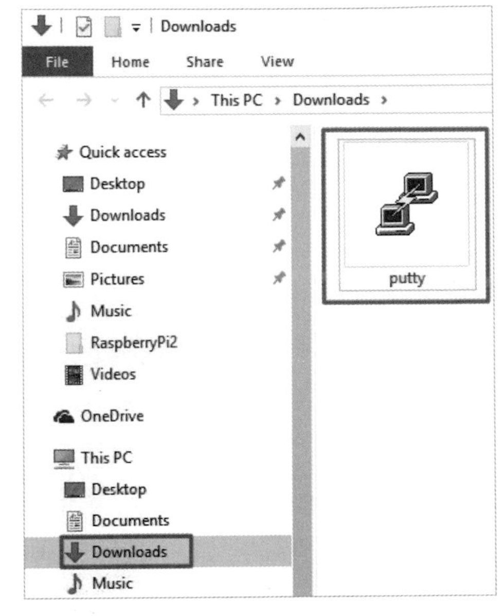

圖 6-34　執行 Putty

Step **5**　連線設定

然後，請輸入 Raspberry Pi 的網路位址及 Port 為 22，並點選「SSH」選項。如果一切確認正確，請點選「Open」按鈕，進行連線的動作。

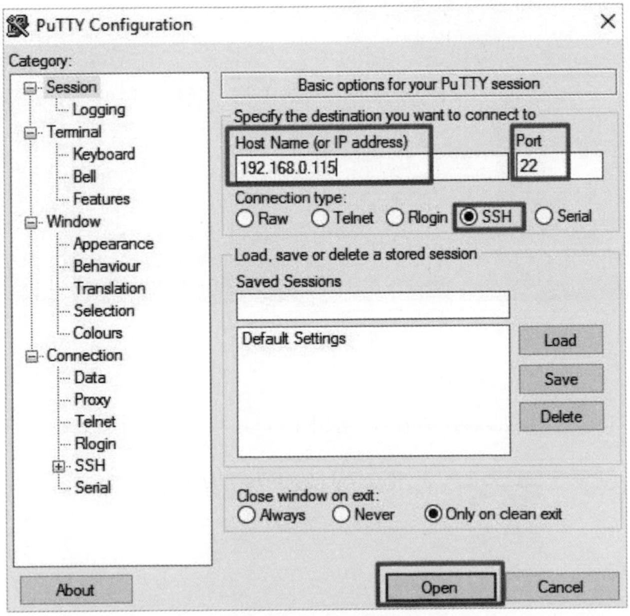

圖 6-35　連線設定

Step **6** 輸入帳號和密碼

接下來會跳出詢問視窗，請輸入帳號和密碼：

帳號：Administrator

密碼：p@ssw0rd

執行結果

稍等一下，螢幕便會出現如下圖所示的畫面，這樣就代表已經順利透過 Putty 這個軟體，連線到「Raspberry Pi」上的「Windows 10 IoT Core」，然後就可以透過 Windows 的 Dos 來執行動作。

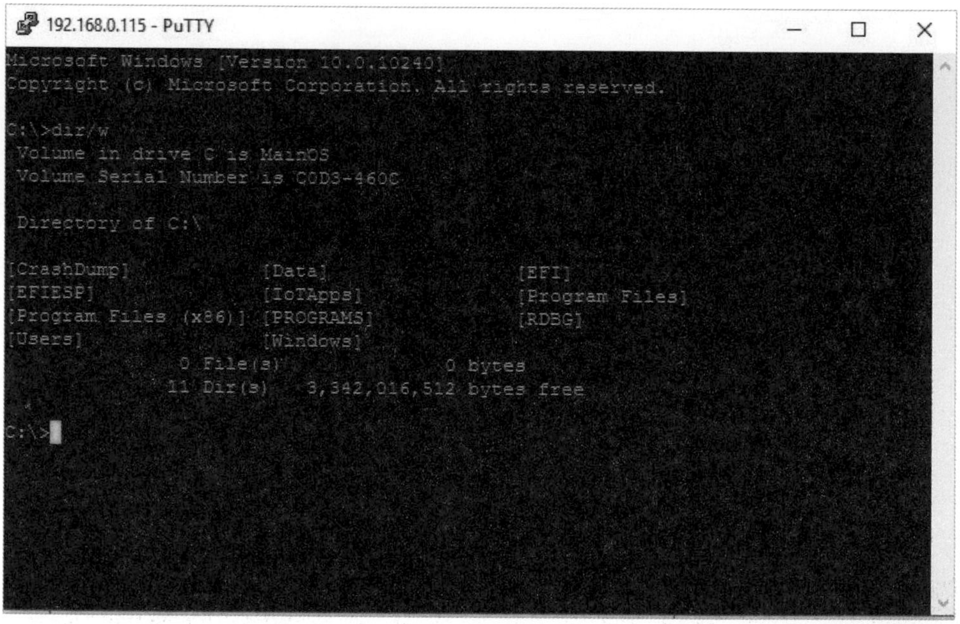

```
192.168.0.115 - PuTTY
Microsoft Windows [Version 10.0.10240]
Copyright (c) Microsoft Corporation. All rights reserved.

C:\>dir/w
 Volume in drive C is MainOS
 Volume Serial Number is C0D3-460C

 Directory of C:\

[CrashDump]            [Data]                 [EFI]
[EFIESP]               [IoTApps]              [Program Files]
[Program Files (x86)]  [PROGRAMS]             [RDBG]
[Users]                [Windows]
               0 File(s)              0 bytes
              11 Dir(s)   3,342,016,512 bytes free

C:\>
```

圖 6-36 完成

教學影片

完整教學影片可以參考 *6-5-RPI2_Win10_9_Win10IoT_putty*。

6.6 在 Mac、Linux、iOS、Android 執行 SSH 連線到 Windows 10 IoT Core

介紹

透過上一個章節，各位都知道 Windows 10 IoT Core 完全支援 SSH。在本章將會介紹如何在 Mac 或 Linux 透過軟體 Terminal 中的「SSH」程式來進行遠端連線設定。

步驟

Step 1 開啟「Terminal.app」軟體

請在 MAC 上透過 Finder 檔案總管，點選「Applications\Utilities\」開啟「Terminal.app」軟體。

圖 6-37 開啟「Terminal.app」軟體。

Step 2 在 Terminal 上執行 SSH

請先在 Terminal 上執行以下的指令，請把 IP 位址修改為樹莓派實際的網址。

```
ssh Administrator@192.168.0.115
```

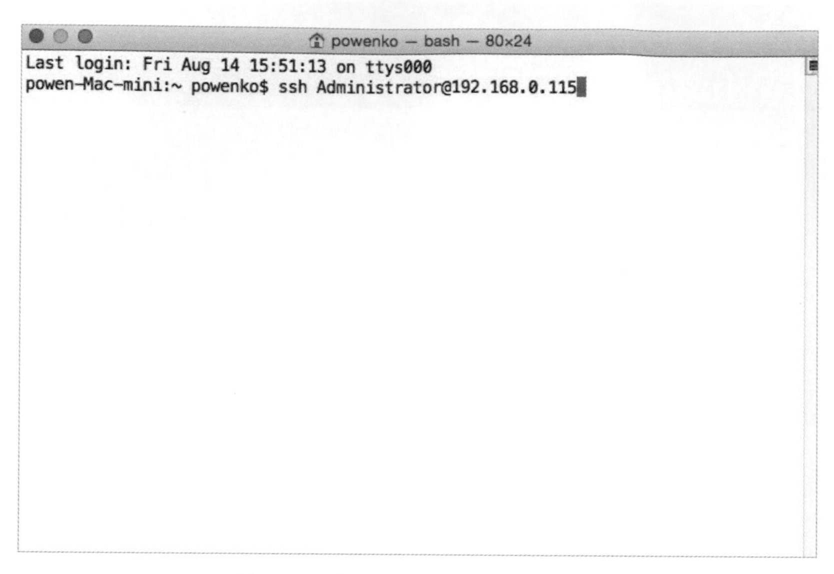

圖 6-38 在 Terminal 上執行 SSH

Step 3 認證鑰匙和輸入密碼

如果您是第一次執行，SSH 會要求您下載認證鑰匙，請輸入「yes」並按下 Enter。接下來會詢問密碼，請輸入：

密碼：p@ssw0rd

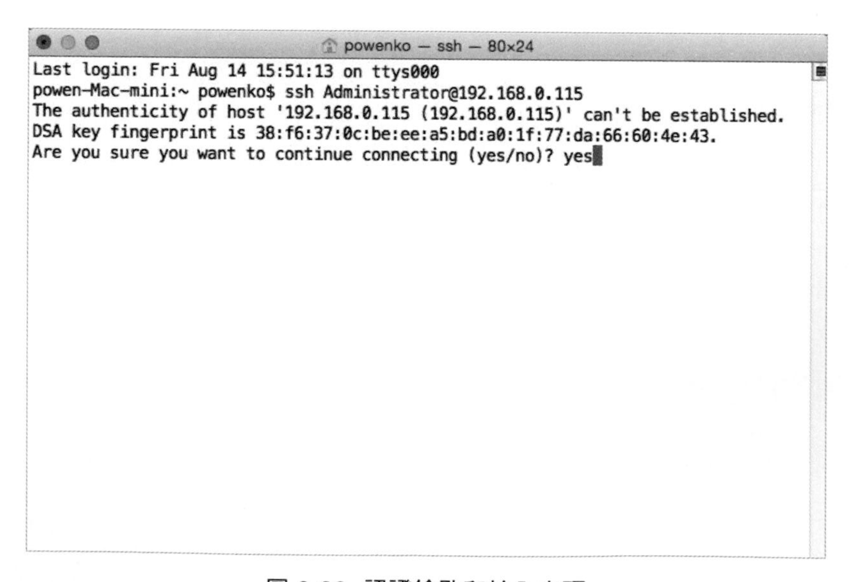

圖 6-39 認證鑰匙和輸入密碼

執行結果

等步驟完成後，螢幕便會出現如下圖所示的畫面，這樣就代表已經順利連線到在「Raspberry Pi」上，並且使用「Windows 10 IoT Core」，接下來您可以使用 Dos 指令來執行動作。

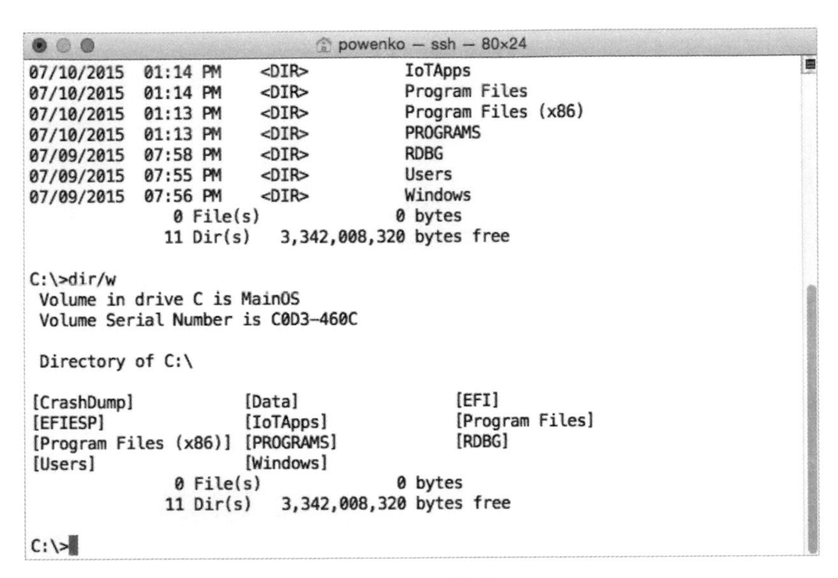

圖 6-40 完成

教學影片

完整教學影片可以參考 *6-6-RPI2_Win10_10_Win10IoT_MacSSH*。

補充資料

Mac 的用戶在使用 SSH 一段時間之後，如果出現「WARNING：REMOTE HOST IDENTIFICATION HAS CHANGED！」的錯誤，要如何修復？

只要在文字模式下，執行：

```
rm -f ~/.ssh/known_hosts
```

之後，再次登入就能順利登入成功。

```
Last login: Mon Feb 29 14:27:11 on ttys004
Powens-Mac-mini:temp powenko$  ssh Administrator@192.168.0.112
@@@@@@@@@@@@@@@@@@@@@@@@@@@@@@@@@@@@@@@@@@@@@@@@@@@@@@@@@@@
@    WARNING: REMOTE HOST IDENTIFICATION HAS CHANGED!     @
@@@@@@@@@@@@@@@@@@@@@@@@@@@@@@@@@@@@@@@@@@@@@@@@@@@@@@@@@@@
IT IS POSSIBLE THAT SOMEONE IS DOING SOMETHING NASTY!
Someone could be eavesdropping on you right now (man-in-the-middle attack)!
It is also possible that a host key has just been changed.
The fingerprint for the RSA key sent by the remote host is
f8:84:73:0a:f5:12:09:30:9d:02:5a:e0:5e:b6:e6:54.
Please contact your system administrator.
Add correct host key in /Users/powenko/.ssh/known_hosts to get rid of this message.
Offending RSA key in /Users/powenko/.ssh/known_hosts:2
RSA host key for 192.168.0.112 has changed and you have requested strict checking.
Host key verification failed.
Powens-Mac-mini:temp powenko$ rm -f ~/.ssh/known_hosts
Powens-Mac-mini:temp powenko$  ssh Administrator@192.168.0.112
The authenticity of host '192.168.0.112 (192.168.0.112)' can't be established.
RSA key fingerprint is f8:84:73:0a:f5:12:09:30:9d:02:5a:e0:5e:b6:e6:54.
Are you sure you want to continue connecting (yes/no)?
```

圖 6-41 登入錯誤處理

6.2.1 Android 上的 SSH

介紹

如果想使用 Android 智慧型手機從遠端 SSH 存取控制，可使用 JuiceSSH - SSH Client 這一款免費的 Android SSH APP 應用程式。它使用起來相當便利好用，並可以在 Android 作業系統的平板或是智慧型手機的 Android Store 上搜尋 Juice SSH 就可以找到。

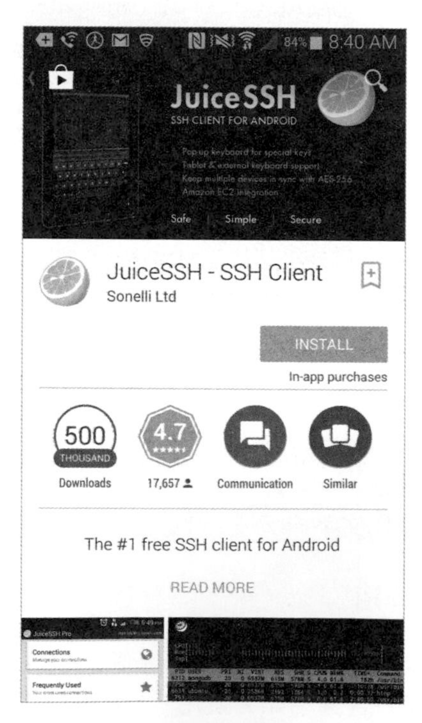

圖 6-42 Android 智慧型手機上的 JuiceSSH - SSH Client 應用程式

6.6.2 iOS 上的 SSH

介紹

如果想使用 iOS 智慧型手機從遠端 SSH 存取控制，可以使用 WebSSH 這一款免費的 APP。它使用起來相當便利好用，並且可以躺在沙發上透過手機就連線到 Raspberry Pi 做事情。現在，可以在 iOS 智慧型手機的 APP Store 上面下載安裝和使用 WebSSH 這一款免費軟體。

圖 6-43 iOS 上的 WebSSH 應用程式

6.7 執行 PowerShell 連線到 Windows 10 IoT Core

介紹

微軟官方建議使用「PowerShell」軟體遠端連線到 Windows 10 IoT Core，所以本章節將會介紹如何使用「PowerShell」，並且順利進行連線。

步驟

Step 1 尋找「Windows PowerShell」軟體

為了進入「Developer Mode」視窗，請依照以下步驟完成：

1. 請點選「Windows 10」作業系統下左下角的「Windows」圖片。
2. 輸入「powershell」。
3. 接下來就會看到「Windows PowerShell」，請先別急著開啟，直接看下一步驟。

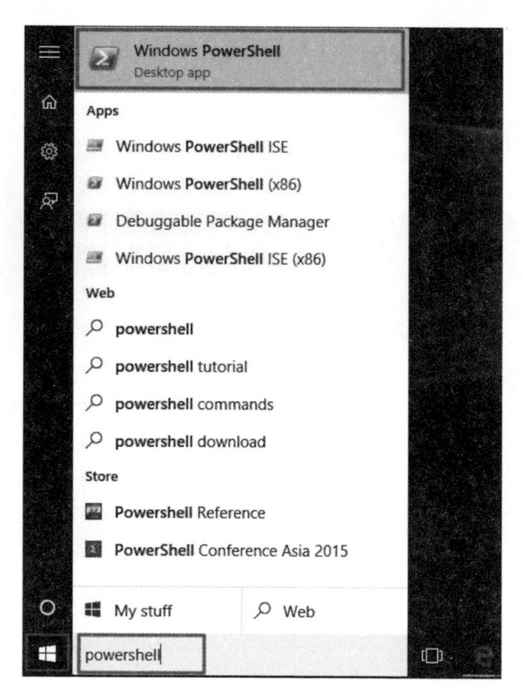

圖 6-44 尋找「Windows PowerShell」軟體

Step 2 選取「Run as administrator」來執行軟體

請在「Windows PowerShell」，透過滑鼠右鍵點選「Run as administrator」來執行軟體。

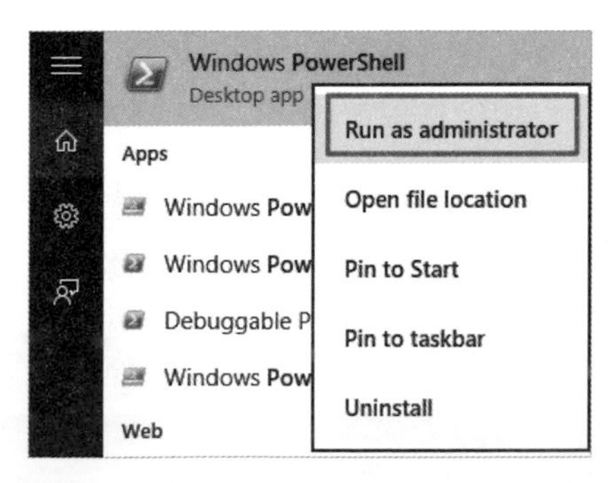

圖 6-45 選取「Run as administrator」來執行軟體

Step **3** 點選「Yes」按鈕

接下來 Windows 會出現警告視窗，請點選「Yes」按鈕到下一步驟。

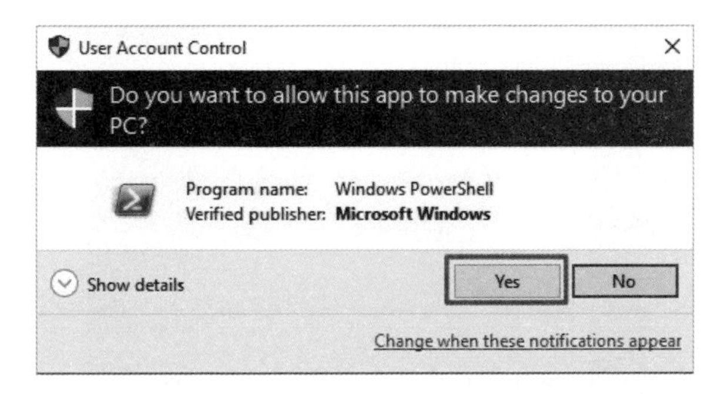

圖 6-46 點選「Yes」按鈕

Step **4** 啟動 WinRM

接著就能順利啟動「PowerShell」，請在裡面輸入以下的指令，用來啟動 WinRM。

```
net start WinRM
```

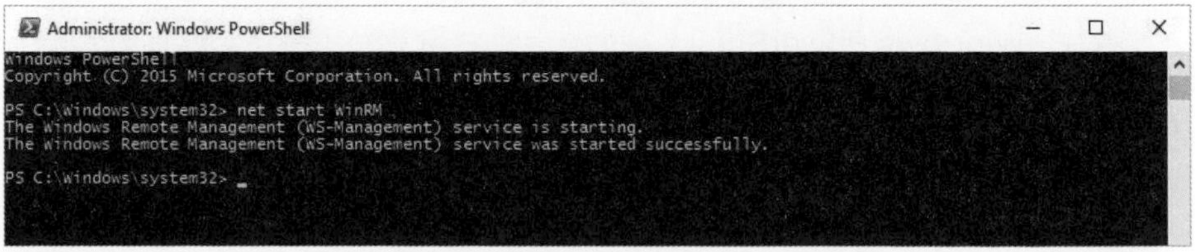

```
Administrator: Windows PowerShell
Windows PowerShell
Copyright (C) 2015 Microsoft Corporation. All rights reserved.

PS C:\Windows\system32> net start WinRM
The Windows Remote Management (WS-Management) service is starting.
The Windows Remote Management (WS-Management) service was started successfully.

PS C:\Windows\system32> _
```

圖 6-47 啟動 WinRM

Step **5** 取得認證

請在「PowerShell」中輸入以下的指令，此 IP 位址為實際樹莓派 2 的網路位址，用以取得認證，並且輸入「Y」後按下 Enter 到下一步。

```
Set-Item WSMan:\localhost\Client\TrustedHosts -Value 198.168.0.115
```

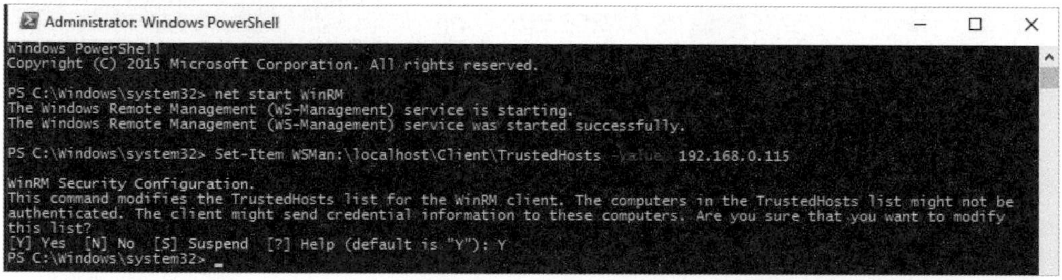

```
Administrator: Windows PowerShell
Windows PowerShell
Copyright (C) 2015 Microsoft Corporation. All rights reserved.

PS C:\Windows\system32> net start WinRM
The Windows Remote Management (WS-Management) service is starting.
The Windows Remote Management (WS-Management) service was started successfully.

PS C:\Windows\system32> Set-Item WSMan:\localhost\Client\TrustedHosts -Value 192.168.0.115

WinRM Security Configuration.
This command modifies the TrustedHosts list for the WinRM client. The computers in the TrustedHosts list might not be
authenticated. The client might send credential information to these computers. Are you sure that you want to modify
this list?
[Y] Yes  [N] No  [S] Suspend  [?] Help (default is "Y"): Y
PS C:\Windows\system32> _
```

圖 6-48 取得認證

Step **6** 啟動 WinRM

接下來就能順利啟動「PowerShell」，請在裡面輸入以下的指令，用來啟動 WinRM。

```
Enter-PSSession -ComputerName 192.168.0.115  -Credential
192.168.0.115\Administrator
```

```
Administrator: Windows PowerShell
Windows PowerShell
Copyright (C) 2015 Microsoft Corporation. All rights reserved.

PS C:\Windows\system32> net start WinRM
The Windows Remote Management (WS-Management) service is starting.
The Windows Remote Management (WS-Management) service was started successfully.

PS C:\Windows\system32> Set-Item WSMan:\localhost\Client\TrustedHosts -Value 192.168.0.115

WinRM Security Configuration.
This command modifies the TrustedHosts list for the WinRM client. The computers in the TrustedHosts list might not be
authenticated. The client might send credential information to these computers. Are you sure that you want to modify
this list?
[Y] Yes  [N] No  [S] Suspend  [?] Help (default is "Y"): Y
PS C:\Windows\system32> Enter-PSSession -ComputerName 192.168.0.115 -Credential 192.168.0.115\Administrator
```

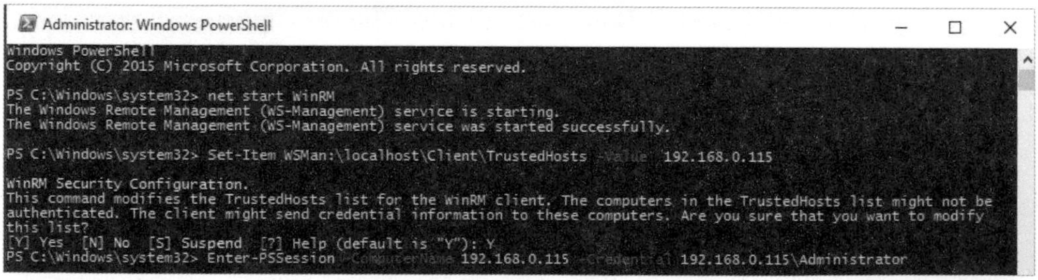

圖 6-49 點選「Yes」按鈕

Step **7** 輸入密碼

- 接下來會詢問密碼，請輸入密碼：p@ssw0rd
- User Name：帳號請不要修改。
- 完成後，請按下「OK」按鈕。

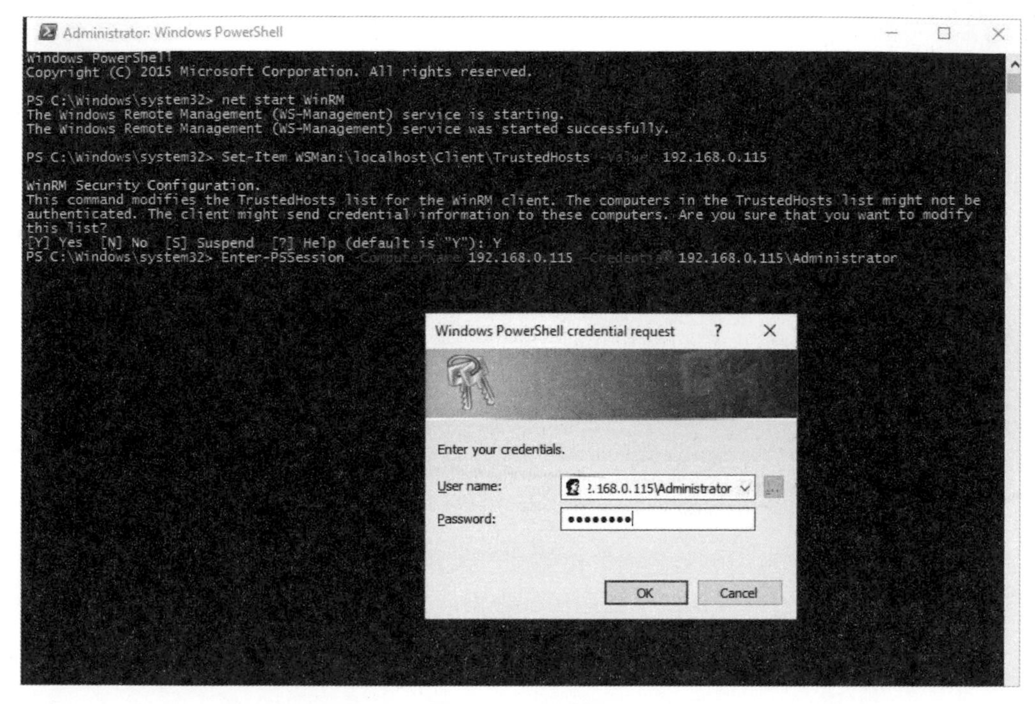

圖 6-50 輸入密碼

Step **8** 順利連線到 Raspberry Pi

完成後，如下圖所示，就會順利連線到 Raspberry Pi。如果有問題，請確認 IP 位址，或把 PC 和 Raspberry Pi 重新開機後，再試一次。

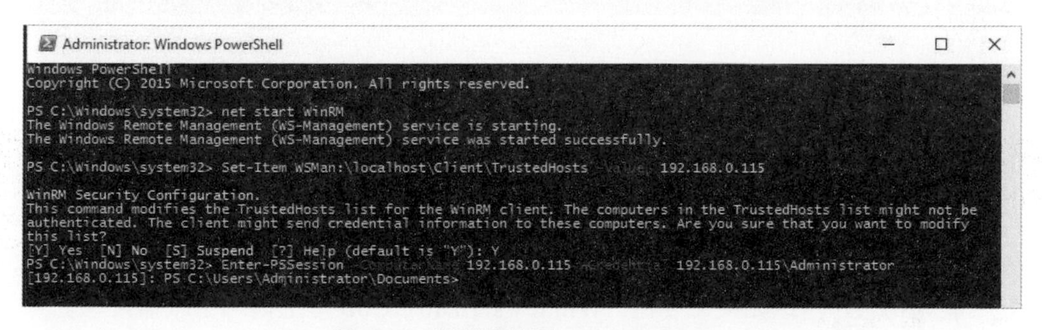

圖 6-51 順利連線到 Raspberry Pi

執行結果

如果順利連接後，便會出現如下圖所示的畫面，接下來就可以使用 DOS 指令操作「Windows 10 IoT Core」系統。

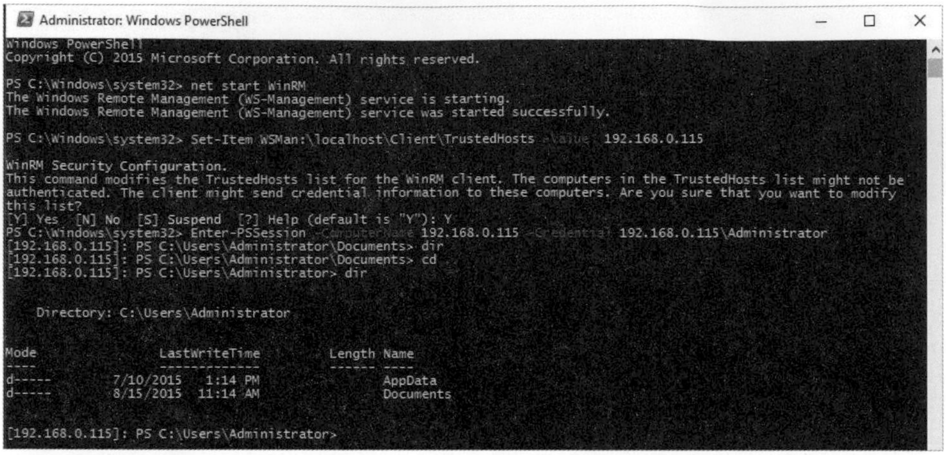

```
Administrator: Windows PowerShell
Windows PowerShell
Copyright (C) 2015 Microsoft Corporation. All rights reserved.

PS C:\Windows\system32> net start WinRM
The Windows Remote Management (WS-Management) service is starting.
The Windows Remote Management (WS-Management) service was started successfully.

PS C:\Windows\system32> Set-Item WSMan:\localhost\Client\TrustedHosts -Value 192.168.0.115

WinRM Security Configuration.
This command modifies the TrustedHosts list for the WinRM client. The computers in the TrustedHosts list might not be
authenticated. The client might send credential information to these computers. Are you sure that you want to modify
this list?
[Y] Yes  [N] No  [S] Suspend  [?] Help (default is "Y"): Y
PS C:\Windows\system32> Enter-PSSession -ComputerName 192.168.0.115 -Credential 192.168.0.115\Administrator
[192.168.0.115]: PS C:\Users\Administrator\Documents> dir
[192.168.0.115]: PS C:\Users\Administrator\Documents> cd
[192.168.0.115]: PS C:\Users\Administrator> dir


    Directory: C:\Users\Administrator


Mode                LastWriteTime         Length Name
----                -------------         ------ ----
d-----        7/10/2015   1:14 PM                AppData
d-----        8/15/2015  11:14 AM                Documents


[192.168.0.115]: PS C:\Users\Administrator>
```

圖 6-52 完成

在本章節的 IP 位址可用機器名稱來代替，內定名稱是「minwinpc」。但請注意，同一個網域中如果有二個機器名稱一樣，就無法預知連線到哪一個設備上。

教學影片

完整教學影片可以參考 *6-7-RPI2_Win10_11_Win10IoT_PowerShell*。

6.8 FTP 檔案傳輸通訊協定

什麼是 FTP？

FTP 就是 File Transfer Protocol（client and server），它是一種獲得網際網路世界普遍採用的通訊協定之一，這是在 1985 年有一組非商業組織的學者們提出了一種開放的協定，也就是規則，提供給透過網路傳送資料應用的電腦軟體設計者，讓大家可以依照這個標準，獨立製作出支持 FTP 協定的檔案傳輸軟體，卻又可以確保互相能夠相容。所以如果想要在「Windows 10 IoT Core」上傳和下載檔案，就可以使用 FTP 來達成這樣的目的。這章節中，將介紹如何使用 FTP。

檔案傳輸通訊協定（FTP）是用在網際網路傳輸檔案的通訊協定。人們通常使用 FTP 提供檔案讓其他人下載，不過您也可以使用 FTP 上載網頁以建立網站，或將數位相片放置在圖片共享網站上。

在「Windows 10 IoT Core」架設 FTP Server

在 Windows 10 IoT Core 設備上的 FTP 服務器，開時安裝時，就已經自動啟動，所以不用特別的安裝第三方軟體。而為了連接到 FTP 服務器，會需要設備的 IP 位址。欲得知 IP 位址，可以在系統設備啟動後的主畫面上看到，不然也可以透過 ftp://minwinpc.local 的設備名稱也可以。

6.9 用電腦 FTP 登入「Windows 10 IoT Core」

6.9.1 在 Windows 電腦使用 IE 和檔案總管連線 FTP

介紹

在 Windows 的電腦上面使用 FTP 是非常容易的事情，您只要打開瀏覽器並輸入 IP 位址，例如 ftp://192.168.0.104，如果詢問密碼時，請輸入帳號：Administrator，密碼：p@ssw0rd。

完成之後，就能在瀏覽器看到該設備的檔案系統，而透過點選的方法，可以切換不同的路徑，點選檔案就能下載該檔案。如果要上傳文件和圖片，就必須透過下一個方法「檔案總管」，才能上傳檔案。

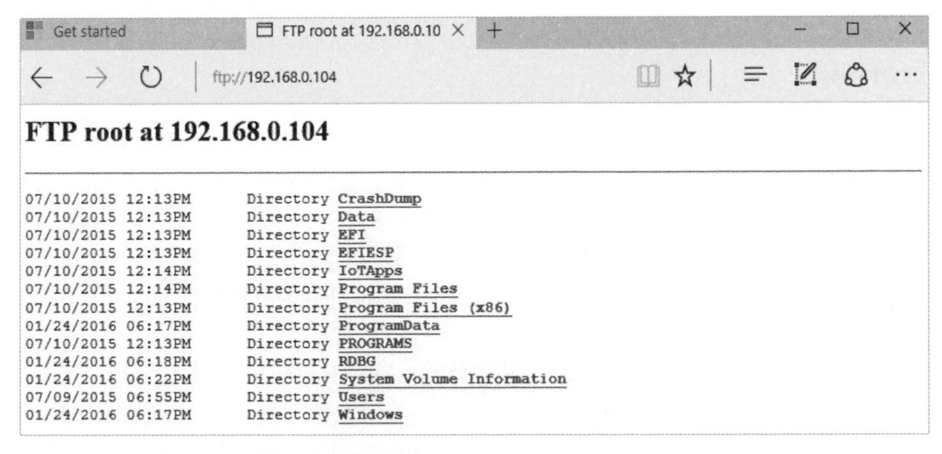

圖 6-53 透過 IE 瀏覽器連接到「Windows 10 IoT Core」

在 Windows 電腦上也可以透過「檔案總管」來做 FTP 的連線，並且上傳和下載檔案。使用方法非常容易，請在路徑上輸入 IP 地址，例如 ftp://192.168.0.104。如果詢問密碼時，請輸入帳號：Administrator，密碼：p@ssw0rd。

按下確認後，檔案總管就會自動連線。連線成功後，透過拖曳檔案的方式，就可以將檔案上傳和下載。

圖 6-54 透過「檔案總管」連接到「Windows 10 IoT Core」

影片教學

完整的教學影片可以參考書附光碟中的 *6-9-1-Win10Iot_FTP*。

6.9.2 使用 FileZilla FTP 軟體

介紹

在這個章節中，我們將介紹如何使用微軟的 Windows 操作系統和鼎鼎大名的 FileZilla 這個 FTP Client 軟體，並且連線到上一章節所設定的伺服器上傳和下載檔案。

步驟

Step **1** 下載 FileZilla 軟體

接下來請在 Windows 電腦上，透過瀏覽器連線到下列網址，然後下載 FileZilla 這個 FTP Client 軟體。

```
https://filezilla-project.org/download.php?type=client
```

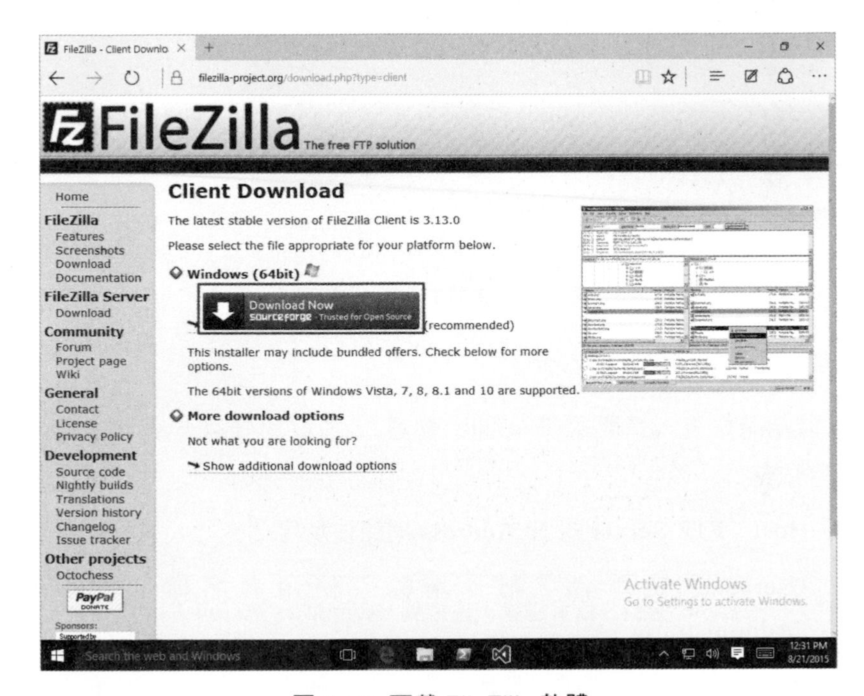

圖 6-55 下載 FileZilla 軟體

Step **2** 安裝 FileZilla 軟體

下載成功之後，請點選安裝程式，就像一般 Windows 軟體的安裝方法，一直點選下一步就可以安裝完成。

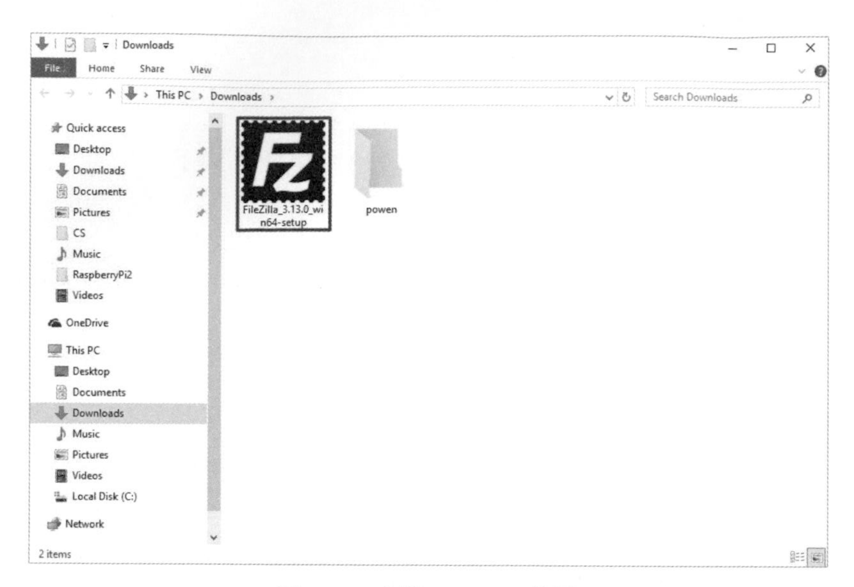

圖 6-56 安裝 FileZilla 軟體

Step **3** 選擇要連線的 File Server

安裝結束之後，請開啟 FileZilla 軟體 ，並設定好以下部分的資料就可以連線：

1. Host：FTP Server 的 IP Address 網路位址。
2. Username 使用者名稱：請輸入使用者名稱，一般來說是「Administrator」。
3. password 密碼：請輸入使用者密碼，一般來說是「p@ssw0rd」。
4. 確定資料正確後，請按下「Quickconect」按鈕。

稍等一下就可以自動連線到 FTP 伺服器上。您可以看到左邊的畫面是現在使用中的機器上面的檔案結構，而右邊的畫面是 FTP 伺服器上的檔案結構。順利連接後，用滑鼠點選、拖曳文件夾或是檔案，就能將彼此的資料上傳和下載。

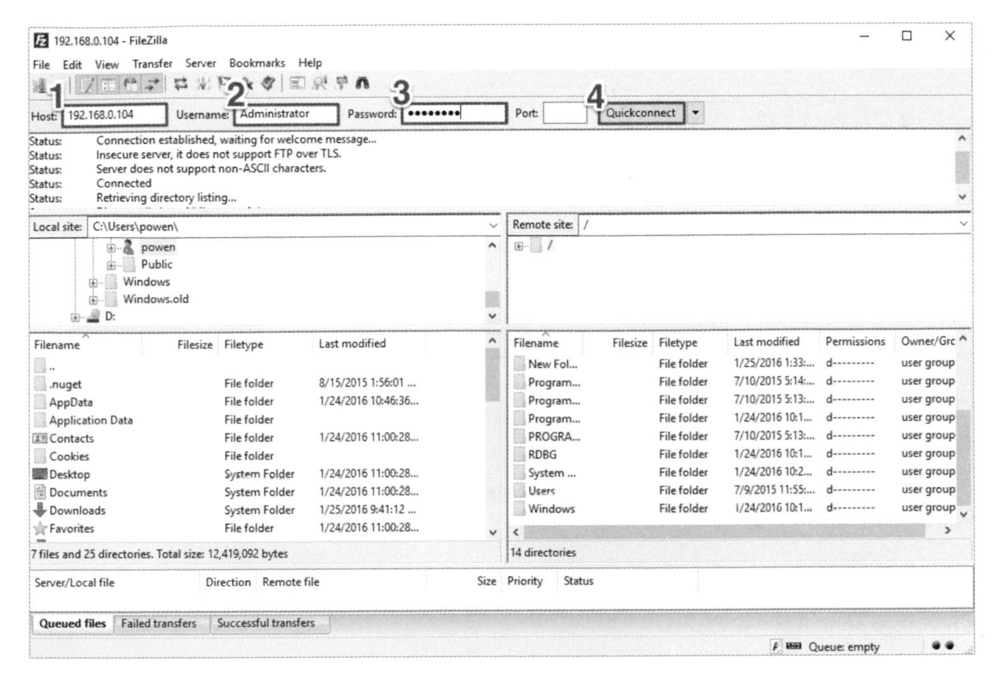

圖 6-57 設定連線密碼

教學影片

完整的教學影片可以參考書附光碟中的 *6-9-2-Win10Iot_FTP_FileZilla*。

6.9.3 在 Mac 電腦用 FTP 登入

介紹

在這個章節中，我們將介紹如何使用 Mac 的 OSX 操作系統，並且用 FileZilla 這個 FTP Client 軟體連線到樹莓派的 FTP 的伺服器，上傳和下載檔案。

步驟

Step **1** 下載 FileZilla 軟體

接下來請在 Mac 電腦上，透過瀏覽器連線到以下網址，下載 FileZilla 這個 FTP Client 軟體。

```
https://filezilla-project.org/download.php?type=client
```

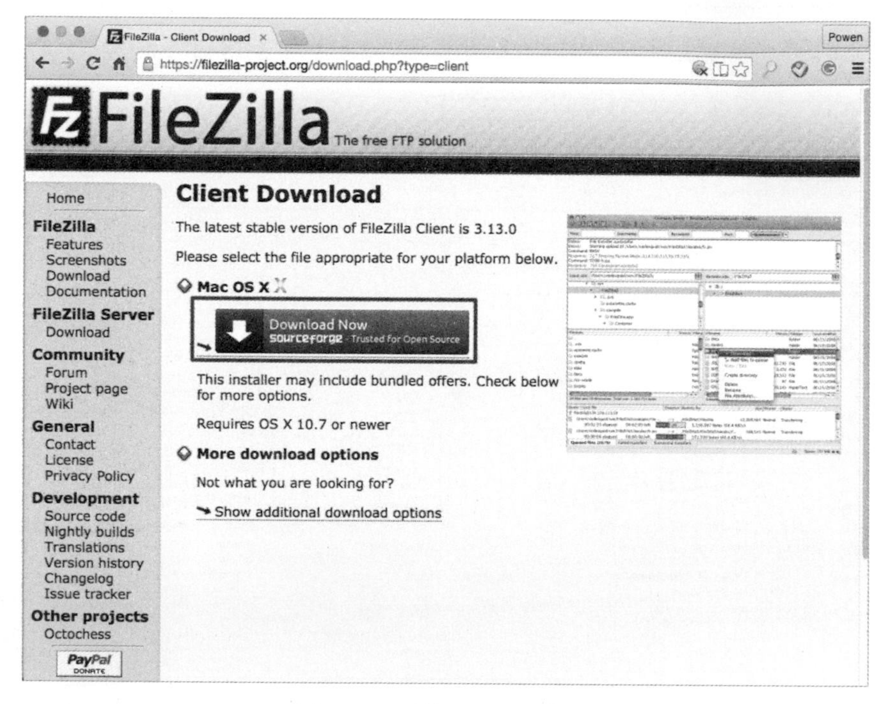

圖 6-58 下載 FileZilla 軟體

Step **2** 安裝 FileZilla 軟體

下載成功之後，請點選安裝程式，就像一般的 Mac 軟體安裝方法，一直點選下一步就可以安裝完成。

Step **3** 選擇要連線的 File Server

安裝結束之後，請開啟 FileZilla 軟體，設定好以下部分的資料就可以連線：

- Host：FTP Server 的 IP Address 網路位址，也可以用 ftp://winminpc.local。
- Username 使用者名稱：請輸入使用者名稱，一般來說是「Administrator」。
- password 密碼：請輸入使用者密碼，一般來說是「p@ssw0rd」。
- 確定資料正確後，請按下「Quickconect」按鈕。

稍等一下就可以自動連線到 FTP 伺服器上。您可以看到左邊的畫面是現在使用中的機器上的檔案結構，而右邊的畫面是 FTP 伺服器上的檔案結構。順利連接後，用滑鼠點選、拖曳文件夾或是檔案，就能將彼此的資料上傳和下載。

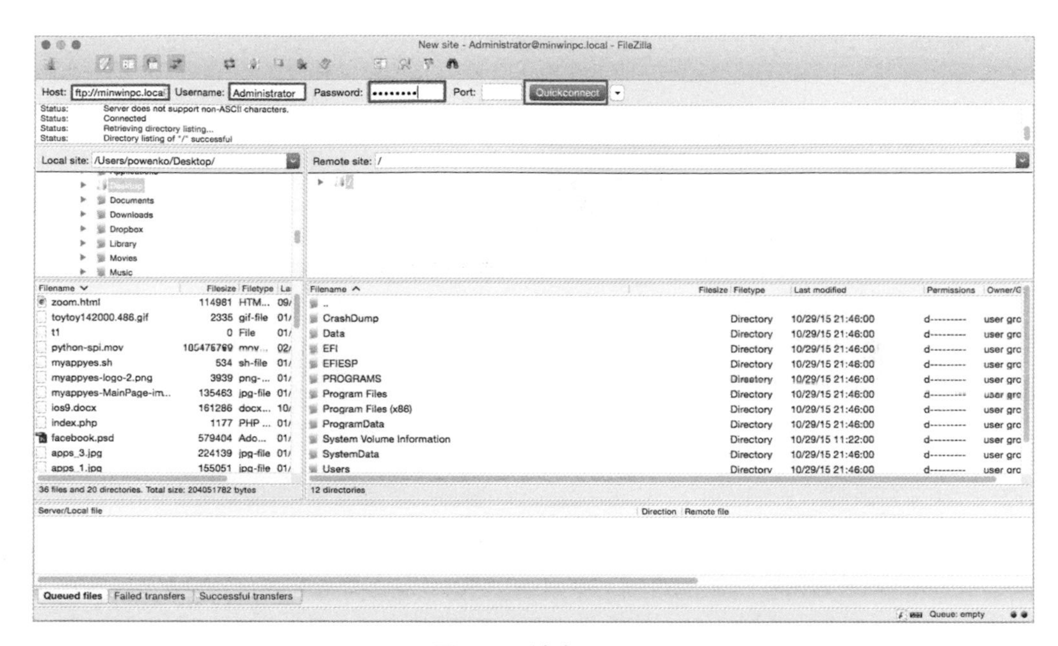

圖 6-59 連上 FTP

教學影片

完整的教學影片可以參考書附光碟中的 *6-9-3-Win10Iot_FTP...FileZilla-Mac*。

6.9.4 Android 和 iOS 手機用 FTP 連線

介紹

因為 FTP 是非常常見的功能，所以各位在其他的不同作業系統和手機平板上都可以找到相對應的軟體。

Android 上的 FTP Client

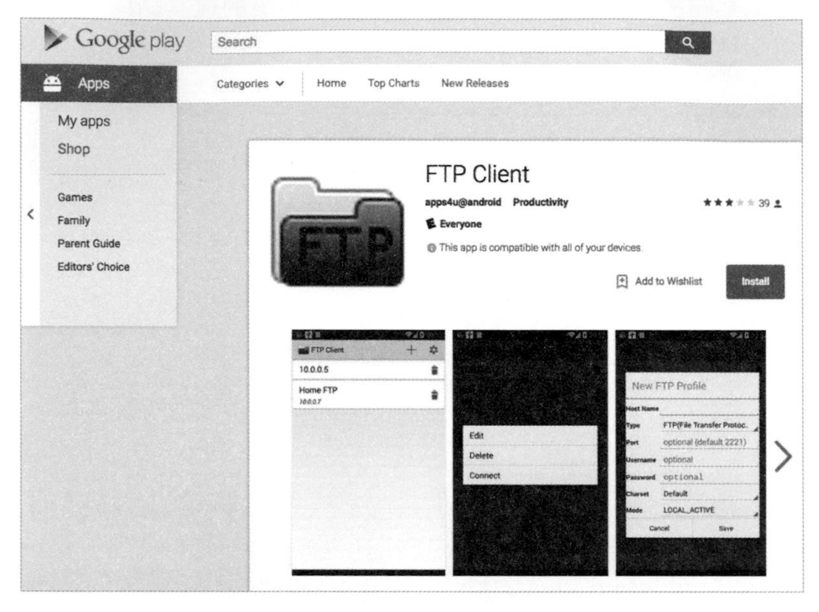

圖 6-60 FTP Client

iOS 上的 FTPManager Free

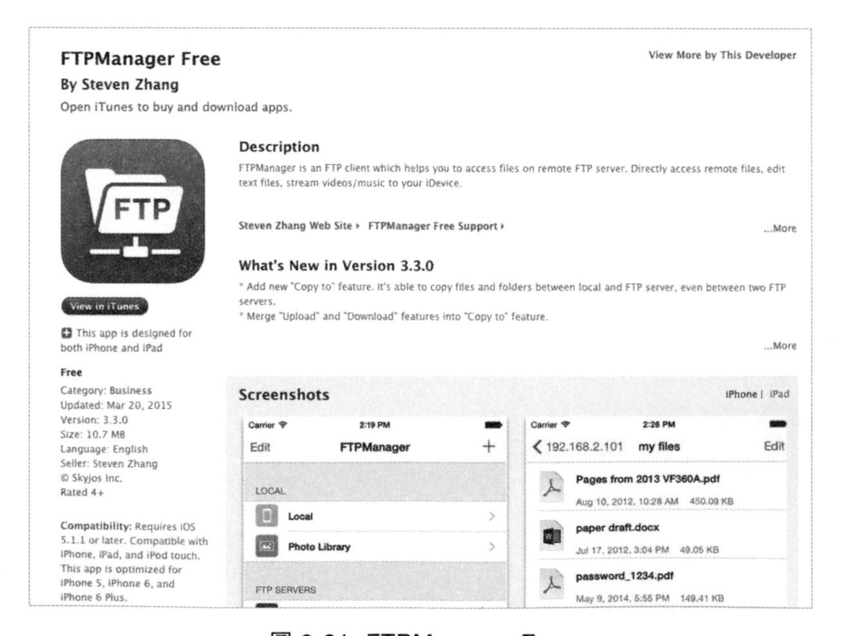

圖 6-61 FTPManager Free

6.9.5 在樹莓派的 Rasbian 中安裝 FileZilla FTP Client 軟體

介紹

在這個章節中，我們將介紹如何在樹莓派中安裝 FileZilla FTP Client 軟體，以方便連線到其他的 FTP Server 伺服器上，包含「Windows 10 IoT Core」的 FTP 的伺服器。

步驟

Step **1** 下載 FileZilla 軟體

接下來打開樹莓派的文字模式 Terminal，透過以下的指令下載 FileZilla 這個 FTP Client 軟體。

```
$  sudo apt-get install filezilla
```

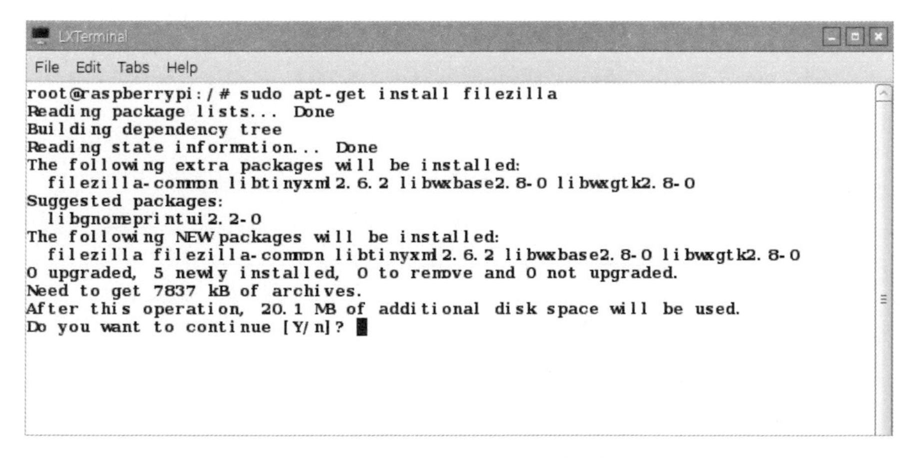

圖 6-62 下載 FileZilla 軟體

Step **2** 啟動 FileZilla 軟體

下載成功之後，透過以下指令

```
$ xstart
```

進入視窗 xwindows 環境中，並透過下拉式選單點選「Menu\Internet\FileZilla」來啟動 FileZilla 軟體。

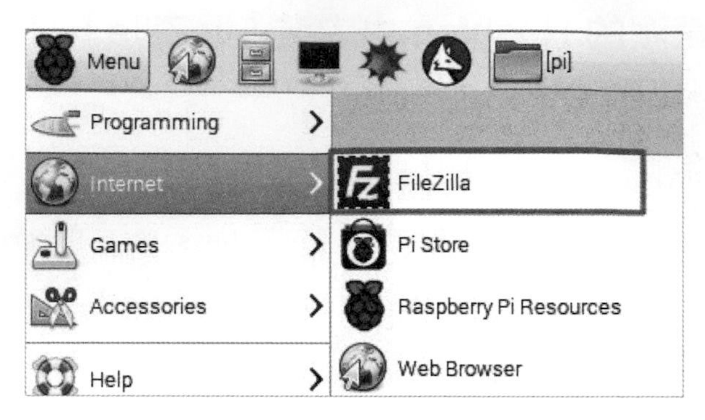

圖 6-63 啟動 FileZilla 軟體

Step 3 選擇要連線的 File Server

設定好以下部分的資料就可以連線：

- Host：FTP Server 的 IP Address 網路位址。
- Username 使用者名稱：請輸入使用者名稱。
- password 密碼：請輸入使用者密碼。

確定資料正確後，請按下「Quickconect」按鈕。稍等一下就可以自動連線到 FTP 伺服器，左邊的畫面是現在使用中的機器上的檔案結構，而右邊的畫面是 FTP 伺服器的檔案結構。順利連接後，可以用滑鼠點選、拖曳文件夾或者是檔案，就能將彼此的資料上傳和下載。

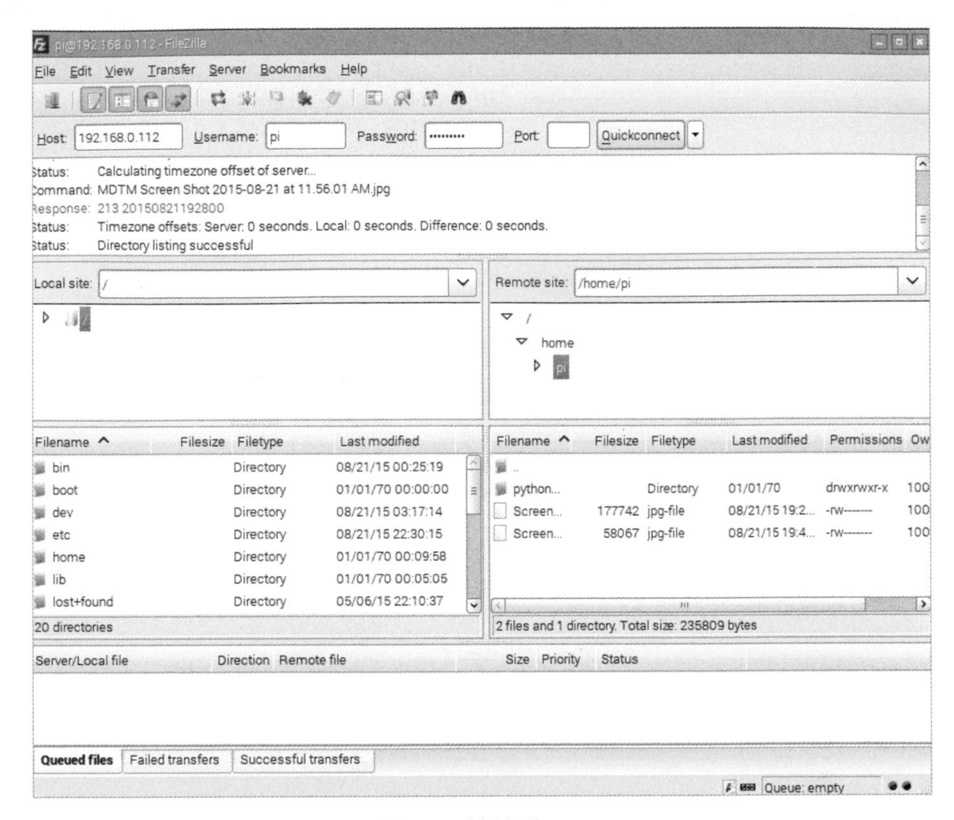

圖 6-64 連線到 FTP

教學影片

完整的教學影片可以參考光碟片中的 *6-9-5-Win10Iot_FTP_FileZilla-Rasbian*。

Windows 10 IoT Core 文字指令

7

CHAPTER

本章重點

本章節使用 Windows 10 IoT Core 文字指令和一些特別指令，並說明如何在文字模式下控制 Windows 10 IoT Core。

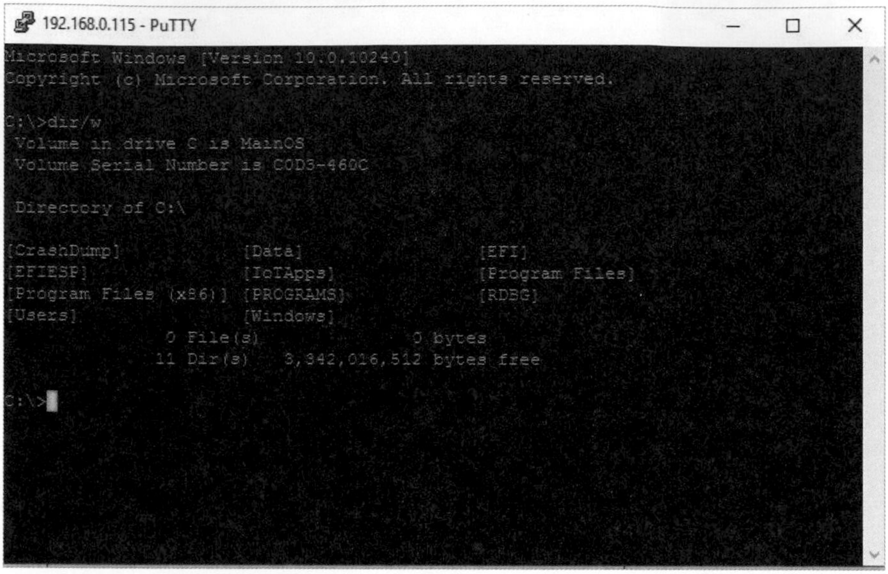

192.168.0.115 - PuTTY

```
Microsoft Windows [Version 10.0.10240]
Copyright (c) Microsoft Corporation. All rights reserved.

C:\>dir/w
 Volume in drive C is MainOS
 Volume Serial Number is C0D3-460C

 Directory of C:\

[CrashDump]            [Data]                 [EFI]
[EFIESP]               [IoTApps]              [Program Files]
[Program Files (x86)]  [PROGRAMS]             [RDBG]
[Users]                [Windows]
               0 File(s)              0 bytes
              11 Dir(s)   3,342,016,512 bytes free

C:\>
```

圖 7-0 透過 PuTTY 到 Windows 10 IoT Core 文字模式

7.1 MS-DOS 指令教學

Windows 10 IoT Core 可以透過微軟的 MS-DOS 指令進行動作與處理，而指令不分大小寫都可以執行，本章將介紹常用的 MS-DOS 指令和使用方法。

7.1.1 dir 列出檔案

介紹

顯示某個磁碟指定目錄下的全部或部分檔案目錄和子目錄，顯示資訊包括檔案名、副檔名、檔案長度、檔案建立日期和時間。同時給出所顯示檔案的總數和所剩餘的磁碟空間。

語法

dir 的語法如下：

```
DIR 檔案名稱 [/P] [/W] [/S]
```

- [/P]：表示一次顯示一頁，當檔案較多，沒辦法以一畫面完整顯示，可以透過此指令，並於「請按任意鍵繼續」使用者按鍵後顯示下一頁，重複該過程直至顯示完畢。
- [/W]：表示以簡潔形式（緊縮格式）顯示檔案清單，目錄中只顯示檔案名和副檔名。
- [/S]：對於特定的檔案名稱，顯示其在指定目錄及指定目錄所有下級子目錄中的相應位置清單。
- 檔案名稱中的檔案名和副檔名可以使用？和*，而問號?代表其中有一個字是任意的，而* 則是全部不限字數，例如全部檔案檔案名是*.*。和副檔名是*.exe。
- 該命令可以將顯示結果送至印表機。（不過這個指令在 Windows 10 IoT Core 目前還沒支援印表機，所以無法正常使用。）

```
C:\Data\Users\Administrator>dir
 Volume in drive C is MainOS
 Volume Serial Number is A0F6-8EE1

 Directory of C:\Data\Users\Administrator

02/29/2016  02:30 PM    <DIR>          .
02/29/2016  02:30 PM    <DIR>          ..
               0 File(s)              0 bytes
               2 Dir(s)   1,983,430,656 bytes free
```

圖 7-1 顯示目前路徑的檔案

使用範例

```
DIR *.*
```

顯示目前磁碟機目前目錄的全部目錄清單。

```
DIR C:\
```

顯示 C 槽根目錄的目錄清單。

```
C:\Data\Users\Administrator>dir c:\
 Volume in drive C is MainOS
 Volume Serial Number is A0F6-8EE1

 Directory of c:\

10/30/2015  04:46 AM    <JUNCTION>     CrashDump [\??\Volume{27e1950a-7f04-11e5-80dc-e41d2d000
610}\]
10/30/2015  04:46 AM    <JUNCTION>     Data [\??\Volume{27e19563-7f04-11e5-80dc-e41d2d000610}\
]
10/30/2015  04:46 AM    <DIR>          EFI
10/30/2015  04:46 AM    <JUNCTION>     EFIESP [\??\Volume{27e19475-7f04-11e5-80dc-e41d2d000610
}\]
10/30/2015  04:46 AM    <DIR>          Program Files
10/30/2015  04:46 AM    <DIR>          Program Files (x86)
10/30/2015  04:46 AM    <DIR>          PROGRAMS
10/30/2015  04:46 AM    <DIR>          SystemData
10/30/2015  04:46 AM    <DIR>          Users
01/04/2016  07:48 PM    <DIR>          Windows
               0 File(s)              0 bytes
              10 Dir(s)   3,351,560,192 bytes free
```

圖 7-2 顯示 c:\路徑的檔案

```
DIR \
```

顯示目前磁碟機根目錄的清單

```
DIR ..
```

顯示目前磁碟機目前目錄的上層目錄的目錄清單

```
DIR .EXE
```

顯示目前磁碟機目前目錄下，副檔名為.EXE 的全部檔案清單

```
DIR C:\SUB /S
```

顯示 C 槽目前目錄下子目錄 SUB 下的目錄清單，及 SUB 下所有子目錄（包括各級下級子目錄）下的目錄清單

```
DIR .EXE/p
```

以分割螢幕方式顯示目前磁碟機目前目錄下副檔名為.EXE 的全部檔案清單

```
DIR *.*>PRN
```

顯示目前磁碟機目前目錄的全部目錄清單同時列印，不過這個指令目前在 Windows 10 IoT Core 還沒支援印表機，所以無法正常使用。

教學影片

完整的教學影片可以觀看 *7-1-1-dir*。

7.1.2 copy 複製

介紹

copy 是作為複製檔案專用。

語法

```
COPY [/D] [/V] [/N] [/Y|/-Y] [/Z] [/A|/B] 命令形式
```

COPY source [/A|/B][+source [/A|/B]+ ... [destination [/A|/B]]，方括弧括起來的是可選部分，不是必須部分。例如：

```
copy a.txt b.txt
```

就是把 a.txt 複製到 b.txt。

- /D：允許解密要建立的目的檔。
- /V：驗證新檔案寫入是否正確。
- /N：複製帶有非 8dot3 名稱的檔案。
- /Y |/-Y：使用確認是否要覆蓋現有目的檔的提示。
- /Z：可重新啟動模式複製網路的檔案。
- [/A|/B]：表示 ASCII 文字檔案和二進位檔案。

使用範例

```
copy a.txt b.txt
```

複製檔案 a.txt 到 b.txt。

```
c:\>copy a.txt b.txt
        1 file(s) copied.

c:\>dir
 Volume in drive C is MainOS
 Volume Serial Number is A0F6-8EE1

 Directory of c:\

02/29/2016  03:01 PM                 6 a.txt
02/29/2016  03:01 PM                 6 b.txt
```

圖 7-3 複製檔案 a.txt 到 b.txt

教學影片

完整的教學影片可以觀看 *7-1-2-copy*。

補充說明

在 Windows 10 IoT Core 中也有一個類似 Xcopy 的升級指令 sfpcopy.exe，其使用方法和功能都很類似。

7.1.3 ren 修改檔名

介紹

可用於重新命名檔案或目錄名稱。

語法

```
ren 或 rename
```

rename [drive:] [path]filename1 filename2 例如：

使用範例

修改檔名 a.txt 為 c.txt：

```
rename a.txt c.txt
ren a.txt c.txt
```

```
c:\>dir/w
 Volume in drive C is MainOS
 Volume Serial Number is A0F6-8EE1

 Directory of c:\

a.txt                b.txt                [CrashDump]          [Data]
[EFI]                [EFIESP]             [Program Files]      [Program Files (x86)]
[PROGRAMS]           [SystemData]         [Users]              [Windows]
               2 File(s)             12 bytes
              10 Dir(s)   3,351,560,192 bytes free

c:\>rename a.txt c.txt

c:\>dir/w
 Volume in drive C is MainOS
 Volume Serial Number is A0F6-8EE1

 Directory of c:\

b.txt                c.txt                [CrashDump]          [Data]
[EFI]                [EFIESP]             [Program Files]      [Program Files (x86)]
[PROGRAMS]           [SystemData]         [Users]              [Windows]
               2 File(s)             12 bytes
              10 Dir(s)   3,351,560,192 bytes free

c:\>ren c.txt a.txt
```

圖 7-4 修改檔名 a.txt 為 c.txt

教學影片

完整的教學影片可以觀看 *7-1-3-rename*。

7.1.4 cd 移動路徑

介紹

cd 或 chdir 可用來移動現在的路徑位置。

語法

```
CD [/D] [drive:] [path] CHDIR [..] CD [/D] [drive:] [path] CD [..]
```

顯示或者更改目前路徑。

使用範例

移動目前的路徑到根目錄 data：

```
cd data
```

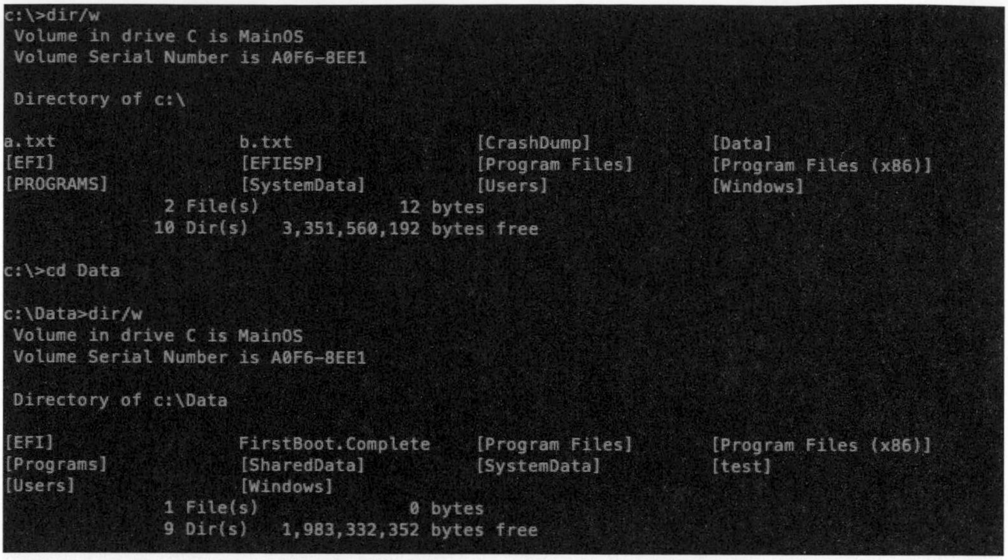

```
c:\>dir/w
 Volume in drive C is MainOS
 Volume Serial Number is A0F6-8EE1

 Directory of c:\

a.txt                b.txt                [CrashDump]          [Data]
[EFI]                [EFIESP]             [Program Files]      [Program Files (x86)]
[PROGRAMS]           [SystemData]         [Users]              [Windows]
               2 File(s)             12 bytes
              10 Dir(s)   3,351,560,192 bytes free

c:\>cd Data

c:\Data>dir/w
 Volume in drive C is MainOS
 Volume Serial Number is A0F6-8EE1

 Directory of c:\Data

[EFI]                FirstBoot.Complete   [Program Files]      [Program Files (x86)]
[Programs]           [SharedData]         [SystemData]         [test]
[Users]              [Windows]
               1 File(s)              0 bytes
               9 Dir(s)   1,983,332,352 bytes free
```

圖 7-5 移動目前的路徑到根目錄 data

教學影片

完整的教學影片可以觀看 *7-1-4-cd*。

7.1.5 md 新建一個目錄

介紹

md 或 mkdir 可用來建立一個目錄。

語法

```
MKDIR [drive:]path MD [drive:]path
```

顯示或更改目前路徑。

使用範例

在目前的路徑建立一個 hello 目錄：

```
mkdir hello
```

```
c:\>dir/w
 Volume in drive C is MainOS
 Volume Serial Number is A0F6-8EE1

 Directory of c:\

a.txt                  b.txt                  [CrashDump]            [Data]
[EFI]                  [EFIESP]               [Program Files]        [Program Files (x86)]
[PROGRAMS]             [SystemData]           [Users]                [Windows]
               2 File(s)             12 bytes
              10 Dir(s)   3,351,560,192 bytes free

c:\>mkdir hello

c:\>dir/w
 Volume in drive C is MainOS
 Volume Serial Number is A0F6-8EE1

 Directory of c:\

a.txt                  b.txt                  [CrashDump]            [Data]
[EFI]                  [EFIESP]               [hello]                [Program Files]
[Program Files (x86)] [PROGRAMS]              [SystemData]           [Users]
[Windows]
               2 File(s)             12 bytes
              11 Dir(s)   3,351,560,192 bytes free
```

圖 7-6 在目前的路徑建立一個 hello 目錄

教學影片

完整的教學影片可以觀看 *7-1-5-mkdir*。

7.1.6 rd 刪除一個空目錄

介紹

rd 或 rmdir 可用來刪除一個空目錄。

語法

```
RMDIR [/S] [/Q] [drive:]path
RD [/S] [/Q] [drive:]path
```

顯示或者更改目前路徑。

在使用過程中要記住的是，這個命令若未加 [/S] 參數時，只能夠刪除空子目錄。

- [/S]：刪除目錄樹，即刪除目錄及目錄下的所有子目錄和檔案。
- [/Q]：在進行刪除時，取消系統詢問刪除與否的確認訊息。

使用範例

在目前的路徑中刪除一個 hello 目錄，並連其子目錄一併刪除：

```
rd hello /s
```

```
c:\>dir/w
 Volume in drive C is MainOS
 Volume Serial Number is A0F6-8EE1

 Directory of c:\

a.txt                  b.txt                  [CrashDump]            [Data]
[EFI]                  [EFIESP]               [hello]                [Program Files]
[Program Files (x86)]  [PROGRAMS]             [SystemData]           [Users]
[Windows]
               2 File(s)             12 bytes
              11 Dir(s)   3,351,560,192 bytes free

c:\>rd hello /s
hello, Are you sure (Y/N)? Y

c:\>dir/w
 Volume in drive C is MainOS
 Volume Serial Number is A0F6-8EE1

 Directory of c:\

a.txt                  b.txt                  [CrashDump]            [Data]
[EFI]                  [EFIESP]               [Program Files]        [Program Files (x86)]
[PROGRAMS]             [SystemData]           [Users]                [Windows]
               2 File(s)             12 bytes
              10 Dir(s)   3,351,560,192 bytes free
```

圖 7-7 在目前路徑刪除一個 hello 目錄及其子目錄

教學影片

完整的教學影片可以觀看 *7-1-6-rd*。

7.1.7 del 刪除一個或多個檔案

介紹

del 或 erase 是用來刪除一個或者多個檔案。

語法

```
ERASE [/P] [/F] [/S] [/Q] [/A[[:]attributes]] names
DEL [/P] [/F] [/S] [/Q] [/A[[:]attributes]] names
```

刪除一個或者多個檔案。

- /F：強制刪除唯讀檔案。
- /S：從所有子目錄刪除指定檔案。
- /Q：刪除時，不用確認。
- /A：根據屬性選擇要刪除的檔案。

使用範例

刪除所有在 c 槽的*.bak 檔：

```
del /f /s /q /a c:\*.bak
```

假如是一個 folder 目錄內的所有*.bak 檔案：

```
del /q c:\folder\*.bak
```

刪除所有的 a.txt 檔案：

```
del a.txt
```

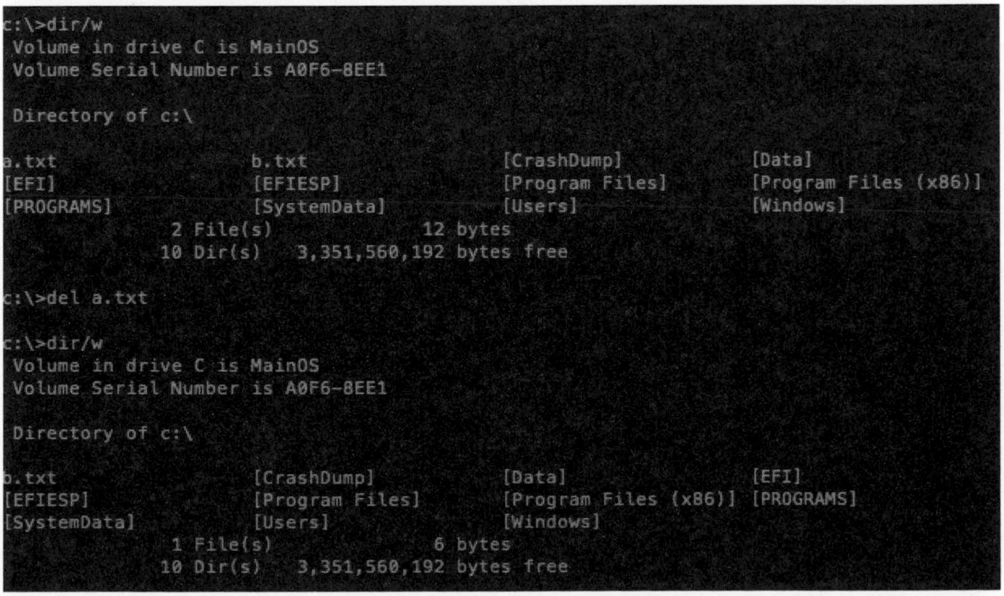

```
c:\>dir/w
 Volume in drive C is MainOS
 Volume Serial Number is A0F6-8EE1

 Directory of c:\

a.txt                    b.txt                    [CrashDump]              [Data]
[EFI]                    [EFIESP]                 [Program Files]          [Program Files (x86)]
[PROGRAMS]               [SystemData]             [Users]                  [Windows]
               2 File(s)             12 bytes
              10 Dir(s)   3,351,560,192 bytes free

c:\>del a.txt

c:\>dir/w
 Volume in drive C is MainOS
 Volume Serial Number is A0F6-8EE1

 Directory of c:\

b.txt                    [CrashDump]              [Data]                   [EFI]
[EFIESP]                 [Program Files]          [Program Files (x86)]    [PROGRAMS]
[SystemData]             [Users]                  [Windows]
               1 File(s)              6 bytes
              10 Dir(s)   3,351,560,192 bytes free
```

圖 7-8 刪除所有的 a.txt 檔案

教學影片

完整的教學影片可以觀看 *7-1-7-dir*。

7.1.8 xcopy 複製檔案或子目錄

介紹

xcopy 為複製檔案或子目錄，XCOPY 指令由 DOS 3.2 開始提供，用以提供一個更快捷及穩定的檔案抄寫模式。傳統 DOS 的內部指令在抄寫檔案時，會利用標準 DOS 呼叫把檔案逐一由來源路徑複製往目的路徑；但 XCOPY 會先把要抄的內容抄往記憶體暫存，等待記憶體填滿了，再寫往目的路徑。由於磁碟動作減少了，所以複製的速度得以大幅提高。

語法

```
XCOPY
```

比如：

```
xcopy a.txt b.txt
```

就是把 a.txt 複製到 b.txt。

```
xcopy test1 test2
```

就是把 test1 目錄複製到 test2 目錄。

使用範例

複製所有的 CrashDump 檔案到 test1：

```
xcopy CrashDump test1
```

```
c:\>dir/w
 Volume in drive C is MainOS
 Volume Serial Number is A0F6-8EE1

 Directory of c:\

b.txt                 [CrashDump]           [Data]                [EFI]
[EFIESP]              [Program Files]       [Program Files (x86)] [PROGRAMS]
[SystemData]          [Users]               [Windows]
               1 File(s)              6 bytes
              10 Dir(s)   3,351,560,192 bytes free

c:\>xcopy CrashDump test1
Does test1 specify a file name
or directory name on the target
(F = file, D = directory)? D
CrashDump\readme.txt
1 File(s) copied

c:\>dir/w
 Volume in drive C is MainOS
 Volume Serial Number is A0F6-8EE1

 Directory of c:\

b.txt                 [CrashDump]           [Data]                [EFI]
[EFIESP]              [Program Files]       [Program Files (x86)] [PROGRAMS]
[SystemData]          [test1]               [Users]               [Windows]
               1 File(s)              6 bytes
              11 Dir(s)   3,351,560,192 bytes free
```

圖 7-9 複製所有的 CrashDump 檔案到 test1

教學影片

完整的教學影片可以觀看 *7-1-8-xcopy*。

7.1.9 move 移動檔案或子目錄

介紹

Move 用於移動檔案或子目錄。

語法

```
move 檔案名稱 新的檔案名稱
```

移動檔案，也能用在重新命名一個檔案或子目錄。

使用範例

移動檔案和路徑，例如要移動檔案的路徑 test1 到 test2 的路徑：

```
move test1 test2
```

```
c:\>dir/w
 Volume in drive C is MainOS
 Volume Serial Number is A0F6-8EE1

 Directory of c:\

b.txt                  [CrashDump]            [Data]                  [EFI]
[EFIESP]               [Program Files]        [Program Files (x86)]   [PROGRAMS]
[SystemData]           [test1]                [Users]                 [Windows]
               1 File(s)              6 bytes
              11 Dir(s)   3,351,560,192 bytes free

c:\>move test1 test2
        1 dir(s) moved.

c:\>dir/w
 Volume in drive C is MainOS
 Volume Serial Number is A0F6-8EE1

 Directory of c:\

b.txt                  [CrashDump]            [Data]                  [EFI]
[EFIESP]               [Program Files]        [Program Files (x86)]   [PROGRAMS]
[SystemData]           [test2]                [Users]                 [Windows]
               1 File(s)              6 bytes
              11 Dir(s)   3,351,560,192 bytes free
```

圖 7-10 移動檔案的路徑 test1 到 test2 的路徑

教學影片

完整的教學影片可以觀看 *7-1-9-move*。

7.1.10 path 設定執行檔的搜尋路徑

介紹

在硬碟中建立樹狀目錄結構，雖然方便檔案能分門別類的整理，但是卻帶來另一個問題：如何共用各目錄中的檔案？每當執行外部命令或批次檔時，首先要找到該檔案的目錄，以指出相對應的路徑，但由於操作繁瑣，因此 DOS 提供了 PATH 命令，以解決檔案的共用問題。

語法

```
PATH[;][碟符 1][路徑 1][;][碟符 2][路徑 2][;...]
```

設定執行檔的搜尋路徑，只對.COM、.EXE 及.BAT 檔案有效。

使用範例

顯示目前所設的 path 路徑：

```
path
```

```
C:\>PATH
PATH=C:\windows\system32;C:\windows;C:\windows\System32\Wbem;C:\windows\System32
\WindowsPowerShell\v1.0\
```

圖 7-11 顯示目前所設的 path 路徑

教學影片

完整的教學影片可以觀看 *7-1-10-path*。

7.1.11 其他指令

set 顯示、設定、刪除環境變數

如時間、提示符等。

從 Windows 2000 起，透過添加/P 參數，set 命令可以用來接收命令列的輸入。

例如：

```
Set /P Choice = Type your text.
echo You typed: "%choice%"
```

ver

顯示目前 DOS 版本資訊。

```
C:\>ver

Microsoft Windows [Version 10.0.10586]
```

圖 7-12 顯示目前 DOS 版本資訊

 more

顯示檔案內容，檔案內容可通過命令列參數指定。

例如要顯示 b.txt 的內容，可以用以下指定：

```
more b.txt
```

```
C:\>more b.txt
abc
```

圖 7-13 顯示 b.txt 的內容

例如要顯示多筆檔案資料，並且分頁顯示，可以用以下指定：

```
dir | more
```

```
C:\>dir | more
 Volume in drive C is MainOS
 Volume Serial Number is A0F6-8EE1

 Directory of C:\

02/29/2016  03:01 PM                 6 b.txt
10/30/2015  04:46 AM    <JUNCTION>     CrashDump [\??\Volume{27e1950a-7f04-11e5-80d
c-e41d2d000610}\]
10/30/2015  04:46 AM    <JUNCTION>     Data [\??\Volume{27e19563-7f04-11e5-80dc-e41
d2d000610}\]
10/30/2015  04:46 AM    <DIR>          EFI
10/30/2015  04:46 AM    <JUNCTION>     EFIESP [\??\Volume{27e19475-7f04-11e5-80dc-e
41d2d000610}\]
10/30/2015  04:46 AM    <DIR>          Program Files
10/30/2015  04:46 AM    <DIR>          Program Files (x86)
10/30/2015  04:46 AM    <DIR>          PROGRAMS
10/30/2015  04:46 AM    <DIR>          SystemData
02/29/2016  03:38 PM    <DIR>          test2
10/30/2015  04:46 AM    <DIR>          Users
01/04/2016  07:48 PM    <DIR>          Windows
               1 File(s)              6 bytes
              11 Dir(s)   3,351,560,192 bytes free
```

圖 7-14 顯示目前的路徑內容並以分頁顯示內容

format

格式化軟碟或硬碟分割（高階格式化）。

7.2 Windows 10 IoT Core 新增指令

7.2.1 setcomputername 設定機器名稱

介紹

設定機器的名稱，因為大家都是用同樣的 img 影像檔來開啟，所以機器名稱會是「minwinpc」，建議把機器名稱修改一下。

語法

```
setcomputername 名稱
```

設定檔案名稱。

使用範例

```
setcomputername powenko
```

這個機器的名稱就會改為「powenko」，請自行調整機器的名稱。

```
C:\>setcomputername powenko
Computer name changed successfully. Please reboot the device for changes to take ef
fect.
```

圖 7-15　修改這個機器的名稱為「powenko」

重新開機之後，就會看到機器的名稱改為新的名稱了。

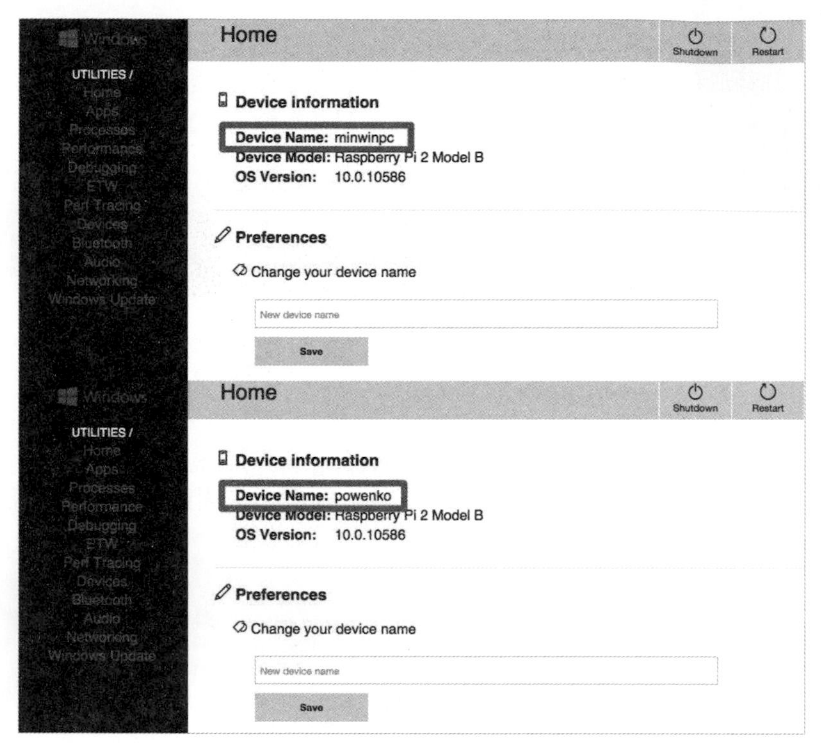

圖 7-16 修改前後的機器的名稱

教學影片

完整的教學影片可以觀看 *7-2-1-setcomputername*。

7.2.2 shutdown 重新開機和關機

介紹

強烈建議 Windows 10 IoT Core 的機器在關閉電源前，一定要先透過 shutdown 把機器關閉，不然以筆者的經驗，曾經發生過直接關閉電源，卻導致系統無法開啟的情況。

語法

```
shutdown
```

關機

使用範例

如果要在遠端直接控制這個機器並且重新開機，透過以下的指令就可以達成。

```
shutdown /r /t 0
```

```
C:\>shutdown /r /t 0
System will shutdown in 0 seconds...
```

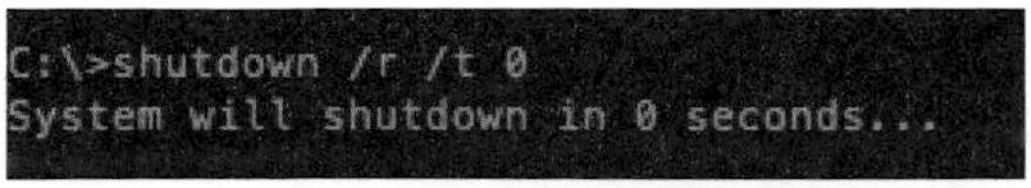

圖 7-17 shutdown 重新開機

而關機可以透過：

```
shutdown
```

教學影片

完整的教學影片請觀看 *7-2-2-shutdown*。

7.2.3 net user 新增帳號和密碼

介紹

為了安全起見，強烈建議 Windows 10 IoT Core 的帳號和密碼最好要先調整和修改，不然每個人的帳號和密碼都是官方所提供的，很容易會有安全上的顧慮。

語法

新增帳戶：

```
net user 「使用者名稱」「密碼」 /add
```

為了安全起見，各位可以建立其他的使用者帳號。

修改密碼：

```
net user 「使用者名稱」「密碼」
```

使用範例

```
net user  powenko2 123456  /add
```

完成之後，就會新增一個「powenko2」帳號，而密碼就會改為「123456」。請依照你的實際需求自行調整。

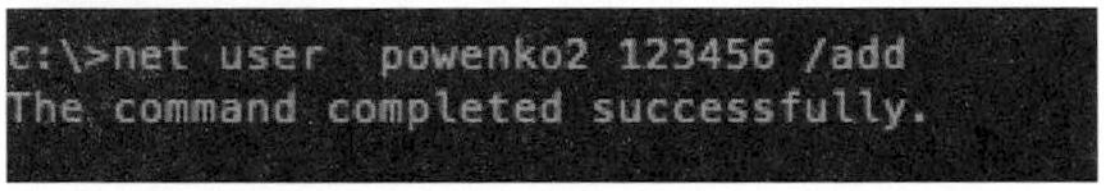

```
c:\>net user  powenko2 123456 /add
The command completed successfully.
```

圖 7-18 新增一個「powenko2」帳號，而密碼就會改為「123456」

```
net user Administrator  powenko
```

因為大家都是用同樣的影像檔來開啟，內定密碼是「p@ssw0rd」，如果想要將 Administrator 的密碼修改為「123456」，透過指令就可以達成。完成後，這個機器的「Administrator」帳號的密碼就會改為「powenko」。請自行調整。

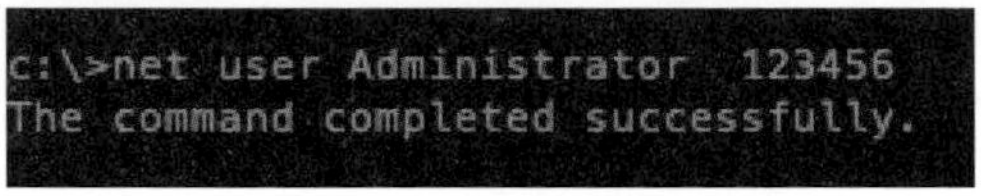

```
c:\>net user Administrator  123456
The command completed successfully.
```

圖 7-19 修改管理者的密碼

教學影片

完整的教學影片請觀看 *7-2-3-net-user*。

7.2.4 Reg 修改網路的 Port

介紹

Windows 10 IoT Core 網路連線 Http 的 Port 內定值都是固定的。為了安全起見，如果要修改為其他的位置，可以透過以下指令：

```
Reg add HKEY_LOCAL_MACHINE\SOFTWARE\Microsoft\Windows\CurrentVersion\
IoT\webmanagement /v HttpPort /t REG_DWORD /d <新的 Port>
```

如果要修改 https port：

```
Reg add HKEY_LOCAL_MACHINE\SOFTWARE\Microsoft\Windows\CurrentVersion\
IoT\webmanagement /v UseHttps /t REG_DWORD /d 1 /f

Reg add HKEY_LOCAL_MACHINE\SOFTWARE\Microsoft\Windows\CurrentVersion\
IoT\webmanagement /v HttpsPort /t REG_DWORD /d <新的 Port> /f
```

重新開機後，便能啟動新的設定。

7.2.5 網路相關指令

介紹

Windows 10 IoT Core 的網路相關設定，全部都繼承 Windows10 的指令，包含：

- ping.exe：用來測量網路的效能
- netstat.exe：測試現在的內網和外網的狀態及位置，顯示連接統計。
- netsh.exe：網路的 shell 指令工作環境。
- ipconfig.exe：管理 DNS 和 DHCP 類別 ID。
- nslookup.exe：查看 DNS 的資訊。
- tracert.exe：追蹤網路連接。
- arp.exe：解決硬體位址問題。
- pathping 測試路由器。

使用範例

```
ping www.google.com
```

測試連接到 www.google.com 的網路速度。

```
C:\Data\Users\Administrator>ping www.google.com

Pinging www.google.com [72.195.166.59] with 32 bytes of data:
Reply from 72.195.166.59: bytes=32 time=9ms TTL=58
Reply from 72.195.166.59: bytes=32 time=10ms TTL=58
Reply from 72.195.166.59: bytes=32 time=10ms TTL=58
Reply from 72.195.166.59: bytes=32 time=10ms TTL=58

Ping statistics for 72.195.166.59:
    Packets: Sent = 4, Received = 4, Lost = 0 (0% loss),
Approximate round trip times in milli-seconds:
    Minimum = 9ms, Maximum = 10ms, Average = 9ms
```

圖 7-20 測試連接到 www.google.com 的網路速度

```
netstat
```

測試現在的內網和外網的狀態及位置。

```
C:\Data\Users\Administrator>netstat

Active Connections

  Proto  Local Address          Foreign Address        State
  TCP    192.168.0.112:22       192.168.0.105:55267    ESTABLISHED
  TCP    192.168.0.112:49676    64.4.25.253:https      TIME_WAIT
```

圖 7-21 顯示連接統計

```
netsh
```

如果用過路由器就會知道，路由器裡面有個指令縮寫"sh int"，它的意思是"show interface"。

而在 Windows 10 IoT Core 也有類似界面的工具，叫做 netsh。

```
C:\Data\Users\Administrator>netsh
netsh>int ip
netsh interface ipv4>dump


# ----------------------------------
# IPv4 Configuration
# ----------------------------------
pushd interface ipv4

reset
set interface interface="Local Area Connection* 1" forwarding=enabled advertise=
enabled nud=enabled ignoredefaultroutes=disabled
set interface interface="Ethernet" forwarding=enabled advertise=enabled nud=enab
led ignoredefaultroutes=disabled


popd
# End of IPv4 configuration
```

圖 7-22 網路的 shell 指令工作環境

```
nslookup
```

查看 DNS 的資訊。

```
C:\Data\Users\Administrator>nslookup
Default Server:  UnKnown
Address:  192.168.0.1
```

圖 7-23 查看 DNS 的資訊

```
ipconfig /all
```

檢視全部網路的情況。

```
C:\Data\Users\Administrator>ipconfig /all

Windows IP Configuration

   Host Name . . . . . . . . . . . . : powenko
   Primary Dns Suffix  . . . . . . . :
   Node Type . . . . . . . . . . . . : Hybrid
   IP Routing Enabled. . . . . . . . : No
   WINS Proxy Enabled. . . . . . . . : No

Ethernet adapter Ethernet:

   Connection-specific DNS Suffix  . :
   Description . . . . . . . . . . . : LAN9512/LAN9514 USB 2.0 to Ethernet 10/100 Ad
apter
```

圖 7-24 檢視全部網路的情況

```
ipconfig /renew
```

重新整理連線和設定。

```
C:\Data\Users\Administrator>ipconfig /renew

Windows IP Configuration


Ethernet adapter Ethernet:

   Connection-specific DNS Suffix  . :
   Link-local IPv6 Address . . . . . : fe80::c87d:6428:62e2:bebd%3
   IPv4 Address. . . . . . . . . . . : 192.168.0.112
   Subnet Mask . . . . . . . . . . . : 255.255.255.0
   Default Gateway . . . . . . . . . : 192.168.0.1
```

圖 7-25 重新整理連線和設定

教學影片

完整的教學影片請觀看 *7-2-5-ipconfig*。

7.2.6 IotStartup 啟動 App 的設定

介紹

IotStartup 指定可以設定目前機器，啟動時要執行哪一個程式。

語法

```
IotStartup 參數
```

設定啟動機器時，所要開啟的應用程式。

使用範例

```
IotStartup list
```

列出目前指定啟動設備時，所要執行的應用程式。

```
IotStartup list headed
```

列出目前在這機器上，已經安裝的所有應用程式的名稱。

```
C:\Data\Users\Administrator>IotStartup list headed
Headed   : 0228d29e-26a1-42cb-950b-8bc7925a83a0_0ra5q8xxgnbfj!App
Headed   : 53c02881-9c4f-4761-bc3d-e37585ebbdd0_0ra5q8xxgnbfj!App
Headed   : 54fa2b45-b04f-4b40-809b-7556c7ed473f_1w720vyc4ccym!App
Headed   : 6cf82da5-791a-44a4-94b6-29537c152f5c_0ra5q8xxgnbfj!App
Headed   : cf121ea3-8061-4317-9efc-3a36866783b7_1w720vyc4ccym!App
Headed   : d6919ad6-40e4-46b9-b473-77de71a7b656_0ra5q8xxgnbfj!App
Headed   : IoTCoreDefaultApp_kwmcxzszfer2y!App
Headed   : IoTUAPOOBE_cw5n1h2txyewy!App
Headed   : Microsoft.AAD.BrokerPlugin_cw5n1h2txyewy!App
Headed   : RGBLED_1w720vyc4ccym!App
Headed   : Windows.PurchaseDialog_cw5n1h2txyewy!Microsoft.Windows.PurchaseDialog
```

圖 7-26 IotStartup list headed 執行結果

```
IotStartup list headless
```

列出已安裝的沒有標題的應用程式。

```
IotStartup list [MyApp]
```

列出指定的應用程式名稱。

```
IotStartup add headed [MyApp]
```

添加指定的應用程式。

```
IotStartup remove headed [MyApp]
```

移除指定的應用程式。

```
IotStartup startup [MyApp]
```

指定啟動時要執行哪一個應用程式。

實際範例

設定 HelloWorld 程式，一旦啟動機器時，便自動執行該程式。

```
iotstartup list HelloWorld
```

如果已經安裝，會顯示出該應用程式的相關資料。

添加 HelloWorld：

```
iotstartup add headed HelloWorld
```

然後重新開機便可，下回機器一啟動後，便會執行 HelloWorld 應用程式。

```
shutdown /r /t 0
```

如何修改回系統原本的 DefaultApp 應用程式呢？

```
iotstartup add headed IoTCoreDefaultApp
```

完成後，重新開機就會回到原本的設定。

教學影片

完整的教學影片請觀看 *7-2-6-IotStartup*。

補充資料

如果對其他的指令感興趣，可以到以下網址參考更多指令和用法。

https://ms-iot.github.io/content/en-US/win10/tools/CommandLineUtils.htm

8 CHAPTER

我的第一個 Visual C# 程式

本章重點

本章節將介紹 Visual Studio 2015 開發環境的功能和使用方法，並且實際撰寫專案。

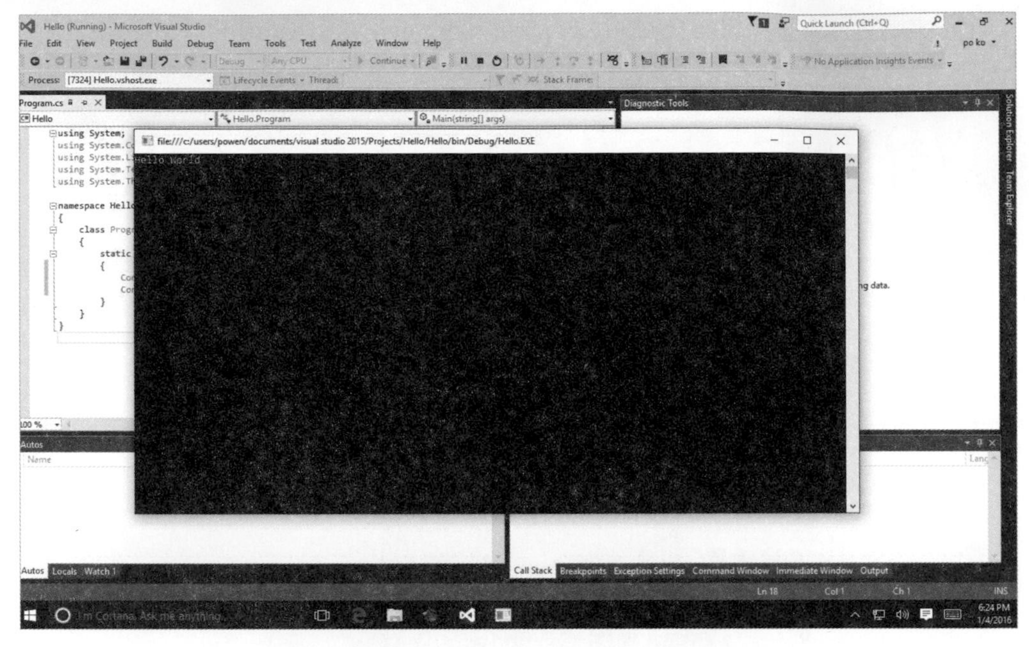

圖 8-0 我的第一個 Visual C# 程式執行結果

8.1 程式語言與 C# 簡介

C#（唸成「C sharp」）是 Microsoft 的程式語言，用於發展在 NET 平台上運作的元件式（component-based）Internet 應用程式與服務，目前 C# 有二大開發環境可以使用，第一個是 Visual Studio .net 的開發環境，另外跨平台開發工具 mono 也是使用 C# 程式語言。

C# 擁有 C/C++ 的強大功能及 Visual Basic 簡易使用的特性，和 C++ 與 Java 一樣亦為物件導向（object-oriented）程式語言；C# 的語法幾乎 95% 與 C++ 相同，但 C# 的語法其實更像 Java。確切地說法，C# 的語法其實是由 C、C++、Visual Basic 和 Java 四種語言融合而成的一種語言。

在本章節中，將會介紹和撰寫第一個 C# 的程式，並瞭解其流程與動作。

8.2 建立第一個 C# 程式

介紹

請依照以下的步驟，新建第一個 C# 應用程式。

步驟

Step 1 執行 Visual Studio 2015

請透過程式集，選取並執行「Visual Studio 2015」。

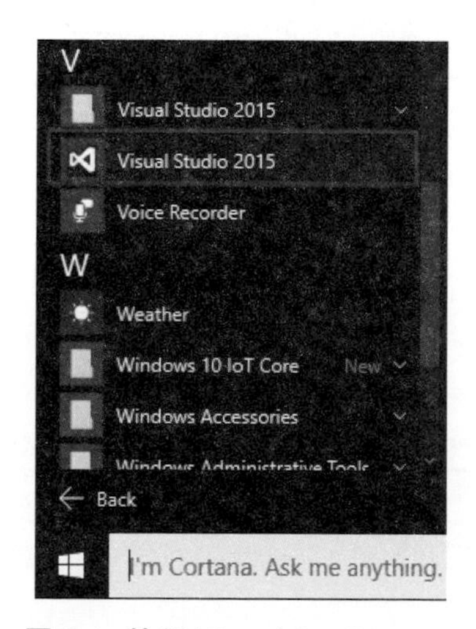

圖 8-1 執行 Visual Studio 2015

Step 2 新增專案

選取下拉式選單「File 檔案\new 新增\project 專案」。

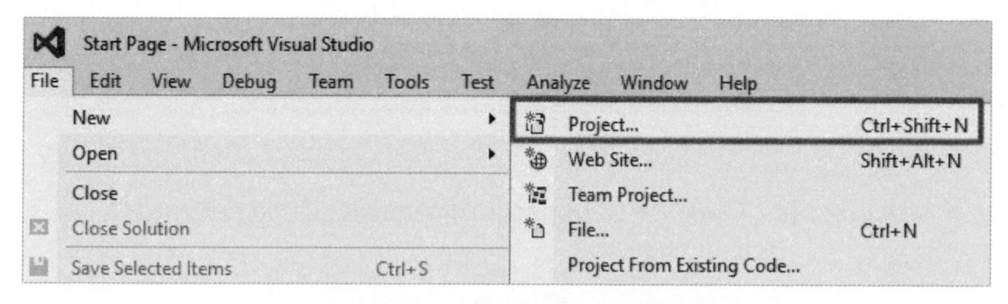

圖 8-2 選取下拉式選單「新增專案」

Step **3** 選取 Visual C# 的 Console Application 主控制台應用程式

透過新增視窗中的選項：

1. 先選取「Installed\Templates\Visual C#」。
2. 再選取右邊的「Console Application」主控制台應用程式。
3. 在 Name 指定檔名，Location 指定檔案路徑，Solution name 設定專案名稱。
4. 點選「OK」按鈕確認。

在指定檔案名稱和路徑時，需要注意：

- Name 名稱：這裡指定為 Hello。
- Location 檔案路徑：儲存此專案檔案位置。
- Solution name 方案名稱：指定本專案的名稱。

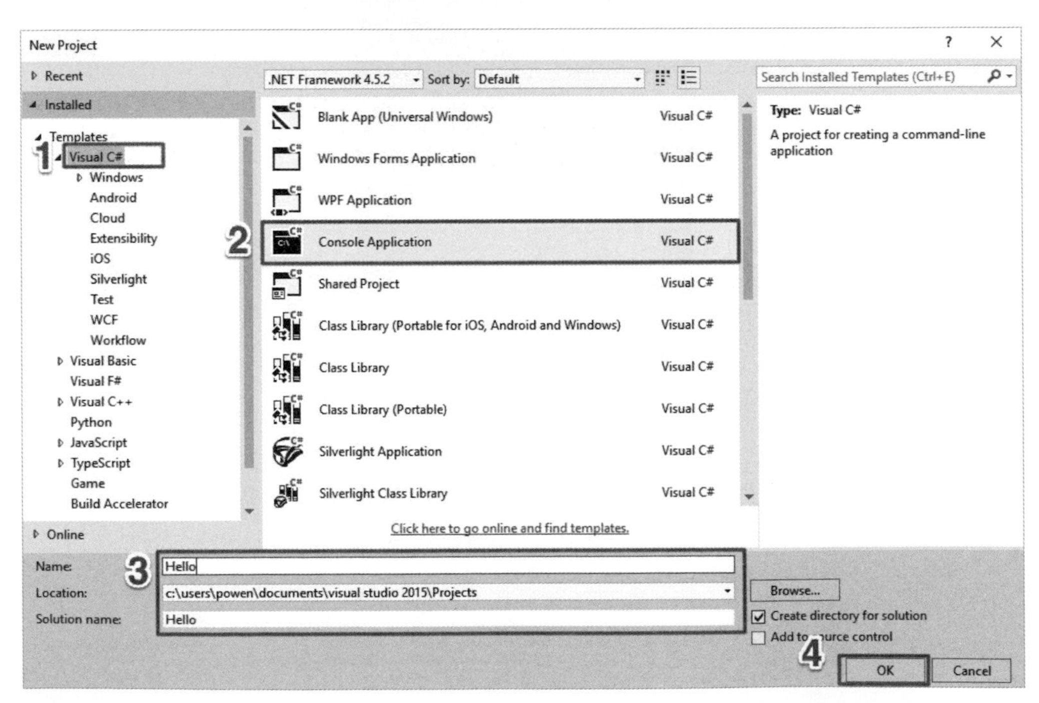

圖 8-3 選取 Visual C# 的 Console Application 主控制台應用程式

Step **4** 修改程式

因為樣板程式所產生的程式，執行後一下子就會離開程式，所以在此請修改程式，讓它執行後顯示"Hello World"，並且等待用戶按下鍵盤後，便會離開程式。

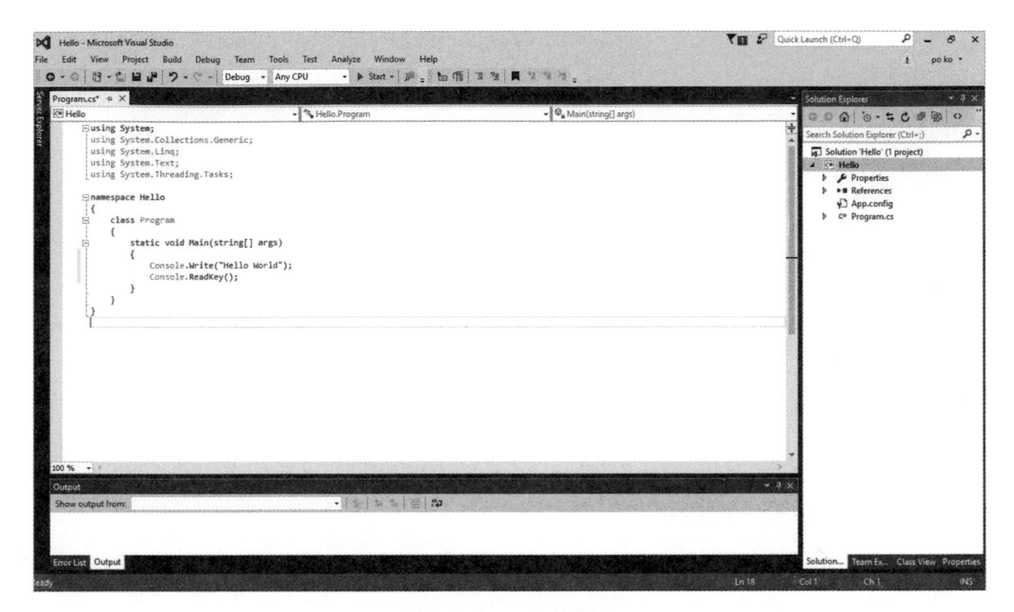

圖 8-4 修改後的情形

範例程式：ch08\8-2-HelloWorld\Hello\Program.cs

```
1. using System;                                   // 讀取定義檔
2. using System.Collections.Generic;
3. using System.Linq;
4. using System.Text;
5. using System.Threading.Tasks;
6.
7. namespace Hello
8. {
9.     class Program                               // 宣告類別名稱
10.     {
11.         static void Main(string[] args)        // 宣告Main()方法
12.         {
13.             Console.Write("Hello World");      // 於命令列印出訊息
14.             Console.ReadKey();                 // 等待用戶按下鍵盤後
15.         }
16.     }
17. }
```

程式說明

- 第 1 行：//的用途是註解說明。
- 第 11 行：程式啟動時，第一個執行的函數。
- 第 13 行：要顯示的文字。

注意 在修改程式的同時，請使用選取函數的方式，以避免打錯，如果出現紅線，就表示有打錯字，請重新確認並注意大小寫。

namespace、class、static、void 稱為關鍵字（keyword），所謂的關鍵字是語法功能的保留字（reserved word），具有既定的特殊用法，例如 class 用來宣告與定義類別（class）。C# 共有 83 個關鍵字，我們會在下一章節逐一介紹。

程式中看到的大刮號{}，會是以一對為單位，意思是該項目內所要做的事情和範圍。

而小刮號()，例如 Console.ReadKey()的小括弧中間表示參數，留空表示空的參數列，也就是沒有參數（parameter）。

Step **5** 執行程式

執行剛剛的應用程式，只要確認選擇「Debug」後，按下「Start」，Visual Studio 就會自動編輯程式和執行出結果。

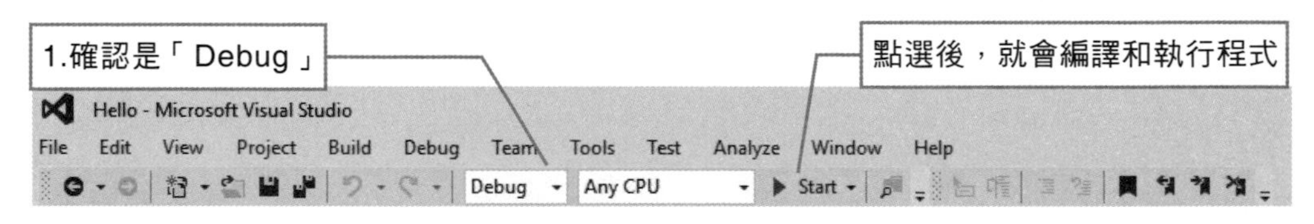

圖 8-5 選取「Start」來執行程式

執行結果

執行程式後，因為我們在程式中使用 Console.Write 的指令，所以會將列出來的文字顯示在此 Console 中，結果會看到顯示的文字"Hello World"，並待用戶按下按鍵後，便會關閉程式。

圖 8-6　我的第一個應用程式

教學影片

整個過程詳細的內容，請看教學影片 *8-2_VisualCSharp_01_HelloWorld*。

8.3 除錯

如果要測試程式並設定中斷點，只要在程式碼最前方「淡藍色」的區域按一下，便會出紅色的圓點，這樣程式進入除錯模式後，如果執行到中斷點就會停下來。

```
Program.cs
Hello | Hello.Program | Main(string[

using System;
using System.Collections.Generic;
using System.Linq;
using System.Text;
using System.Threading.Tasks;

namespace Hello
{
    class Program
    {
        static void Main(string[] args)
        {
            Console.Write("Hello World");
            Console.ReadKey();
        }
    }
}
```

設定中斷點

圖 8-7　點選前面的淡藍色區域來設定程式的除錯中斷點

如同一般執行程式，在確認選擇「Debug」選項後按下「Start」，Visual Studio 就會自動編輯程式和執行，直到遇到中斷點。

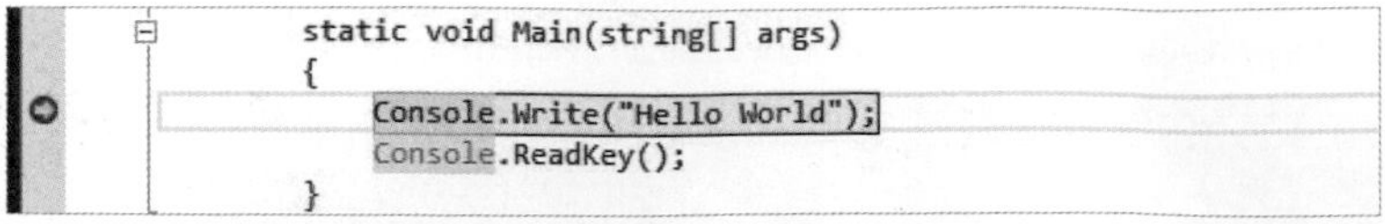

```
static void Main(string[] args)
{
    Console.Write("Hello World");
    Console.ReadKey();
}
```

圖 8-8 程式停止在中斷點上

在除錯模式中，相關的變數資料，只要將滑鼠移至變數上方，就可以即時看到變數的現值。

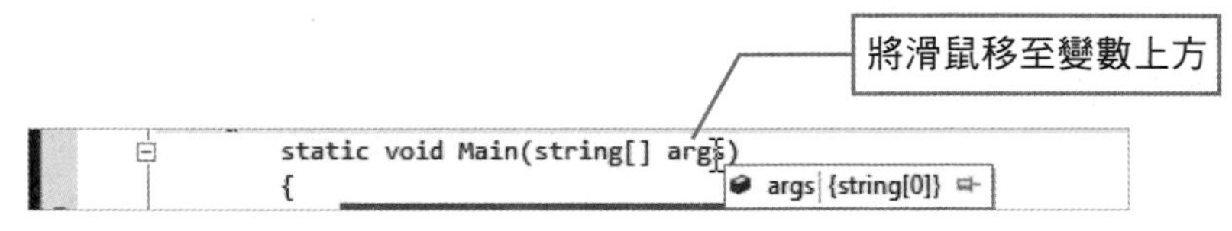

圖 8-9 觀看變數的現值

另外也可以在 Visual Studio 的左下方「Locals」中，看到所有變數現在的數值。

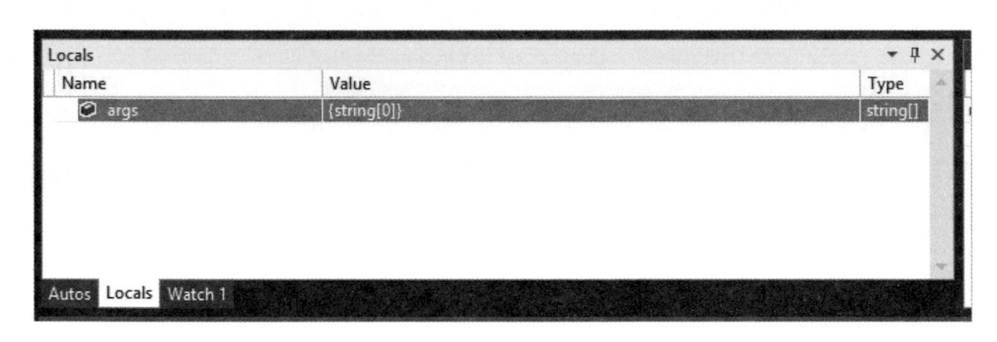

圖 8-10 Local 觀看變數的現值

在 Visual Studio 的右上角框起來的按鈕，是除錯用途的相關功能，分別是：

1. 暫停
2. 停止除錯模式
3. 程式重新執行
4. 更新程式畫面
5. 繼續執行
6. 進入該函式中
7. 執行下一行指令
8. 回到上一層的函式

圖 8-11 除錯相關訊息和相關的按鈕選項

如果要結束程式和離開除錯模式，請點選「2.停止除錯模式」紅色正方形，可以離開除錯模式。

教學影片

這整個過程詳細的內容，請看教學影片 *8-3_VisualCSharp_01_Debug*。

8.4 程式錯誤的修復方法

寫程式難免都會有 bug 錯誤，除了邏輯上的錯誤之外，最常發生的是因為打錯字，導致編譯時會出現錯誤，無法順利建立出直執行檔。

最常見的是，當在開發程式時，因為程式錯誤馬上就會出現的紅線，只要把滑鼠移至錯誤的上方，系統便會提示錯誤的原因，也建議開發者儘早修復。

```
using System;
using System.Collections.Generic;
using System.Linq;
using System.Text;
using System.Threading.Tasks;

namespace Hello
{
    class Program
    {
        static void Main(string[] args)
        {
            Console.Write("Hello World");
            Console.test123("Hello World");
            Console.ReadKey();
        }
    }
}
```

Visual Studio 發生錯誤

圖 8-12 程式錯誤

另外，當程式編譯建置方案時，如果發生錯誤，便會出現錯誤的列表視窗。此時，只要點選錯誤，便會開啟並指定出錯誤的行數和錯誤的原因，而只要瞭解錯誤的原因，就能順利修復。

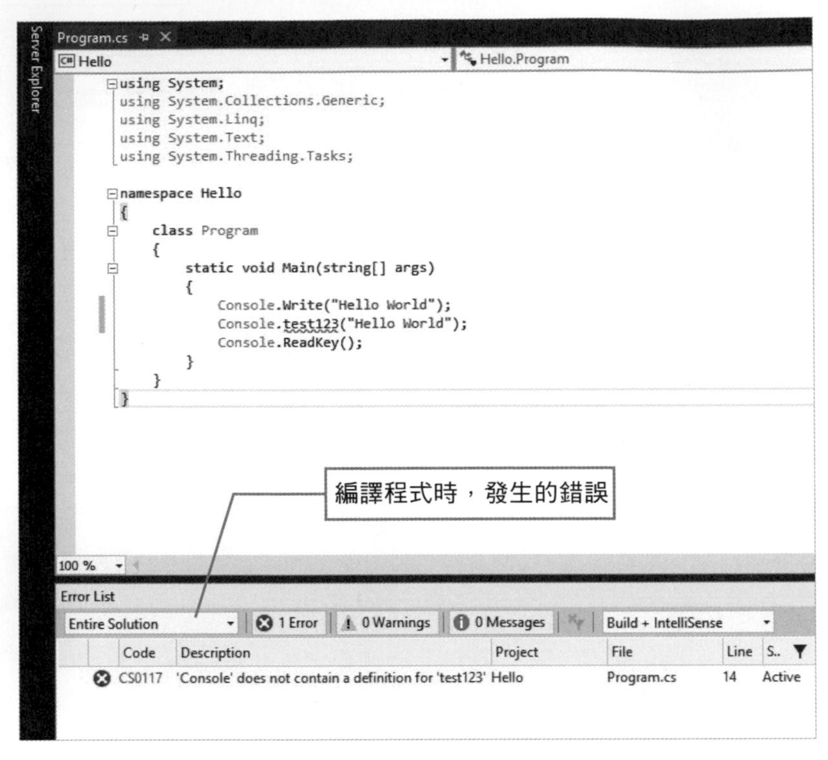

圖 8-13 除錯相關訊息

而程式的執行檔，如果編譯成功，會在專案資料夾的最底層\專案資料夾\...\bin\Debug（或是 Release，依不同選項而不同）可以找到該執行檔。

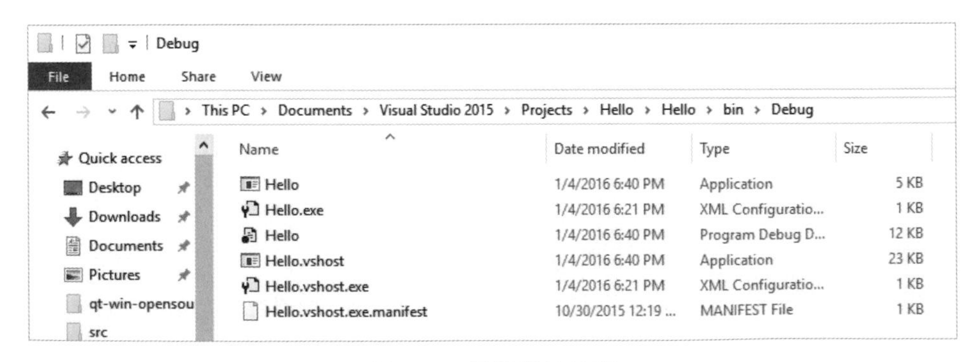

圖 8-14 執行檔的位置

教學影片

整個過程詳細的內容，請看教學影片 *8-4_VisualCSharp_01_FixError*。

C# 程式語言

9
CHAPTER

本章重點

9.1 註解的使用方法

9.2 列印 System.Console.Write 和 System.Console.WriteLin－顯示程式執行的消息

9.3 資料型態

9.4 數學計算

9.5 判斷式

9.6 迴圈

9.7 陣列

9.8 class 類別

本章節介紹 C# 程式語言的基本概念和 OOP 物件導向。

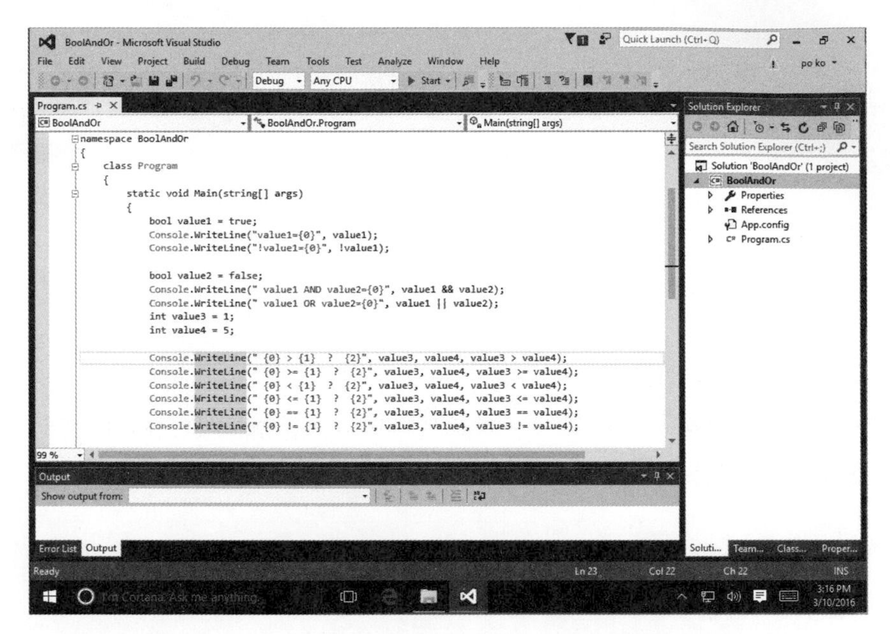

圖 9-0 使用 Visual Studio Community 2015 開發 C# 程式語言

在本章節會詳細介紹 C# 語言的特色與功能，並且假設各位已經有標準 C 語言的基礎，只是對 C# 開發不熟悉。如果您之前沒有學過任何程式語言，建議您可以先看看標準 C 語言的相關書籍後，再來閱讀本章節，會比較合適。根據多年的教學經驗，讓各位先了解 C# 語言，再講解 Windows 10 IoT Core 程式會是比較合適的學習方法，所以在本章節中，會詳細介紹 C# 這個程式語言。

這篇教學是假設讀者已經有一些基本的語言知識，並且瞭解 C# 資料型別、函式、回傳值、OOP 物件導向，以及基本必須瞭解的 C# 語言程式概念。

9.1 註解的使用方法

介紹

在撰寫程式時，會需要寫一些幫助團隊或方便日後維護時了解這個程式的文章，此時就可以使用註解的寫法將它寫在程式中。

語法

註解有兩種寫法：

單一行數註解：

```
// 註解
```

多行數的註解：

```
/* 註解 */
```

- 使用兩個斜線//把要寫的文字註解寫在這兩個行之後，例如：//您好。
- 使用/*...*/，在...裡面的字我們稱之為註解。當編譯器遇到註解時會跳過註解文字不做任何編譯，因為這些註解是寫給開發者看的，電腦不需理會。

使用範例

單獨一行的文字註解：

```
// 文字註解
```

多行以上的註解寫法：

```
/*
文字註解
*/
```

注意 註解（comment）有二種寫法：

```
// 連續兩個斜線為單行的注釋
/*    */ 範圍則為多行的註解
```

所謂的註釋就是在程式中輔助說明的文字。凡是註釋文字，也就單行連續兩個斜線之後的文字，或是多行斜線、星號範圍間的文字，這些文字都屬於不會被程式執行的部分，因此添加說明和註記。

9.2 列印 System.Console.Write 和 System.Console.WriteLin－顯示程式執行的消息

語法

Namespace：System

```
列印 Console.Write(String);
```

顯示字串到訊息視窗中。

其中的參數：

- String：要列印的字串。

使用範例

在 XCode 的 Log 訊息視窗中，印出 How are you 的字串。

```
Console.Write("How are you");
```

{0}顯示後面的變數中，第 0 個資料。

```
Console.Write("Hi! {0}","Powen");
Console.Write("Pi is {0}",3.1415);
```

語法

Namespace：System

```
列印 Console.WriteLine(String)
```

顯示字串到訊息視窗中，顯示完畢之後再跳到下一行。

其中的參數：

- String：要列印的字串。

實際範例

範例程式：ch09\9-2\ConsoleWrite\Program.cs

```
1.  /* 註釋
2.  Author : Powen ko
3.  web Site : www.powenko.com
4.  Project : ConsoleWrite
5.  */
6.  using System;                                          // 註釋
7.  using System.Collections.Generic;                      // using 引用命名
8.  using System.Linq;
9.  using System.Text;
10. using System.Threading.Tasks;
11.
12. namespace ConsoleWrite
13. {
14.     class Program
15.     {
16.         static void Main(string[] args)
17.         {
18.             System.Console.Write("How are you?"); // 顯How are you?
19.             Console.Write("Hello Wrold!");    // 顯示Hello Wrold!
20.             Console.WriteLine("This is C# ");// 顯示This is C#後跳行
21.             Console.WriteLine("Program");     // 顯示Program 後跳行
22.             Console.WriteLine("Hi! {0}", "Powen"); // 顯示Hi! Powen
23.             Console.WriteLine("Pi is  {0}", 3.1415);
                // 顯示Pi is 3.1415
24.             Console.ReadKey();                // 等待按鍵
25.         }
26.     }
27. }
```

在這程式中，比較特別的是第 18 和 19 行是否分別在前面添加 System 這名稱當成類別變數，而 19 行之所以省略，決定在於第 6 行中使用了 using System; 的定義，這樣就能夠省掉之後要寫上 System 的類別定義。

執行結果

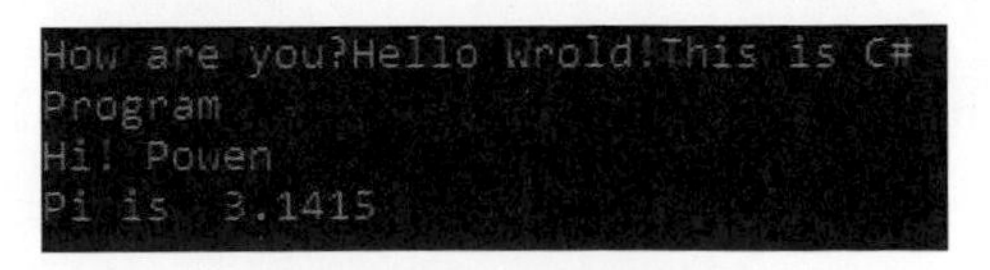

圖 9-1 執行結果

注意 請留意 WriteLine 是先顯示文字，再跳行。

教學影片

完整的教學影片可以觀看 *9-2-CSharp_Write*，裡面有詳細過程及說明。

9.3 資料型態

在 C# 的資料型態基本上和 C 語言是一樣的，C# 實質型態有以下數種，可以透過下列章節看出每一個資料型態的差異、實際用法，以及資料的大小範圍。

9.3.1 byte、sbyte 位元組

介紹

byte 關鍵字代表一種整數型別，將 8 個位元組合成一個位元組（byte），為不帶正負號的 8 位元整數。另外，也有 sbyte 關鍵字代表一種帶正負號的 8 位元整數，可儲存的值如下表所示。

表 9-1 位元組資料定義表

資料型態	位元數	資料型態	最小的數字	最大的數字
byte	8	整數	0	255
sbyte	8	整數	-128	127

語法

```
byte 變數名 = 初始值;
```

資料宣告為有正整數 byte 的變數，並使用關鍵字（keyword）位元。

使用範例

```
byte value1 = 2;
```

語法

```
sbyte 變數名 = 初始值;
```

資料宣告為正負數 sbyte 的變數，並使用關鍵字（keyword）sbyte。

使用範例

```
sbyte value1 = 2;
```

9.3.2 short、ushort 短整數

介紹

short 關鍵字代表一種整數型別，為帶正負號的 16 位元整數，可儲存的值如下表所示。另外，也有 ushort 關鍵字代表一種帶正號的 16 位元整數。

表 9-2　短整數資料定義表

資料型態	位元數	資料型態	最小的數字	最大的數字
short	16	整數	-32,768	32,767
ushort	16	整數	0	65535

語法

```
short 變數名 = 初始值;
```

資料宣告為正負數 short 的變數，並使用關鍵字（keyword）short。

使用範例

```
short value1 = 2;
```

語法

```
ushort 變數名 = 初始值;
```

資料宣告為有正整數 ushort 的變數，並使用關鍵字（keyword）ushort。

使用範例

```
ushort value2 = 2;
```

9.3.3 int 整數

介紹

因為在 C#、C 程式中可以透過資料型態的定義，來決定變數的資料範圍。首先我們先把常用的幾個資料型態用表格的方法列出，並把資料範圍也一併整理。

表 9-3 整數資料定義表

資料型態	位元數	資料型態	最小的數字	最大的數字
int	32	整數	-2147483648	2147483647
uint	32	整數	0	4294967295

語法

```
int 變數名 = 初始值;
```

資料宣告為有正負數 int 的變數，並使用關鍵字（keyword）int。

使用範例

```
int value1 = -2;
```

語法

```
uint 變數名 = 初始值;
```

資料宣告為正整數 uint 的變數，並使用關鍵字（keyword）uint。

使用範例

```
uint value1 = 2;
```

9.3.4 long 長整數

介紹

長整數 long，可以是有正負號、比 int 大的整數資料型態。如果只需要整數，可以用 ulong。long 一般是 64 位元。

表 9-4 長整數資料定義表

資料型態	位元數	資料型態	最小的數字	最大的數字
long	64	長整數	-9, 223,372, 036, 854, 775, 808	9, 223, 372, 036, 854, 775, 807
ulong	32	長整數	0	18, 446, 744, 073, 709, 551, 615

語法

```
long 變數名 = 初始值;
```

資料宣告為有正負數 long 的變數，並使用關鍵字（keyword）long。

使用範例

```
long value1 = -2;
```

語法

```
ulong 變數名 = 初始值;
```

資料宣告為純正整數 ulong 的變數，並使用關鍵字（keyword）ulong。

使用範例

```
ulong value1 = 2;
```

9.3.5 float 浮點數

介紹

float 關鍵字代表可儲存 32 位元浮點數值的簡單型別。下表中列出 float 型別的精確度和大約範圍，所占的位元組是 4 個 bytes（也就是 32bits）。使用浮點數要注意的是，輸入與儲存的值不一定精確，且計算的結果會有誤差，尤其是最後的幾個數字每次顯示都會不一樣。所以在使用時，如果要求資料要百分之百準確，建議使用 int 或 long。

表 9-5 浮點數資料定義表

資料型態	位元數	資料型態	最小的數字	最大的數字
float	32	浮點數	-3.402823e38	3.402823e38

語法

```
float 變數名 = 初始值;
```

使用範例

```
float value1 = 3.4028235E+38f;
float value2 = 3.1415926f;
```

根據預設，指派運算子右邊的實數常值會被視為 double。因此，請在數字後面使用 f 或 F 來指定初始化 float 變數。

9.3.6 double 雙精度浮點數

介紹

double 的資料範圍是±5.0 × 10 − 324 到±1.7 × 10308 之間，所占的位元組是 64bit。使用浮點數要注意的是，輸入與儲存的值不一定精確，且計算的結果會有誤差。所以在使用時，如果要求資料要百分之百準確，建議使用 int 或 long。

double 關鍵字代表可儲存 64 位元浮點數值的簡單型別。下表中列出 double 型別的精確度和大約範圍。

表 9-6 雙精度浮點資料定義表

資料型態	位元數	資料型態	最小的數字	最大的數字
double	64	浮點數	-1.79769313486232e308	1.79769313486232e308

語法

```
double 變數名=初始值;
```

使用範例

```
double value1 = 3.4028235E+38;
double value2 = 3.1415926;
```

9.3.7 decimal 128 位元的浮點數

介紹

decimal 關鍵字表示 128 位元的資料類型。decimal 類型的精確度較高且範圍較小，因此非常適合財務和金融計算。decimal 類型的大概範圍和精確度，如下表所列。

表 9-7 128 位元的浮點數資料定義表

資料型態	位元數	資料型態	最小的數字	最大的數字
decimal	128	浮點數	-79228162514264337593543950335	79228162514264337593543950335

語法

```
decimal 變數名 = 初始值;
```

使用範例

```
decimal value1 = 1200.5m;
```

如果要將數值實數常值視為 decimal 處理，請使用後置字元 m 或 M。

9.3.8 bool 布林代數

介紹

bool 布林代數只能儲存以下兩個資料：

- 是 true。
- 否 false。

bool 布林代數只能有這兩個數值，bool 關鍵字是 System.Boolean 的別名。它是用來宣告儲存布林值 true 和 false 的變數。

語法

```
bool 變數名 = 初始值;
Boolean 變數名 = 初始值;
```

使用範例

```
bool value1 = true;
bool value2 = false;
```

9.3.9 綜合練習一：定義資料型態

透過以下程式，將可瞭解資料型態的整數和浮點數的處理方法，於實際開發程式時的撰寫方式。

範例程式：ch09\9-3-9\datatype\datatype\Program.cs

```
1.  …                                                      // 省略
2.          static void Main(string[] args)
3.          {
4.              byte v1 = 2;
5.              sbyte v2 = -2;
6.              short v3 = -3;
7.              ushort v4 = 4;
8.              int v5 = -5;                              // 整數變數
9.              uint v6 = 6;                              // 正整數變數
10.             long v7 = -7;                             // 長整數變數
11.             ulong v8 = 8;                             // 正長整數變數
12.
13.             Console.WriteLine("byte v1={0}", v1);  // 顯示變數數值
```

```
14.             Console.WriteLine("sbyte v2={0}", v2); // 顯示變數數值
15.             Console.WriteLine("short v3={0}", v3); // 顯示變數數值
16.             Console.WriteLine("ushort v4={0}", v4);
17.             Console.WriteLine("int v5={0}", v5);
18.             Console.WriteLine("uint v6={0}", v6);
19.             Console.WriteLine("long v7={0}", v7);
20.             Console.WriteLine("ulong v8={0}", v8);
21.
22.             float v9 = 9.1234f;                // 浮點數
23.             float v10 = 10.1E2f;               // 浮點數
24.             double v11 = 11.123f;              // 雙精度浮點數
25.             decimal v12 = 12.123M;             // 128 位元的浮點數
26.             bool v13 = true;                   // 布林代數
27.
28.             Console.WriteLine("float v9={0}", v9); // 顯示浮點數變數數值
29.             Console.WriteLine("float v10={0}", v10);
30.             Console.WriteLine("double v11={0}", v11);
31.             Console.WriteLine("decimal v12={0}", v12);
32.             Console.WriteLine("bool v13={0}", v13);
33.
34.             Console.ReadKey();                 // 按下按鍵後離開程式
35.         }
36.     ...                                        // 省略
```

執行結果

本範例執行之後的結果如下圖所示。

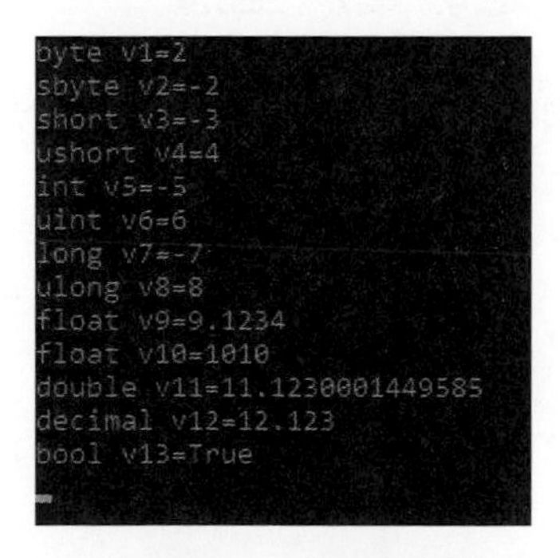

圖 9-2 執行結果

教學影片

完整的教學影片可以觀看 *9-3-9-datatype*，裡面會有詳細的過程和教學。

9.3.10 char 字元

介紹

char 關鍵字，是用來宣告.NET Framework 使用 Unicode 字元表示 System.Char 結構的執行個體。char 物件的值為 16 位元數，並請注意可以使用 Unicode 字元，也就是可以記錄單一個中英字，這是相較於其他程式語言較特別的地方。

表 9-8　字元定義表

資料型態	位元數	資料型態	最小的數字	最大的數字
char	16	Unicode 字元	U+0000	U+FFFF

語法

```
char 變數名 = '初始值';
```

使用範例

```
char value1 = 'X';                    // 英文字母
char value2 = '\x0058';    // 十六進制
char value3 = (char)88;    // 由整數轉成字母
char value4 = '\u0058';    // Unicode
char value5 = '好';              // Unicode
```

注意　請留意 C# 的 char 字元，可以記錄 unicode 的文字，包含中文字。

9.3.11 string 字串

介紹

字串（string），string 同時也是關鍵字之一。程式中經常處理大量的字串工作，因此字串有專門的字面常數表示方法，也就是用雙引號圍起來的內容就是字串。

語法

```
string 變數名 = "初始值";
```

使用範例

```
string value1 = "How are you";          // 英文句子的字串
string value2 = "您好";                      // 中文句子的字串
```

另外，資料型態中，還有一個特別的常數 null。變數指向 null，就表示該物件變數並沒有設定任何資料，如果沒有其他的變數指向這個物件，這個物件就會被資源回收者（garbage collector）進行資源回收，好挪出記憶體空間給其他程式利用。

9.3.12 綜合練習二：文字資料型態

透過以下的程式，將可瞭解字元和字串的處理方法，於實際開發程式時的撰寫方式。

範例程式：ch09\9-3-12\StringAP\StringAP\Program.cs

```
1. ...
2.       static void Main(string[] args)
3.       {
4.           char value1 = 'X';                                  // 字元
5.           char value2 = '\x0058';
6.           char value3 = (char)88;
7.           char value4 = '\u0058';
8.           Console.WriteLine("char value1={0}", value1); // 顯示字串
9.           Console.WriteLine("char value2={0}", value2);
10.          Console.WriteLine("char value3={0}", value3);
11.          Console.WriteLine("char value4={0}", value4);
12.
13.          string value5 = "How are you";                    // 字串變數
14.          Console.WriteLine("string value5={0}", value5);
15.          Console.ReadKey();             // 按下按鍵後離開程式
16.          }
17. ...
```

執行結果

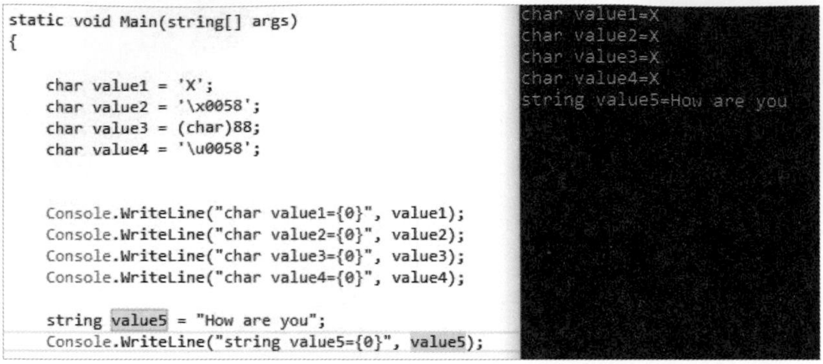

```
static void Main(string[] args)
{

    char value1 = 'X';
    char value2 = '\x0058';
    char value3 = (char)88;
    char value4 = '\u0058';


    Console.WriteLine("char value1={0}", value1);
    Console.WriteLine("char value2={0}", value2);
    Console.WriteLine("char value3={0}", value3);
    Console.WriteLine("char value4={0}", value4);

    string value5 = "How are you";
    Console.WriteLine("string value5={0}", value5);
```

```
char value1=X
char value2=X
char value3=X
char value4=X
string value5=How are you
```

圖 9-3 執行結果

教學影片

完整的教學影片可以觀看 *8-3-12-string*，裡面會有詳細的過程和教學。

9.4 數學計算

介紹

在 C# 中如何做數學的運算？基本上和其他語言是一樣的。本節透過以下程式讓您瞭解其實際用法。

表 9-9 C# 的數學符號功能表

數學符號	功能	範例
+	加法	3+2 #答案為 5
-	減法	3-2 #答案為 1
*	乘法	3*2 #答案為 6
/	除法	5/3 #答案為 1
%	取餘數	5%3 #答案為 2

實際範例

範例程式：ch09\9-4\Math\Math\Program.cs

```
1. ….
2.          static void Main(string[] args)
3.          {
4.                int value1 = 3;
5.                Console.WriteLine("value1={0}", value1);
6.                value1 = value1+ 3;                // value1 會等於 3+3=6
7.                Console.WriteLine("value1+3={0}", value1);
8.                value1 = - value1;                 // value1 會等於-value1
9.                Console.WriteLine("value1={0}", value1);
10.               value1 = 3;
11.               value1 = ++value1;                 // value1 會等於 value1+1
12.               Console.WriteLine("value1={0}", value1);
13.               value1 = --value1;                 // value1 會等於 value1-1
14.               Console.WriteLine("value1={0}", value1);
15.               value1 = 3+4*2;                    // value1 會等於 3+(4*2)
16.               Console.WriteLine("3+4*2={0}", value1);
17.               value1 = (3 + 4) * 2;              // value1 會等於(3+4)*2
18.               Console.WriteLine("(3+4)*2={0}", value1);
19.               value1 = 5 % 2;           // value1 會等於 5 除以 2 的餘數
20.               Console.WriteLine("5%2={0}", value1);
21.               Console.ReadKey();        // 按下按鍵後離開程式
22.          }
23.  ….
```

執行結果

```
static void Main(string[] args)
{
    int value1 = 3;
    Console.WriteLine("value1={0}", value1);
    value1 = value1+ 3;
    Console.WriteLine("value1+3 ={0}", value1);
    value1 = - value1;
    Console.WriteLine("value1={0}", value1);
    value1 = 3;
    value1 = ++value1;
    Console.WriteLine("value1={0}", value1);
    value1 = --value1;
    Console.WriteLine("value1={0}", value1);
    value1 = 3+4*2;
    Console.WriteLine("3+4*2={0}", value1);
    value1 = (3 + 4) * 2;
    Console.WriteLine("(3 + 4) * 2={0}", value1);
    value1 =  5% 2;
    Console.WriteLine("5% 2={0}", value1);
    Console.ReadKey();
```

```
file:///C:/Users/powen/D
value1=3
value1+3 =6
value1=-6
value1=4
value1=3
3+4*2=11
(3 + 4) * 2=14
5% 2=1
```

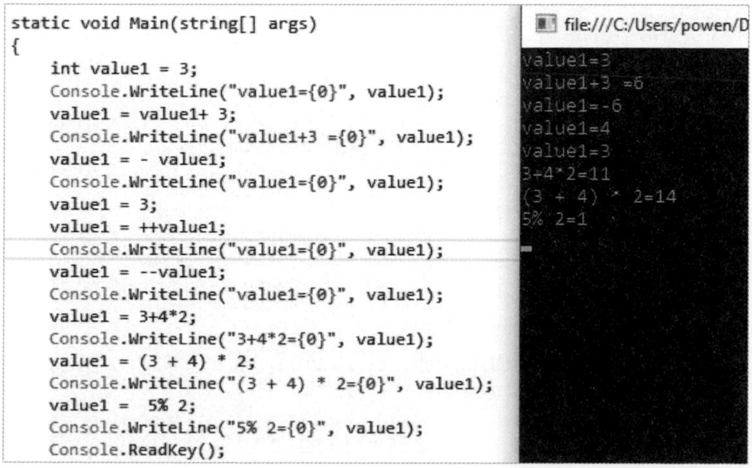

圖 9-4 執行結果

教學影片

完整的教學影片可以參考 *9-4-Math*，裡面會有詳細的過程及教學。

9.5 判斷式

9.5.1 邏輯判斷

介紹

C# 語言的邏輯判斷和一般的電腦邏輯作法是一樣的，電腦內部資料是以 0 和 1 來儲存，這種只有 0 和 1 兩種狀態的系統，相當於二進位系統。邏輯運算是數學家布林（Boolean）根據數位邏輯鬧所發展出來的，而程式的判斷，也將會依照判斷出的結果有不同的回應。邏輯判斷的符號如下表所示。

表 9-10 邏輯判斷符號功能表

符號	功能	範例
==	等於	1==2
<	小於	1<2
<=	小於等於	1<=2
>	大於	1>2
>=	大於等於	1>=2
!=	不等於	1!=2
&&	和	1>2 && 2>4
||	或	v1>2 || v2>4
!	相反	!true

實際範例

範例程式：ch09\9-5-1\BoolAndrOr\BoolAndrOr\Program.cs

```
1. ….
2.          static void Main(string[] args)
3.          {
4.              bool value1 = true;
```

```
5.              Console.WriteLine("value1={0}", value1);
                // 顯示布林代數的數值
6.              Console.WriteLine("!value1={0}", !value1);  // 相反
7.
8.              bool value2 = false;
9.              Conole.WriteLine(" value1 AND value2={0}", value1 &&
                value2);    // 和
10.             Console.WriteLine(" value1 OR value2={0}", value1 ||
                value2);         // 或
11.             int value3 = 1;
12.             int value4 = 5;
13.
14.             Console.WriteLine(" {0} > {1} ? {2}", value3, value4,
                value3 > value4);     // 是否大於
15.             Console.WriteLine(" {0} >= {1} ? {2}", value3, value4,
                value3 >= value4);// 大於等於
16.             Console.WriteLine(" {0} < {1} ? {2}", value3, value4,
                value3 < value4);   // 是否小於
17.             Console.WriteLine(" {0} <= {1} ? {2}", value3, value4,
                value3 <= value4);// 小於等於
18.             Console.WriteLine(" {0} == {1} ? {2}", value3, value4,
                value3 == value4); //是否等於
19.             Console.WriteLine(" {0} != {1} ? {2}", value3, value4,
                value3 != value4);//是否不等於
20.
21.         Console.ReadKey();                  // 按下按鍵後離開程式
22.
23.     }
24.  ...
```

執行結果

```
static void Main(string[] args)
{
    bool value1 = true;
    Console.WriteLine("value1={0}", value1);
    Console.WriteLine("!value1={0}", !value1);

    bool value2 = false;
    Console.WriteLine(" value1 AND value2={0}", value1 && value2);
    Console.WriteLine(" value1 OR value2={0}", value1 || value2);
    int value3 = 1;
    int value4 = 5;

    Console.WriteLine(" {0} > {1}  ?  {2}", value3, value4, value3 > value4);
    Console.WriteLine(" {0} >= {1}  ?  {2}", value3, value4, value3 >= value4);
    Console.WriteLine(" {0} < {1}  ?  {2}", value3, value4, value3 < value4);
    Console.WriteLine(" {0} <= {1}  ?  {2}", value3, value4, value3 <= value4);
    Console.WriteLine(" {0} == {1}  ?  {2}", value3, value4, value3 == value4);
    Console.WriteLine(" {0} != {1}  ?  {2}", value3, value4, value3 != value4);
```

```
file:///C:/Users/powen/Desktop
value1=True
!value1=False
 value1 AND value2=False
 value1 OR value2=True
 1 > 5  ?  False
 1 >= 5  ?  False
 1 < 5  ?  True
 1 <= 5  ?  True
 1 == 5  ?  False
 1 != 5  ?  True
```

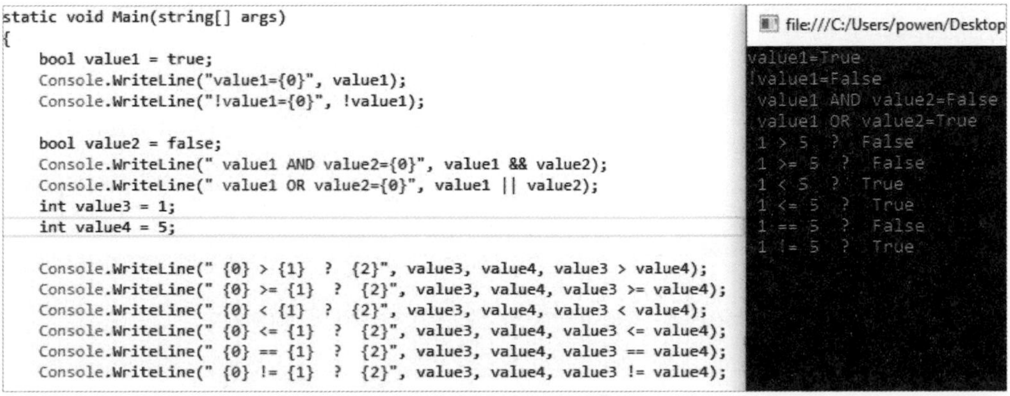

圖 9-5 執行結果

教學影片

完整的教學影片可以觀看 *9-5-1-Boolean*，裡面會有詳細的過程和教學。

9.5.2 if 條件判斷

介紹

流程控制語法是程式設計的基本，藉由各種條件判斷與迴圈重覆執行語法，可以令您的程式因應不同的狀況而作出不同的回應。

表 9-11　判斷式

<table>
<tr><th>符號</th><th>功能</th><th>範例</th></tr>
<tr><td>==</td><td>等於</td><td>if (v1==2){}</td></tr>
<tr><td><</td><td>小於</td><td>if (v1<2){}</td></tr>
<tr><td><=</td><td>小於等於</td><td>if (v1<=2){}</td></tr>
<tr><td>></td><td>大於</td><td>if (v1>2){}</td></tr>
<tr><td>>=</td><td>大於等於</td><td>if (v1>=2){}</td></tr>
<tr><td>!=</td><td>不等於</td><td>if (v1!=2){}</td></tr>
<tr><td>&&</td><td>和</td><td>if (v1>2 && v2>4) {}</td></tr>
<tr><td>||</td><td>或</td><td>if (v1>2 || v2>4) {}</td></tr>
</table>

if 語句與比較運算子一起用於檢測某個條件是否達成，如：某輸入值是否在特定值之上等。

if 語句的語法是：

```
if (某變數 > 20){
          // 如果符合此判斷式，要做的事情
}
```

本程式測試某變數的值是否大於 20。當大於 20 時，執行一些動作。

換句話說，只要 if 後面括號的結果（稱之為測試運算式）為真，則執行下一個段行的語句（稱之為執行語句法）；若為假，則跳過。

語法

條件執行 if 的運用。以下是 if_then_else 流程控制可能出現的四種語法：

方法 1：

```
if (條件判斷語句){
        // 要做的事情 1
}
```

方法 2：

```
if (條件判斷語句){
        // 要做的事情
}else{
        // 要做的事情 2
}
```

方法 3：

```
if (條件判斷語句){
        // 要做的事情
}else if (條件判斷語句 2){
        // 要做的事情 2
}else{
        // 要做的事情 3
}
```

實際範例

範例程式：ch09\9-5-2\ifAp\ifAp\Program.cs

```
1. …
2.          static void Main(string[] args)
3.          {
4.              int value1 = 1;
5.              int value2 = 2;
6.              if (value1 == 1)                // 判斷 value1 是否等於 1
7.              {
8.                  Console.WriteLine(" value1 == 1 ? {0}", value1 == 1);
9.              }
10.
11.              if (value2 == 1)               // 判斷 value2 是否等於 1
12.              {
13.                  Console.WriteLine(" value2 == 1 ? {0}", value2 == 1);
14.              }else                          // 如果為否的處理動作
15.              {
```

```
16.                 Console.WriteLine(" value2 != 1");
17.             }
18.
19.             if (value1 == 1)                    // 判斷 value1 是否等於 1
20.             {
21.                Console.WriteLine(" value1 == 1 ? {0}", value1 == 1);
22.             }
23.             else if (value2 == 1)               // 判斷 value2 是否等於 1
24.             {
25.                Console.WriteLine(" value2 == 1 ? {0}", value2 == 1);
26.             }
27.             else                                // 如果都為否的處理動作
28.             {
29.                 Console.WriteLine(" value2 != 1");
30.             }
31.             Console.ReadKey();                  // 按下按鍵後離開程式
32.         }
33.   ...
```

範例說明：

- 第 6-9 行：判斷式方法一 if...。
- 第 11-17 行：判斷式方法二 if...else...。
- 第 19-30 行：判斷式方法三 if...else if...else...。

執行結果

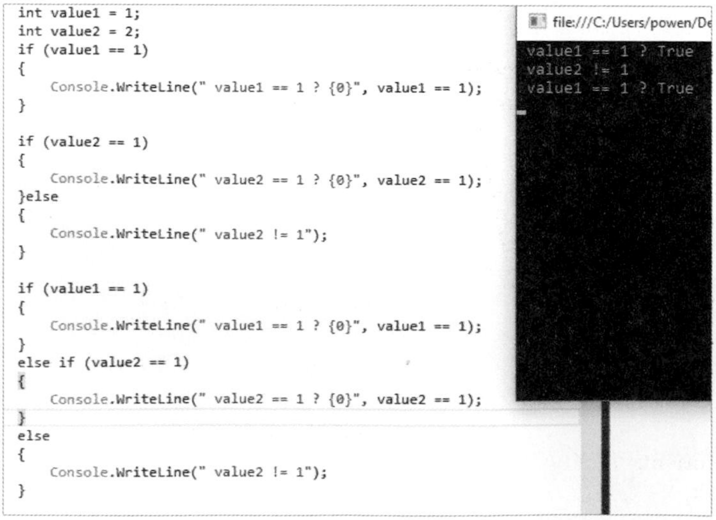

```
int value1 = 1;
int value2 = 2;
if (value1 == 1)
{
    Console.WriteLine(" value1 == 1 ? {0}", value1 == 1);
}

if (value2 == 1)
{
    Console.WriteLine(" value2 == 1 ? {0}", value2 == 1);
}else
{
    Console.WriteLine(" value2 != 1");
}

if (value1 == 1)
{
    Console.WriteLine(" value1 == 1 ? {0}", value1 == 1);
}
else if (value2 == 1)
{
    Console.WriteLine(" value2 == 1 ? {0}", value2 == 1);
}
else
{
    Console.WriteLine(" value2 != 1");
}
```

```
file:///C:/Users/powen/De
value1 == 1 ? True
value2 != 1
value1 == 1 ? True
```

圖 9-6 執行結果

教學影片

完整的教學影片可以觀看 *9-5-2-if*，裡面會有詳細的過程和教學。

9.5.3 switch 條件判斷陳述式

介紹

switch 是 swift 提供的條件判斷陳述式，它只能比較數值或字元，使用適當的話，它可比 if 判斷式來得有效率。if-else 多重選擇的缺點是需要很多個條件，程式需要做很多個條件判斷。因此，另外有個 switch 陳述（switch statement），其條件為一個常數（constant）值，而程式會自動尋找符合的 case。同樣的，switch、case 也都是關鍵字。

語法

條件執行 switch 的運用：

在實際的程式寫作時常會遇到多種選擇情況，而使用一連串 if-else 來表示是一個方法，但是以執行率來說，需要一一判斷效率較慢。所以 C# 提供了一項特殊的控制結構，讓開發者能夠有效且精簡處理程式。

在 switch 的判斷式中，指定要判斷的變數名稱，程式會開始與 case 中所設定的數字或字元作做比對。如果符合就執行以下的陳述句，之後即離開 switch 區塊；如果沒有符合的數值或字元，則會執行 default 後的陳述句。default 不一定需要，您可以省去這個部分。請注意！break;的意思是離開 switch 判斷式。其語法如下所示：

```
switch(變數)
{
 case 常數 1 :
        statement 1 ;
        break;
 case 常數 2 :
        statement 2 ;
        break;
 default :
        statement ;
        break;
}
```

實際範例

範例程式：ch09\9-5-3\SwitchAp\SwitchAp\Program.cs

```
1. ...
2.         static void Main(string[] args)
3.         {
4.             int value1 = 1;
5.             switch (value1)                // 判斷變數的數值 value1
6.             {
7.                 case 1:                    // 變數 value1 的數值是否等於 1
8.                     Console.WriteLine("value1 is 1");
9.                     break; ;
10.                 case 2:                   // 變數 value1 的數值是否等於 2
11.                     Console.WriteLine("value1 is 2");
12.                     break;
13.                 case 3:                   // 變數 value1 的數值是否等於 3
14.                     Console.WriteLine("value1 is 3");
15.                     break;
16.                 case 4:                  // 變數 value1 的數值是否等於 4
17.                     Console.WriteLine("value1 is 4");
18.                     break;
19.                 default:                 // 變數 value1 如果都不符合時
20.                     Console.WriteLine("Default case");
21.                     break;
22.             }
23.             Console.ReadKey();           // 按下按鍵後離開程式
24.         }
25.     ...
```

執行結果

```
int value1 = 1;
switch (value1)
{
    case 1:
        Console.WriteLine("value1 is 1");
        break; ;
    case 2:
        Console.WriteLine("value1 is 2");
        break;
    case 3:
        Console.WriteLine("value1 is 3");
        break;
    case 4:
        Console.WriteLine("value1 is 4");
        break;
    default:
        Console.WriteLine("Default case");
        break;
}
Console.ReadKey();
```

```
value1 is 1
```

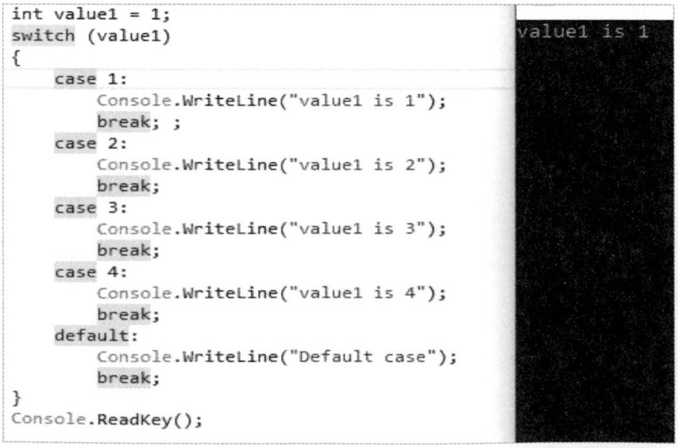

圖 9-7 執行結果

教學影片

完整的教學影片可以觀看 *9-5-3-switch*，裡面會有詳細的過程和教學。

9.6 迴圈

迴圈處理語法是程式設計的基本，藉由各種條件判斷與迴圈重覆執行語法，可以令您的程式因應不同的狀況而作出不同的回應。C# 語言的迴圈處理，有以下數種方法可以達到此目的：

- for 迴圈
- while 迴圈
- do-while 迴圈
- break 離開、continue 繼續、goto 移動到
- foreach 圈

9.6.1 迴圈 for 的運用

介紹

for 迴圈是用來進行重複性的工作，典型的迴圈會進行下列三項基本任務：

1. 控制變數初始設定
2. 迴圈結束條件判斷
3. 調整控制變數的值

關鍵字 for 構成 C# 語言中迴圈的一種，常用於有確定重複次數的迴圈。

語法

switch 的 for 迴圈語法架構如下：

```
for (控制變數初始設定;迴圈結束條件判斷;調整控制變數的值) {

}
```

範例 1：

語法如下所示。

```
for(控制變數初始設定;迴圈結束條件判斷;調整控制變數的值)
        處理動作 ;
```

範例 2：

```
for (控制變數初始設定;迴圈結束條件判斷;調整控制變數的值)
{
        處理動作;
 }
```

實際範例

在以下的程式中，會透過迴圈的方法，將同樣的輸出動作，經由變數 i 的變化，做出迴圈的判斷並處理同樣的動作。

範例程式：ch09\9-6-1\forAp\forAp\Program.cs

```
1. ...
2.          static void Main(string[] args)
3.          {
4.              int i = 0;
5.              for (i = 0; i < 3; i = i + 1)          // 迴圈的處理
6.              {
7.                  Console.WriteLine(" i={0}", i);  // 顯示 i 變數的數值
8.              }
9.              Console.ReadKey();                     // 按下按鍵後離開程式
10.          }
11.   ...
```

執行結果

本範例執行之後的結果如下圖所示，會顯示三次內容，到了第四次時，便會離開迴圈，結束程式。

```
static void Main(string[] args)
{
    int i = 0;
    for (i = 0; i < 3; i = i + 1)
    {
        Console.WriteLine(" i={0}", i);
    }
    Console.ReadKey();  ≤1ms elapsed
}
```

```
file:///C:/Users/powen/
i=0
i=1
i=2
```

圖 9-8 For 迴圈的執行結果

教學影片

完整的教學影片，請參考光碟片中的 *9-6-1-for*。

9.6.2 goto 的使用

介紹

在程式中，使用 goto 敘述可以強制改變程式執行的步驟。一般來說，建議少用 goto 的指令，因為寫多了，跳來跳去會很容易找不到現在程式的執行情況，但是 C# 語言還是有這個功能。

語法

```
        goto label;
label:
```

實際範例

透過以下範例，可以看到本程式應該會列印出三種水果，但是在程式中因為用 goto 方法，所以輸出結果會少掉香蕉 Banana。

範例程式：ch09\9-6-2\gotoAp\gotoAp \Program.cs

```
1. ...
2.         static void Main(string[] args)
3.         {
4.             Console.WriteLine("Apple");  // 顯示 Apple 蘋果
5.             goto Point1;                // goto 指令可以跳到指定的標籤繼續執行
6.             Console.WriteLine("Banana"); // 顯示 Banan 香蕉
7.          Point1:                          // 標籤
```

```
8.              Console.WriteLine("Orange"); // 顯示 Orange 橘子
9.          }
10. ...
```

執行結果

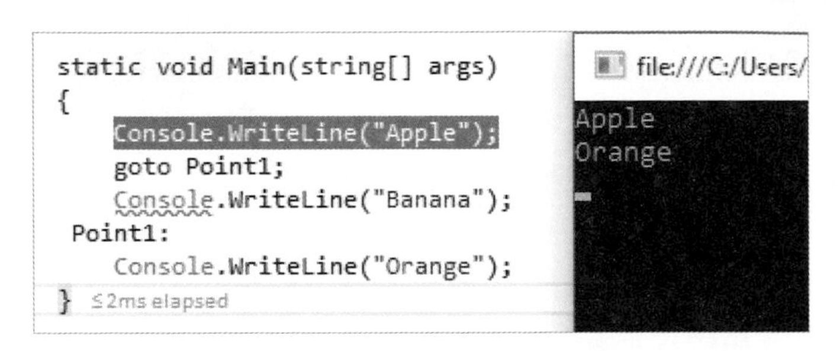

圖 9-9 goto 迴圈的執行結果

教學影片

完整的教學影片，請參考光碟片中的 *9-6-2-goto*。

9.6.3 迴圈 while 的運用

介紹

while 的語法用於重複執行一段程式。while 迴圈會無限的循環，當關係運算元的條件為真時，會不斷地重覆執行位於 while 後所列的敘述，直到條件變為否定才停止。在迴圈中要做的事情之一，是必須要有能改變判斷語句的程式，否則 while 迴圈將永遠不會結束。

語法

```
while (判斷的條件) {                              // 判斷式:同條件判斷語句
        // 要做的事情
}
```

判斷的條件 就像是 if 的寫法一樣，如果符合的話就會執行一次，直到不符合判斷的條件，就會離開。

實際範例

範例程式：ch09\9-6-3\whileAp\whileAp\Program.cs

```
1. ...
2.          static void Main(string[] args)
3.          {
4.              int i = 0;
5.              while (i < 3)                              // while 迴圈的處理
6.              {
7.                  Console.WriteLine(" i={0}", i);   // 輸出現在的變數值
8.                  i = i + 1;
9.              }
10.              Console.ReadKey();                         // 按下按鍵後離開程式
11.          }
12. ...
```

注意 在 while 迴圈中，一定要調整變數的數值，否則都一樣的話，就會造成死迴圈，無法離開迴圈喔！

執行結果

本範例執行之後的結果如下圖所示，會顯示三次內容，到了第四次時，因為變數 i 等於 3，所以不符合 I < 3 的判斷，便會離開迴圈，結束程式。

```
int i = 0;
while (i < 3)
{
    Console.WriteLine(" i={0}", i);
    i = i + 1;
}
Console.ReadKey();
```

```
file:///C:/
i=0
i=1
i=2
```

圖 9-10 While 迴圈的執行結果

教學影片

完整的教學影片，請參考光碟片中的 *9-6-3-while*。

9.6.4 迴路 do-while 的運用

介紹

do-while 迴圈語法用於重複執行一段程式，while 迴圈會無限的循環，直到括弧內的判斷式為否。while 迴圈和 do-while 迴圈這兩種語法最大的差別是，do-while 迴圈語法不管如何都會執行一遍要做的事情，之後再去判斷是否再做下一次，所以 do-while 迴圈語法最少會執行一遍。判斷的條件就像是 if 的寫法一樣，如果符合，就會執行一次，直到不符合判斷的條件，就會離開。

語法

```
do{
                                          // 要做的事情
}while (判斷的條件)                        // 判斷的條件就像是 if 的寫法一樣
```

實際範例

範例程式：ch09\9-6-4\DoWhileAp\DoWhileAp \Program.cs

```
1. ...
2.          static void Main(string[] args)
3.          {
4.              int i=0;
5.              do                                  // 迴圈的處理
6.              {
7.                  Console.WriteLine(" i={0}", i);
8.                  i = i + 1;
9.              } while (i<3);                      // 判斷是否再執行一次
10.              Console.ReadKey();                 // 按下按鍵後離開程式
11.          }
12. ...
```

執行結果

本範例執行之後的結果如下圖所示，會顯示三次內容，並當第三次結束時，因為變數 i 等於 3，所以不符合 I < 3 的判斷，便會離開迴圈，結束程式。

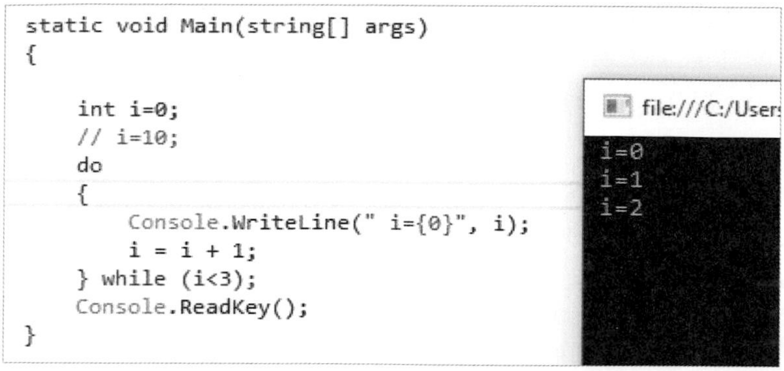

```
static void Main(string[] args)
{

    int i=0;
    // i=10;
    do
    {
        Console.WriteLine(" i={0}", i);
        i = i + 1;
    } while (i<3);
    Console.ReadKey();
}
```

```
file:///C:/Users
i=0
i=1
i=2
```

圖 9-11 do-while 迴圈的執行結果

補充資料

各位可以試著修改一下程式。如下圖所示，如果判斷的變數 i 在初始值設定的數字就已經比 3 還大，但該程式還是最少會執行一次，這是因為 do-while 的判斷是先執行動作，然後再判斷是否符合再做一次迴圈的條件，所以才會造成這樣的結果。

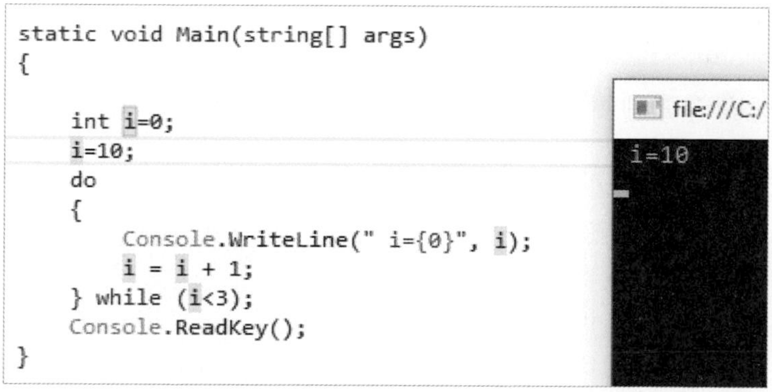

```
static void Main(string[] args)
{

    int i=0;
    i=10;
    do
    {
        Console.WriteLine(" i={0}", i);
        i = i + 1;
    } while (i<3);
    Console.ReadKey();
}
```

```
file:///C:/
i=10
```

圖 9-12 先執行後判斷的 do-while 迴圈

教學影片

完整的教學影片請參考光碟片中的 *9-6-4-DoWhile*。

9.7 陣列

9.7.1 一維矩陣 Array

介紹

陣列在程式語言之中，是一種資料結構，它可以讓程式碼的表現更為簡單，開發速度可以更快。C# 語言像其他的程式語言一樣也有提供陣列。什麼是陣列？定義上來說，陣列是一種儲存大量同性質資料的連續記憶體空間，只要使用相同的變數名稱，便可以連續的存取每一筆資料。由於陣列元素的方便性，所以在大多數的程式中，都可以看到陣列的功能。陣列是帶有多個資料且型態相同的元素集合。

語法

```
資料型態[] 陣列名稱;
```

實際範例

在此範例中，您會看到透過 [] 的方法，就可以把相同資料型態的資料放在一起。

範例程式：ch09\9-7-1\ArrayAp\ArrayAp\Program.cs

```
1. …
2. static void Main(string[] args)
3. {
4.     int[] numbers = new int[5] {1, 2, 3, 4, 5}; // 一維陣列，定義五個變數
5.     string[] names = new string[3] {"Apple", "Banana", "Orange"};
       // 陣列定義字串
6.     int[] value1;                          // 一維陣列，並沒有指定陣列大小
7.     value1 = new int[10];                  // 指定陣列大小可以存放 10 筆資料
8.     value1[0] = 0;                         // 指定陣列[0]，資料為 0
9.     value1[1] = 1;                         // 指定陣列[1]，資料為 1
10.    Console.WriteLine(" value1[0]={0}", value1[0]);  // 顯示陣列資料
11.    for(int i = 0; i < value1.Length;i++)
12.    {
13.         value1[i] = i * 10;
14.         Console.WriteLine(" value1[{0}]={1}", i,value1[i]);
            // 顯示陣列資料
15.    }
```

```
16.     Console.ReadKey();                    // 按下按鍵後離開程式
17. }
18. ...
```

執行結果

```
static void Main(string[] args)
{
    int[] value1;
    value1 = new int[10];
    value1[0] = 0;
    value1[1] = 1;
    Console.WriteLine(" value1[0]={0}", value1[0]);
    for(int i = 0; i < value1.Length;i++)
    {
        value1[i] = i * 10;
        Console.WriteLine(" value1[{0}]={1}", i,value1[i]);
    }
    Console.ReadKey();
}
```

```
file:///C:/Users/po
value1[0]=0
value1[0]=0
value1[1]=10
value1[2]=20
value1[3]=30
value1[4]=40
value1[5]=50
value1[6]=60
value1[7]=70
value1[8]=80
value1[9]=90
```

圖 9-13 一維矩陣 Array 的執行結果

教學影片

完整的教學影片請參考光碟片中的 *9-7-1-Array*。

注意 在使用矩陣時，最怕存取的資料超過矩陣所設定的範圍，例如：矩陣明明指定大小爲 a=new int[5] 五個矩陣，但是卻指定 a[10]=1;，這樣會造成程式的錯誤，甚至當機的情況。

9.7.2 二維矩陣、多維矩陣

介紹

在二維陣列的處理，和一維陣列功能類似，只要透過 [,]，就能成為二維陣列，第一個是設定為行數，第二個是設定為列數。在本章透過實際的範例來介紹二維陣列的處理方法。

實際範例

範例程式：ch09\9-7-2\Array2DAp\Array2DAp\Program.cs

```
1. ...
2.          static void Main(string[] args)
3.          {
4.             int[,] numbers = new int[3, 2] { { 1, 2 }, { 3, 4 },
               { 5, 6 } };               // 二維陣列
5.             string[,] siblings = new string[2, 2] { { "Powen", "Ko" },
               { "Apple", "Banana" } };
6.
7.             int[,] value1;                   // 二維陣列，並沒有指定陣列大小
8.             value1 = new int[5,3];           // 指定陣列大小可以存放5*3 筆資料
9.             value1[0,0] = 0;                 // 指定陣列[0,0]，資料為0
10.            value1[0,1] = 1;                 // 指定陣列[0,1]，資料為1
11.            Console.WriteLine(" value1[0,1]={0}", value1[0,1]);
               // 顯示陣列資料
12.            for (int i = 0; i < value1.GetLength(0); i++)
13.            {
14.                for (int j = 0; j < value1.GetLength(1); j++)
15.                {
16.                    value1[i, j] = i * j;  // 指定陣列資料
17.                    Console.WriteLine(" value1[{0},{1}]={2}", i,j,
                       value1[i,j]);          // 顯示資料
18.                }
19.            }
20.            Console.ReadKey();               // 按下按鍵後離開程式
21.        }
22.    ...
```

執行結果

本範例執行結果如下圖所示。

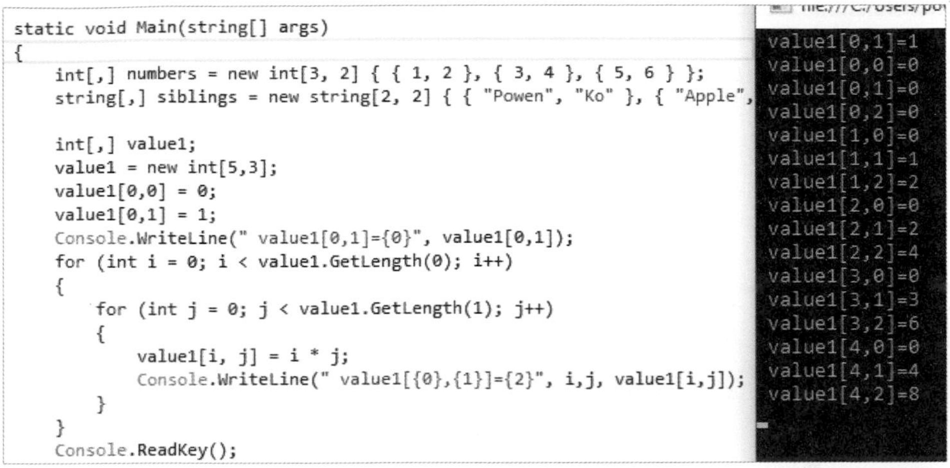

```
static void Main(string[] args)
{
    int[,] numbers = new int[3, 2] { { 1, 2 }, { 3, 4 }, { 5, 6 } };
    string[,] siblings = new string[2, 2] { { "Powen", "Ko" }, { "Apple",

    int[,] value1;
    value1 = new int[5,3];
    value1[0,0] = 0;
    value1[0,1] = 1;
    Console.WriteLine(" value1[0,1]={0}", value1[0,1]);
    for (int i = 0; i < value1.GetLength(0); i++)
    {
        for (int j = 0; j < value1.GetLength(1); j++)
        {
            value1[i, j] = i * j;
            Console.WriteLine(" value1[{0},{1}]={2}", i,j, value1[i,j]);
        }
    }
    Console.ReadKey();
```

```
value1[0,1]=1
value1[0,0]=0
value1[0,1]=0
value1[0,2]=0
value1[1,0]=0
value1[1,1]=1
value1[1,2]=2
value1[2,0]=0
value1[2,1]=2
value1[2,2]=4
value1[3,0]=0
value1[3,1]=3
value1[3,2]=6
value1[4,0]=0
value1[4,1]=4
value1[4,2]=8
```

圖 9-14　二維矩陣、多維矩陣的執行結果

補充資料

三維陣列的處理，只要透過 [,,]，就能成為三維陣列。

```
int[,] numbers = new int[2, 3, 2] {{{1,2},{3,4},{5,6}},{{7,8},{9,10},
{11,12}}};
```

教學影片

完整的教學影片請參考光碟片中的 *9-7-2-Array2D*。

9.7.3 foreach

介紹

本章節將介紹 foreach 這個特別用在矩陣上的迴圈。foreach 會取得矩陣的內容，並且用來逐一顯示每一筆資料，以取得所需的資訊。

而如何在 foreach 區塊離開迴圈？透過使用 break 中斷迴圈，或 continue 指令，就能跳開迴圈。foreach 迴圈也可以由 goto、return 或 throw 陳述式來結束。

實際範例

範例程式：ch09\9-7-3\foreach\foreach\Program.cs

```
1. ...
2.        static void Main(string[] args)
3.        {
4.            String[] value1 = { "Apple", "Banana", "Orange" };
              // 指定矩陣內容
5.            foreach(String i in value1) {    // 透過 foreach 取得每一筆資料
6.                Console.WriteLine("value1[] = {0}", i);  // 顯示
7.              }
8.              Console.ReadKey();              // 按下按鍵後離開程式
9.          }
10. …
```

執行結果

本範例執行結果如下圖所示。

```
static void Main(string[] args)
{
    String[] value1 = { "Apple", "Banana", "Orange" };
    foreach(String i in value1) {
        Console.WriteLine("value1[] = {0}", i);
    }
    Console.ReadKey();
}
```

```
file:///C:/Users/powen/
value1[] = Apple
value1[] = Banana
value1[] = Orange
```

圖 9-15 foreach 的執行結果

教學影片

完整的教學影片請參光碟片中的 *9-7-3-foreach*。

9.7.4 Dictionary

介紹

在 C# 有個可以用 Key 關鍵字和 Value 值儲存資料的 Dictionary 方法。其意思是一般的陣列只用數字當成取得資料的單位，但在 Dictionary 可以用名稱當成陣列的存取單位，並且可以透過資料轉換為文字，儲存多樣化的資料型態。

實際範例

範例程式：ch09\9-7-4\DictionaryAp\DictionaryAp\Program.cs

```
1. ...
2.          static void Main(string[] args)
3.          {
4.              Dictionary<string, string> value1 = new Dictionary
                <string, string>();  // 初始化
5.              value1["first name"] = "Powen";            // 設定資料
6.              value1["last name"] = "Ko";                // 設定資料
7.              value1["web"] = "http://www.powenko.com"; // 設定資料
8.
9.              Console.WriteLine("value1[first name]={0} ",
                value1["first name"]);  // 取出方法
10.             Console.WriteLine("value1[last name]={0} ",
                value1["last name"]);
11.             Console.WriteLine("value1[web]={0} ", value1["web"]);
12.              Console.ReadKey();               // 按下按鍵後離開程式
13.          }
14.   …
```

執行結果

透過本範例，可以看出使用 Dictionary 矩陣定義和取得資料時，可以不用數字來指定，而是能夠透過文字來設定，並且不用設置筆數大小。

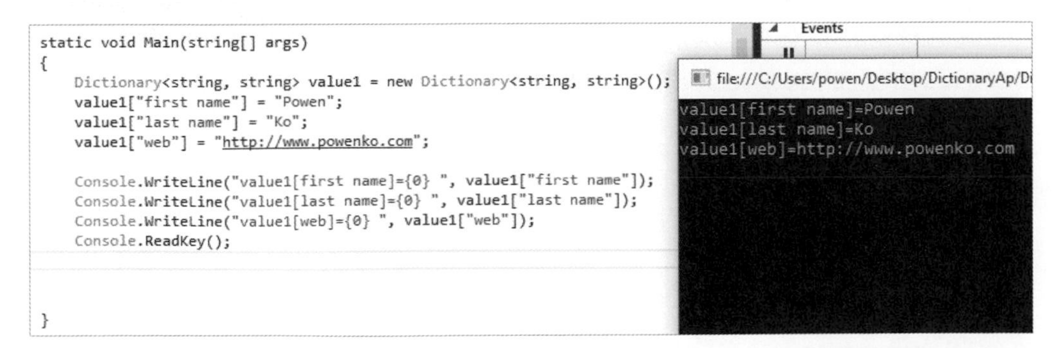

圖 9-16 Dictionary 的執行結果

教學影片

完整的教學影片請參考光碟片中的 *9-7-4-Dictionary*。

9.8 class 類別

9.8.1 建立自己的 class 類別

介紹

在 C# 中如何添加新的類別？本章節將透過以下的步驟，一步一步添加新的類別和函數。

步驟

Step **1** 新增檔案

打開您的程式專案，並在專案上按下滑鼠右鍵，選取「Add\Class...」。

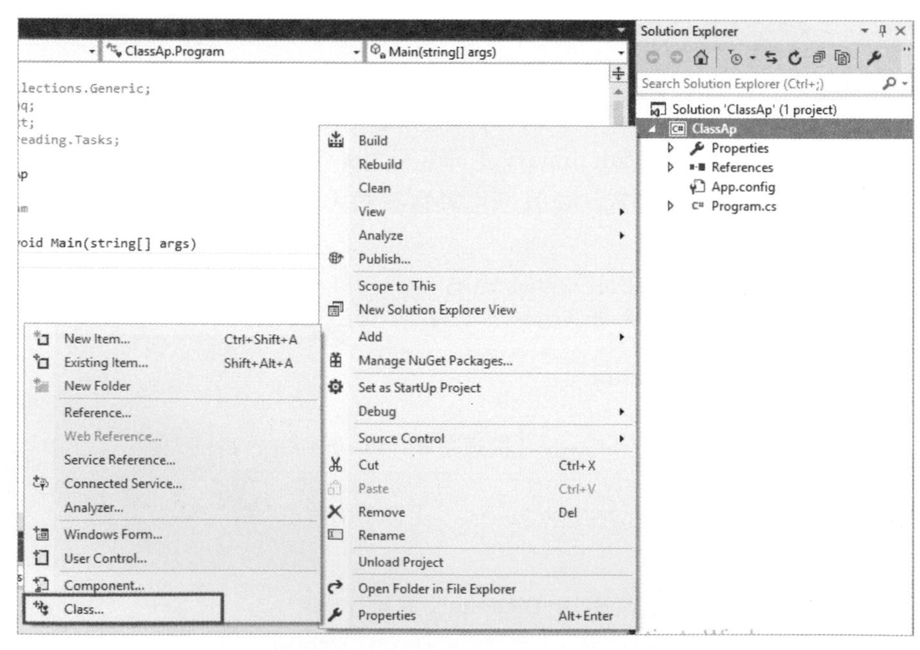

圖 9-17 在專案上按下滑鼠右鍵，選取「Add\Class...」

Step **2** 設定「C# class」

選取「Visual C# Items\Class」，設定 class 名稱為「Person.cs」後，按下「Add」完成整個新增 class 的流程，並到下一步。

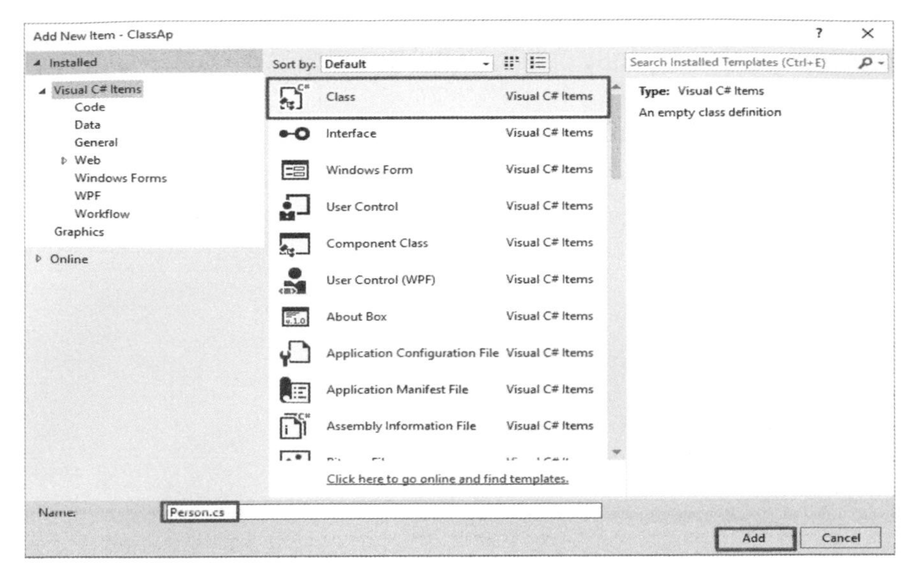

圖 9-18 選取「iOS\Source」中的「class」

實際範例

接下來，請打開 Person.cs 修改程式，並添加 Fun1 函數，完成的程式如下。

範例程式：ch09\9-8-1\ClassAp\ClassAp\Person.cs

```
1.  using System;
2.  using System.Collections.Generic;
3.  using System.Linq;
4.  using System.Text;
5.  using System.Threading.Tasks;
6.
7.  namespace ClassAp
8.  {
9.      class Person
10.     {
11.         public void Fun1()
12.         {
13.             Console.WriteLine("Fun1");
14.         }
15.     }
16. }
```

這裡是 Person 類別的內容

函數的宣告

程式說明

- 第 10 和 15 行：定義 Person 類別的內容。

- 第 11 行：void Fun1() 是定義函數名稱為 Fun1，回傳值為 void，也就是沒有回傳值，並且使用 public 公開的方法定義此函數。

範例程式：ch09\9-8-1\ClassAp\ClassAp\ClassAp.cs

```
1. using System;
2. using System.Collections.Generic;
3. using System.Linq;
4. using System.Text;
5. using System.Threading.Tasks;
6. namespace ClassAp
7. {
8.     class Program
9.     {
10.         static void Main(string[] args)
11.         {
12.             Person value1 = new Person();   // 宣告 Person 類別
13.             value1.Fun1();               // 執行 Person 類別中 Fun1 函數
14.             Console.ReadKey();           // 按下按鍵後離開程式
15.         }
16.     }
17. }
```

執行結果

在主程式 Main 宣告 Person 類別，並且透過該類別變數執行 Person 類別中 Fun1 函數，然後把該函數中的資料印出。

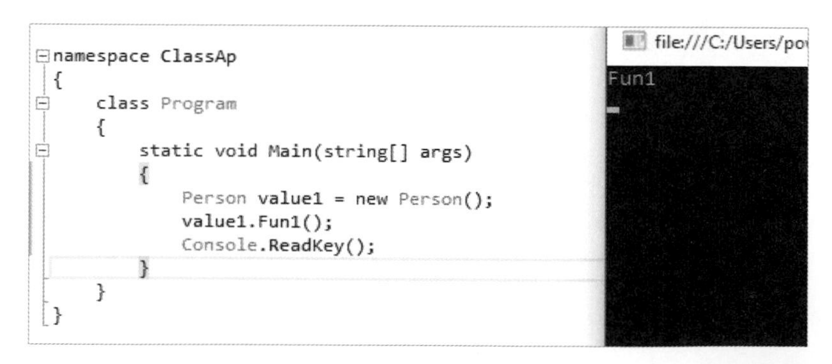

圖 9-19 執行自己寫的 class 類別

教學影片

完整的教學影片請參考光碟片中的 *9-8-1-class*。

9.8.2 類別函數和參數

介紹

在 C# 中對函數和參數的設計有獨特的方法，請各位仔細留意中間的差異。

類別函數和參數的寫法如下：

- 沒有參數的寫法：void Fun1()
- 帶 1 個參數的寫法：void Fun2(int val1,)
- 帶 2 個參數的寫法：void Fun3(int val1, int val2)
- 帶 2 個參數並回傳：int Fun4(int val1, int val2)

實際範例

本範例延續上一章的範例繼續修改調整。

範例程式：ch09\9-8-2\ClassAp\ClassAp\Person.cs

```
1.  using System;
2.  using System.Collections.Generic;
3.  using System.Linq;
4.  using System.Text;
5.  using System.Threading.Tasks;
6.  namespace ClassAp
7.  {
8.      class Person
9.      {
10.         public void Fun1()                      // 沒有參數
11.         {
12.             Console.WriteLine("Fun1");
13.         }
14.         public void Fun2(String iStr)           // 1 個參數
15.         {
16.             Console.WriteLine("Fun2({0})", iStr);
17.         }
18.         public void Fun3(int val1, int val2) // 2 個參數
19.         {
20.             Console.WriteLine("Fun3 ={0}", val1+ val2);
21.         }
22.         public int Fun4(int val1, int val2)  // 2 個參數並且有回傳值
23.         {
24.             int result = val1 + val2;           // 將傳入的資料相加後回傳
25.             Console.WriteLine("Fun4 ={0}", result);
```

```
26.              return result;
27.          }
28.      }
29. }
```

程式說明

- 第 14 行：定義函數名稱 Fun2，並設定字串參數，參數名稱為 iStr，回傳值為 void，意思是沒有資料回傳，並且該 Fun2 函數為 public 公開函數。
- 第 22 行：public int Fun4(int val1, int val2)是定義函數名稱為 Fun4，將二個整數 int 參數帶入，分別是 int val1 和 int val2，回傳值為 int。

讓我們來看看 Program.cs 是如何呼叫剛剛的函數，使用的方法如下：

範例程式：ch09\9-8-2\ClassAp\ClassAp\Program.cs

```
1.  using System;
2.  using System.Collections.Generic;
3.  using System.Linq;
4.  using System.Text;
5.  using System.Threading.Tasks;
6.  namespace ClassAp
7.  {
8.      class Program
9.      {
10.         static void Main(string[] args)
11.         {
12.             Person value1 = new Person(); // 宣告 Person 類別
13.             value1.Fun1();                // 執行 Person 類別中 Fun1 函數
14.             value1.Fun2("PowenKo.com");   // 執行 Person 類別中 Fun2 函數
15.             value1.Fun3(10,20);           // 呼叫並且把 2 個參數帶入
16.             int val=value1.Fun4(1,2); // 呼叫並且把 2 個參數帶入，並回傳資料
17.             Console.WriteLine("Fun4() result {0}", val);
18.             Console.ReadKey();            // 按下按鍵後離開程式
19.         }
20.     }
21. }
```

執行結果

本範例執行結果如下圖所示。

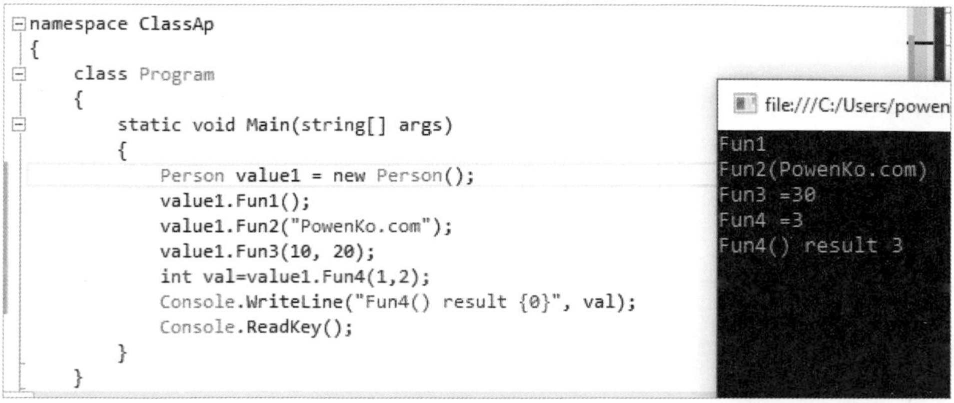

```
namespace ClassAp
{
    class Program
    {
        static void Main(string[] args)
        {
            Person value1 = new Person();
            value1.Fun1();
            value1.Fun2("PowenKo.com");
            value1.Fun3(10, 20);
            int val=value1.Fun4(1,2);
            Console.WriteLine("Fun4() result {0}", val);
            Console.ReadKey();
        }
    }
```

```
file:///C:/Users/powen
Fun1
Fun2(PowenKo.com)
Fun3 =30
Fun4 =3
Fun4() result 3
```

圖 9-20　執行並傳入不同的參數

教學影片

完整的教學影片可以觀看 *9-8-2-classMethod*，裡面會有詳細的過程和教學。

9.8.3 object 型別

介紹

C# 有種叫做 object 的型別，它的運作有時候像 void*，稱為 C# 的訊息傳遞，而 object 可以把它當成萬用的類別指標。在 C# 的統一型別系統中，所有型別（預先定義和使用者定義、參考型別和實值型別）都直接或間接繼承自 Object。您可以將任何型別的值指派給 object 型別的變數。

object 可以用在不確定的資料型態上，但是要小心使用，以免因為資料轉換不正確，會讓程式當機。

實際範例

本範例延續上一章的範例繼續修改調整。

範例程式：ch09\9-8-3\ClassAp\ClassAp\Person.cs

```
1. namespace ClassAp
2. {
3.     class Person
4.     {
5.         …                                       // 省略，同上一章
```

```
6.         public object Fun5(int val1, int val2) // 使用 object 資料型態
7.         {
8.             int result = val1 + val2;
9.             Console.WriteLine("Fun5 ={0}", result);
10.             return result;                    // 回傳 int 資料的 object
11.         }
12.     }
13. }
```

在實際使用上，可以強制將 object 轉換成原本的資料型態，就能取得該資料。

範例程式：ch09\9-8-3\ClassAp\ClassAp\Program.cs

```
1. ...
2.         static void Main(string[] args)
3.         {
4.             Person value1 = new Person();
5.             int val=(int)value1.Fun5(1,2);       // 強制轉換回 int
6.             Console.WriteLine("Fun5() result {0}", val);
7.             Console.ReadKey();                    // 按下按鍵後離開程式
8.         }
9. ...
```

執行結果

由本範例程式可以看到，只要是透過 Object 指向資料型態，並且確認轉換前和轉換後是使用同一種資料型態，就可以把資料順利地做轉換。

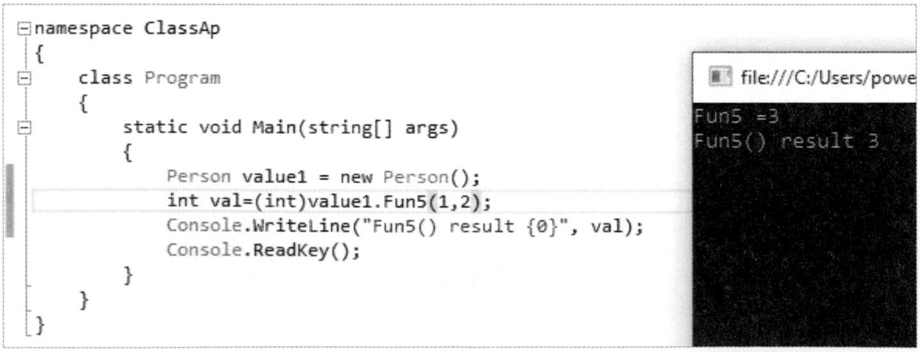

```
namespace ClassAp
{
    class Program
    {
        static void Main(string[] args)
        {
            Person value1 = new Person();
            int val=(int)value1.Fun5(1,2);
            Console.WriteLine("Fun5() result {0}", val);
            Console.ReadKey();
        }
    }
}
```

```
file:///C:/Users/powe
Fun5 =3
Fun5() result 3
```

圖 9-21 執行並傳回傳 object 的執行結果

教學影片

完整的教學影片請參考光碟片中的 *9-8-3-object*。

9.8.4 屬性

介紹

在這個 C# 程式語言中，可以透過 get 和 set 來設定該類別的屬性，實際使用上屬性前面添加 set 和 get 的關鍵字，就能儲存和讀取使用。這個關鍵字類似於方法的輸入參數。而名稱會參考用戶端程式，指派給指定屬性的值。

- get 關鍵字會在擷取屬性或索引子項目值的屬性或索引子中定義「存取子（Accessor）」方法。
- set 關鍵字會在指派屬性或索引子（Indexer）項目值的屬性或索引子中定義「存取子」（Accessor）方法。

實際範例

本範例將延續上一章節的範例繼續修改調整。於下列範例，在 Person 類別中名為 Web 的屬性會使用這個方法，將新字串指派給支援變數 WebString。從程式碼的觀點來看，這個動作就能指派屬性。

範例程式：ch09\9-8-4\ClassAp\ClassAp\Person.cs

```
1. using System;
2. using System.Collections.Generic;
3. using System.Linq;
4. using System.Text;
5. using System.Threading.Tasks;
6. namespace ClassAp
7. {
8.     class Person
9.     {
10.         public String FirstName;
11.         public String LastName;
12.         private String WebString;           // 支援變數
13.         public String Web                   // 屬性名稱
14.         {
15.             get {                           // 取得屬性的動作
16.                 return WebString;           // 取得資料
17.             }
18.             set {                           // 設定屬性的動作
19.                 WebString = value;          // 設定資料
20.             }
21.         }
22.         public void Info();                 // 顯示所有的資料
```

```
23.          {
24.                 Console.WriteLine("First Name ={0}", FirstName);
                    // 顯示資料
25.                 Console.WriteLine("Last  Name ={0}", LastName);
26.                 Console.WriteLine("WebString ={0}", this.WebString);
27.          }
28.      }
29. }
```

使用屬性的方法可透過以下程式可以看到，設定和取得屬性的動作就如一般類別變數的方法一樣

範例程式：ch09\9-8-4\ClassAp\ClassAp\Program.cs

```
1. …
2.       static void Main(string[] args)
3.       {
4.           Person value1 = new Person();
5.           value1.FirstName = "Powen";
6.           value1.LastName = "Ko";
7.           value1.Web = "http://www.powenko.com";       // 指定屬性的資料
8.           value1.Info();
9.           Console.WriteLine("Web = {0}", value1.Web); // 取得屬性的資料
10.           Console.ReadKey();
11.       }
12. ...
```

執行結果

本範例執行結果如下圖所示，使用屬性就如一般類別變數的方法一樣。

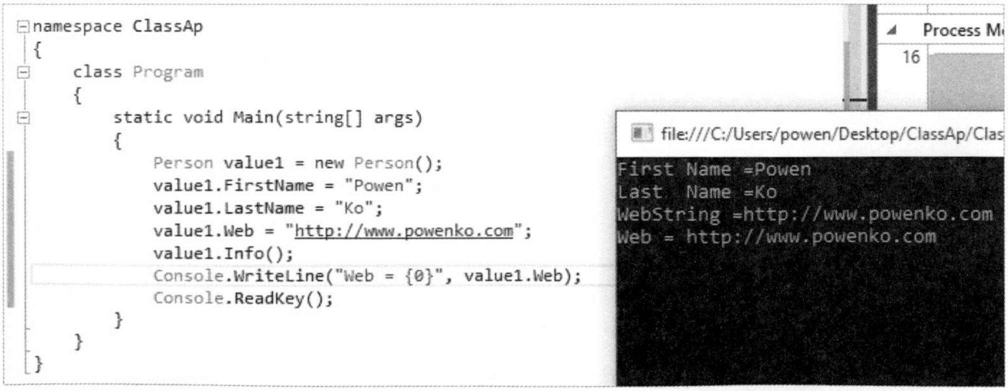

```
namespace ClassAp
{
    class Program
    {
        static void Main(string[] args)
        {
            Person value1 = new Person();
            value1.FirstName = "Powen";
            value1.LastName = "Ko";
            value1.Web = "http://www.powenko.com";
            value1.Info();
            Console.WriteLine("Web = {0}", value1.Web);
            Console.ReadKey();
        }
    }
}
```

```
file:///C:/Users/powen/Desktop/ClassAp/Clas
First Name =Powen
Last  Name =Ko
WebString =http://www.powenko.com
Web = http://www.powenko.com
```

圖 9-22 屬性的執行結果

教學影片

完整的教學影片請參考光碟片中的 *9-8-4-property*。

9.8.5 Class 類別繼承

介紹

物件導向程式設計的三個主要特性，分別為：

- 繼承（Inheritance）
- 封裝（Encapsulation）
- 多型（Polymorphism）

繼承可讓您建立新類別（Class）以重複使用、擴充和修改其他類別中定義的行為。成員被繼承的類別稱為「基底類別」或稱「父類別」（Base Class），而繼承這種成員的類別即稱為「衍生類別」或稱「子類別」（Derived Class）。子類別只能有一個父類別。

何謂繼承？所謂 Inheritance（繼承），是指 Sub Class（子類別）繼承 Super Class（父類別）後，就會自動取得父類別特性。如果子類別繼承一個以上的父類別，則稱為 Multiple Inheritance（多重繼承）。C# 為了避開多重繼承的複雜性，class 只允許單一繼承，也就是 C# 只能有一個父類別可以繼承，無法多重繼承。

繼承在 C# 裡比較像 Java。當您要延伸類別，只要在定義時，簡單放上父類別的名稱即可。

在 C# 中如何做繼承？我們可以透過以下程式看到。將我們用剛剛的程式修改如下:

添加新的類別

本範例延續上一章的範例繼續修改調整。首先請您新增一個 class 類別，可以參考「9-8-1 建立自己的 class 類別」，並將該類別名稱設定為 Student。

1. 在專案上面，按下滑鼠的右鍵，選取「New File...」。
2. 選取「Visual C# Items」中的「class」，後選點擊「Next」到下一步。
3. 設定 class 的名稱為「Student.cs」後，按下「Add」完成新增 class 的流程。

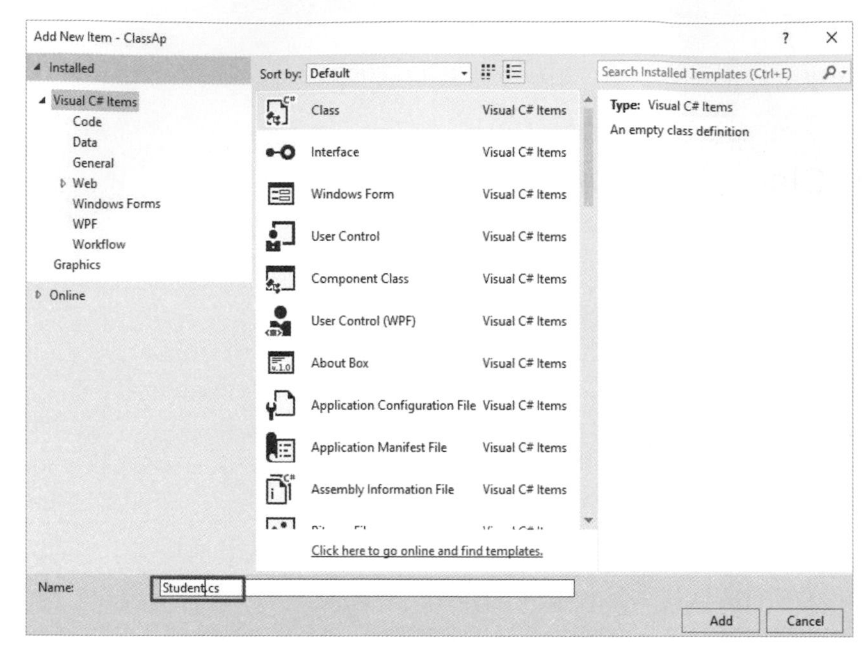

圖 9-23 設定檔案名稱為「Student.cs」

實際範例

開啟新建立的 Student 類別，並確認該類別所繼承的是 Person 類別。

範例程式：ch09\9-8-5\ClassAp\ClassAp\Student.cs

```
1.  using System;
2.  using System.Collections.Generic;
3.  using System.Linq;
4.  using System.Text;
5.  using System.Threading.Tasks;
6.  namespace ClassAp
7.  {
8.      class Student : Person
9.      {
10.         public String StudentID;      // 設定公開變數，學生編號
11.     }
12. }
```

設定繼承類別

而被繼承的類別，就完全不用修改。

範例程式：ch09\9-8-5\ClassAp\ClassAp\Person.cs

```
1.  …
2.       class Person
3.       {
4.          public String FirstName;          // 公開變數
5.          public String LastName;           // 公開變數
6.          private String WebString;         // 私有變數 private 就無法繼承
7.          public String Web                 // 公開屬性
8.          {
9.              get {
10.                  return WebString;
11.               }
12.               set {
13.                   WebString = value;
14.               }
15.           }
16.           public void Info()              // 公開函數
17.           {
18.               Console.WriteLine("First Name ={0}", FirstName); // 顯示
19.               Console.WriteLine("Last  Name ={0}", LastName);
20.               Console.WriteLine("WebString ={0}", this.WebString);
21.           }
22.       }
23. }
```

使用的類別方法和過去一樣，透過以下程式可以看到Student類別因為繼承的關係，可以直接使用父類別Person的所有公開public函數、變數和屬性。

範例程式：ch09\9-8-5\ClassAp\ClassAp\Program.cs

```
1.  …
2.        static void Main(string[] args)
3.        {
4.            Student value1 = new Student();   // 新增 Student 類別
5.            value1.FirstName = "Powen";
6.            value1.LastName = "Ko";
7.            value1.Web = "http://www.powenko.com";
8.            value1.StudentID  = "123123";     // 指定 Student 的公開變數
9.            // value1.WebString = "http://www.powenko.com";
              // 私人屬性就無法使用
10.           value1.Info();
11.           Console.WriteLine("Web = {0}", value1.Web);
12.           Console.ReadKey();                // 按下按鍵後離開程式
13.       }
14. …
```

在這裡可以看到子類別Student繼承之後，就可以完全使用父類別相關的public和protected的函數、變數和屬性，另外子類別Student也可以自行設定自己新函數、變數和屬性，同樣的也能使用如第 8 行的StudentID變數。

執行結果

```
namespace ClassAp
{
    class Program
    {
        static void Main(string[] args)
        {
            Student value1 = new Student();
            value1.FirstName = "Powen";
            value1.LastName = "Ko";
            value1.Web = "http://www.powenko.com";
            value1.StudentID  = "123123";
            value1.Info();
            Console.WriteLine("Web = {0}", value1.Web);
            Console.ReadKey();
        }
    }
}
```

```
file:///C:/Users/powen/Desktop/ClassAp/ClassA
First Name =Powen
Last  Name =Ko
WebString =http://www.powenko.com
Web = http://www.powenko.com
```

圖 9-24 因爲繼承的關係，就能使用父類別的函數

教學影片

完整的教學影片請參考光碟片中的 *9-8-5-oop*。

延伸學習

繼承類別只能繼承父類別的公開 public 和保護 protected 函數、變數和屬性，如果您在程式中加上：

```
value1.WebString = "http://www.powenko.com";
```

就會發現程式錯誤，並且出現無法使用該變數的提示訊息，這是因為 WebString 是 private 私有變數。

所以在這個練習中，您可以看得出公開 public 和私有 private 的差異。

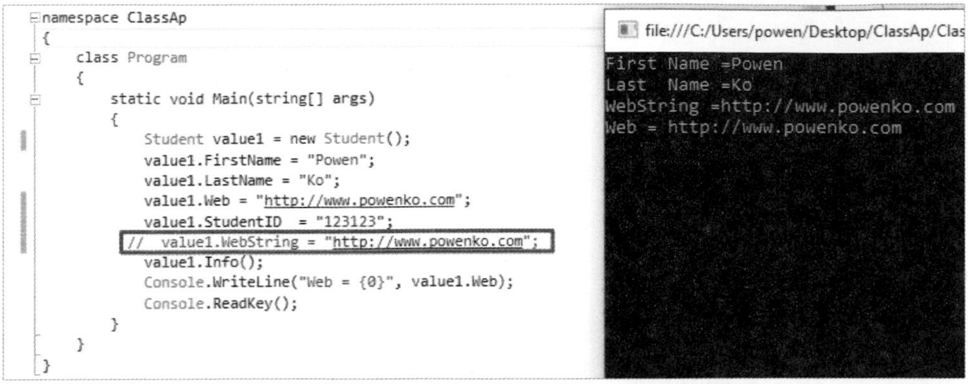

```
namespace ClassAp
{
    class Program
    {
        static void Main(string[] args)
        {
            Student value1 = new Student();
            value1.FirstName = "Powen";
            value1.LastName = "Ko";
            value1.Web = "http://www.powenko.com";
            value1.StudentID  = "123123";
        //  value1.WebString = "http://www.powenko.com";
            value1.Info();
            Console.WriteLine("Web = {0}", value1.Web);
            Console.ReadKey();
        }
    }
}
```

```
file:///C:/Users/powen/Desktop/ClassAp/Clas
First Name =Powen
Last  Name =Ko
WebString =http://www.powenko.com
Web = http://www.powenko.com
```

圖 9-25 因爲繼承的關係，就能使用父類別的函數

9.8.6 this 本身的功用

介紹

在 C# 中，同一個類別如何呼叫其他的函數和變數？何謂 this 函數？透過 this 可呼叫本身 class 的其他函數。但是實際使用時若忘記寫上，在編譯時也會自動添加，所以在 C# 中，有沒有寫上 this 關鍵字其實都可以。透過本範例將學習 this 的用法。

實際範例

延續上一個章節，繼續修改範例程式如下。開啟新建立的Student類別，並確認該類別所繼承的是Person類別。

範例程式：ch09\9-8-6\ClassAp\ClassAp\ClassAp.cs

```
1.  using System;
2.  using System.Collections.Generic;
3.  using System.Linq;
4.  using System.Text;
5.  using System.Threading.Tasks;
6.
7.  namespace ClassAp
8.  {
9.      class Person
10.     {
11.
12.         public String FirstName;
13.         public String LastName;
14.         private String WebString;
```

```
15.         public String Web
16.         {
17.             get {
18.                 return WebString;
19.             }
20.             set {
21.                 WebString = value;
22.             }
23.         }
24.         public void Info()
25.         {
26.             this.FullName();    // 顯示姓名
27.             FullName()
28.             Console.WriteLine("WebString ={0}", this.WebString);
                // 透過 this 呼叫變數
29.         }
30.         public void FullName()
31.         {
32.             Console.WriteLine("First Name ={0}", FirstName);
33.             Console.WriteLine("Last  Name ={0}", LastName);
34.         }
35.     }
36. }
37.
```

對主程式來說，就跟之前一模一樣。

範例程式：ch09\9-8-6\ClassAp\ClassAp\Program.cs

```
1.  ...
2.          static void Main(string[] args)
3.          {
4.              Person value1 = new Person();
5.              value1.FirstName = "Powen";
6.              value1.LastName = "Ko";
7.              value1.Web = "http://www.powenko.com";
8.              value1.Info();
9.              Console.WriteLine("Web = {0}", value1.Web);
10.             Console.ReadKey();                  // 按下按鍵後離開程式
11.         }
12. ...
```

執行結果

```
public void Info()
{
    this.FullName();
    FullName();
    Console.WriteLine("WebString ={0}", this.WebString);
}

public void FullName()
{
    Console.WriteLine("First Name ={0}", FirstName);
    Console.WriteLine("Last  Name ={0}", LastName);
}
```

```
file:///C:/Users/powen/Desktop/ClassAp/Class
First Name =Powen
Last  Name =Ko
First Name =Powen
Last  Name =Ko
WebString =http://www.powenko.com
Web = http://www.powenko.com
```

圖 9-26 透過 this 功能，呼叫其他函數

教學影片

完整的教學影片可以觀看 *9-8-6-this*，裡面會有詳細的過程和教學。

9.8.7 base 呼叫父類函數、virtual、override

介紹

本範例將會說明在子類別中如何呼叫父類別、如果函數名稱一樣，父類別與子類別的關係，以及在 C# 中如何覆蓋和呼叫父類函數。

實際範例

本範例延續上一章節的範例繼續修改調整。

我們將子類別加入二個新函數，故意將名字取得跟父類一樣，準備做覆蓋父類函數的功能。當然您也可以取其他的函數名稱，讓子類別擁有自己獨特的函數。

範例程式：ch09\9-8-7\ClassAp\ClassAp\Person.cs

```
1.  ...
2.      class Person
3.      {
4.
5.          public String FirstName;
6.          public String LastName;
7.          private String WebString;
8.          public String Web
9.          {
10.             get {
```

```
11.                 return WebString;
12.             }
13.             set {
14.                WebString = value;
15.             }
16.         }
17.         public virtual void Info()      // 和子類別相同名稱的函數
18.         {
19.             this.FullName();            // 呼叫同類別的函數
20.             FullName();                 // 呼叫同類別的函數
21.             Console.WriteLine("WebString ={0}", this.WebString);
                // 顯示內容
22.         }
23.         public void FullName()
24.         {
25.             Console.WriteLine("First Name ={0}", FirstName);
26.             Console.WriteLine("Last Name ={0}", LastName);
27.         }
28.     }
29. …
```

請記得加上 virtual 定義

範例程式：ch09\9-8-7\ClassAp\ClassAp\Student.cs

```
1.     ...
2.     class Student : Person
3.     {
4.         public String StudentID;
5.         public override void Info()      // 和父類別相同名稱的函數
6.         {
7.             base.Info();                 // 呼叫父類別的函數
8.             Console.WriteLine("StudentID ={0}", this.StudentID);
9.         }
10.    }
11. ...
```

請記得加上 overide 定義

程式說明

- 第 15 行：透過 base 關鍵字來呼叫父類別的函數，所以 Info 函數因為有 base.Info();，因此在執行父類的 Info();函數後，會繼續執行下一行的動作。

而使用的方法也是一樣。

範例程式：ch09\9-8-7\ClassAp\ClassAp\Program.cs

```
1.  ...
2.         static void Main(string[] args)
3.         {
4.             Student value1 = new Student();
```

```
5.              value1.FirstName = "Powen";
6.              value1.LastName = "Ko";
7.              value1.Web = "http://www.powenko.com";
8.              value1.StudentID = "123123";
9.              value1.Info();
10.             Console.WriteLine("Web = {0}", value1.Web);
11.             Console.ReadKey();          // 按下按鍵後離開程式
12.         }
13. ...
```

執行結果

本程式的執行結果如下圖所示，因為呼叫繼承函數中，會呼叫父類的函數，所以就先執行父類的函數，之後再處理其他的動作。

```
namespace ClassAp
{
    class Program
    {
        static void Main(string[] args)
        {
            Student value1 = new Student();
            value1.FirstName = "Powen";
            value1.LastName = "Ko";
            value1.Web = "http://www.powenko.com";
            value1.StudentID  = "123123";
            value1.Info();
            Console.WriteLine("Web = {0}", value1.Web);
            Console.ReadKey();
        }
    }
}
```

```
file:///C:/Users/powen/Desktop/ClassAp/Class
First Name =Powen
Last  Name =Ko
First Name =Powen
Last  Name =Ko
WebString =http://www.powenko.com
StudentID =123123
Web = http://www.powenko.com
```

圖 9-27 因為繼承和 base 的關係呼叫父類的函數

注意 this 是指向本身的內容，base 是指向繼承的父類別內容。

教學影片

完整的教學影片可以觀看 *9-8-7-base*，裡面會有詳細的過程和教學。

補充資料

C# 程式語言比較特別的是，被呼叫的父類函數需要在前面加上 virtual，而覆蓋的子類別函數，需要在函數前面加上 override 的定義。

9.8.8 public 公開、protected 保護、private 私有

介紹

public 公開、protected 保護和 private 私有有什麼不同？這些關鍵字用於聲明類別和成員的可見性。

而 C# 語言的 public、protected、private 分別說明如下：

- public 公開

  public 繼承是最常見的繼承方式。public 成員可以被任何類別使用，在語法上 public 繼承的意義是讓子類別直接全部繼承，而且子類別可以直接存取父類別中的 public 公開資訊。

- private 私有

  private 成員限於自己使用，其他人都無法存取和使用，包括子類別。

- protected 保護

  protected 成員限於自己和繼承的子類別使用，其他人都無法存取和使用。

實際範例

本範例延續上一章節的範例繼續修改調整。透過以下的範例，可以瞭解 public 公開、protected 保護和 private 私有有什麼不同。

範例程式：ch09\9-8-8\ClassAp\ClassAp\Person.cs

```
1.  ...
2.      class Person
3.      {
4.
5.          public String FirstName;        // 設定一個類別的公開變數
6.          protected String LastName;      // 內定變數為protected保護變數
7.          private String WebString;       // 設定一個類別的私有變數
8.          public String Web               // 設定一個類別的公開變數
9.          {
10.             get {
11.                 return WebString;
12.             }
13.             set {
14.                 WebString = value;
15.             }
16.         }
```

```
17.
18.         public virtual void Info()    // 設定一個類別的公開函數
19.         {
20.             this.FullName();
21.             FullName();
22.             Console.WriteLine("WebString ={0}", this.WebString);
                // 顯示變數
23.         }
24.
25.         public void FullName()        // 設定一個類別的公開函數
26.         {
27.             Console.WriteLine("First Name ={0}", FirstName);
                // 顯示變數
28.             Console.WriteLine("Last  Name ={0}", LastName);
                // 顯示變數
29.         }
30.     }
31. ...
```

在子類別中就只能使用 public 公開和 protected 保護的變數、函數和屬性。

範例程式：ch09\9-8-8\ClassAp\ClassAp\Program.cs

```
1.  …
2.          static void Main(string[] args)
3.          {
4.              Student value1 = new Student();
5.              value1.FirstName = "Powen";
6.           // value1.LastName = "Ko";          // 保護 protected 故無法執行
7.              value1.Web = "http://www.powenko.com";
8.           // value1.WebString = "http://www.powenko.com";
                // 私有 private 故無法執行
9.              value1.StudentID = "123123";
10.             value1.Info();
11.             Console.WriteLine("Web = {0}", value1.Web);
12.             Console.ReadKey();              // 按下按鍵後離開程式
13.         }
14.     }
15. ...
```

在其他使用上只能使用 public 公開的變數、函數和屬性。

範例程式：ch09\9-8-8\ClassAp\ClassAp\Student.cs

```
1.  ...
2.      class Student : Person
3.      {
4.          public String StudentID;
5.
6.          public override void Info()
7.          {
8.
9.              base.FirstName = "Powen";
10.             base.LastName = "Ko";
11.             // base.WebString = "http://www.powenko.com";
                // 私有 private 無法執行
12.             base.Info();
13.             Console.WriteLine("StudentID ={0}", this.StudentID);
14.         }
15.     }
16. …
```

執行結果

```
namespace ClassAp
{
    class Program
    {
        static void Main(string[] args)
        {
            Student value1 = new Student();
            value1.FirstName = "Powen";
        //  value1.LastName = "Ko";
            value1.Web = "http://www.powenko.com";
        //  value1.WebString = "http://www.powenko.com";

            value1.StudentID  = "123123";
            value1.Info();
            Console.WriteLine("Web = {0}", value1.Web);
            Console.ReadKey();
        }
    }
}
```

```
file:///C:/Users/powen/Desktop/ch08/8-8-8/
First Name =Powen
Last  Name =Ko
First Name =Powen
Last  Name =Ko
WebString =http://www.powenko.com
StudentID =123123
Web = http://www.powenko.com
```

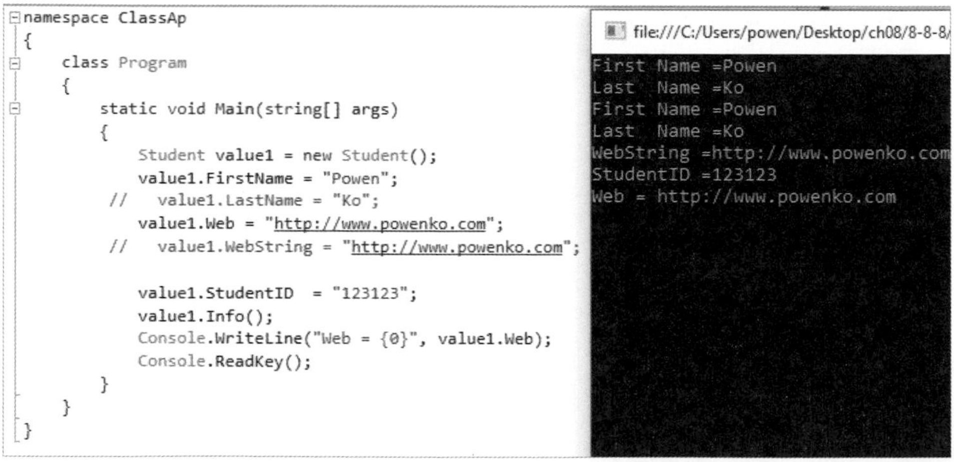

圖 9-28 public、protected、private 範例的執行效果

教學影片

完整的教學影片可以觀看 *9-8-8-public-protected-private*，裡面會有詳細的過程和教學。

我的第一個 Win 10 IoT Core 程式

本章重點

本章節將使用 Windows Visual Studio 2015 來開發和執行 Windows 10 IoT Core 的程式。

圖 10-0 本章完成作品

10.1 開發 Windows 10 IoT Core 程式

物聯網 IOT 最主要的目的就是控制周邊設備，所以在這個章節中，將會介紹如何執行程式，並且在 Windows 10 IoT Core 環境中，把程式上傳到 Raspberry Pi 2 上，然後執行且控制上面的 LED 燈。

硬體準備

- Raspberry Pi 2 或 Raspberry Pi 3 板子
- 一個 LED
- 一個 220 ohm 電阻
- 麵包板
- 二條接線

硬體接線

Raspberry Pi 2 或 Raspberry Pi 3 接腳	元件接腳
Pin 29 / GPIO5	Led 1 長腳
GND	Led 短腳透過 220ohm 電阻

範例程式中 sample\chA\a-14-1.fzz 硬體接線設計圖

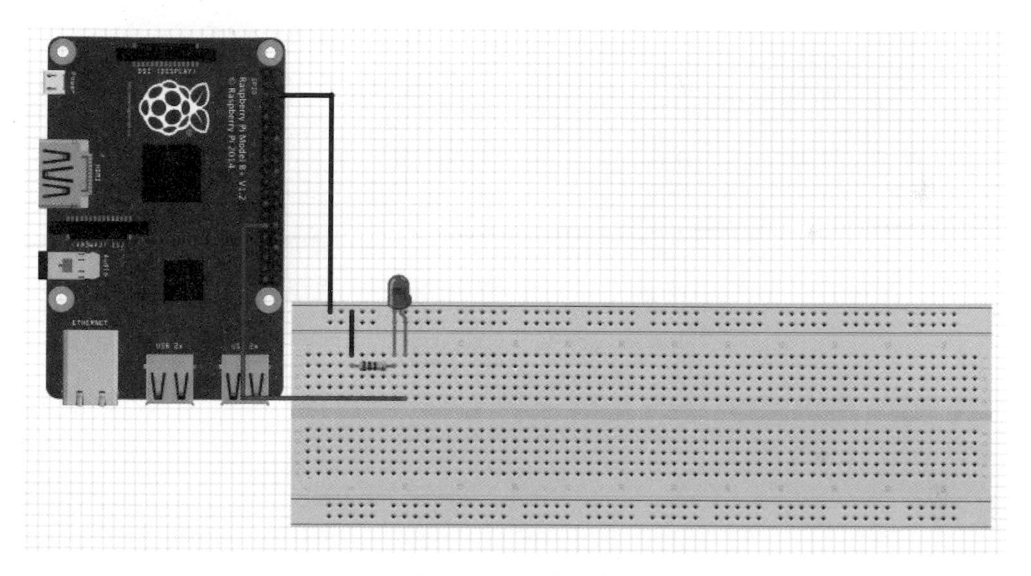

圖 10-1 硬體接線

Raspberry Pi 2 或Raspberry Pi 3 的硬體接腳如下圖所示，請留意接腳的號碼。

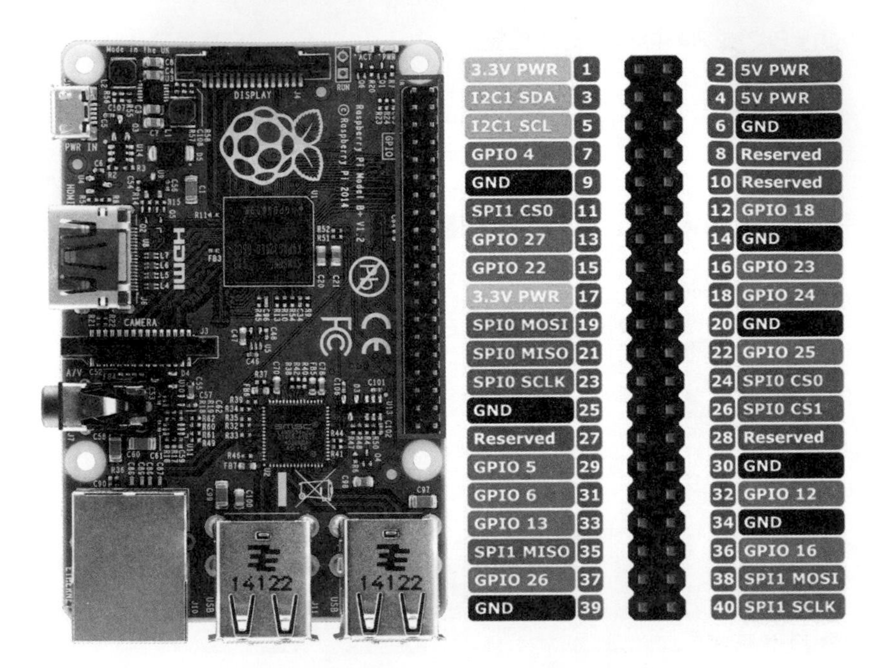

圖 10-2 Raspberry Pi 2 的硬體接腳圖

步驟

Step **1** 硬體接線和開機

首先請將 Raspberry Pi 關機，並把硬體接線依照上圖連接完成，再透過「Windows 10 IoT Core」開機，並且確認 Raspberry Pi 的網路 IP 位址。

Step **2** 範例程式

各位可以透過瀏覽器取得官方的範例程式，網址為 http://ms-iot.github.io/content/en-US/win10/samples/Blinky.htm，或參考本書範例 Sample\ch10-1。

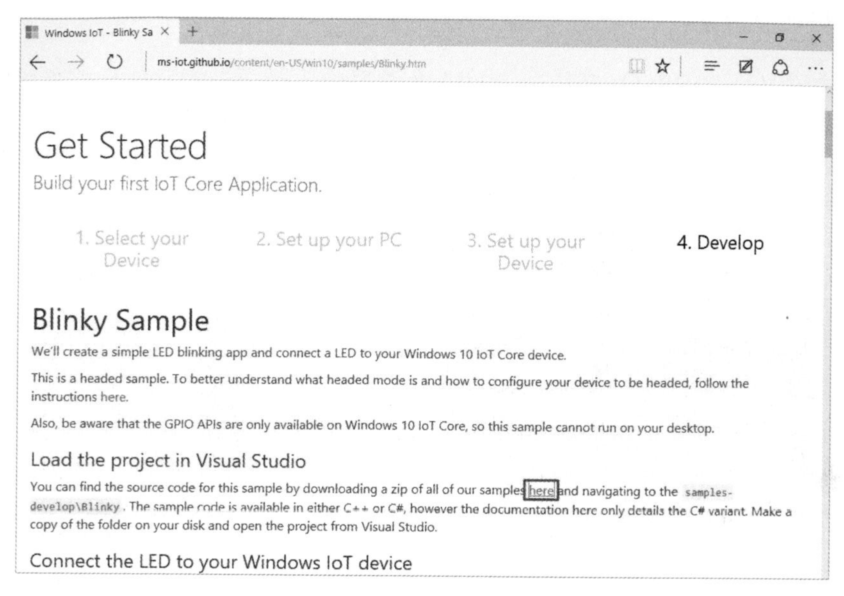

圖 10-3 範例程式

Step **3** 開啟範例專案

請在下載後點選「Blinky\CS\Blinky」，點擊後就會自動開啟「Visual Studio 2015」。

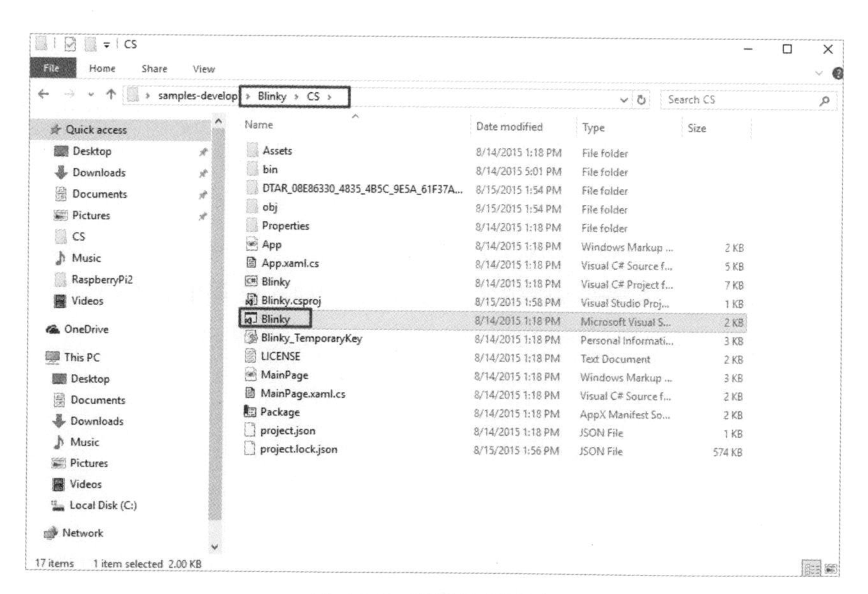

圖 10-4 開啓範例專案

Step **4** 打開設定程式

在「Visual Studio 2015」的 Blink 專案中，需要先指定此程式燒錄的目的地，請在專案上點選右鍵，於選項中選取「Properties」進行設定。

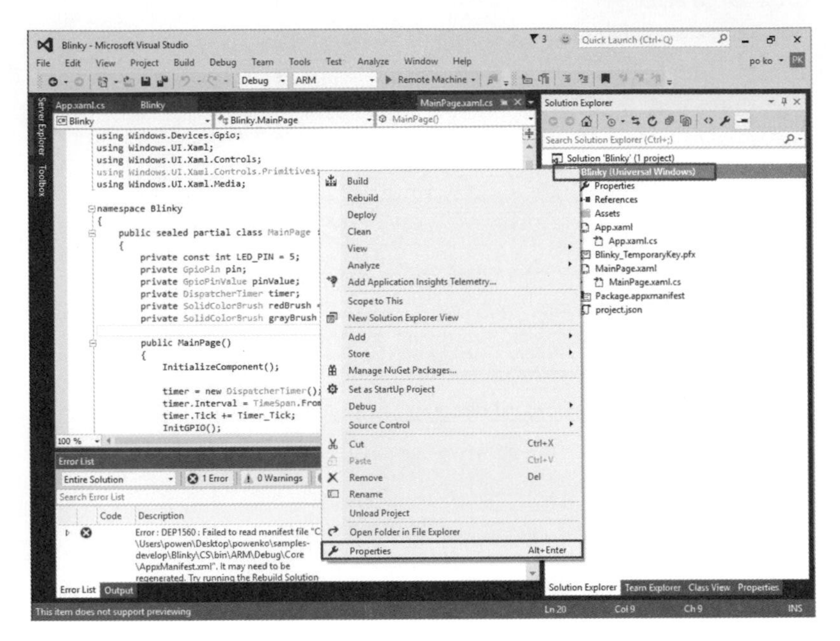

圖 10-5 打開設定程式

Step **5** 設定編譯環境

請在設定視窗中，進行以下動作。

1. 點擊「Debugt」選項。
2. 設定 Configation 為「Activie(Debug)」和 Platform 在「Activie(ARM)」，用來設定除錯程式是編譯為 ARM 的 CPU，並可以在 ARM 執行。
3. 並且指定 Target device 為「Remote Machine」和 Remote machine 為實際樹莓派的 IP 位址。
4. 關閉「User authentication」使用者認證。
5. 勾選「Unistall and then re-install...」來確認安裝自己撰寫的最新開發程式。

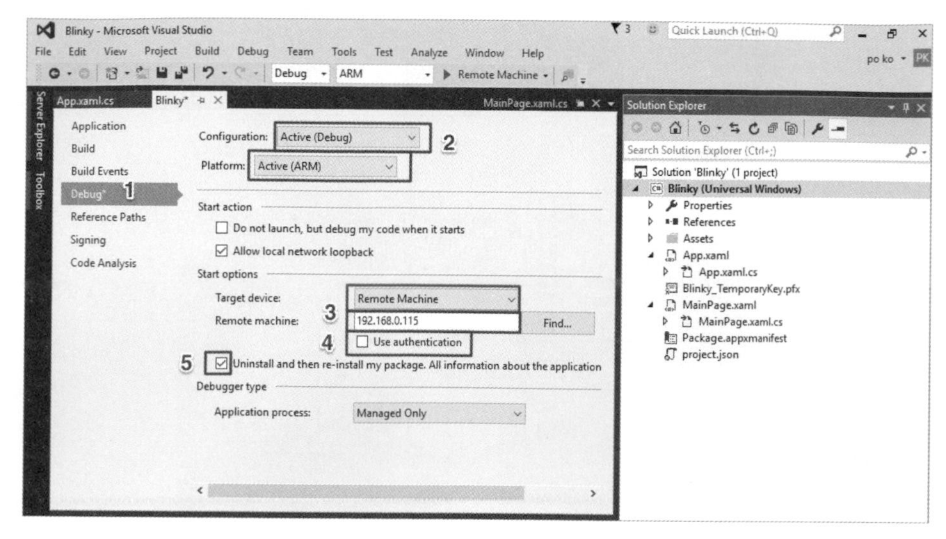

圖 10-6 設定編譯環境

Step **6** 執行

接下來，透過 Visual Studio 的工具欄，進行以下的動作。

1. 選取「Debug」模式。
2. 選取「ARM」模式。
3. 選取「Remote Machine」模式並點擊，以執行和開始進行安裝的動作。

圖 10-7 執行

執行結果

順利執行程式後，樹莓派的 GPIO 所連接的 LED 燈，每 0.5 秒就會閃爍一次，實際硬體執行結果如下圖所示。

圖 10-8 完成

樹莓派的螢幕便會出現如下圖所示的畫面，每 0.5 秒紅、白顏色閃爍。

圖 10-9 完成執行後，樹莓派上所顯示的畫面

如果程式要停止執行，請回到 PC 的「Visual Studio」工作欄上有一個紅色正方形，按下就能停止程式。

教學影片

完整教學影片可以參考 *10-1-RPI2_Win10_12_Win10IoT_Blink*；硬體執行影片請參考 *10-1-RPI2_Win10_13_Win10IoT_Blink_Hardware*。

10.2 Windows 10 IoT Core 數位輸出程式

緊接上一章節所看到，在 Raspberry Pi 2 控制數位輸出開關的 IoT 物聯網之範例程式，這個程式可用 Visual Studio C++ 和 Visual Studio C# 來開發，其程式邏輯如下：

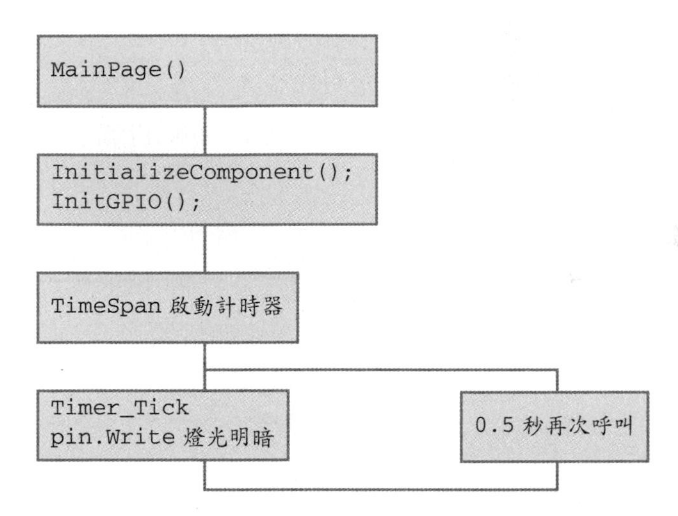

實際範例

範例程式：ch10\10-2\Blinky\CS\Program.cs

```
1.  using System;
2.  using Windows.Devices.Gpio;
3.  using Windows.UI.Xaml;
4.  using Windows.UI.Xaml.Controls;
5.  using Windows.UI.Xaml.Controls.Primitives;
6.  using Windows.UI.Xaml.Media;
7.
8.  namespace Blinky
9.  {
10.     public sealed partial class MainPage : Page
11.     {
12.         private const int LED_PIN = 5;              // 指定的 GPIO5
13.         private GpioPin pin;
14.         private GpioPinValue pinValue;
15.         private DispatcherTimer timer;
16.         private SolidColorBrush redBrush = new
                SolidColorBrush(Windows.UI.Colors.Red);
                // 螢幕 LED 的顏色
```

```
17.         private SolidColorBrush grayBrush = new
                SolidColorBrush(Windows.UI.Colors.LightGray);
                // 螢幕 LED 的顏色
18.
19.         public MainPage()                        // 啟動時呼叫的函數
20.         {
21.             InitializeComponent();               // 初始化 IoT 函數
22.             timer = new DispatcherTimer(); // 初始化計時器函數
23.             timer.Interval = TimeSpan.FromMilliseconds(500);
                // 計時器時間 0.5 秒
24.             timer.Tick += Timer_Tick;
25.             InitGPIO();                          // 呼叫 GPIO 設定的函數
26.             if (pin != null)                     // GPIO 設定成功
27.             {
28.                 timer.Start();                   // 就啟動定時器
29.             }
30.         }
31.
32.         private void InitGPIO()                  // GPIO 設定的自製函數
33.         {
34.             var gpio = GpioController.GetDefault(); // 取得硬體的 GPIO
35.
36.             // 顯示錯誤，如果沒有 GPIO 控制
37.             if (gpio == null)                    // 失敗的處理
38.             {
39.                 pin = null;
40.                 GpioStatus.Text = "There is no GPIO controller ";
                    // 顯示文字
41.                 return;
42.             }
43.
44.             pin = gpio.OpenPin(LED_PIN);     // 打開樹莓派的 GPIO5
45.             pinValue = GpioPinValue.High;
46.             pin.Write(pinValue);                 // GPIO5 設定為亮
47.             pin.SetDriveMode(GpioPinDriveMode.Output);
                // GPIO5 設定為數位輸出
48.             GpioStatus.Text = "GPIO pin initialized correctly.";
                // 顯示文字在畫面上
49.         }
50.         private void Timer_Tick(object sender, object e)
            // 定時器時間到的反應
51.         {
52.             if (pinValue == GpioPinValue.High)
                // 如果現在是亮
53.             {
54.                 pinValue = GpioPinValue.Low;
55.                 pin.Write(pinValue);         // 設定 GPIO5 LEd 為暗
56.                 LED.Fill = redBrush;         // 螢幕 LED 的顏色為紅
```

```
57.             }
58.             else                                 // 如果現在是暗
59.             {
60.                 pinValue = GpioPinValue.High;
61.                 pin.Write(pinValue);             // 設定 GPIO5 LEd 為亮
62.                 LED.Fill = grayBrush;            // 螢幕 LED 的顏色為灰
63.             }
64.         }
65.     }
66. }
```

程式說明

- 第 19 行：軟體啟動時，第一個呼叫的函數。
- 第 32 行：設定 GPIO 接腳初始化動作。
- 第 50 行：定時器時間到時所呼叫的函數。

接下來，我們來嘗試修改一下這個程式，讓 LED 燈每秒閃爍 10 次，也就是每 0.1 秒鐘改變 GPIO5 接腳的狀況，同時就會造成 LED 燈的明暗改變。

範例程式：ch10\10-2\Blink\CS\\MainPage.xaml.cs

```
1. …                                                  // 省略
2.          public MainPage()
3.          {
4.              InitializeComponent();               // 初始化 IoT 函數
5.              timer = new DispatcherTimer();       // 初始化計時器函數
6.              int time1 = 100;                     // 設定計時器時間
7.              DelayText.Text = time1 + "ms";       // 修改螢幕上的文字
8.              timer.Interval = TimeSpan.FromMilliseconds(time1);
                // 計時器時間
9.              timer.Tick += Timer_Tick;
10.              InitGPIO();                         // 呼叫 GPIO 設定的函數
11.              if (pin != null)                    // GPIO 設定成功
12.              {
13.                  timer.Start();                  // 就啟動定時器
14.              }
15.          }
16. ….                                               // 省略
```

程式說明

- 第 6 行：新增變數，設定計時器時間。
- 第 7 行：修改螢幕上的文字。
- 第 8 行：指定計時器時間為 0.1。

執行結果

如果順利執行程式，Raspberry Pi 2 的 GPIO 所連接到的 LED 燈每 0.1 秒就會閃爍一次，實際硬體執行結果如下圖所示。

圖 10-10 完成

Raspberry Pi 2 的螢幕會出現如下圖所示的畫面，每 0.1 秒紅、白顏色閃爍，並且畫面上的文字也因為程式的關係而有所不同。

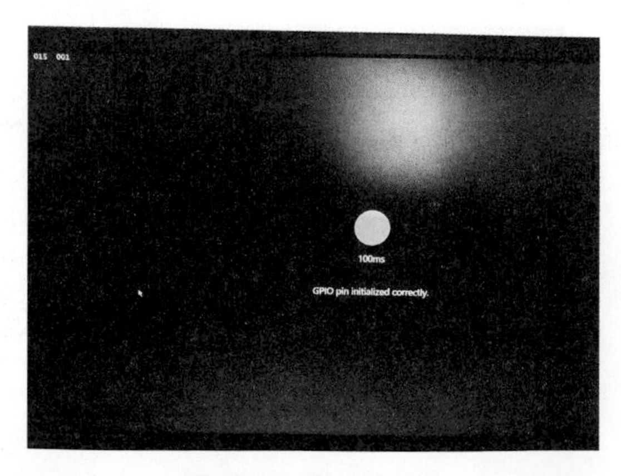

圖 10-11 執行的畫面

教學影片

完整教學影片可以參考 *10-2-RPI2_Win10_14_Win10IoT_VS_ModifyCode*；硬體執行情況請參考影片 *10-2-PI2_Win10_15_Win10IoT_VS_ModifyCode_Demo*。

10.3 從無到有撰寫 Windows 10 IoT Core 程式

在這個章節中，將會從無到有完成一個 IoT 的專案，主要目的是說明如何建立一個全新的專案並加上 IoT 的控制功能。

10.3.1 建立新專案並添加 IoT 函式庫

介紹

這個章節中，將會從無到有完成一個 IoT 專案，添加相關函式庫和添加 UI 畫面上的控制元件，並且在 Windows 環境中執行。

步驟

Step 1 打開 Visual Studio 專案

首先打開 Visual Studio 開發環境，可以在「程式集」裡面搜尋「Visual Studio」。

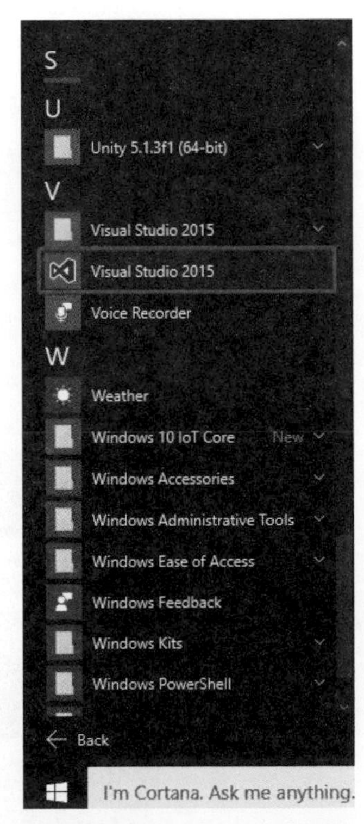

圖 10-12 打開 Visual Studio 開發環境

Step **2** 建立新專案

在 Visual Studio 開發環境中，選取「File」→「New」→「Project...」建立新專案。

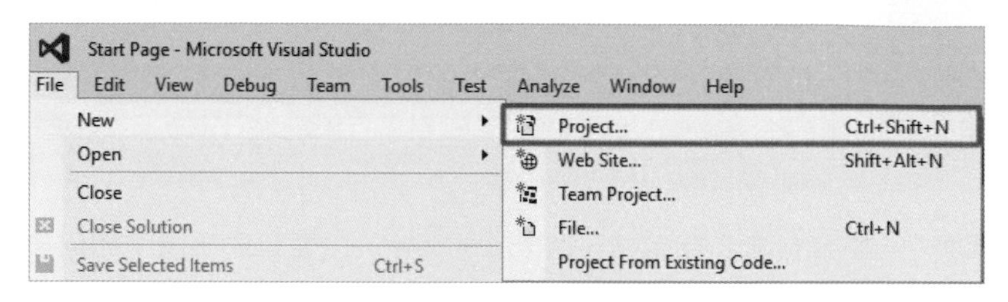

圖 10-13 建立新專案

Step **3** 建立「空白 APP（通用視窗）」專案

在 Visual Studio 專案的「Template」→「Visual C#」→「Windows」→「Universal」中，選取「Blank APP (Universal Windows)空白 APP（通用視窗）」建立新一個專案。

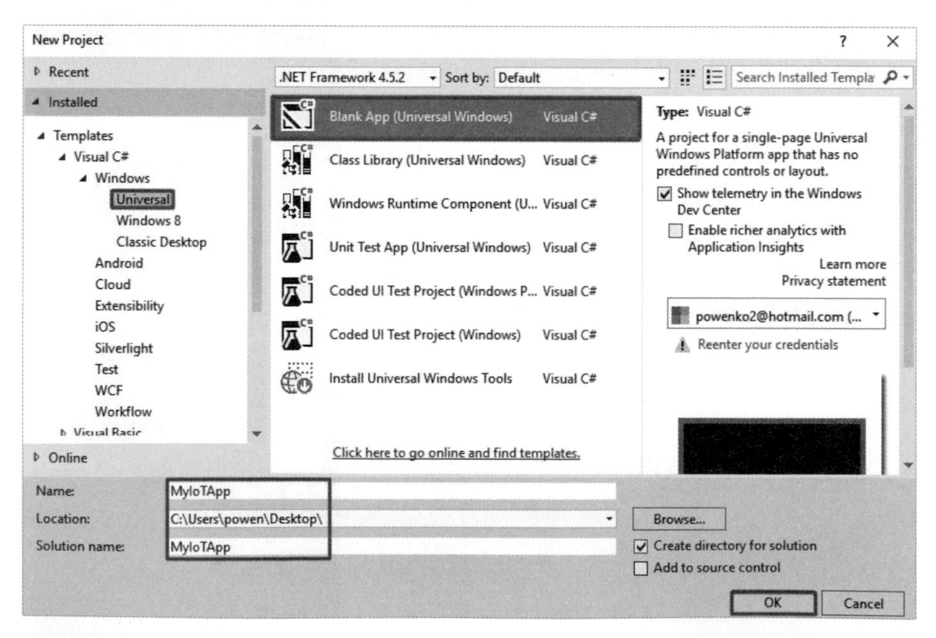

圖 10-14 建立「空白 APP（通用視窗）」專案

Step 4 打開添加函式庫視窗

在新增的專案中，透過專案視窗選取「專案名稱」→「Add」→「Reference...」，幫專案添加函式庫。

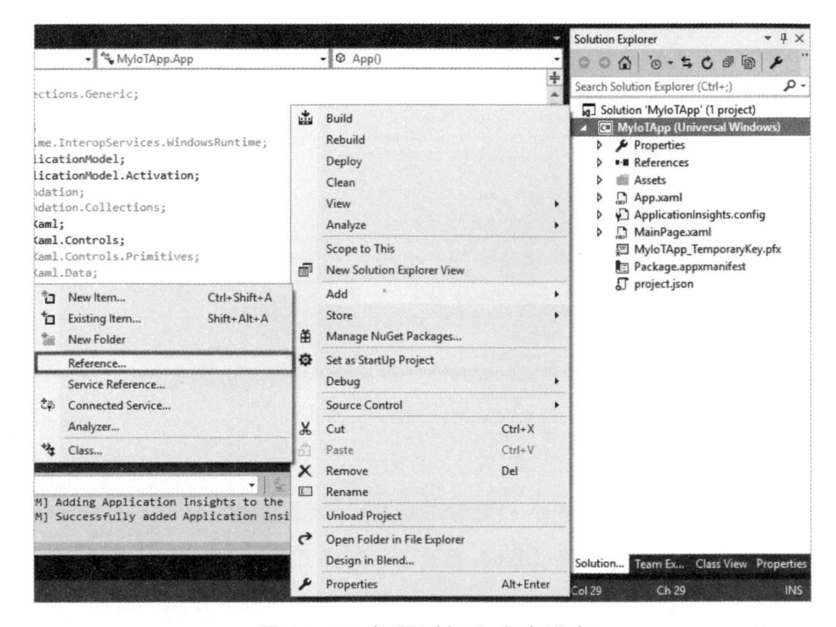

圖 10-15 打開添加函式庫視窗

Step 5 添加 IoT 的函式庫

打開添加函式庫視窗，選取「Universal Windows」→「Extensions」→「Windows IoT Extensions for the UWP」，幫專案添加 IoT 的函式庫。

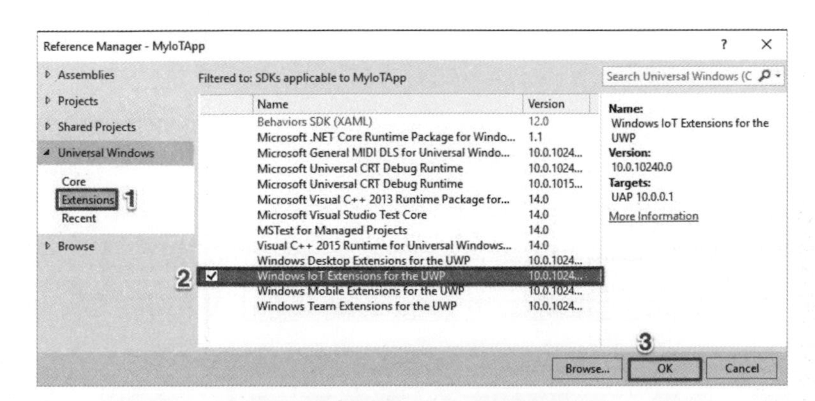

圖 10-16 添加 IoT 的函式庫

Step **6** 確認 IoT 的函式庫

完成後，就會回到開發的專案中，請務必確認專案的函式庫已經透過剛剛的步驟，添加了「Windows IoT Extensions for the UWP」。

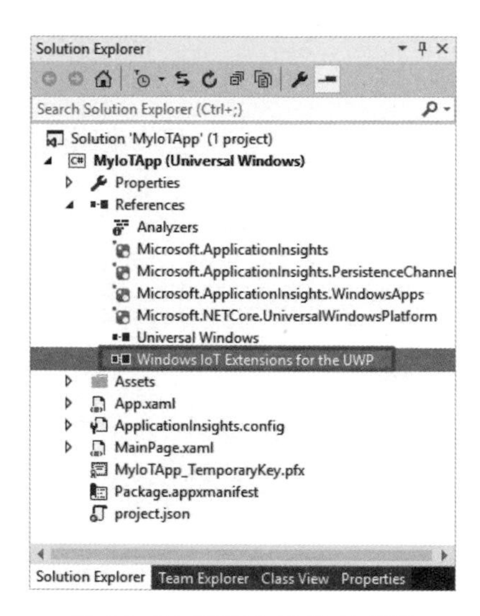

圖 10-17 確認 IoT 的函式庫

Step **7** 修改視窗樣式

現在要在程式中添加 1 個按鈕和 1 個文字元件，並且放在畫面的正中間。請於專案選取「MainPage」後，在「XAML」中修改程式以添加元件。

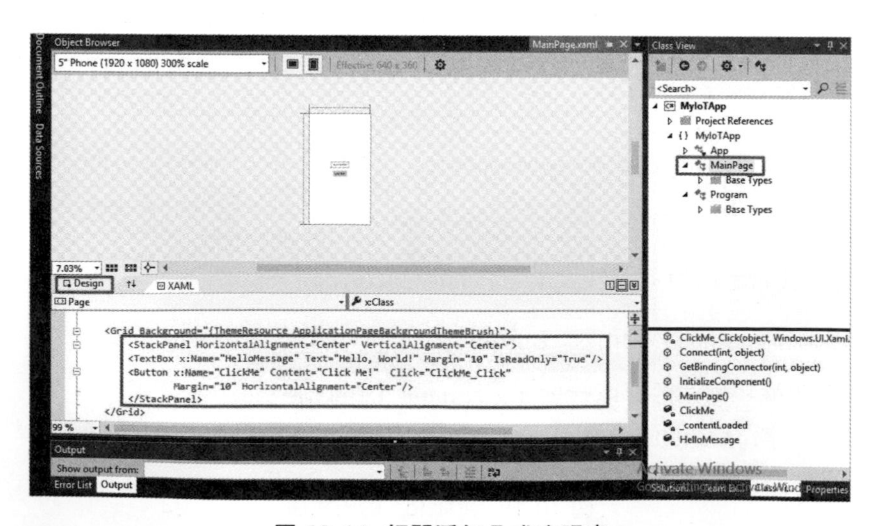

圖 10-18 打開添加函式庫視窗

實際範例

範例程式：ch10\10-3-1\MyIoTApp\MyIoTApp\MainPage.xaml

```
1. <Page
2.   x:Class="MyIoTApp.MainPage"
3.   xmlns="http://schemas.microsoft.com/winfx/2006/xaml/presentation"
4.   xmlns:x="http://schemas.microsoft.com/winfx/2006/xaml"
5.   xmlns:local="using:MyIoTApp"
6.   xmlns:d="http://schemas.microsoft.com/expression/blend/2008"
7.   xmlns:mc="http://schemas.openxmlformats.org/markup-compatibility/2006"
8.   mc:Ignorable="d">
9.
10.  <Grid Background="{ThemeResource ApplicationPageBackgroundThemeBrush}">
11.     <StackPanel HorizontalAlignment="Center" VerticalAlignment="Center">
12.        <TextBox x:Name="HelloMessage" Text="Hello, World!"
               Margin="10" IsReadOnly="True"/>
13.        <Button x:Name="ClickMe" Content="Click Me!" Click="ClickMe_Click"
14.            Margin="10" HorizontalAlignment="Center"/>
15.        </StackPanel>
16.     </Grid>
17. </Page>
```


程式說明

- 第 11-15 行：新添加的程式。
- 第 11 和 15 行：指定之中的內容擺放位置。

  水平位置在中間：HorizontalAlignment="Center"
  垂直位置在中間：VerticalAlignment="Center"

- 第 12 行：添加文字元件：TextBox。

  元件代號和程式的聯繫代號：x:Name="HelloMessage"
  顯示文字：Text="Hello, World!"
  元件旁邊的距離大小：Margin="10"

是否唯讀，意思是用戶不能輸入文字：IsReadOnly="True"

- 第 13 行：添加文字元件：Button。

  元件代號和程式的聯繫代號：x:Name="ClickMe"
  顯示文字：Content="Click Me!"
  按下按鍵後會呼叫的函數：Click="ClickMe_Click"

元件旁邊的距離大小：Margin="10"

水平位置在中間：HorizontalAlignment="Center"

Step **8** 添加自訂按鍵按下的反應函數

在上一步驟中，有添加一個按鈕，並指定 Click="ClickMe_Click"的動作，意思是按下此按鍵後會呼叫的函數。

請在專案中選取「MainPage.xaml.cs」後，修改程式以添加自訂按鍵按下的反應函數。

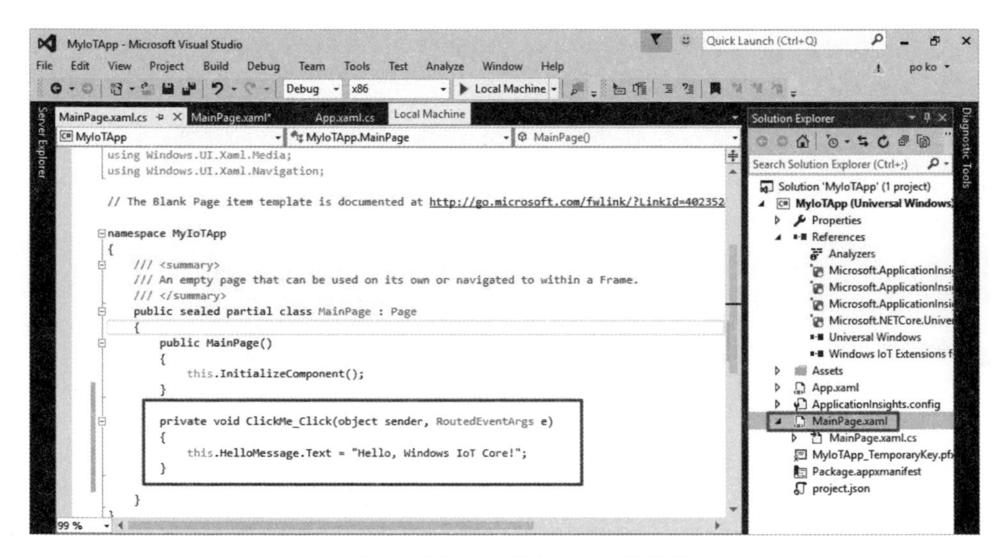

圖 10-19 添加按鍵按下的反應函數

實際範例

範例程式：ch10\10-3-1\MyIoTApp\ MainPage.xaml.cs

```
1.  using System;
2.  using System.Collections.Generic;
3.  using System.IO;
4.  using System.Linq;
5.  using System.Runtime.InteropServices.WindowsRuntime;
6.  using Windows.Foundation;
7.  using Windows.Foundation.Collections;
8.  using Windows.UI.Xaml;
9.  using Windows.UI.Xaml.Controls;
10. using Windows.UI.Xaml.Controls.Primitives;
11. using Windows.UI.Xaml.Data;
```

```
12. using Windows.UI.Xaml.Input;
13. using Windows.UI.Xaml.Media;
14. using Windows.UI.Xaml.Navigation;
15.
16. namespace MyIoTApp
17. {
18.    public sealed partial class MainPage : Page
19.    {
20.        public MainPage()                    // 主程式，程式一啟動的呼叫函數
21.        {
22.            this.InitializeComponent(); // 啟動系統，初始化元件
23.        }
24.
25.        private void ClickMe_Click(object sender, RoutedEventArgs e)
          // 按鍵反應函數
26.        {
27.            this.HelloMessage.Text = "Hello, Windows IoT Core!";
            // 顯示新的文字
28.        }
29.
30.     }
31. }
```

程式說明

- 第 25-28 行：新添加的程式，用來添加按鍵按下的反應函數。
- 第 25 行：因為是處理按鍵的反應，所以有一定的參數規則，並且不同的 UI 畫面元件的觸發函數中的參數都不一樣。
- 第 25 行：顯示新的文字。

  this：指的是此類別

  this.HelloMessage：指定的是這類別中的 HelloMessage 元件代號，也就是上一步驟中所設定的文字元件 TextBox 元件中指定的元件代號 x:Name= "HelloMessage" this.HelloMessage.Text：取得或設定該文字元件中的文字

Step **9** 執行程式

接下來，請確認編譯環境是「x86」，並且點選綠色三角形的「Local Machine」本機機器，就能夠將在 Windows 的環境中執行本程式。

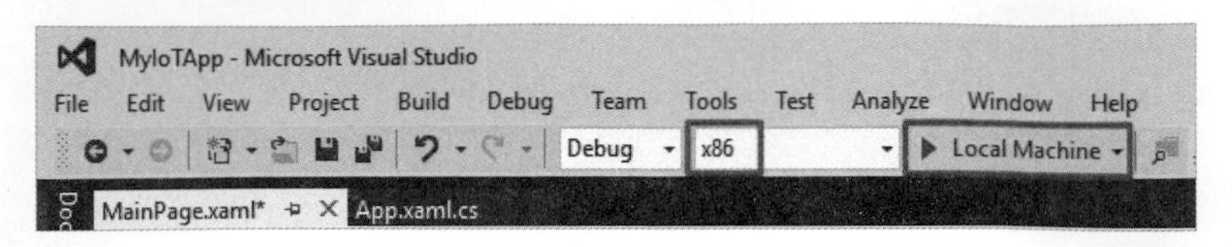

圖 10-20 執行程式

執行結果

本專案執行的效果如下圖所示，目前程式就可以直接在 Windows 10 上執行，暫時還不用樹莓派。

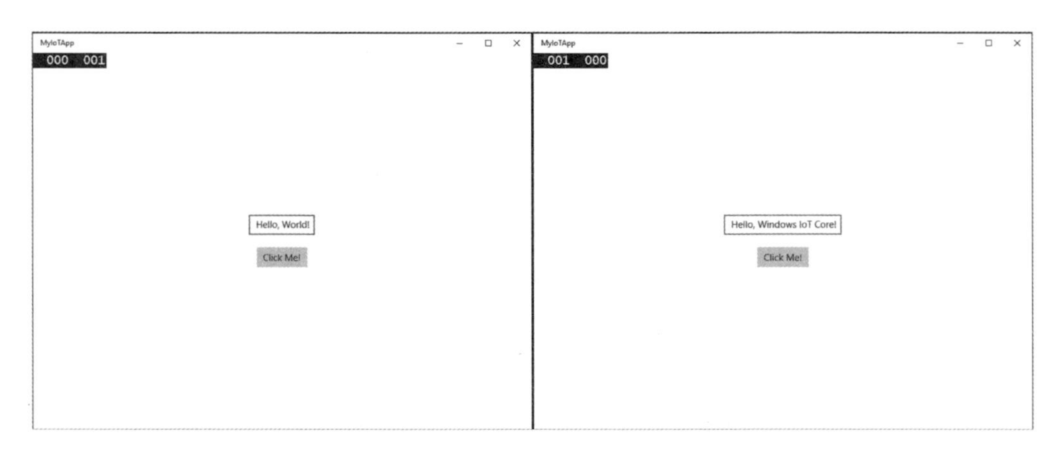

圖 10-21 本專案執行的效果

教學影片

完整教學影片請參考 *10-3-1-HelloIoTAPP-UI*。

10.3.2 在樹莓派上執行 Windows IoT 10 程式

介紹

在這個章節中，將會調整程式編譯的環境，並將程式送到樹莓派 2 的機器上執行。

步驟

Step **1** 打開 Windows 10 IoT 機器

延續上一個章節，並且打開 Windows 10 IoT 機器。

Step **2** 設定值的環境

延續上一個章節，並且調整以下設定：

1. 請選取「ARM」，這是因為樹莓派 2 的 CPU 是 ARM 核心。
2. 選取旁邊執行選項中，有一個往下的三角形按鈕。
3. 選取「Remote Machine」遠處機器。

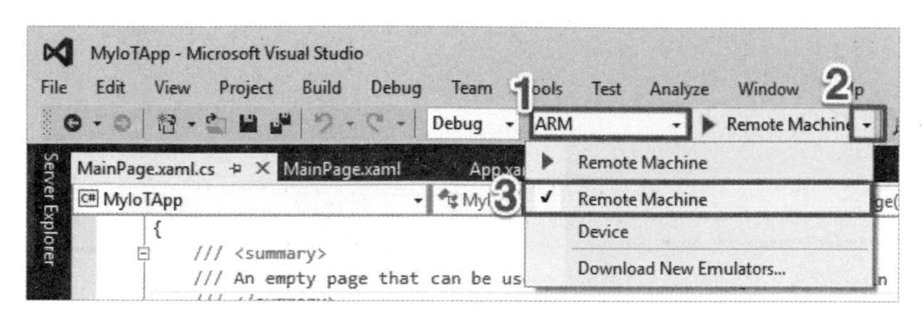

圖 10-22 設定值的環境

Step **3** 第一次的設定

首次選取「Remote Machine」遠處機器，系統會跳出設定選項，如果沒有，請到下一步驟。請在設定中，調整如下：

1. 請輸入樹莓派的網路位址，如果不清楚，請看執行安裝過 Windows 10 IoT 機器的樹莓派設備，畫面有 IP Address 位址，並確認機器和電腦都在同一個網域中。
2. 選取「Uniersal」通用。

完成後，點選「Select」選取，就完成設定。

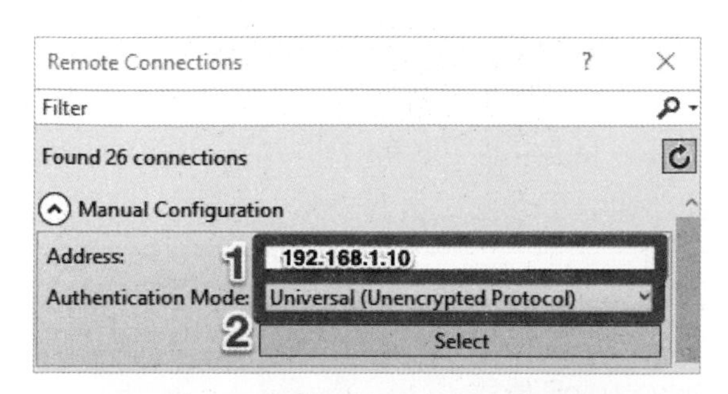

圖 10-23 打開 Visual Studio 開發環境

Step **4** 確認屬性設定

在專案視窗中，選取「Universal Windows」→「Properties」屬性，將用來確認屬性設定。

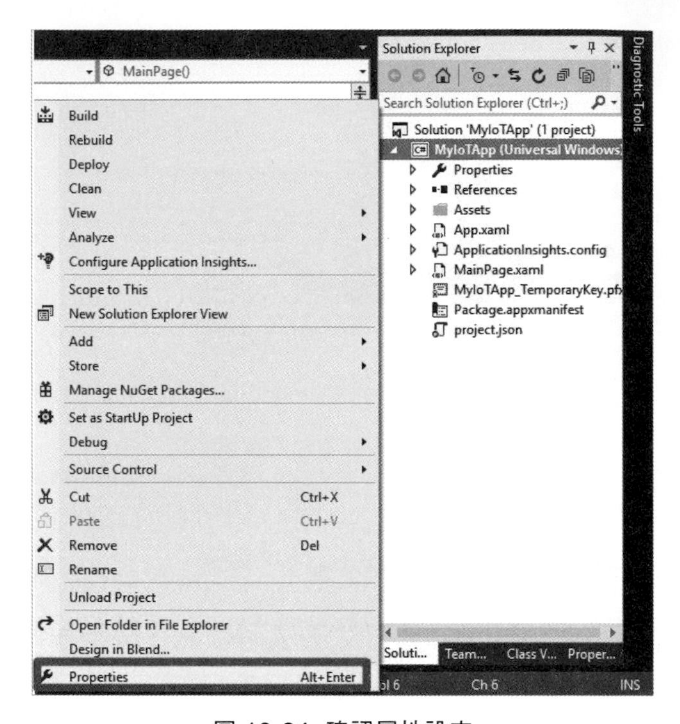

圖 10-24 確認屬性設定

Step **5** 修改屬性設定

在打開屬性設定視窗，請執行以下的動作：

1. 選取「Debug」。
2. 選取「Activity(Debug)」和 Platform 平台為「ARM」。
3. 選取「Remote Machine」遠端機器，並輸入「IP 位址」，請以實際樹莓派 2 上面的 IP 位址為主，自行調整。
4. 移除掉「Use authentication」不要用認證。
5. 點選「Uninstall」，這樣就會先移除掉所安裝的應用程式。
6. 再執行一次程式，請確認有執行在「Debug」、「ARM」和「Remote Machine」上。

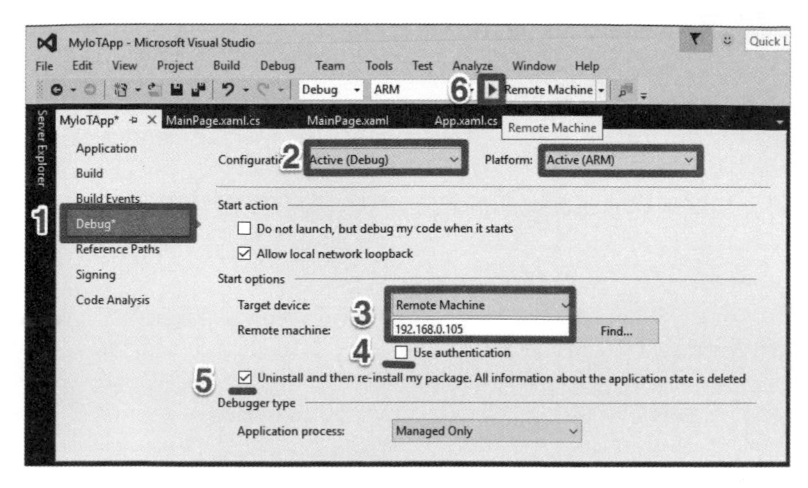

圖 10-25 修改屬性設定

執行結果

本專案執行的效果如下圖所示，點擊執行後，就能夠在 Windows 10 IoT 的機器上執行，如果有問題，請確認電腦和機器是在同一個網域中。而本章節是指定 Debug 除錯專案，所以可以設定中斷點，並進行程式的除錯。

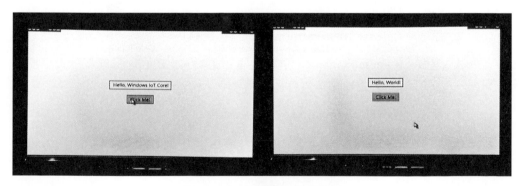

圖 10-26 本專案執行的效果

教學影片

完整教學影片請參考 *10-3-2-HelloIoTAPP-Rpi*。

10.3.3 設定 Release 版的應用程式

介紹

因為剛剛的章節程式是除錯專案，所以會帶很多除錯資料，因此執行效果會較慢。而本章節將介紹如何設定 Release 正式版的應用程式，請依照以下步驟設定。

步驟

Step **1** 打開 Windows 10 IoT 機器

延續上一個章節，並且打開 Windows 10 IoT 機器。

Step **2** 確認屬性設定

同上一章節，在專案視窗中選取「Universal Windows」→「Properties」屬性，以確認屬性設定。

Step **3** 修改屬性設定

在打開屬性設定視窗，請執行以下的動作：

1. 選取「Debug」。
2. 選取「Release」和 Platform 平台為「ARM」。
3. 選取「Remote Machine」遠端機器，並輸入「IP 位址」，請以實際樹莓派 2 上的 IP 位址為主，自行調整。
4. 移除「Use authentication」不要用認證。
5. 點選「Uninstall」，這樣就會先移除所安裝的應用程式。
6. 再執行一次程式，請確認有執行在「Release」、「ARM」和「Remote Machine」上。

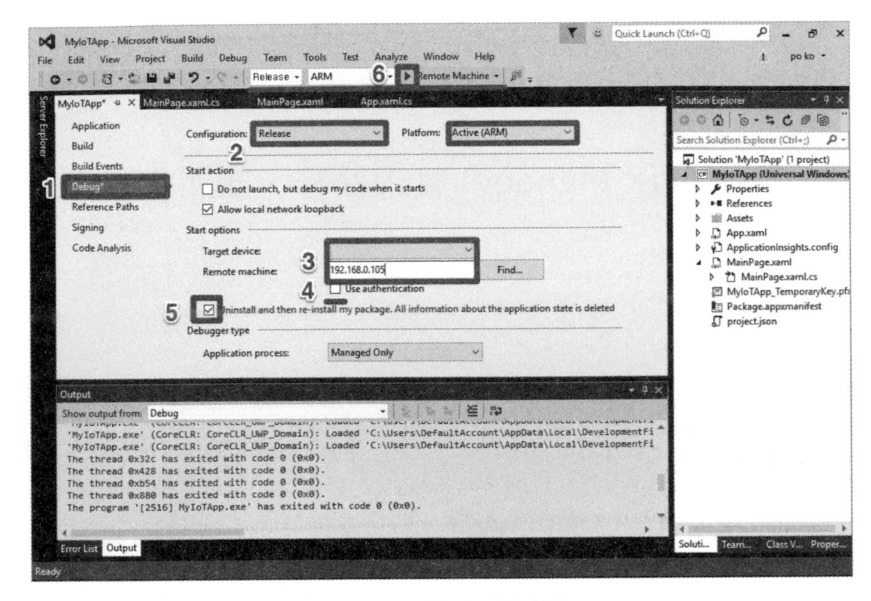

圖 10-27　修改屬性設定

Step **4**　設定值的環境

延續上一個章節，並調整以下設定：

1. 請選取「ARM」，這是因為樹莓派 2 的 CPU 是 ARM 核心。
2. 點擊執行選項中，有一個往下的三角形按鈕。
3. 選取「Remote Machine」遠處機器。

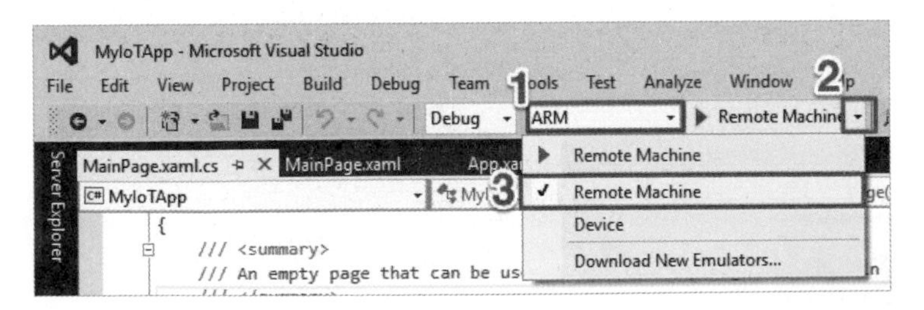

圖 10-28　設定值的環境

執行結果

本專案執行的效果和上一章節一模一樣，在機器上點選其中的按鈕，就能夠變換文字。完成後，請點選紅色正方形的停止按鈕來結束程式。

教學影片

完整教學影片請參考 *10-3-3-HelloIoTAPP-releaseCode*。

10.3.4 透過 AppX Manager 管理執行、關閉和移除 APP

介紹

本章節將介紹如何透過 AppX Manager 管理執行、關閉和移除 APP。

步驟

Step **1** 打開 Windows 10 IoT 機器

打開 Windows 10 IoT 機器，延續上一個章節順利安裝自己寫的應用程式。

Step **2** 確認 IP 位址

在開啟的 Windows 10 IoT Core 樹莓派 2 的首頁中，取得 IP 位址，並且透過瀏覽器連接到機器上。

執行程式

在打開的網頁中，選取「Apps」進入應用程式管理畫面 AppX Manager。

1. 選取應用程式，也就是「..._1.0.0_arm...」
2. 點擊「Start」按鍵。

順利的話，就可以看到該應用程式在 Windows 10 IoT Core 中執行。

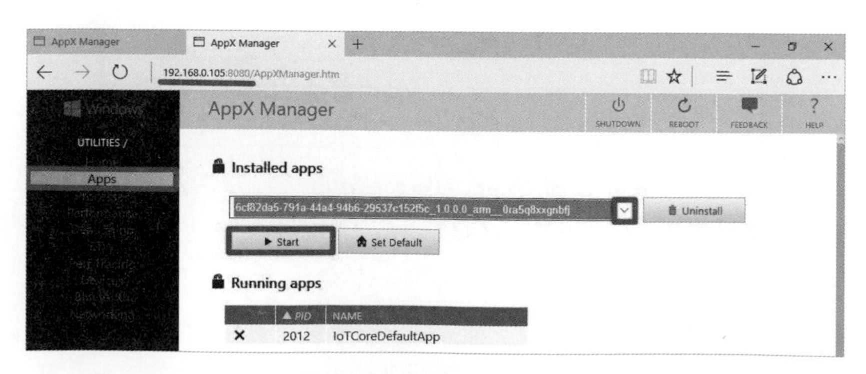

圖 10-29 執行 APP 程式

關閉程式

在執行的程式中，只要點選「X」就能夠關閉應用程式。

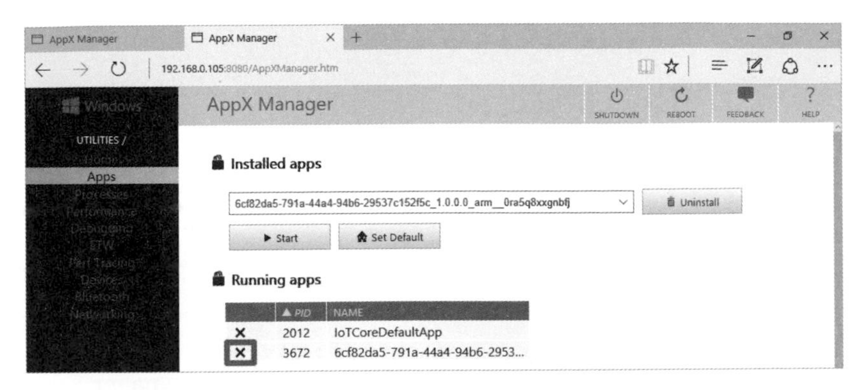

圖 10-30 關閉應用程式

移除程式

可以在已經安裝的應用程式中，移除任一個程式。請先選取該程式並點選「Uninstall」，就能夠移除程式。

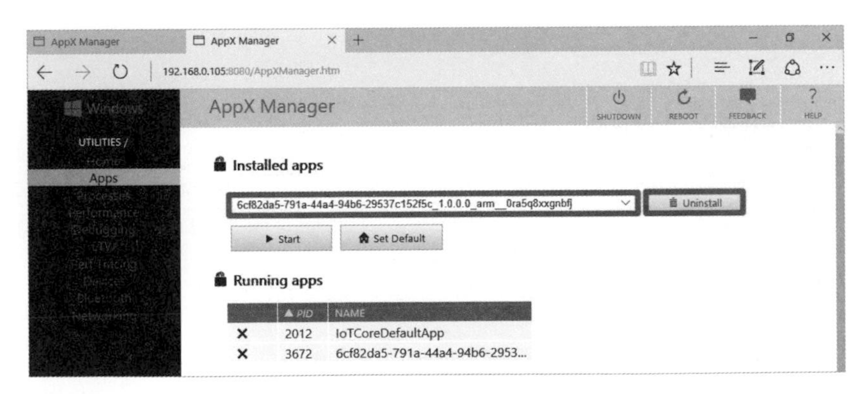

圖 10-31 移除應用程式

教學影片

完整教學影片請參考 *10-3-4-HelloIoTAPP-APPManager*。

10.3.5 指定啟動時執行的應用程式

介紹

本章節將介紹如何透過 AppX Manager 管理執行，指定應用程式，並設定下次啟動機器時首先執行該程式。

請先打開 Windows 10 IoT 機器，延續上一個章節順利安裝自己寫的應用程式。在開啟的 Windows 10 IoT Core 樹莓派 2 的首頁中，取得 IP 位址，並且透過瀏覽器連接到機器上。

執行程式

在打開網頁中，選取「Apps」進入應用程式管理畫面 AppX Manager。

1. 選取應用程式，也就是「..._1.0.0_arm...」。
2. 點擊「Set Default」按鍵。

順利的話，請按下右上角「Reboot」重新開機。啟動機器後，就可以看到該應用程式在 Windows 10 IoT Core 中執行。

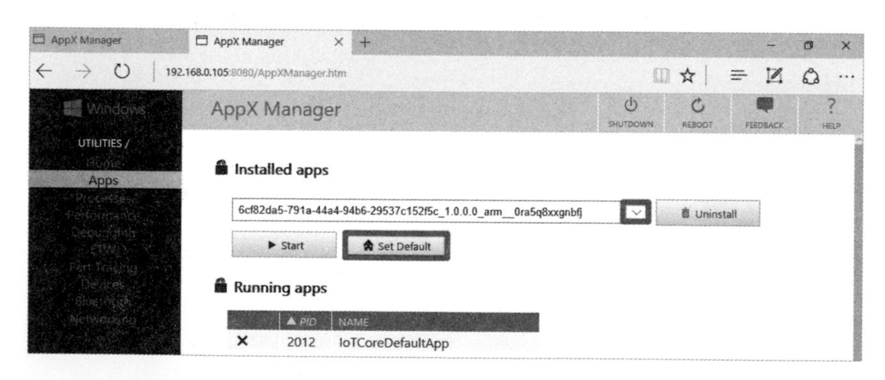

圖 10-32 執行 APP 程式

恢復原本設定

在使用過一段時間後，如果想要恢復原本的設定，也就是說不要執行任何應用程式，請透過以下步驟完成。在打開的網頁中，選取「Apps」進入應用程式管理畫面 AppX Manager。

1. 選取應用程式，也就是「IoTCoreDefaultApp_5.0.0.0_arm__.....」。
2. 點擊「Set Default」按鍵。

順利的話，請按下右上角的「Reboot」，在下回開機時，就會恢復成原本的樣子。

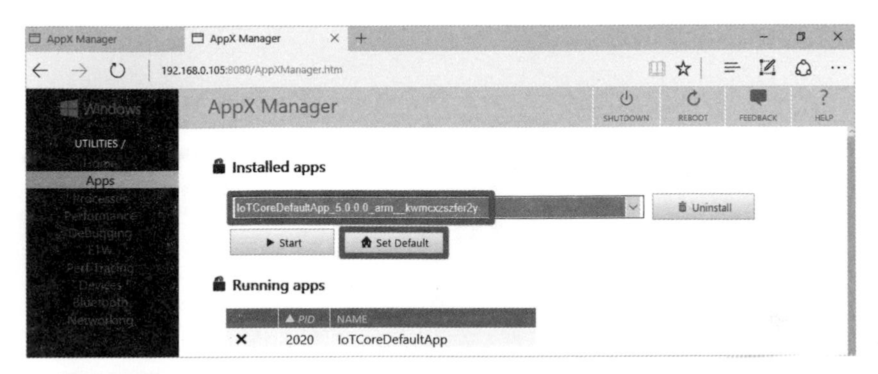

圖 10-33 恢復原本設定

教學影片

完整教學影片請參考 *10-3-4-HelloIoTAPP-APPManager*。

GPIO 接腳輸出控制

本章重點

本章節將介紹 Win IoT 的程式語言如何處理開關控制和霹靂燈的專題製作。

圖 11-0 本章完成作品

11.1 數位輸出函數

11.1.1 GPIO 控制的類別 GpioController.GetDefault()

介紹

Windows 10 IoT Core 的 GPIO 類別中，最重要的就是 GpioController 類別。所以在程式啟動時，需要先經由類別，取得系統內定的 GPIO 控制類別。

語法

```
GpioController gpio = GpioController.GetDefault();
```

並且留意，在定義的部分需要加上以下的 GPIO 控制類別定義。

```
using Windows.Devices.Gpio;
```

使用範例

```
GpioController gpio = GpioController.GetDefault();
```

11.1.2 指定接腳 GpioController OpenPin();

介紹

GPIO 的數位輸出，在使用之前，需要在程式中透過 OpenPin 程式指定的接腳號碼來進行動作。

語法

指定接腳，這裡的號碼是有意義的，目前在樹莓派只有固定的：

```
GpioController OpenPin(接腳號碼);
```

Raspberry Pi 2 和 Raspberry Pi 3 的硬體接腳如下圖所示，請小心接腳的號碼，目前只有 17 個號碼可以使用，分別是 4、27、22、5、6、13、26、18、23、24、25、12、16，和其他功能共用的 17、19、20、21、35、47。

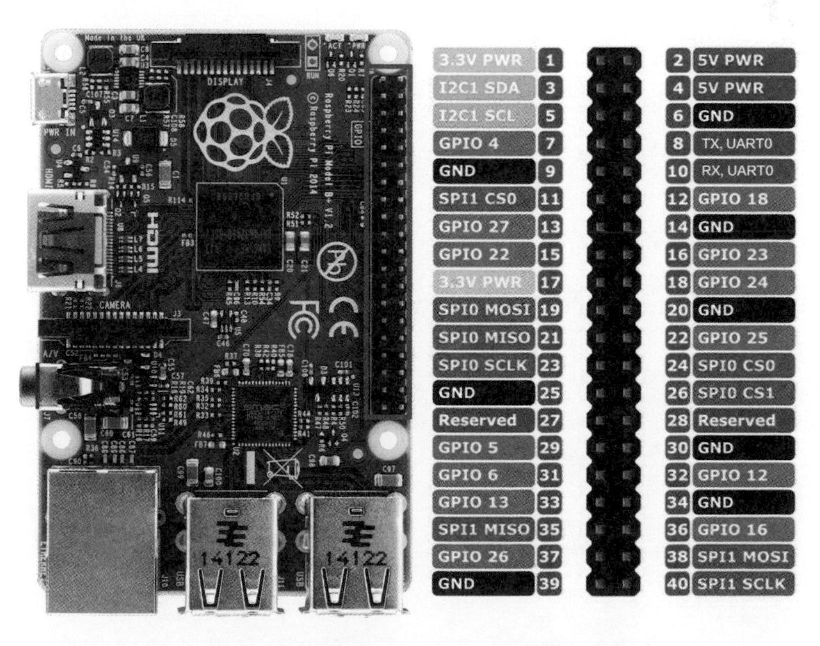

圖 11-1 Raspberry Pi 2 的硬體接腳圖

17 個 GPIO 接腳編號

在樹莓派 2，針對 Windows 10 IoT Core 可以用的 17 個 GPIO 接腳編號，可以參考以下表格並挑選出合適的。建議先不要使用在「備註」欄位上有說明的接腳，以免將來和其他的 GPIO 類別控制時，會因為接腳共用，而導致結果錯亂。

表 11-1　GPIO 編號和實際的 Pin 腳對應表

GPIO 編號	Power-on Pull	實際硬體接腳編號	備註
4	上拉	7	
5	上拉	29	
6	上拉	31	
12	下拉	32	
13	下拉	33	
16	下拉	36	
17	下拉	11	也用在 SPI 1 CS 上
18	下拉	12	
19	下拉	35	也用在 SPI1 MISO 上
20	下拉	38	也用在 SPI1 MOSI 上
21	下拉	40	也用在 SPI1 SCLK 上
22	下拉	15	
23	下拉	16	
24	下拉	18	
25	下拉	22	
26	下拉	37	
27	下拉	13	
35	上拉	不在 GPIO 40 個接腳上	紅色電源 LED 燈光
47	上拉	不在 GPIO 40 個接腳上	綠色動作的 LED 燈光
4	上拉	7	
5	上拉	29	
6	上拉	31	
12	下拉	32	
13	下拉	33	

使用範例

指定接腳的方法，可以透過以下指令完成。

```
GpioController gpio = GpioController.GetDefault();
GpioPin pin5 = gpio.OpenPin(5);
```

11.1.3 接腳動作 GpioPin SetDriveMode(pin);

介紹

當使用 GPIO 的接腳，需要先指定該接腳是輸出還是輸入的接腳。

語法

指定該接腳是數位輸出或輸入的指令：

```
public void SetDriveMode( GpioPinDriveMode value )
```

GpioPinDriveMode 一共有七種，分別是：

- GpioPinDriveMode.Input：輸入
- GpioPinDriveMode.Output：輸出
- GpioPinDriveMode.InputPullDown：輸入電位下拉
- GpioPinDriveMode.OutputOpenDrain：輸出開漏模式
- GpioPinDriveMode.OutputOpenDrainPullUp：輸出開漏模式上拉
- GpioPinDriveMode.OutputOpenSource：輸出，將 GPIO 接腳配置電極開路模式
- GpioPinDriveMode.OutputOpenSourcePullDown：將 GPIO 引腳配置下拉模式

使用範例

指定接腳 GPIO5 為輸出的寫法如下：

```
GpioController gpio = GpioController.GetDefault();  // 初始化 IoT 函數
GpioPin pin5 = gpio.OpenPin(5);                     // 指定接腳 5
pin5.SetDriveMode(GpioPinDriveMode.Output);         // 接腳數位輸出
```

SetDriveMode 函數是用以配置接腳為輸入或輸出模式，它是一個無返回值函數，例如設定輸出為：

```
pin5.SetDriveMode(GpioPinDriveMode.Output);
```

例如設定輸入為：

```
pin5.SetDriveMode(GpioPinDriveMode.Input);
```

11.1.4 輸出電位 GpioPin Write（電位）

Write 函數的作用是設置接腳的輸出電壓為高電位 3.3V 或 GND（0V）。該函數也是一個無返回值的函數，它有兩個參數 pin 和 value。pin 參數表示所要設置的接腳，value 參數表示輸出的電壓—HIGH（高電平）或 LOW（低電平）。

語法

指定該接腳的電位。

```
public void Write(GpioPinValue value)
```

GpioPinValue 一共有二種，分別是：

- GpioPinValue.Low：也可以寫成 0，到時輸出為 0V DC。
- GpioPinValue.high：也可以寫成 1，到時輸出為 3.3V DC。

使用範例

指定接腳 GPIO5 為輸出的寫法如下：

```
GpioController gpio = GpioController.GetDefault();  // 初始化 IoT 函數
GpioPin pin5 = gpio.OpenPin(5);                      // 指定接腳 GPIO5
pin5.SetDriveMode(GpioPinDriveMode.Output);          // 接腳數位輸出
pin5.Write(GpioPinValue.High);                       // 指定接腳 GPIO5 輸出
高電位
```

另外，使用方法如下：

```
pin5.Write(GpioPinValue.High);          // 設定 GPIO5 腳位為高電位 = 3.3V
pin5.Write(GpioPinValue.Low);           // 設定 GPIO5 腳位為低電位 = 0V
```

注意 樹莓派的數位輸出是 3.3V DC 直流電，而 Arduino 的數位輸出是 5V 喔！

11.1.5 專題製作－控制 LED 燈光程式

介紹

物聯網 IOT 最主要的目的就是控制周邊設備。本專案將結合上述的函數，在 Windows 10 IoT Core 的環境中實際應用，並且依照開發者的指定改變 GPIO 接腳的動作及控制 LED 燈的亮和暗，也就是做出數位輸出的動作，並透過 GpioPin Write 設定電位高輸出 3.3V 的電壓來顯示 LED。

硬體準備

- 樹莓派 2 或樹莓派 3 的板子
- 一個 LED
- 一個 220 ohm 電阻，顏色為紅紅棕，最後一色環金或銀
- 麵包板
- 二條接線

硬體接線

Raspberry Pi 2 接腳	元件接腳
Pin 29 / GPIO5	LED 長腳，並將 LED 短腳與電阻連接
GND	LED 短腳透過 220 ohm 電阻

硬體接線設計圖 ch11\11-1\11-1.fzz

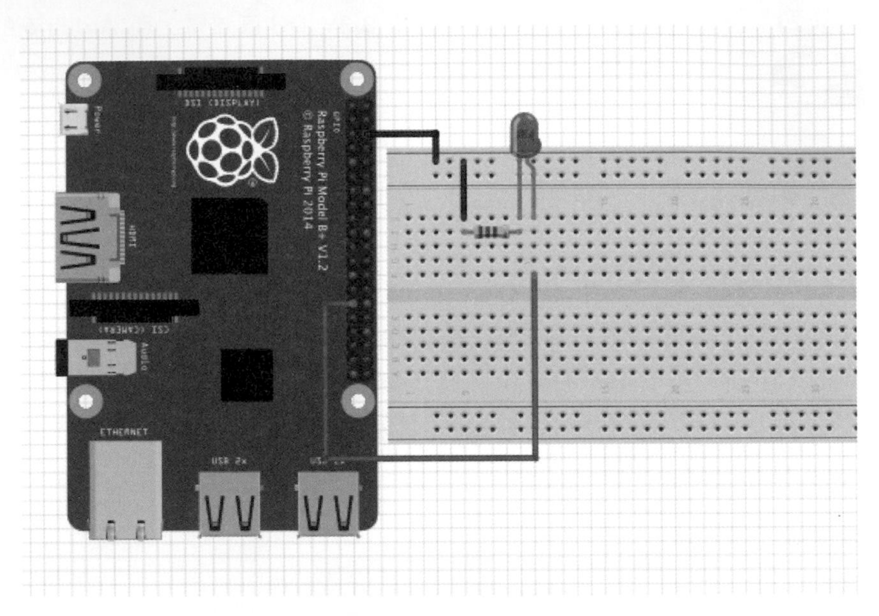

圖 11-2 硬體接線

步驟

首先請將 Raspberry Pi 2 關機，並把硬體接線依照上圖連接完成，再開機。請確認 Raspberry Pi 2 的網路 IP 位址，並留意 LED 的接腳有分成長角和短角，長的接腳請接「＋」極，短的請接在「-」極也就是接地 GND。

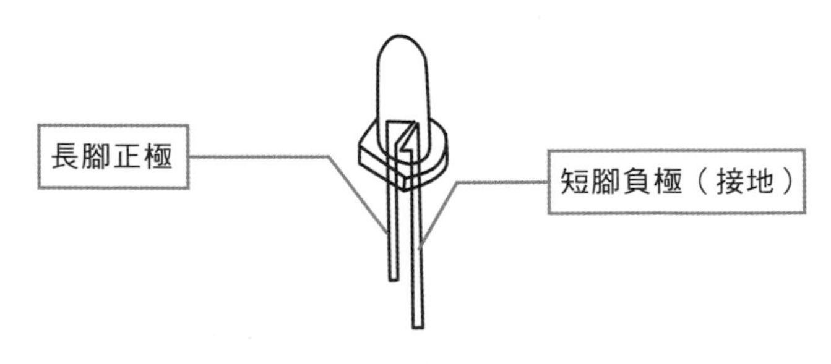

圖 11-3 LED 接腳

程式說明

本專題透過指定接腳 GPIO5 為輸出，並且調整該接腳的電壓為高電位，就能將 LED 燈光打開。

```
    GpioController gpio = GpioController.GetDefault(); // 初始化 IoT 函數
    GpioPin pin5 = gpio.OpenPin(5);                    // 指定接腳 5
    pin5.SetDriveMode(GpioPinDriveMode.Output);        // 接腳數位輸出
    pin5.Write(GpioPinValue.High);                     // 設定接腳為高電位
```

執行結果

本程式執行後，就會把 GPIO5 接腳上的 LED 燈打開。

範例程式：ch011\11-1\MyIoTApp\MyIoTApp\MainPage.xaml.cs

```
1.  using System;
2.  using System.Collections.Generic;
3.  using System.IO;
4.  using System.Linq;
5.  using System.Runtime.InteropServices.WindowsRuntime;
6.  using Windows.Foundation;
7.  using Windows.Foundation.Collections;
8.  using Windows.UI.Xaml;
9.  using Windows.UI.Xaml.Controls;
10. using Windows.UI.Xaml.Controls.Primitives;
11. using Windows.UI.Xaml.Data;
12. using Windows.UI.Xaml.Input;
13. using Windows.UI.Xaml.Media;
14. using Windows.UI.Xaml.Navigation;
15. using Windows.Devices.Gpio;                              // GPIO
16. namespace MyIoTApp
17. {
18.     public sealed partial class MainPage : Page
19.     {
20.         public MainPage()
21.         {
22.             this.InitializeComponent();            // 初始化元件
23.             GpioController gpio = GpioController.GetDefault();
                // 初始化 IoT 函數
24.             GpioPin pin5 = gpio.OpenPin(5);        // 指定接腳 5
25.             pin5.SetDriveMode(GpioPinDriveMode.Output); // 接腳數位輸出
26.             pin5.Write(GpioPinValue.High);         // 設定接腳為高電位
27.         }
28.        private void ClickMe_Click(object sender, RoutedEventArgs e)
            // 按鈕按下的反應
29.         {
30.             this.HelloMessage.Text = "Hello, Windows IoT Core!";
                // 顯示文字
31.         }
32.     }
33. }
```

程式說明

- 第 23 行：初始化 IoT 函數。
- 第 22-26 行：設定 GPIO 接腳初始化動作。

執行結果

本範例執行之後的硬體結果如下圖所示。如果正確，在執行程式後，因為接腳設定為高電位，因此就會將 LED 燈給點亮。

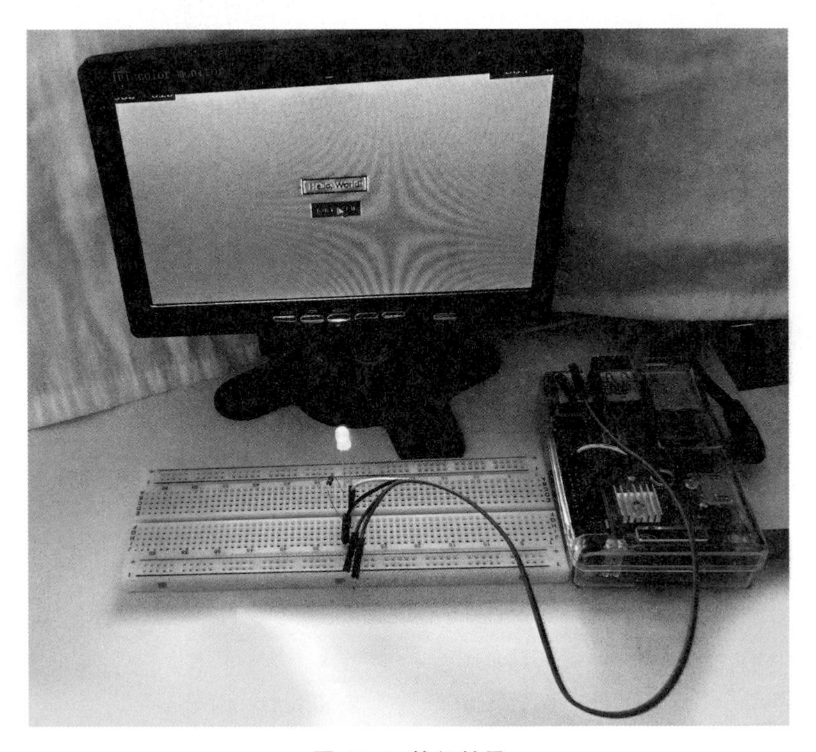

圖 11-4 執行結果

圖 11-5 LED 控制結果

教學影片

完整的教學影片可以觀看 *11-1-gpio_openPin*；而硬體的執行情況可以參考影片 *11-1-gpio_openPin-Hardware*，裡面都會有詳細的過程和教學。

11.2 使用介面與硬體互動

介紹

Windows 10 IoT Core 最大的特色是 UI 使用介面。所以，本章節將延續上一章節範例繼續修改程式，讓用戶點選應用程式上的按鈕，就能開和關 LED 燈光。

程式中，我們首先將程式的 GpioPin pin5; 變數，調整為類別的變數，這樣按鍵的反應 ClickMe_Click() 才能夠透過該變數，來調整接腳的情況。

硬體準備和接線

同上一章節。

實際說明

範例程式：ch011\11-2\MyIoTApp\MyIoTApp\MainPage.xaml.cs

```
1. ……                                                // using 定義，省略
2. using Windows.Devices.Gpio;                         // 添加 Gpio 的定義
3. namespace MyIoTApp
4. {
5.     public sealed partial class MainPage : Page
6.     {
7.         private bool pin5OnOff = true;              // 記錄要開還是關的動作
8.         private GpioPin pin5;                       // 紀錄接腳變數
9.         public MainPage()
10.         {
11.             this.InitializeComponent();            // 初始化元件
12.             GpioController gpio=GpioController.GetDefault();
                // 取得 Gpio 控制
13.             pin5=gpio.OpenPin(5);                  // 指定打開接腳 5
14.             pin5.SetDriveMode(GpioPinDriveMode.Output);
                // 接腳數位輸出
15.             pin5.Write(GpioPinValue.High);         // 設定接腳為高電位
16.         }
17.         private void ClickMe_Click(object sender, RoutedEventArgs e)
            // 點選按鈕反應
18.         {
19.             if (pin5OnOff == true)               // 判斷開關的變數
20.             {
21.                 this.HelloMessage.Text = "Pin 5 Led On";
                    // 顯示文字
22.                 pin5.Write(GpioPinValue.High);     // 設定接腳為高電位
23.             }
24.             else
25.             {
26.                 this.HelloMessage.Text = "Pin 5 Led Off"; // 顯示文字
27.                 pin5.Write(GpioPinValue.Low);      // 設定接腳為低電位
28.             }
29.             pin5OnOff = !pin5OnOff;                // 改變判斷開關的變數
30.         }
31.     }
32. }
```

程式說明

- 第 7-8 行：將變數調整為類別變數，這樣類別內的函數，才能夠呼叫使用該變數 。
- 第 17-31 行：用戶按下按鈕後，呼叫自己寫的反應函數。

在這個範例中，我們以程式控制 GPIO 接腳的高電位和低電位，且在按鍵反應函數中，所以用戶才可以在點選畫面上的 UI 後，便能改變 LED 燈的開和關的效果。

執行結果

本範例執行之後的執行結果如下圖所示。

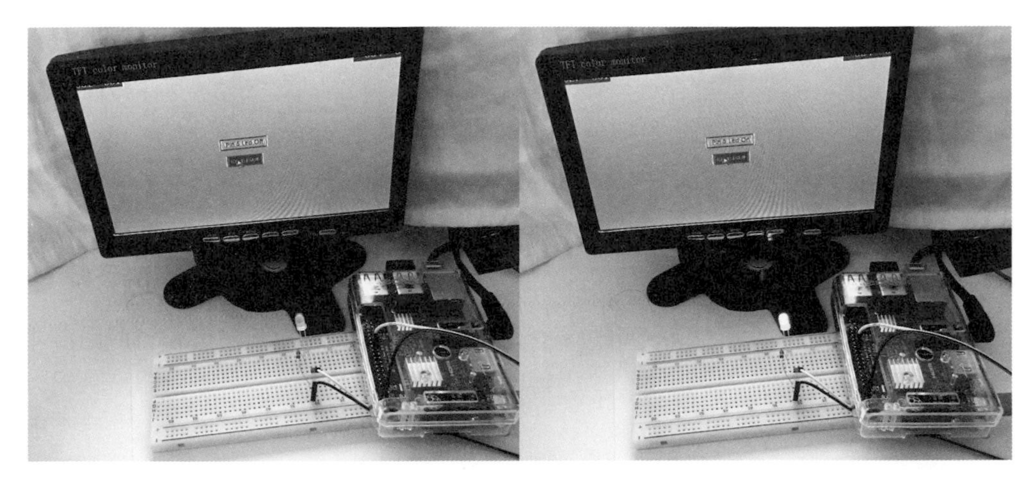

圖 11-6 執行結果

教學影片

完整的教學影片可以觀看 *11-2-gpio_openPin_OnOff*；而硬體的執行情況可以參考影片 *11-2-gpio_openPin_OnOff-Hardware*，裡面都會有詳細的過程和教學。

11.3 專題製作－霹靂燈專案

介紹

本章節將透過多個 LED 燈，做出霹靂燈的效果，而霹靂燈的效果說穿了，也就是讓所有的燈全部都亮起，並且依照指定的時間，讓其中的某一個燈光依序熄滅。

請準備 4 個 LED 燈，並且每一個 LED 燈都接上 220 歐姆的電阻，這樣可以避免 LED 燒壞。

硬體準備

- Raspberry Pi 2 板子
- 4 個 LED
- 4 個 220 歐姆的電阻，顏色為紅紅棕，最後一色環金或銀
- 麵包板
- 數條接線

硬體接線

Raspberry Pi 2 接腳	元件接腳
Pin 7 / GPIO4	LED 長腳，並將 LED 短腳與電阻連接
Pin 29 / GPIO5	LED 長腳，並將 LED 短腳與電阻連接
Pin 31 / GPIO6	LED 長腳，並將 LED 短腳與電阻連接
Pin 32 / GPIO12	LED 長腳，並將 LED 短腳與電阻連接
GND	LED 短腳透過 220 ohm 電阻

硬體接線設計圖 ch11\11-3\11-3.fzz

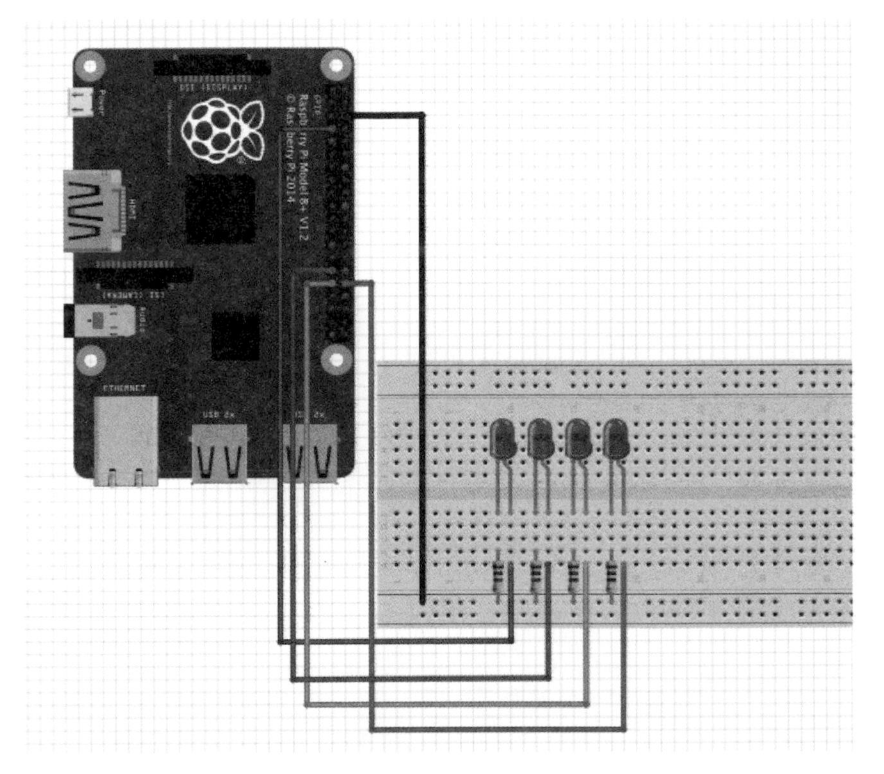

圖 11-7 硬體接線

說明

本專題指定 4 個 GPIO 接腳 GPIO4、5、6、12 為輸出，透過計時器定時每 0.5 秒呼叫一次，並且調整每一個接腳的電壓，這樣就能夠調整每一個 LED 燈。

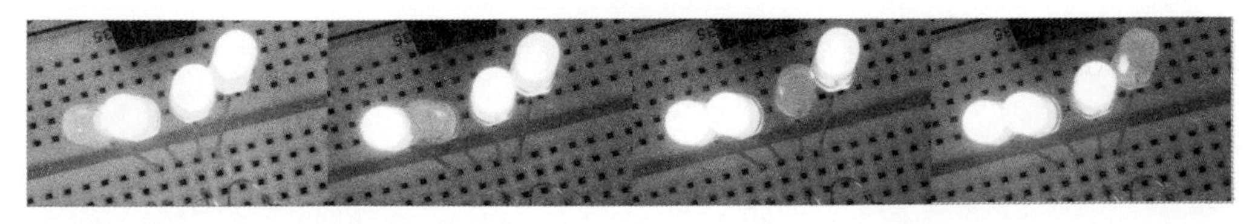

圖 11-8 調整 LED 燈光

實際範例

本程式執行後，就會把 GPIO5 接腳上的 LED 燈打開。

範例程式：ch011\11-3\MyIoTApp\MyIoTApp\MainPage.xaml.cs

```
1. ...                                          // using 定義，相同上一章所以省略
2. using Windows.Devices.Gpio;                  // GPIO 函數 using 定義
3. namespace MyIoTApp
4. {
5.     public sealed partial class MainPage : Page
6.     {
7.         private GpioPin pin4;                    // 接腳 4 變數
8.         private GpioPin pin5;                    // 接腳 5 變數
9.         private GpioPin pin6;                    // 接腳 6 變數
10.         private GpioPin pin12;                  // 接腳 12 變數
11.         private DispatcherTimer timer1;         // 時間變數
12.         private int lightNo = 0;                // 霹靂燈狀態定義變數
13.         public MainPage()
14.         {
15.             this.InitializeComponent();     // 初始化元件
16.             GpioController gpio=GpioController.GetDefault();
                // 初始化 IoT 函數
17.             pin4 = gpio.OpenPin(4);         // 指定接腳 4
18.             pin5 = gpio.OpenPin(5);         // 指定接腳 5
19.             pin6 = gpio.OpenPin(6);         // 指定接腳 6
20.             pin12 = gpio.OpenPin(12);       // 指定接腳 12
21.             pin4.SetDriveMode(GpioPinDriveMode.Output);
                // 接腳 4 數位輸出
22.             pin5.SetDriveMode(GpioPinDriveMode.Output);
                // 接腳 5 數位輸出
23.             pin6.SetDriveMode(GpioPinDriveMode.Output);
                // 接腳 6 數位輸出
24.             pin12.SetDriveMode(GpioPinDriveMode.Output);
                // 接腳 12 數位輸出
25.
26.             timer1 = new DispatcherTimer();       // 計時器定義
27.            timer1.Interval = TimeSpan.FromMilliseconds(500);
28.            timer1.Tick += Timer_Tick;
29.             timer1.Start();                       // 計時器開始
30.         }
31.         private void Timer_Tick(object sender, object e)
            //定時呼叫的處理函數
32.         {
33.             if (lightNo == 0)                     // 霹靂燈狀態 0
34.             {
35.                 pin4.Write(GpioPinValue.Low);     // 設定接腳為低電位
36.                 pin5.Write(GpioPinValue.High);    // 設定接腳為高電位
37.                 pin6.Write(GpioPinValue.High)     // 設定接腳為高電位
38.                 pin12.Write(GpioPinValue.High);   // 設定接腳為高電位
39.                 lightNo = 1;
40.             }
```

每 0.5 秒執行一次

時間到的處理函數

```
41.             else if (lightNo == 1)                    // 霹靂燈狀態1
42.             {
43.                 pin4.Write(GpioPinValue.High);    // 設定接腳為高電位
44.                 pin5.Write(GpioPinValue.Low);     // 設定接腳為低電位
45.                 pin6.Write(GpioPinValue.High);    // 設定接腳為高電位
46.                 pin12.Write(GpioPinValue.High);   // 設定接腳為高電位
47.                 lightNo = 2;                          // 下次霹靂燈狀態
48.             }
49.             else if (lightNo == 2)                    // 霹靂燈狀態2
50.             {
51.                 pin4.Write(GpioPinValue.High);    // 設定接腳為高電位
52.                 pin5.Write(GpioPinValue.High);    // 設定接腳為高電位
53.                 pin6.Write(GpioPinValue.Low);     // 設定接腳為低電位
54.                 pin12.Write(GpioPinValue.High);   // 設定接腳為高電位
55.                 lightNo = 3;                          // 下次霹靂燈狀態
56.             }
57.             else if (lightNo == 3)                    // 霹靂燈狀態3
58.             {
59.                 pin4.Write(GpioPinValue.High);    // 設定接腳為高電位
60.                 pin5.Write(GpioPinValue.High);    // 設定接腳為高電位
61.                 pin6.Write(GpioPinValue.High);    // 設定接腳為高電位
62.                 pin12.Write(GpioPinValue.Low);    // 設定接腳為低電位
63.                 lightNo = 0;                          // 下次霹靂燈狀態
64.             }
65.         }
66.         private void ClickMe_Click(object sender, RoutedEventArgs e)
            // 按鈕按下的反應
67.         {
68.             App.Current.Exit();                       // 結束程式
69.         }
70.
71.     }
72. }
```

程式說明

- 第 16-24 行：初始化 IoT 函數和設定 GPIO 接腳初始化動作。
- 第 26-29 行：設定計時器的時間。
- 第 31 行：計時器時間到時的處理函數。
- 第 35-39 行：設定每一個 LED 燈的狀態 0。
- 第 43-47 行：設定每一個 LED 燈的狀態 1。
- 第 51-55 行：設定每一個 LED 燈的狀態 2。
- 第 59-63 行：設定每一個 LED 燈的狀態 3。

執行結果

本範例執行之後的硬體結果如下圖所示。如果正確，執行程式後，因為接腳設定為高電位，就會將 LED 燈點亮。

圖 11-9 執行結果

教學影片

完整的教學影片可以觀看 *11-3-gpio_Timer_LEDs*；硬體的執行情況請看影片 *11-3-gpio_Timer_LEDs-Hardware*，裡面都會有詳細的過程和教學；而 Demo 展示則請看 *11-3-gpio_Timer_LEDs-Hardware-Demo*。

延伸學習

霹靂燈的效果有很多種，請各位自行調整一下 GPIO，讓它變成不同效果顯示的霹靂燈，例如：全部的燈光只有一個會亮，並且從左到右依序做切換。

11.4 時間延遲的設計

介紹

在 Windows 10 IoT 程式中，對延遲的設計跟其他的程式不太一樣，以 Arduino 的程式來說，只要透過 delay(1); 就能夠停止一秒。但是 Windows 10 IoT 的 C# 語言，因為亦考量多工的情況，如要同時處理畫面的 UI 控制、時間的處理…等，不可能像 Arduino 的程式，停在 delay(1) 那一行就不用做其他事情。

所以在本次的實作中，將透過計時器，設定為 1 秒啟動一次，並且透過變數記錄時間，如果時間到了，就做出動作反應。

這裡將透過上一章的霹靂燈實驗，改變亮燈的時間，實作出延遲的效果。

硬體和接線

與上一章相同。

說明

本專題將指定 4 個 GPIO 接腳 GPIO4、5、6、12 為輸出，並透過計時器定時每 1 秒呼叫一次，並改變 Counter 變數。而霹靂燈有 4 個狀態，分別延遲 1 秒、2 秒、5 秒和 4 秒，請留意以下程式的延遲處理方法。

實際範例

本程式執行後，就會把 GPIO5 接腳上的 LED 燈打開。

範例程式：ch011\11-4\MyIoTApp\MyIoTApp\MainPage.xaml.cs

```
1. ...                                          // using 定義，同上一章所以省略
2. using Windows.Devices.Gpio;                  // GPIO 函數 using 定義
3. namespace MyIoTApp
4. {
5.     public sealed partial class MainPage : Page
6.     {
7.         private GpioPin pin4;                 // 接腳 4 變數
8.         private GpioPin pin5;                 // 接腳 5 變數
9.         private GpioPin pin6;                 // 接腳 6 變數
10.         private GpioPin pin12;               // 接腳 12 變數
```

```
11.          private DispatcherTimer timer1; // 時間變數
12.          private int counter = 0;        // 現在時間的變數
13.          public MainPage()
14.          {
15.              this.InitializeComponent(); // 初始化元件
16.              GpioController gpio=GpioController.GetDefault();
                 // 初始化 IoT 函數
17.              pin4 = gpio.OpenPin(4);     // 指定接腳 4
18.              pin5 = gpio.OpenPin(5);     // 指定接腳 5
19.              pin6 = gpio.OpenPin(6);     // 指定接腳 6
20.              pin12 = gpio.OpenPin(12);   // 指定接腳 12
21.              pin4.SetDriveMode(GpioPinDriveMode.Output);
                 // 接腳 4 數位輸出
22.              pin5.SetDriveMode(GpioPinDriveMode.Output);
                 // 接腳 5 數位輸出
23.              pin6.SetDriveMode(GpioPinDriveMode.Output);
                 // 接腳 6 數位輸出
24.              pin12.SetDriveMode(GpioPinDriveMode.Output);
                 // 接腳 12 數位輸出
25.
26.              timer1 = new DispatcherTimer();  // 計時器定義
27.              timer1.Interval = TimeSpan.FromMilliseconds(1000);
28.              timer1.Tick += Timer_Tick;       // 時間到的處理函數
29.              timer1.Start();                  // 計時器開始
30.              counter = 0;
31.          }
32.          private void Timer_Tick(object sender, object e)
             // 定時會呼叫的處理函數
33.         {
34.              if (counter == 0 || counter==0+1+2+5+4)
35.              {
36.                  pin4.Write(GpioPinValue.Low);    // 設定接腳為低電位
37.                  pin5.Write(GpioPinValue.High);   // 設定接腳為高電位
38.                  pin6.Write(GpioPinValue.High);   // 設定接腳為高電位
39.                  pin12.Write(GpioPinValue.High); // 設定接腳為高電位
40.                  counter = 0;
41.             }
42.              else if (counter == 0+1)
43.              {
44.                  pin4.Write(GpioPinValue.High);   // 設定接腳為高電位
45.                  pin5.Write(GpioPinValue.Low);    // 設定接腳為低電位
46.                  pin6.Write(GpioPinValue.High);   // 設定接腳為高電位
47.                  pin12.Write(GpioPinValue.High); // 設定接腳為高電位
48.              }
49.            else if (counter == 0+1+2)
50.              {
51.                  pin4.Write(GpioPinValue.High);   // 設定接腳為高電位
52.                  pin5.Write(GpioPinValue.High);   // 設定接腳為高電位
```

每 1 秒執行一次

狀態 0 顯示 1 秒

狀態 1 顯示 2 秒

狀態 2 顯示 5 秒

```
53.                 pin6.Write(GpioPinValue.Low);    // 設定接腳為低電位
54.                 pin12.Write(GpioPinValue.High); // 設定接腳為高電位
55.             }
56.          else if (counter == 0+1+2+5)
57.             {
58.                 pin4.Write(GpioPinValue.High);  // 設定接腳為高電位
59.                 pin5.Write(GpioPinValue.High);  // 設定接腳為高電位
60.                 pin6.Write(GpioPinValue.High);  // 設定接腳為高電位
61.                 pin12.Write(GpioPinValue.Low);  // 設定接腳為低電位
62.            }
63.             counter = counter + 1;
64.         }
65.         private void ClickMe_Click(object sender, RoutedEventArgs e)
        // 按鈕按下的反應
66.         {
67.             App.Current.Exit();                     // 結束程式
68.         }
69.
70.     }
71. }
```

狀態 3 顯示 4 秒

計時器時間的調整

程式說明

- 第 16-24 行：初始化 IoT 函數和設定 GPIO 接腳初始化動作。
- 第 26-29 行：設定計時器的時間。
- 第 30 行：設定計時器的時間。
- 第 31 行：計時器時間 Counter 初始化。
- 第 34-41 行：設定每一個 LED 燈的狀態 0。
- 第 42-48 行：設定每一個 LED 燈的狀態 1。
- 第 49-55 行：設定每一個 LED 燈的狀態 2。
- 第 56-62 行：設定每一個 LED 燈的狀態 3。

並且延遲的情況如下：

- 當 Counter 變數為 0，霹靂燈狀態 0，顯示 1 秒鐘。
- 當 Counter 變數為 1 (0+1)，霹靂燈狀態 1，顯示 2 秒鐘。
- 當 Counter 變數為 3 (0+1+2)，霹靂燈狀態 2，顯示 5 秒鐘。
- 當 Counter 變數為 8 (0+1+2+5)，霹靂燈狀態 3，顯示 4 秒鐘。

所以程式中會看到，counter 時間到了才去調整情況，且延遲的時間會寫在下一個狀態的 counter 變數判斷式之中。

注意 請留意最後一個狀態 3 的延遲 4 秒的時間，需要在狀態 0 判斷式之中。請看程式第 34 行：

```
if (counter == 0 ||  counter==0+1+2+5+4)
```

執行結果

本範例執行之後的硬體結果如下圖所示，如果正確執行程式，因透過計時器的關係，就能做出延遲的效果。

圖 11-10 執行結果

教學影片

完整的教學影片可以觀看 *11-4-gpio_Timer_delay*，裡面會有詳細的過程和教學；而 Demo 展示則請看 *11-4-gpio_Timer_delay-Hardware-Demo*。

延伸學習

因為 Windows 10 IoT 的延遲程式處理起來相當特別，請自行調整不同的時間，讓霹靂燈的效果改變，並且增加印象。

11.5 專題製作－使用七段式 LED 數字燈顯示 IP 位址

11.5.1 七段式 LED 數字燈硬體

介紹

相信各位常常在 DVD 播放器，或是電子產品上都會看到數字 LED，透過控制就可以顯示出不同的數字。其外觀如下圖所示，分別有不同的大小和數目。

圖 11-11 各種數字號碼 LED

七段式 LED 數字燈的原理，是將 8 個不同造型的 LED 固定放在一起，透過上面的 8 個（7 個加上 1 個點）接腳，並且 GND 接腳連接到接地。不過市面上有二種，一種是如剛剛所說的陽極七段式 LED 數字燈，另外一種是陰極七段式 LED 數字燈，也就是正負電位相反。

如果您想讓七段式 LED 數字燈上面的其中一個 LED 發亮，只要將接腳接正，並且把 Gnd 接地再加上電阻就可以了，使用方法就像是一般的 LED 燈。

圖 11-12 七段式 LED 數字燈顯示

而數字號碼 LED，因為不同的廠商會有不同的腳位，並且有些正負電位是反過來的，所以購買的時候需要留意，以市面上的主流七段式 LED 數字燈顯示來說，其接腳的原理和編號如下圖所示，透過 abcdef 接腳並給予接地，就能夠顯示所要的數字。

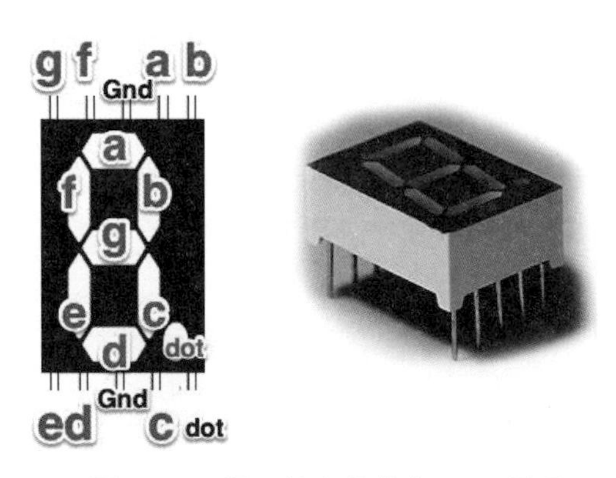

圖 11-13 單一數字的數字 LED 原理

請參考以下的表格，把每一個接腳的亮和暗做好設定，就能夠把數字顯示出來。例如要顯示數字號碼 2 的話，就需要把 a、b、d、e、g 亮起來，這樣才會顯示數字 2。

表 11-2 數字 LED 的接線造成的數字列表

數字	a	b	c	d	e	f	g	dot(點)	數字
1	0	1	1	0	0	0	0	0	1
2	1	1	0	1	1	0	1	0	2
3	1	1	1	1	0	0	1	0	3
4	0	1	1	0	0	1	1	0	4
5	1	0	1	1	0	1	1	0	5
6	1	0	1	1	1	1	1	0	6
7	1	1	1	0	0	0	0	0	7
8	1	1	1	1	1	1	1	0	8
9	1	1	1	0	0	1	1	0	9
0	1	1	1	1	1	1	0	0	0
小數點	0	0	0	0	0	0	0	1	小數點

可應用範圍

- 顯示數字
- 時鐘

11.5.2 顯示單一數字

介紹

在本章節會詳細介紹在 Windows 10 IoT Core 中，如何透過程式在七段式 LED 數字燈中，顯示出數字 0。

硬體準備

- 樹莓派 2 或樹莓派 3 的板子
- 1 個七段式 LED 數字燈
- 14 個 220 ohm 歐姆電阻，顏色為紅紅棕，最後一色環金或銀
- 麵包板
- 數條接線

硬體接線

Raspberry Pi 2 接腳	元件接腳
Pin 7 / GPIO4	七段式 LED 數字燈接腳 a
Pin 29 / GPIO5	七段式 LED 數字燈接腳 b
Pin 31 / GPIO6	七段式 LED 數字燈接腳 c
Pin 32 / GPIO12	七段式 LED 數字燈接腳 d
Pin 33 / GPIO13	七段式 LED 數字燈接腳 e
Pin 36 / GPIO16	七段式 LED 數字燈接腳 f
Pin 12 / GPIO18	七段式 LED 數字燈接腳 g
Pin 16 / GPIO23	七段式 LED 數字燈接腳 dot
GND	七段式 LED 數字燈接地透過 220 ohm 電阻

硬體接線設計圖 ch11\11-5-2\11-5-2.fzz

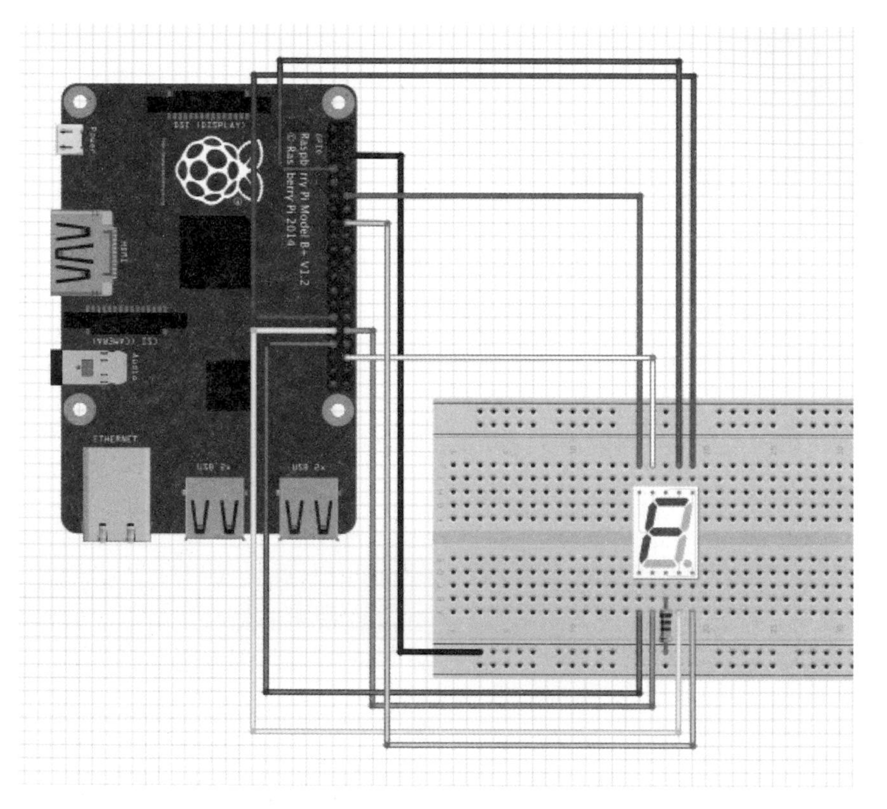

圖 11-14 硬體接線

程式說明

本程式透過指定 8 個 GPIO 接腳(GPIO4、5、6、12、13、16、18、23）為輸出，並且矩陣決定七段式 LED 數字燈上面每一個接腳是高電位還是低電位，然後調整每一個接腳的電壓。如此一來，就能夠調整 LED 燈，並顯示想要的數字。

實際範例

本程式執行後，就會把 GPIO5 接腳上的 LED 燈打開。

範例程式：ch011\11-5-2\MyIoTApp\MyIoTApp\MainPage.xaml.cs

```
1. ...                                        // using 定義，同上一章所以省略
2. using Windows.Devices.Gpio;
3. using System.Threading;
4. using System.Threading.Tasks;
```

```
5. namespace MyIoTApp
6. {
7.     public sealed partial class MainPage : Page
8.     {
9.         private GpioPin pin4;                      // 接腳 4 變數
10.        private GpioPin pin5;                     // 接腳 5 變數
11.        private GpioPin pin6;                     // 接腳 6 變數
12.        private GpioPin pin12;                    // 接腳 12 變數
13.        private GpioPin pin13;                    // 接腳 13 變數
14.        private GpioPin pin16;                    // 接腳 16 變數
15.        private GpioPin pin18;                    // 接腳 18 變數
16.        private GpioPin pin23;                    // 接腳 23 變數
17.        private DispatcherTimer timer1;           // 時間變數
18.        private int lightNo = 0;                  // 顯示的號碼變數
19.        private char word;
20.        private byte[,] seg = new byte[1, 8]
21.        {   // a,b,c,d,e,f,g,d
22.            { 1,1,1,1,1,1,0,0}, // 0
23.        };
24.        public MainPage()
25.        {
26.            this.InitializeComponent();     // 初始化元件
27.            GpioController gpio=GpioController.GetDefault();
               // 初始化 IoT 函數
28.            pin4 = gpio.OpenPin(4); // 數字燈接腳 a 指定接腳 GPIO4 pin 7
29.            pin5 = gpio.OpenPin(5); // 數字燈接腳 b 指定接腳 GPIO5 pin 29
30.            pin6 = gpio.OpenPin(6); // 數字燈接腳 c 指定接腳 GPIO6 pin 31
31.            pin12 = gpio.OpenPin(12); // 數字燈接腳 d 指定接腳 GPIO12 pin 32
32.            pin13 = gpio.OpenPin(13); // 數字燈接腳 e 指定接腳 GPIO13 pin 33
33.            pin16 = gpio.OpenPin(16); // 數字燈接腳 f 指定接腳 GPIO16 pin  36
34.            pin18 = gpio.OpenPin(18); // 數字燈接腳 g 指定接腳 GPIO18 pin 12
35.            pin23 = gpio.OpenPin(23); // 數字燈接腳 d 指定接腳 GPIO23 pin 16
36.            pin4.SetDriveMode(GpioPinDriveMode.Output);
               // 接腳 4 數位輸出
37.            pin5.SetDriveMode(GpioPinDriveMode.Output);
               // 接腳 5 數位輸出
38.            pin6.SetDriveMode(GpioPinDriveMode.Output);
               // 接腳 6 數位輸出
39.            pin12.SetDriveMode(GpioPinDriveMode.Output);
               // 接腳 12 數位輸出
40.            pin13.SetDriveMode(GpioPinDriveMode.Output);
               // 接腳 13 數位輸出
41.            pin16.SetDriveMode(GpioPinDriveMode.Output);
               // 接腳 16 數位輸出
42.            pin18.SetDriveMode(GpioPinDriveMode.Output);
               // 接腳 18 數位輸出
43.            pin23.SetDriveMode(GpioPinDriveMode.Output);
               // 接腳 23 數位輸出
```

定義數字 LED 接線的矩陣

```
44.             word = '0';
45.             Display_seg(word);
46.         }
47.         private void Display_seg(char iWord)
            // 自製七段式 LED 數字燈顯示函數
48.         {
49.             int number = Convert.ToInt32(new string(iWord, 1));
                // 文字轉整數
50.             for (int i = 0; i< 8; i++)
51.             {
52.                 byte finalValue = seg[number, i];
                    // 從矩陣中取得每一個接腳的動作
53.                 bool tOnOff = true;
54.                 if (finalValue == 1) { tOnOff = true; }
                    // 整數轉布林代數
55.                 else if (finalValue == 0) { tOnOff = false; }
56.                 if (i == 0) { LEDOnOff(pin4, tOnOff); }
                    // 接腳 4 輸出動作
57.                 else if (i == 1) { LEDOnOff(pin5, tOnOff); }
                    // 接腳 5 輸出動作
58.                 else if (i == 2) { LEDOnOff(pin6, tOnOff); }
                    // 接腳 6 輸出動作
59.                 else if (i == 3) { LEDOnOff(pin12, tOnOff); }
                    // 接腳 12 輸出動作
60.                 else if (i == 4) { LEDOnOff(pin13, tOnOff); }
                    // 接腳 13 輸出動作
61.                 else if (i == 5) { LEDOnOff(pin16, tOnOff); }
                    // 接腳 16 輸出動作
62.                 else if (i == 6) { LEDOnOff(pin18, tOnOff); }
                    // 接腳 18 輸出動作
63.                 else if (i == 7) { LEDOnOff(pin23, tOnOff); }
                    // 接腳 23 輸出動作
64.             }
65.         }
66.         private void LEDOnOff(GpioPin ipin,bool onOff)
            // 接腳輸出動作顯示函數
67.         {
68.             if (onOff == true) {
69.                 ipin.Write(GpioPinValue.High);
                    // 輸出高電位
70.             } else {
71.                 ipin.Write(GpioPinValue.Low);
                    // 輸出低電位
72.             }
73.         }
74.         private void ClickMe_Click(object sender, RoutedEventArgs e)
            // 按鈕按下的反應
75.         {
76.             App.Current.Exit();    // 結束程式
```

處理每 8 個接腳

```
77.            }
78.       }
79. }
```

程式說明

- 第 27-43 行：初始化 IoT 函數和設定 GPIO 接腳初始化動作。
- 第 47-65 行：七段式 LED 數字燈顯示。
- 第 66-73 行：設定每一個接腳燈的狀態。

執行結果

本範例執行之後的硬體結果如下圖所示，如果正確執行程式，因為透過 8 個接腳的設定，就能顯示七段式 LED 數字燈。

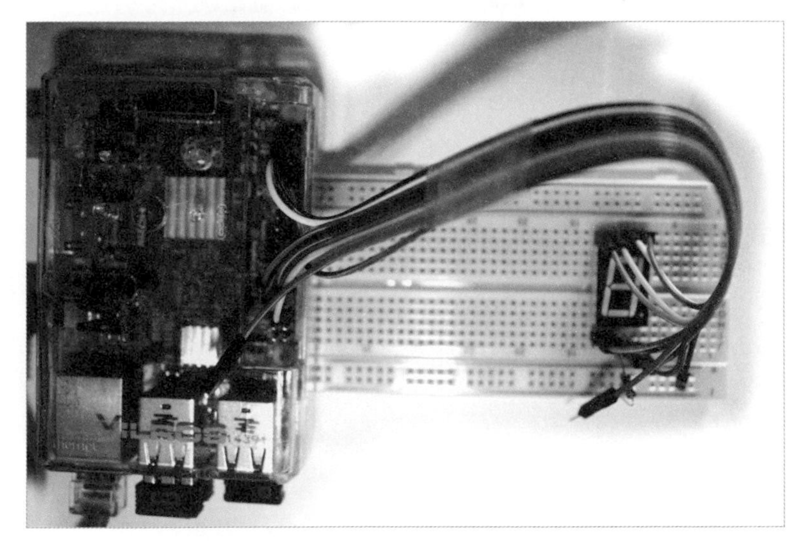

圖 11-15 執行結果

教學影片

完整的教學影片可以觀看 *11-5-2-gpio_7SegLeds*；而硬體的執行情況請看影片 *11-5-2-gpio_7SegLeds-Hardware*，裡面都會有詳細的過程和教學。

11.5.3 計時器－顯示現在的秒數

介紹

繼續上一個章節，在本章節會詳細介紹於 Windows 10 IoT Core 中，如何透過程式在七段式 LED 數字燈中，顯示出所有的數字。

硬體和接線

同上一個章節。

程式說明

本程式延續上一章節，還是使用七段式 LED 數字燈。程式一開始的時候，先指定 8 個 GPIO 接腳為輸出，並且將矩陣事先記錄好每一個數字，再透過七段式 LED 數字燈，利用每一個接腳的高電位或是低電位，組合出一個數字，並且透過計時器，每一秒鐘改變一個數字，這樣就能達到計時器的效果。

實際範例

範例程式：ch011\11-5-3\MyIoTApp\MyIoTApp\MainPage.xaml.cs

```
1. ...                                               // using 定義，同上一章所以省略
2. using Windows.Devices.Gpio;
3. using System.Threading;
4. using System.Threading.Tasks;
5. namespace MyIoTApp
6. {
7.     public sealed partial class MainPage : Page
8.     {
9.         private GpioPin pin4;                  // 接腳 4 變數
10.         private GpioPin pin5;                 // 接腳 5 變數
11.         private GpioPin pin6;                 // 接腳 6 變數
12.         private GpioPin pin12;                // 接腳 12 變數
13.         private GpioPin pin13;                // 接腳 13 變數
14.         private GpioPin pin16;                // 接腳 16 變數
15.         private GpioPin pin18;                // 接腳 18 變數
16.         private GpioPin pin23;                // 接腳 23 變數
17.         private DispatcherTimer timer1;       // 時間
18.         private int counter = 0;              // 記錄時間
19.         private char word;
20.         private byte[,] seg = new byte[11, 8]
```

定義數字 LED 接線的矩陣

```
21.         {     // a,b,c,d,e,f,g,d
22.              { 1,1,1,1,1,1,0,0} ,          // 顯示數字 0
23.              { 0,1,1,0,0,0,0,0},           // 顯示數字 1
24.              { 1,1,0,1,1,0,1,0},           // 顯示數字 2
25.              { 1,1,1,1,0,0,1,0},           // 顯示數字 3
26.              { 0,1,1,0,0,1,1,0},           // 顯示數字 4
27.              { 1,0,1,1,0,1,1,0},           // 顯示數字 5
28.              { 1,0,1,1,1,1,1,0},           // 顯示數字 6
29.              { 1,1,1,0,0,0,0,0},           // 顯示數字 7
30.              { 1,1,1,1,1,1,1,0},           // 顯示數字 8
31.              { 1,1,1,0,0,1,1,0},           // 顯示數字 9
32.              { 0,0,0,0,0,0,0,1}            // 顯示小數點 .
33.         };
34.         public MainPage()
35.         {
36.             this.InitializeComponent();  // 初始化元件
37.             GpioController gpio=GpioController.GetDefault();
                // 初始化 IoT 函數
38.             pin4 = gpio.OpenPin(4); // 數字燈接腳 a 指定接腳 GPIO4 pin 7
39.             pin5 = gpio.OpenPin(5); // 數字燈接腳 b 指定接腳 GPIO5 pin 29
40.             pin6 = gpio.OpenPin(6); // 數字燈接腳 c 指定接腳 GPIO6 pin 31
41.             pin12 = gpio.OpenPin(12); // 數字燈接腳 d 指定接腳 GPIO12 pin 32
42.             pin13 = gpio.OpenPin(13); // 數字燈接腳 e 指定接腳 GPIO13 pin 33
43.             pin16 = gpio.OpenPin(16); // 數字燈接腳 f 指定接腳 GPIO16 pin 36
44.             pin18 = gpio.OpenPin(18); // 數字燈接腳 g 指定接腳 GPIO18 pin 12
45.             pin23 = gpio.OpenPin(23); // 數字燈接腳 d 指定接腳 GPIO23 pin 16
46.             pin4.SetDriveMode(GpioPinDriveMode.Output);
                // 接腳 4 數位輸出
47.             pin5.SetDriveMode(GpioPinDriveMode.Output);
                // 接腳 5 數位輸出
48.             pin6.SetDriveMode(GpioPinDriveMode.Output);
                // 接腳 6 數位輸出
49.             pin12.SetDriveMode(GpioPinDriveMode.Output);
                // 接腳 12 數位輸出
50.             pin13.SetDriveMode(GpioPinDriveMode.Output);
                // 接腳 13 數位輸出
51.             pin16.SetDriveMode(GpioPinDriveMode.Output);
                // 接腳 16 數位輸出
52.             pin18.SetDriveMode(GpioPinDriveMode.Output);
                // 接腳 18 數位輸出
53.             pin23.SetDriveMode(GpioPinDriveMode.Output);
                // 接腳 23 數位輸出
54.             timer1 = new DispatcherTimer(); // 計時器初始化
55.             timer1.Interval = TimeSpan.FromMilliseconds(1000);
                // 指定 1 秒
56.             timer1.Tick += Timer_Tick;        // 指定處理的函數
57.             timer1.Start();                   // 啟動計時器
```

```
58.             counter = 0;
59.             Display_seg(counter);
60.         }
61.         private void Display_seg(int number)
            // 自製七段式 LED 數字燈顯示函數
62.         {
63.             for (int i = 0; i< 8; i++)
64.              {
65.                  byte finalValue = seg[number, i];
                     // 從矩陣中取得每一個接腳的動作
66.                  bool tOnOff = true;
67.                  if (finalValue == 1) { tOnOff = true; }
                     // 整數轉布林代數
68.                  else if (finalValue == 0) { tOnOff = false; }
69.                  if (i == 0) { LEDOnOff(pin4, tOnOff); }
                     // 接腳 4 輸出動作
70.                  else if (i == 1) { LEDOnOff(pin5, tOnOff); }
                     // 接腳 5 輸出動作
71.                  else if (i == 2) { LEDOnOff(pin6, tOnOff); }
                     // 接腳 6 輸出動作
72.                  else if (i == 3) { LEDOnOff(pin12, tOnOff); }
                     // 接腳 12 輸出動作
73.                  else if (i == 4) { LEDOnOff(pin13, tOnOff); }
                     // 接腳 13 輸出動作
74.                  else if (i == 5) { LEDOnOff(pin16, tOnOff); }
                     // 接腳 16 輸出動作
75.                  else if (i == 6) { LEDOnOff(pin18, tOnOff); }
                     // 接腳 18 輸出動作
76.                  else if (i == 7) { LEDOnOff(pin23, tOnOff); }
                     // 接腳 23 輸出動作
77.              }
78.         }
79.         private void LEDOnOff(GpioPin ipin,bool onOff)
            // 接腳輸出動作顯示函數
80.         {
81.              if (onOff == true) {
82.                  ipin.Write(GpioPinValue.High);    // 輸出高電位
83.              } else {
84.                  ipin.Write(GpioPinValue.Low);     // 輸出低電位
85.              }
86.         }
87.         private void Timer_Tick(object sender, object e)
            // 計時器處理函數
88.         {
89.              Display_seg(counter);                      // 顯示數字
90.              counter = counter + 1;                     // 記錄計時變數
91.              if (counter >= 10){  counter = 0; }  // 調整計時記錄
92.         }
```

處理每 8 個接腳

```
93.         private void ClickMe_Click(object sender, RoutedEventArgs e)
        // 按鈕按下的反應
94.          {   App.Current.Exit();                         // 結束程式
95.         }
96. }     }
```

程式說明

- 第 37-53 行：初始化 IoT 函數和設定 GPIO 接腳初始化動作。
- 第 61-78 行：七段式 LED 數字燈顯示。
- 第 79-86 行：設定每一個接腳燈的狀態。
- 第 87-92 行：每一秒的變化處理。

執行結果

本範例執行之後的硬體結果如下圖所示，透過 8 個接腳的設定，就能將七段式 LED 數字燈顯示，並且依照每一秒的觸發事件，就會改變上面的 LED 燈，以顯示出不同的數字，看起來就像是計時器的個位數秒數。

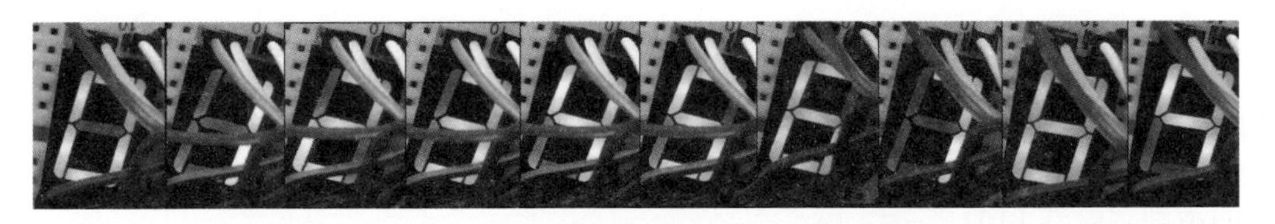

圖 11-16 執行結果

教學影片

完整的教學影片可以觀看 *11-5-3-gpio_7SegLeds-counter*；而硬體的執行情況請看影片 *11-5-3-gpio_7SegLeds-counter-Hardware*，裡面都會有詳細的過程和教學。

延伸學習

七段式 LED 數字燈的右下角有個小圓點，是用來表示小數點，請修改一下程式，讓程式也能顯示出小數點。

11.5.4 顯示機器的網路位址

介紹

繼續上一個章節，在 Windows 10 IoT Core 每次開機的時候，都會需要透過網路，所以在本章節將會介紹如何使用七段式 LED 數字燈，以顯示出這一台機器網路 IP 位址的數字。

硬體和接線

同上一個章節。

程式說明

在程式部分，延續上一章節的程式，在啟動後取得本機器的網路位址，並且轉換為字串，然後一個一個透過計時器的觸發事件，經由七段式 LED 數字燈顯示出網路位址的每一個數字。

因為一台機器通常都會有 wifi 和網路卡等網路設備，這裡會抓取所有的網路位址，並顯示系統最後一筆所抓取的網路位址當成顯示的內容。

需要特別留意的是，因為取得的網路位址是字串 IpAddressStr 變數，所以透過計時 counter 變數，依照時間抓取字串中的單一個 char 字元，並經由 Display_seg 函數顯示到七段式 LED 數字燈上。

實際範例

範例程式：ch011\11-5-4\MyIoTApp\MyIoTApp\MainPage.xaml.cs

```
1. ...                                          // using 定義，相同上一章所以省略
2. namespace MyIoTApp
3. {
4.     public sealed partial class MainPage : Page
5.     {
6.          private GpioPin pin4,pin5,pin12,pin13,pin16,pin18,pin23;
            // 接腳變數
7.          private DispatcherTimer timer1;         // 時間
8.          private int counter = 0;                // 記錄時間
9.          private char word;
10.         String IpAddressStr = "";
11.         private byte[,] seg = new byte[11, 8]
12.         {    // a,b,c,d,e,f,g,d
```

記錄網路位址的變數

```
13.             { 1,1,1,1,1,1,0,0} ,            // 顯示數字 0
14.             { 0,1,1,0,0,0,0,0},             // 顯示數字 1
15.             { 1,1,0,1,1,0,1,0},             // 顯示數字 2
16.             { 1,1,1,1,0,0,1,0},             // 顯示數字 3
17.             { 0,1,1,0,0,1,1,0},             // 顯示數字 4
18.             { 1,0,1,1,0,1,1,0},             // 顯示數字 5
19.             { 1,0,1,1,1,1,1,0},             // 顯示數字 6
20.             { 1,1,1,0,0,0,0,0},             // 顯示數字 7
21.             { 1,1,1,1,1,1,1,0},             // 顯示數字 8
22.             { 1,1,1,0,0,1,1,0},             // 顯示數字 9
23.             { 0,0,0,0,0,0,0,1},             // 顯示數字
24.             { 0,0,0,0,0,0,0,0}              // 顯示空白
25.         };
26.         public MainPage()
27.         {
28.             this.InitializeComponent();         // 初始化元件
29.             GpioController gpio=GpioController.GetDefault();
            // 初始化 IoT 函數
30.             …                   // 設定 GPIO 接腳初始化動作，同上一章所以省略
31.             timer1 = new DispatcherTimer();     // 計時器初始化
32.             timer1.Interval = TimeSpan.FromMilliseconds(1000);
            // 指定 1 秒
33.             timer1.Tick += Timer_Tick;          // 指定處理的函數
34.             timer1.Start();                     // 啟動計時器
35.             IpAddressStr = GetIPAddress();
36.             counter = 0;
37.             Display_seg(counter);
38.         }
39.         public String GetIPAddress()            // 取得網路位址的函數
40.         {
41.             List<string> IpAddress = new List<string>(); // 矩陣變數
42.             var Hosts =  Windows.Networking.Connectivity.
            NetworkInformation.GetHostNames().ToList();
43.             foreach (var Host in Hosts)
44.             {
45.                 string IP = Host.DisplayName; // 取得本機器的網路位址
46.                 IpAddress.Add(IP);            // 放入矩陣
47.             }
48.             IPAddress address = IPAddress.Parse(IpAddress.Last());
            // 用最後一個位置
49.             return address.ToString();          // 轉換為字串
50.         }
51.         private void Display_seg(int number)
        // 自製七段式 LED 數字燈顯示函數
52.         {
53.            for (int i = 0; i< 8; i++)
54.             {
```

呼叫網路位址函數

處理每 8 個接腳

```
55.                 byte finalValue = seg[number, i];
                    // 從矩陣中取得每一個接腳的動作
56.                 bool tOnOff = true;
57.                 if (finalValue == 1) { tOnOff = true; }
                    // 整數轉布林代數
58.                 else if (finalValue == 0) { tOnOff = false; }
59.                 if (i == 0) { LEDOnOff(pin4, tOnOff); }
                    // 接腳 4 輸出動作
60.                 else if (i == 1) { LEDOnOff(pin5, tOnOff); }
                    // 接腳 5 輸出動作
61.                 else if (i == 2) { LEDOnOff(pin6, tOnOff); }
                    // 接腳 6 輸出動作
62.                 else if (i == 3) { LEDOnOff(pin12, tOnOff); }
                    // 接腳 12 輸出動作
63.                 else if (i == 4) { LEDOnOff(pin13, tOnOff); }
                    // 接腳 13 輸出動作
64.                 else if (i == 5) { LEDOnOff(pin16, tOnOff); }
                    // 接腳 16 輸出動作
65.                 else if (i == 6) { LEDOnOff(pin18, tOnOff); }
                    // 接腳 18 輸出動作
66.                 else if (i == 7) { LEDOnOff(pin23, tOnOff); }
                    // 接腳 23 輸出動作
67.             }
68.         }
69.         private void LEDOnOff(GpioPin ipin,bool onOff)
            // 腳輸出動作顯示函數
70.         {
71.             if (onOff == true) {   ipin.Write(GpioPinValue.High);
                // 輸出高電位
72.           } else {              ipin.Write(GpioPinValue.Low);      }
              // 輸出低電位
73.         }
74.         private void Timer_Tick(object sender, object e)
            // 計時器處理函數
75.         {
76.             if (IpAddressStr != null)          // 確定有取得網路位址
77.             {
78.                char t = IpAddressStr[counter]; // 依序取得網路字串的內容
79.                if (t == '.')
80.                 {
81.                     Display_seg(10);          // 顯示小數點 .
82.                 }
83.                 else if(t >= '0' && t <= '9') { // 判斷式否為數字
84.                     int bar = int.Parse(t.ToString()); // 字元轉整數
85.                     Display_seg(bar);         // 顯示數字
86.                 }else
87.                 {
88.                     Display_seg(11);          // 顯示空白
```

```
89.                 }
90.             }
91.             counter = counter + 1;              // 記錄計時變數
92.             if (counter >= IpAddressStr.Length) {  counter = 0; }
            // 調整計時記錄
93.         }
94.             …                           // 關閉程式的函數，同上一章所以省略
95.     }     }
```

程式說明

- 第 38-49 行：取得網路位置。
- 第 73-92 行：每一秒的變化處理。

執行結果

本範例執行之後的硬體結果如下圖所示，先取得機器的網路位址，透過 8 個接腳的設定，就能將七段式 LED 數字燈顯示，並且依照每一秒的觸發事件，依序把網路位址顯示出來。

圖 11-17 執行結果

教學影片

完整的教學影片可以觀看 *11-5-4-gpio_7SegLeds-IPAddress*；而硬體的執行情況請看影片 *11-5-4-gpio_7SegLeds-IPAddress-Hardware*，裡面都會有詳細的過程和教學。

延伸學習

七段式 LED 數字燈上的右下角有個小圓點，用來表示小數點，請修改一下程式，讓程式也能顯示出小數點。

GPIO 接腳輸入控制－硬體按鍵

12

CHAPTER

本章重點

- 12.1 數位輸入讀取 GpioPin Read
- 12.2 按鍵種類
- 12.3 專題製作－讀取按鍵輸入
- 12.4 切換式開關
- 12.5 專題製作－使用水銀開關做傾斜偵測

本章節將會介紹 Win IoT 的程式語言如何處理數位輸入和讀取按鈕的動作。

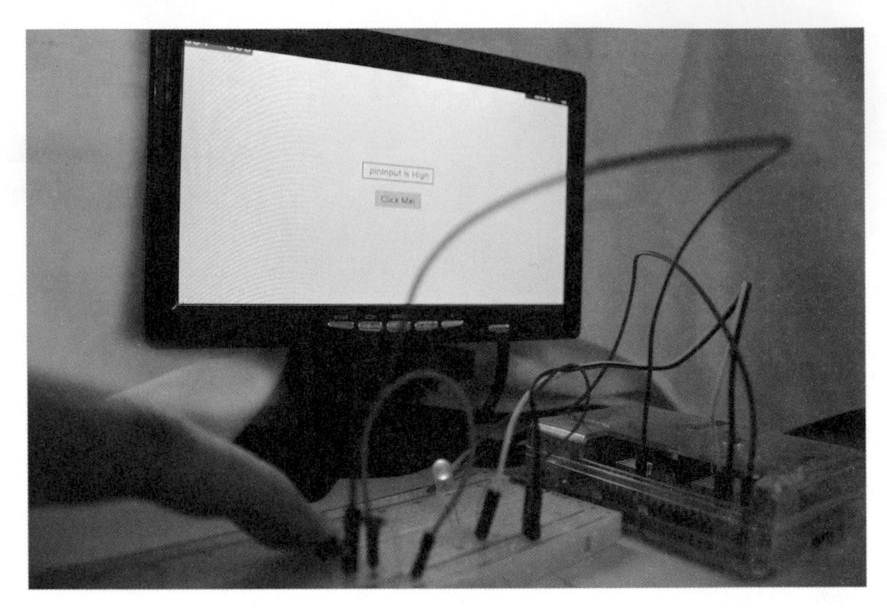

圖 12-0 本章完成圖

12.1 數位輸入讀取 GpioPin Read

介紹

Read 函數的作用是讀取設備上指定的接腳電壓，會有二種回傳值，分別是高電位 3.3V 或 GND(0V)。

而可以讀取的接腳，跟數位輸出是一樣的接腳，目前只有 17 個號碼可以使用，分別是 4、27、22、5、6、13、26、18、23、24、25、12、16，以及其他功能共用的 17、19、20、21、35、47。

語法

讀取指定接腳的電位。

```
public GpioPinValue Read()
```

Read 的回傳值一共有二種，分別是：

- GpioPinValue.Low：也就是 0，到時輸出為 0V DC。
- GpioPinValue.high：也就是 1，到時輸出為 3.3V DC。

使用範例

指定接腳 GPIO5 為輸出的寫法如下：

```
GpioController gpio = GpioController.GetDefault(); // 初始化 IoT 函數
GpioPin pin4 = gpio.OpenPin(4);                    // 指定接腳 GPIO 4
pin4.SetDriveMode(GpioPinDriveMode.Input);         // 接腳數位輸入
GpioPinValue value = pin4.Read();              // 指定接腳 GPIO 4 輸出高電位
```

注意 GpioPinValue Read() 函數的回傳值是 GpioPinValue 類別，不是布林代數喔！

12.2 按鍵種類

介紹

市面上有很多各式各樣大小按鍵，功能、接腳數都有很大的差異，在電子材料中常見的按鍵總類如下圖所示。

圖 12-1 電子材料中常見的按鍵種類

最簡單的電子按鈕原理如下圖所示，就是兩個接腳的開關動作，透過用戶外力施壓把按鍵鈕往下壓，讓這二個電子接點連接在一起，造成電流的通過。如此一來，就能順利的把電傳送過去，這也是為什麼在這兩個接腳中，一個會是正極，另外一個為負極電壓。

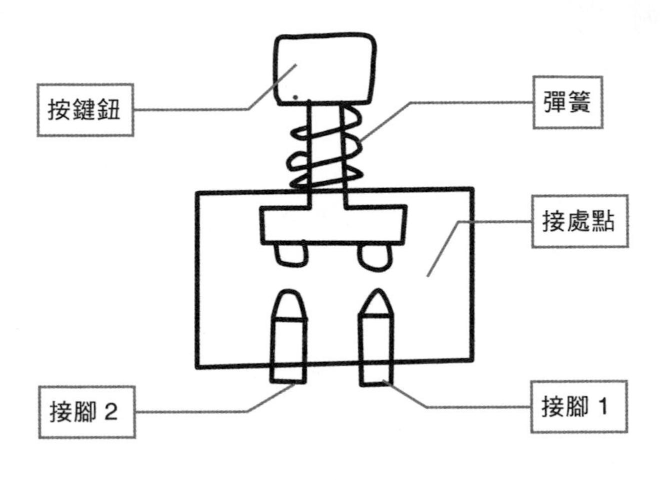

圖 12-2 按鍵原理

12.3 專題製作－讀取按鍵輸入

12.3.1 讀取按鍵輸入函數方法一

介紹

在瞭解按鈕的動作之後，該如何開發相關的應用程式呢？在本章節將實際透過硬體按鍵的輸入動作，調整數位輸出 LED 燈的開和關。

硬體準備

- 樹莓派 2 或樹莓派 3 的板子
- 一個 LED
- 二個 220 ohm 電阻
- 一個四個接腳的按鈕

- 麵包板
- 數條接線

硬體接線

Raspberry Pi 2 或 Raspbery Pi 3 的接腳	元件接腳
Pin 7 / GPIO4	LED 長腳
Pin 29 / GPIO5	按鈕接腳 1
3.3V	按鈕接腳 1
GND	透過 220 ohm 電阻接到 LED 短腳 透過 220 ohm 電阻接到按鈕腳接 2

硬體接線設計圖 ch12\12-3-1\12-3-1.fzz

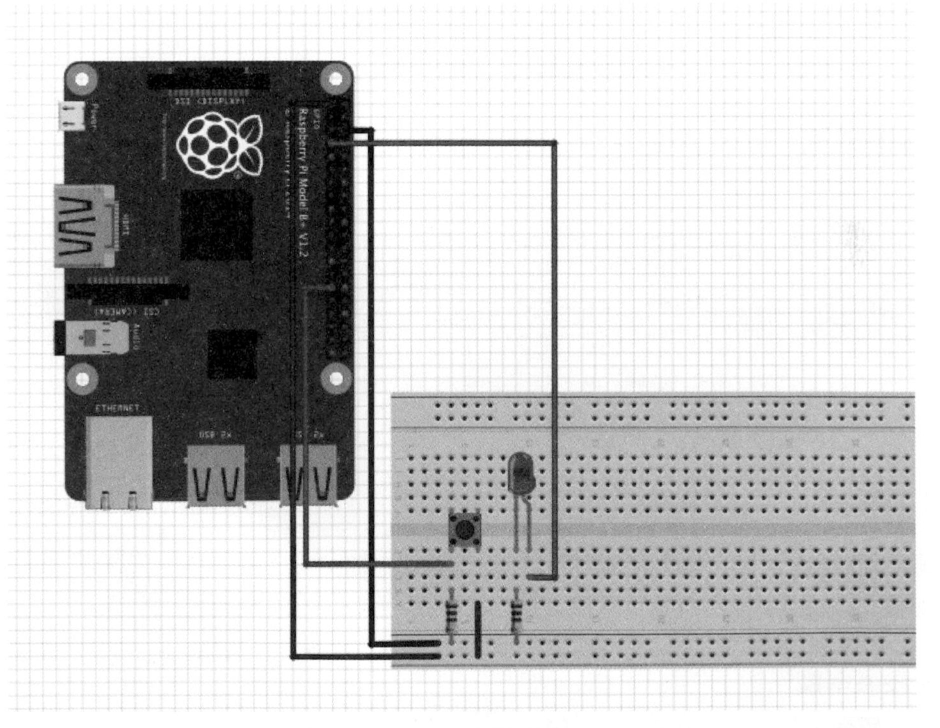

圖 11-3 硬體接線

步驟

首先請將 Raspberry Pi 2 關機，並且把硬體接線依照上圖連接完成後再開機。我們要使用四個接腳的按鈕分成上下各一對，讓彼次互通，所以請留意按鈕的接腳是否正確。

圖 11-4 四個接腳的按鈕

實際範例

本程式執行後，就會把 GPIO5 接腳上的 LED 燈打開。

範例程式：ch012\12-3-1\MyIoTApp\MyIoTApp\MainPage.xaml.cs

```
1. ……                                            // using 定義，審略。
2. namespace MyIoTApp
3. {
4.     public sealed partial class MainPage : Page
5.     {
6.         private GpioPin pin4;                   // GPIO4 LED 燈的變數
7.         private GpioPin pinInput;               // GPIO5 讀取輸入接腳的變數
8.
9.         public MainPage()
10.        {
11.            this.InitializeComponent();     // 初始化元件
12.            GpioController gpio=GpioController.GetDefault();
               //取得 GPIO 控制
13.            pin4 = gpio.OpenPin(4);         // 指定打開接腳 4
14.            pinInput = gpio.OpenPin(5);     // 指定打開接腳 5
15.            pin4.SetDriveMode(GpioPinDriveMode.Output);
               // 接腳 4 為數位輸出
16.            pinInput.SetDriveMode(GpioPinDriveMode.Input);
17.            GpioPinValue value = pinInput.Read(); // 讀取接腳 5 的資料
18.            if (value == GpioPinValue.High){ // 判斷接腳 5 是高電位
19.                pin4.Write(GpioPinValue.High); // 設定接腳 4 為高電位
20.                this.HelloMessage.Text = "pinInput is High";
21.            }else if (value == GpioPinValue.Low) { // 判斷接腳 5 是低電位
22.                pin4.Write(GpioPinValue.Low);     // 設定接腳 4 為低電位
```

```
23.                 this.HelloMessage.Text = "pinInput is Low";
24.             }
25.         }
26.         private void ClickMe_Click(object sender, RoutedEventArgs e)
27.         {
28.             App.Current.Exit();                          // 關閉程式
29.         }
30.     }
31. }
```

程式說明

- 第 16 行：指定為輸入接腳。
- 第 17-24 行：讀取輸入接腳，並做判斷動作。

執行結果

本範例執行之後的硬體結果如下圖所示，但是執行後會發現一個問題，就是這個程式只有在啟動的那一剎那才會讀取按鈕的輸入動作，因為程式的關係，在執行之後無論如何按下按鈕，都不會再有任何反應。其解決方法請看下一個章節。

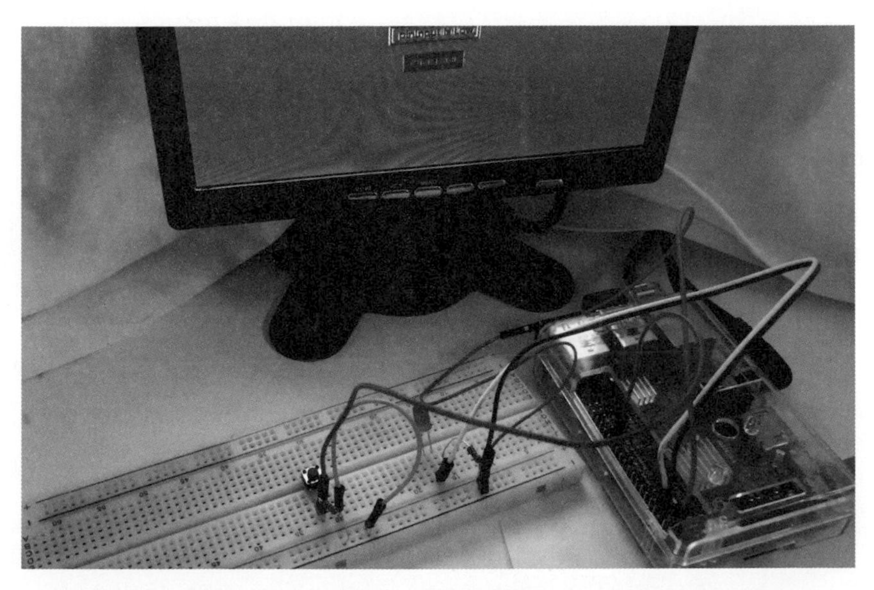

圖 12-5 執行結果

12.3.2 讀取按鍵輸入函數方法二

介紹

在上一章節，因為程式的關係，只有在啟動的時候才會讀取接腳的輸入，在執行之後不管如何按下按鈕，都不會再有任何反應。

而比較好的程式撰寫方式是定時讀取該接腳的輸入動作，並做出對應的反應，所以本範例將透過計時器，定時讀取該接腳的反應和做出對應的動作 。

硬體接線

同上一個章節。

說明

本專題透過定時讀取指定接腳 GPIO5 的輸入，並依照該接腳的電壓，做出對另外一個接腳 GPIO4 的反應，就能調整 LED 燈光的開和關的動作。

實際範例

本程式執行後，就會把 GPIO5 接腳上的 LED 燈打開。

範例程式：ch012\12-3-2\MyIoTApp\MyIoTApp\MainPage.xaml.cs

```
1. ……                                          // using 定義，省略。
2. namespace MyIoTApp
3. {
4.     public sealed partial class MainPage : Page
5.     {
6.         private GpioPin pin4;                    // GPIO4 LED 燈的變數
7.         private GpioPin pinInput;                // GPIO5 讀取輸入接腳的變數
8.         private DispatcherTimer timer;
9.         public MainPage()
10.        {
11.            this.InitializeComponent();        // 初始化元件
12.            GpioController gpio=GpioController.GetDefault();
               // 取得 GPIO 控制
13.            pin4 = gpio.OpenPin(4);            // 指定打開接腳 4
14.            pinInput = gpio.OpenPin(5);        // 指定打開接腳 5
15.            pin4.SetDriveMode(GpioPinDriveMode.Output);
               // 接腳 4 為數位輸出
16.            pinInput.SetDriveMode(GpioPinDriveMode.Input);
               //接腳 5 為數位輸入
```

```
17.
18.             timer = new DispatcherTimer();  // 設定時器
19.             timer.Interval = TimeSpan.FromMilliseconds(500);
                // 每 0.5 秒 啟動一次
20.             timer.Tick += Timer_Tick;         // 指定反應的函數
21.             timer.Start();                    // 啟動定時器
22.         }
23.         private void Timer_Tick(object sender, object e)
24.         {
25.             GpioPinValue value = pinInput.Read(); // 讀取接腳 5 的資料
26.             if (value == GpioPinValue.High){ // 判斷接腳 5 是高電位
27.                 pin4.Write(GpioPinValue.High); // 設定接腳 4 為高電位
28.                 this.HelloMessage.Text = "pinInput is High";
29.             }else if (value == GpioPinValue.Low) { // 判斷接腳 5 是低電位
30.                 pin4.Write(GpioPinValue.Low);    // 設定接腳 4 為低電位
31.                 this.HelloMessage.Text = "pinInput is Low";
32.             }
33.         }
34.         private void ClickMe_Click(object sender, RoutedEventArgs e)  {
35.             App.Current.Exit();                    // 關閉程式
36.         }
37.     }
38. }
```

程式說明

- 第 18-21 行：設定每 0.5 秒啟動一次的定時器。
- 第 23-33 行：讀取輸入接腳，並做判斷動作。

執行結果

本範例執行之後的硬體結果如下圖所示，因為計時器的關係，所以在任何時間按下按鈕時，就能夠開啟 LED 燈，放開的時候就會熄滅 LED 燈。

各位在使用的時候，不知道是否會感覺到，按下去後和 LED 燈的反應會有一點點延遲的感覺，關於這個問題，是因為程式是 0.5 秒才會檢查一次輸入的接腳，所以會有大約 0.5 秒的延遲。而修改的辦法是讓計時器的啟動時間再縮短一點，就會有比較好的效果了。

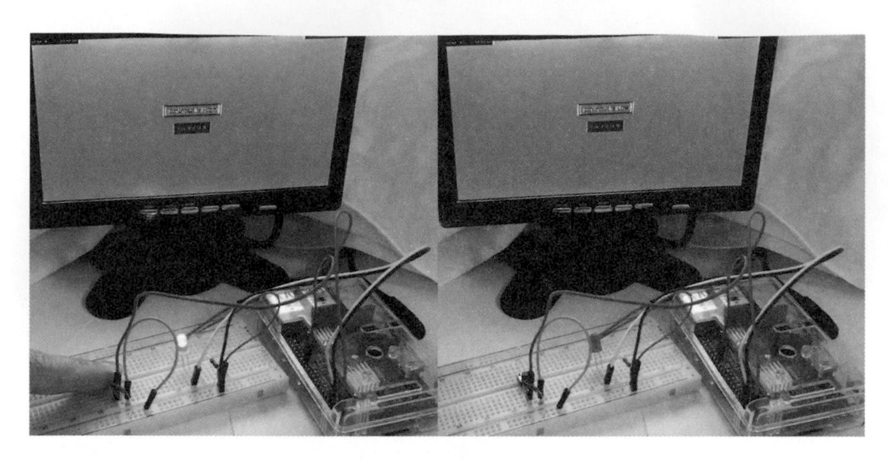

圖 12-6 執行結果

教學影片

完整的教學影片可以觀看 *12-3-1-Gpio-Input*；而硬體的執行情況可以參考影片 *12-3-2-Gpio-Input-hardware*，裡面都會有詳細的過程和教學。

12.4 切換式開關

介紹

一般常見的開關除了按鈕式的零件之外，還有切換式的開關設備。這種電子零件切換後便會持續保持該狀況，如下圖所示，通常使用在設備的開關或者是電源的開關。

圖 12-7 切換式開關硬體

其設計原理如下圖所示，以中間的接腳為主，推向右邊就能夠跟右邊的接腳連接在一起，並與左邊的接腳斷線，反之亦然。

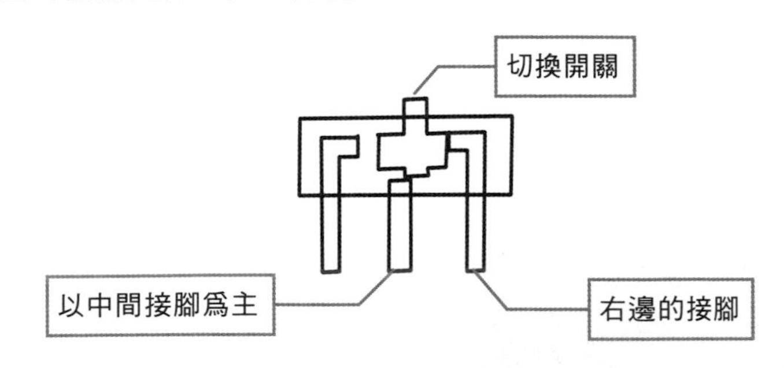

圖 12-8 切換式開關切面圖

硬體準備

- 樹莓派 2 或樹莓派 3 的板子
- 一個 LED
- 二個 220 ohm 電阻
- 一個切換式開關
- 麵包板
- 數條接線

硬體接線

Raspberry Pi 2 接腳	元件接腳
Pin 29 / GPIO5	LED 長腳
Pin 29 / GPIO5	切換式開關右邊接腳
3.3V	切換式開關右邊接腳
GND	透過 220 ohm 電阻連接到 LED 短腳 透過 220 ohm 電阻連接到按鈕中間接腳

硬體接線設計圖 ch12\12-4.fzz

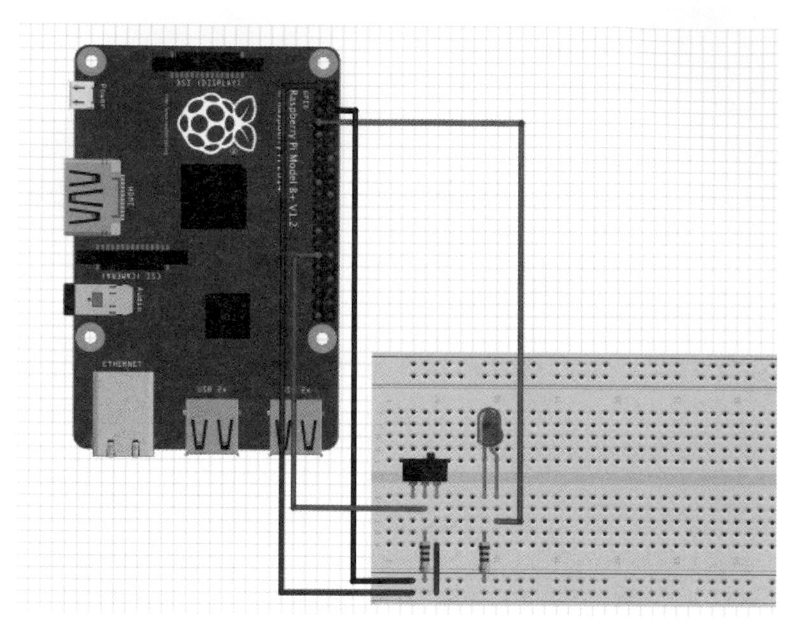

圖 12-9 硬體接線

說明

本專題使用上一章節的範例程式，不用修改及調整就能執行，當切換式開關切換時，機器就能讀取該接腳的電位，並對 LED 燈做出調整。

執行結果

本範例執行之後的執行結果如下圖所示，當程式執行後，用戶使用切換式開關切換時，因輸入的狀態改變，就會馬上對 LED 輸出有所變化。

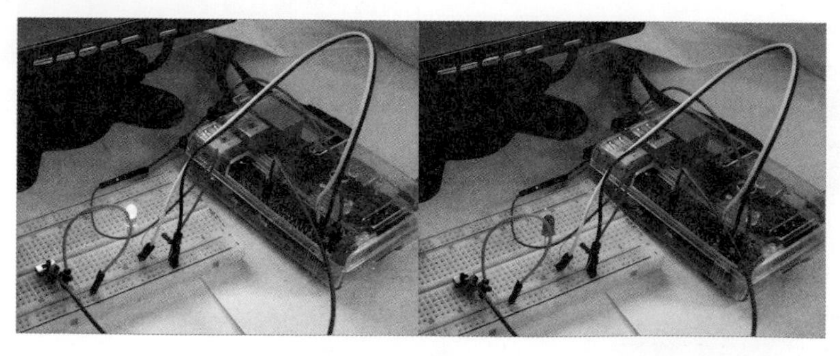

圖 12-10 執行結果

教學影片

完整的教學影片可以觀看 *12-4-Gpio-switch*，裡面有詳細的過程和教學。

12.5 專題製作－使用水銀開關做傾斜偵測

介紹

數位輸入的功能可以運用在很多地方，很多電子賣場可以買到很多種類的電子模組，例如瓦斯、火焰等監測模組，都會有數位的輸出模組，讓 Windows 10 IoT Core 程式透過數位輸入，就能知道該模組當下的狀況。

而本實驗將會使用一個常見的輸入電子零件電路開關－「水銀開關」，也稱為「傾側開關」。它是一種連接正負極的小巧玻璃容器，裡面有著一小滴水銀，而該玻璃容器中放著惰性氣體或直接真空。

而水銀開關因為重力的關係，水銀水珠會在容器中往較低的地方流去，如果同時接觸到兩個接腳，開關便會將電路閉合，開啟開關。

圖 12-11 水銀開關

市面上有很多不同造型的水銀開關，容器的形狀亦會影響水銀水珠接觸電極的條件，當不再使用時，也應該妥善處理。

注意 水銀對人體及環境均有毒害，故於使用水銀開關時，請務必小心謹慎，以免破損導致水銀漏出。

硬體準備

- 2 樹莓派 2 或樹莓派 3 的板子

- 一個 LED
- 二個 220 ohm 電阻
- 一個水銀開關
- 麵包板
- 數條接線

硬體接線

Raspberry Pi 2 接腳	元件接腳
Pin 29 / GPIO5	LED 長腳
Pin 29 / GPIO5	水銀開關接腳
3.3V	水銀開關接腳
GND	透過 220 ohm 電阻接到 LED 短腳 透過 220 ohm 電阻接到水銀開關另一個接腳

硬體接線設計圖 ch12\12-5\12-5.fzz

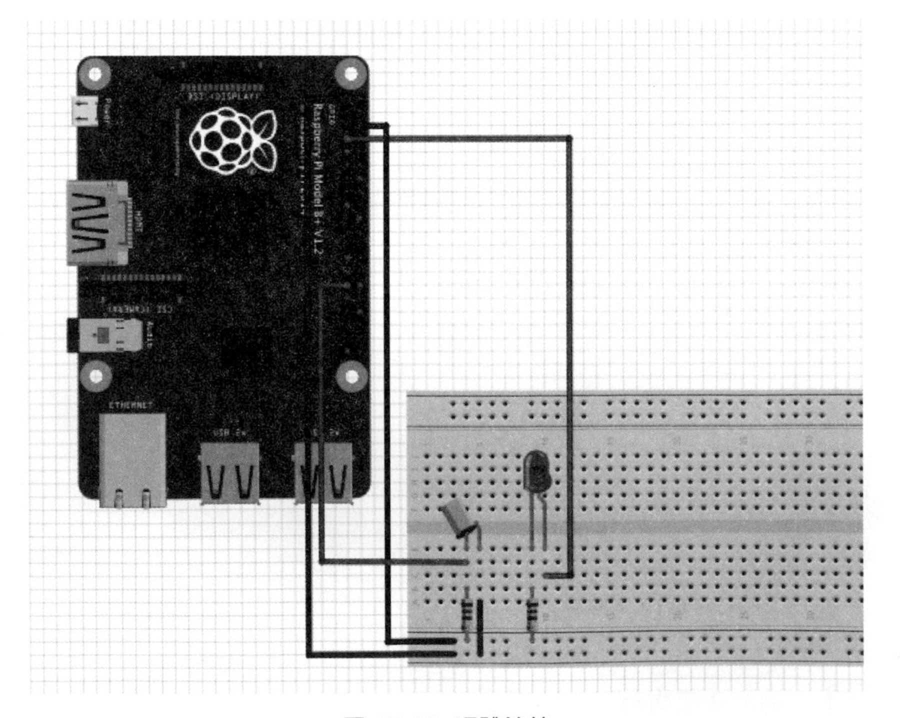

圖 12-12 硬體接線

說明

本專題使用上一章節的範例程式，不用修改及調整就能執行。當水銀開關因為設備傾斜，就會改變開關的狀況，這時機器就能讀取該接腳的電位，並對 LED 燈做出調整。

執行結果

本範例執行之後的執行結果如下圖所示，當程式執行後，用戶把水銀開關傾斜時，因為輸入的狀態改變，就會馬上對 LED 輸出有所變化。

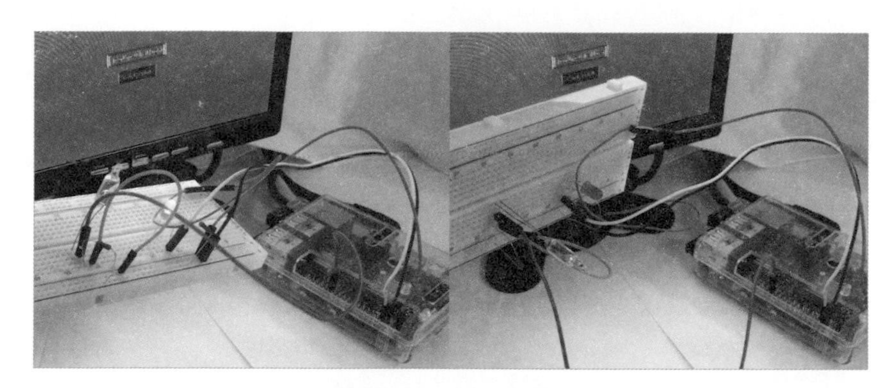

圖 12-13 執行結果

教學影片

完整的教學影片可以觀看 *12-5-Gpio-MercurySwitch*，裡面有詳細的過程和教學。

類比資料輸出－RGB 燈光控制

本章重點

13.1 Raspberry Pi 的 GPIO Analog 類比輸出

13.2 RGB 燈光控制

13.3 Analog 類比介紹

13.4 Analog Output 的輸出

13.5 RGB LED 燈－全彩顏色的控制

本章節將會介紹 Win IoT 的程式語言要如何處理類比資料輸出，並用 RGB LED 燈為實例，經由類比輸出調整出不同色彩。

圖 13-0 本章完成圖

13.1 Raspberry Pi 的 GPIO Analog 類比輸出

嚴格來說，Raspberry Pi 2 沒有 GPIO Analog 的接腳，也就是說在硬體的功能上，無設定接腳特定的電壓輸出，如要輸出 1.1V 或 0.5V 這樣的電壓，可以透過開發技巧來達到類似的效果，而這就是本章節將要介紹的重點。

13.2 RGB 燈光控制

介紹

在瞭解類比輸出之前，本章節將會透過 RGB 燈光控制，經由數個實驗步驟，調整 RGB 燈光變成真正的全彩控制。

在這個實驗中，將透過數位輸出，使 RGB LED 燈顯示三個顏色 RGB（Red 紅色、Green 綠色、Blue 藍色）。

RGB LED 燈硬體介紹

RGB LED 是一個混合三種顏色的 LED 燈，可以發出紅色（Red）、綠色（Green）、藍色（Blue）光的 LED，依照紅綠藍及輸出的電壓不同，各別能有不同的亮度，並且透過 RGB 三原色的原理，混合出各式各樣的顏色。

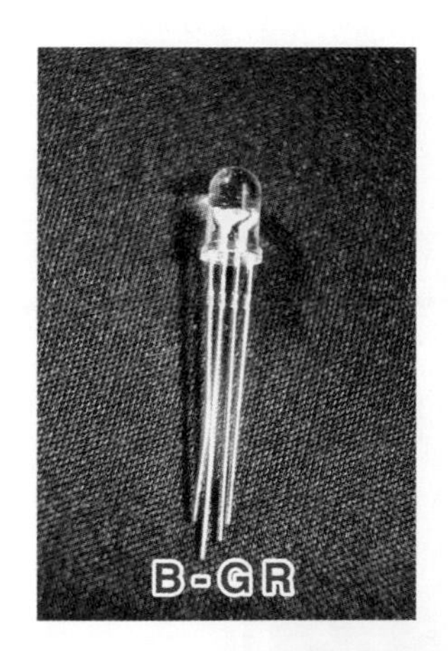

圖 13-1 RGB LED 的外觀和接腳

RGB LED 有四個針腳，最長的是共同接腳，如果是購買共陽極的 RGB LED，那共同接腳要接正極；如果是共陰極的 RGB LED，則共同接腳要接負極，市面上大多是共陰極的 RGB LED 燈，不過在選購時，還是需要留意。

以上圖為例，另外三隻針腳分別控制紅綠藍三色，所以由左到右接腳功能分別為：

- Blue 藍色。
- -接地。
- Green 綠色。
- Red 紅色。

硬體準備

- 2 樹莓派 2 或樹莓派 3 的板子
- 一個 RGB LED

- 一個 220 ohm 電阻，顏色為紅紅棕，最後一色環金或銀
- 麵包板
- 二條接線

硬體接線

Raspberry Pi 2 接腳	元件接腳
Pin 7 / GPIO4	RGB LED 長腳，並將 LED 短腳與電阻連接。
Pin 29 / GPIO5	RGB LED 長腳，並將 LED 短腳與電阻連接。
Pin 31 / GPIO6	RGB LED 長腳，並將 LED 短腳與電阻連接。
GND	RGB LED 接地透過 220 ohm 電阻。

硬體接線設計圖 ch13\13-2\13-2.fzz

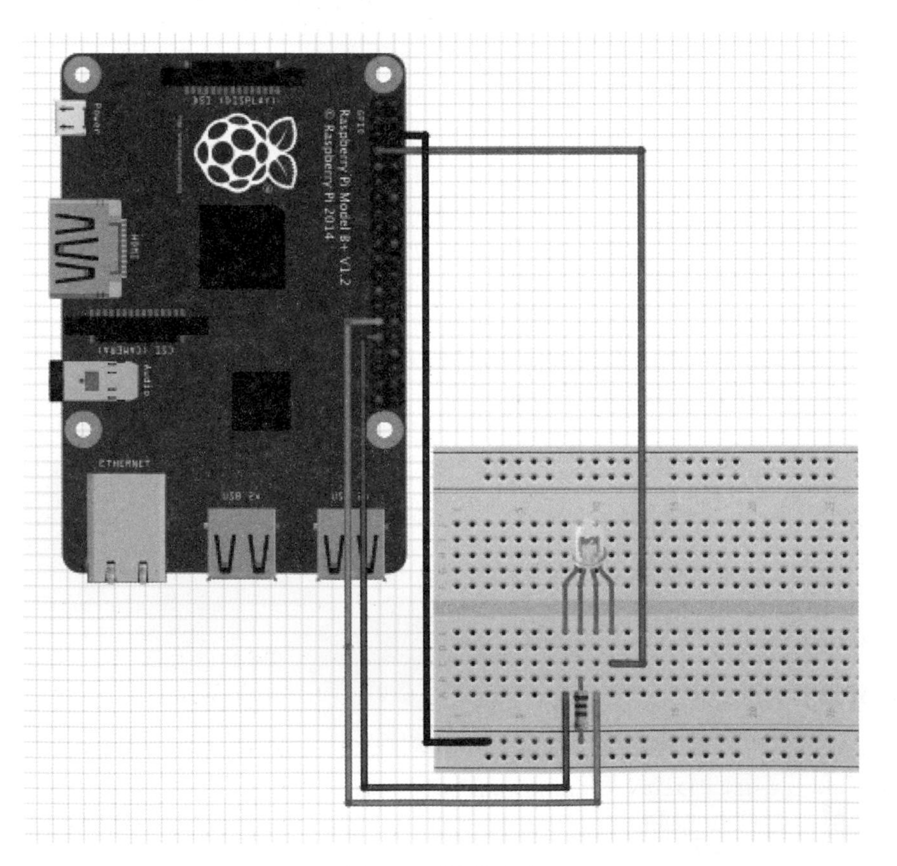

圖 13-2 硬體接線

步驟

首先請把 Raspberry Pi 2 關機，並把硬體接線依照上圖連接完成後，再開機。

介面設計

範例程式：ch13\13-2\RGBLED\CS\MainPage.xaml

```
1. <Page
2.     x:Class="RGBLED.MainPage"
3.     xmlns="http://schemas.microsoft.com/winfx/2006/xaml/presentation"
4.     xmlns:x="http://schemas.microsoft.com/winfx/2006/xaml"
5.     xmlns:local="using:RGBLED"
6.     xmlns:d="http://schemas.microsoft.com/expression/blend/2008"
7.     xmlns:mc="http://schemas.openxmlformats.org/markup-compatibility/
       2006"
8.     mc:Ignorable="d"
9.     Loaded="Page_Loaded">
10.
11.    <Grid Background="{ThemeResource ApplicationPageBackgroundThemeBrush}">
12.      <StackPanel HorizontalAlignment="Center" VerticalAlignment="Center">
13.         <Ellipse x:Name="LED" Fill="LightGray" Stroke="White" Width=
               "100" Height="100" Margin="10"/>
14.         <TextBlock x:Name="DelayText" Text="500ms" Margin="10"
               TextAlignment="Center" FontSize="26.667" />
            <Slider x:Name="Delay" Width="200" Value="500" Maximum="1000"
               LargeChange="100" SmallChange="10" Margin="10"
               ValueChanged="Delay_ValueChanged" STEPFrequency="10"/>
15.         <TextBlock x:Name="GpioStatus" Text="Waiting to initialize
               GPIO…" Margin="10,50,10,10" TextAlignment="Center"
               FontSize="26.667" />
16.         </StackPanel>
17.     </Grid>
18. </Page>
```

程式說明

- 第 13 行：畫面上的紅、綠色、藍色圈圈 。
- 第 14 行：文字，用來顯示秒數。
- 第 15 行：滑動元件，用來調整時間的長短，範圍在 0 到 1000，調整後會呼叫程式中的「Delay_ValueChanged」函數。
- 第 16 行：文字，用來顯示接腳的情況。

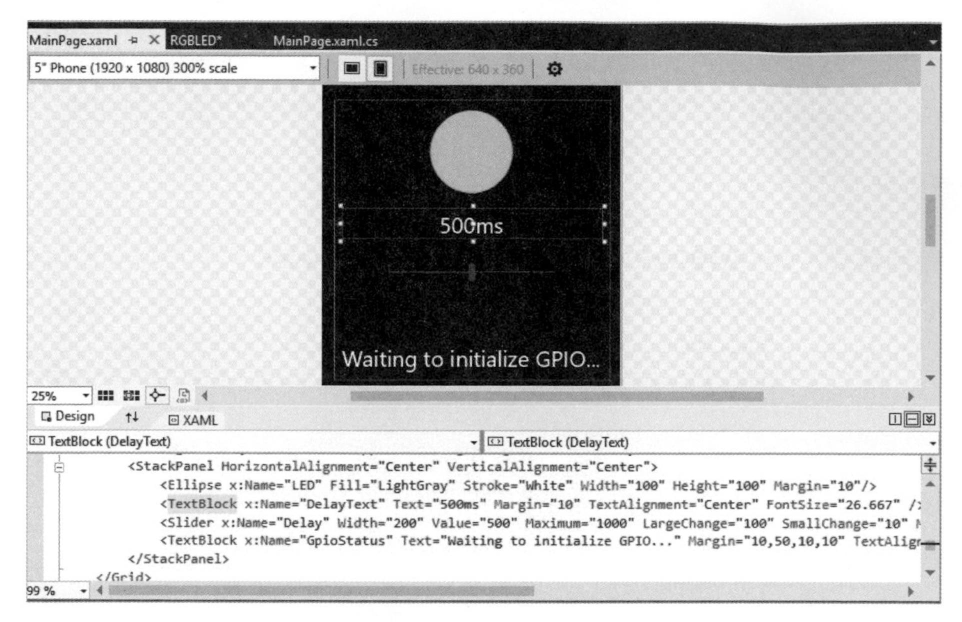

圖 13-3 介面設計

實際範例

本程式執行後，會先設定三個接腳來處理 RGB LED 燈光，透過計時器定時調整接腳的數位輸出情況，就能調整 RGB LED 燈光的顏色。

範例程式：ch13\13-2\RGBLED\CS\MainPage.xaml.cs

```
1. …                                                    // using 定義，省略顯示
2. namespace RGBLED
3. {
4.     public sealed partial class MainPage : Page
5.     {
6.         enum LedStatus { Red, Green, Blue }; // 狀態定義
7.         private LedStatus ledStatus;          // 現在狀態
8.         private GpioPin redpin;               // 紅色接腳變數
9.         private GpioPin greenpin;             // 綠色接腳變數
10.        private GpioPin bluepin;              // 藍色接腳變數
11.        private DispatcherTimer timer;
12.        private SolidColorBrush redBrush =
                  new SolidColorBrush(Windows.UI.Colors.Red);
                  // 畫面上的紅色圓圈
13.        private SolidColorBrush greenBrush =
                  new SolidColorBrush(Windows.UI.Colors.Green);
                  // 畫面上的綠色圓圈
```

```
14.         private SolidColorBrush blueBrush =
                new SolidColorBrush(Windows.UI.Colors.Blue);
                // 畫面上的藍色圓圈
15.
16.         public MainPage()
17.         {
18.             InitializeComponent();            // 初始化元件
19.             var gpio = GpioController.GetDefault();
20.             if (gpio == null)  {
21.                 GpioStatus.Text = "There is no GPIO controller on
                    this device.";  // 錯誤處理
22.                 return;
23.             }
24.
25.             const int RPI2_RED_LED_PIN = 4;
26.             const int RPI2_GREEN_LED_PIN = 5;
27.             const int RPI2_BLUE_LED_PIN = 6;
28.             redpin = gpio.OpenPin(RPI2_RED_LED_PIN); // 指定接腳4
29.             greenpin = gpio.OpenPin(RPI2_GREEN_LED_PIN); // 指定接腳5
30.             bluepin = gpio.OpenPin(RPI2_BLUE_LED_PIN);    // 指定接腳6
31.
32.             redpin.Write(GpioPinValue.High);    // 紅色 高電位
33.             redpin.SetDriveMode(GpioPinDriveMode.Output);
                // 接腳數位輸出
34.             greenpin.Write(GpioPinValue.High); // 綠色 高電位
35.             greenpin.SetDriveMode(GpioPinDriveMode.Output);
                // 接腳數位輸出
36.             bluepin.Write(GpioPinValue.High); // 藍色 高電位
37.             bluepin.SetDriveMode(GpioPinDriveMode.Output);
                // 接腳數位輸出
38.
39.             GpioStatus.Text = string.Format( // 顯示文字接腳號碼
40.                  "Red Pin = {0}, Green Pin = {1}, Blue Pin = {2}",
41.                  redpin.PinNumber,   greenpin.PinNumber,  bluepin.
                     PinNumber);
42.
43.             timer = new DispatcherTimer();    // 初始化計數器
44.             timer.Interval = TimeSpan.FromMilliseconds(500);
                // 每0.5 秒
45.             timer.Tick += Timer_Tick;          // 呼叫Timer_Tick函數
46.             timer.Start();                     // 執行計數器
47.         }
48.         private void Timer_Tick(object sender, object e) // 時間反應
49.         {
50.              Debug.Assert(redpin != null && bluepin != null &&
                 greenpin != null); // 除錯
51.              switch (ledStatus)
52.              {
```

```
53.                 case LedStatus.Red:          // 啟動紅色燈光
54.                     redpin.Write(GpioPinValue.High);  // 高電位
55.                     bluepin.Write(GpioPinValue.Low);
56.                     greenpin.Write(GpioPinValue.Low);
57.                     LED.Fill = redBrush;             // 畫面顯示紅色圓圈
58.                     ledStatus = LedStatus.Green;  // 下次狀態
59.                     break;
60.                 case LedStatus.Green:                // 啟動綠色燈光
61.                     redpin.Write(GpioPinValue.Low);
62.                     greenpin.Write(GpioPinValue.High);  // 高電位
63.                     bluepin.Write(GpioPinValue.Low);
64.                     LED.Fill = greenBrush;           // 畫面顯示綠色圓圈
65.                     ledStatus = LedStatus.Blue;    // 下次狀態
66.                     break;
67.                 case LedStatus.Blue:                 // 啟動藍色燈光
68.                     redpin.Write(GpioPinValue.Low);
69.                     greenpin.Write(GpioPinValue.Low);
70.                     bluepin.Write(GpioPinValue.High); // 高電位
71.                     LED.Fill = blueBrush;            // 畫面顯示藍色圓圈
72.                     ledStatus = LedStatus.Red;     // 下次狀態
73.                     break;
74.             }
75.         }
76.   private void Delay_ValueChanged(object sender,
      RangeBaseValueChangedEventArgs e)
77.         {
78.             if (timer == null)  {    return;   } // 如果沒有計數器
79.             DelayText.Text = e.NewValue + "ms";
80.             timer.Interval = TimeSpan.FromMilliseconds(e.NewValue);
81.             timer.Start();
82. }  }   }
```

程式說明

- 第 19-37 行：設定數位輸出的三個接腳。
- 第 43-46 行：計時器。
- 第 53-74 行：時間到後，依序調整 RGB 燈光顏色和銀幕畫面。
- 第 76 行：「滑動元件」會呼叫的函數。
- 第 79-81 行：改變的計時器時間。

執行結果

本範例執行之後的硬體結果如下圖所示，會定時的改變 RGB LED 燈光的顏色，紅色、綠色、藍色。

圖 13-4 執行的實際硬體結果

並且調整畫面的「滑動元件」，來改變時間的快慢。

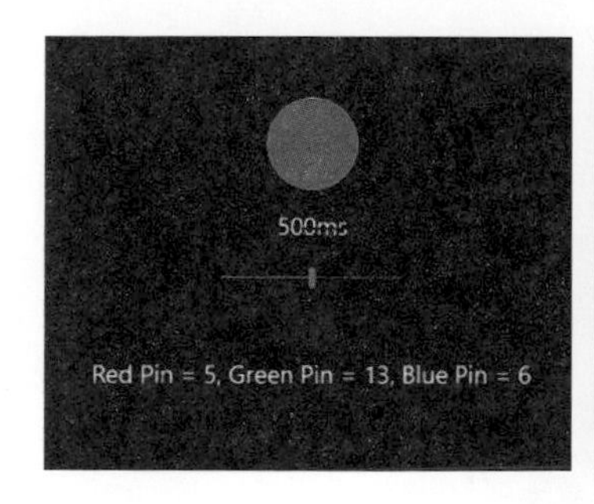

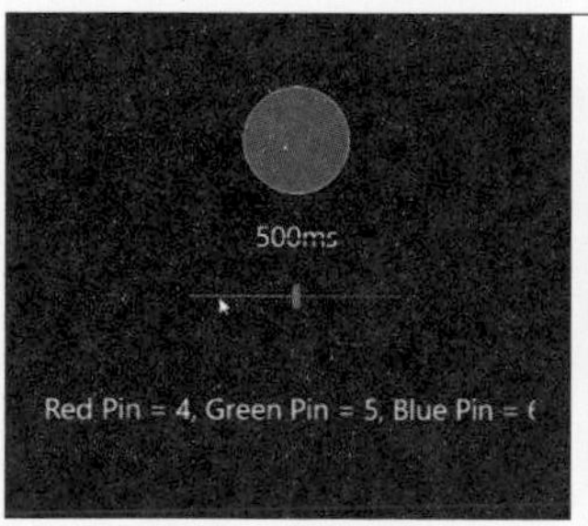

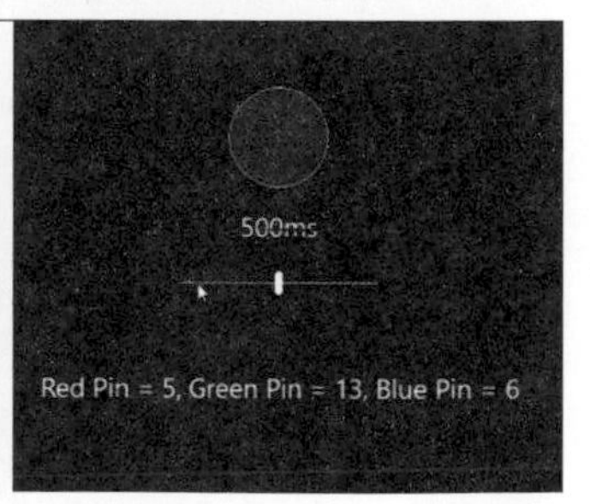

圖 13-5 執行畫面

教學影片

完整的教學影片可以觀看 *13-2-RGBLED*，裡面會有詳細的過程；而硬體執行情況則請參考 *13-2-RGBLED-hardware*。

13.3 Analog 類比介紹

介紹

事實上 Raspberry Pi 無法直接輸出真正所謂的類比電壓，如 1.2V 或 0.8V…等這樣特定的電壓，那專業的電子產品是怎樣做到的呢？市面上有特別的 DAC（digital to analog converter）IC 能做到這樣的效果。例如常見的 DAC 的 IC 有：

- DAC0800LCN
- DAC08060LCN
- DAC0808LCN
- TLC7524CD

另外，也可以透過程式的技巧來做出類似的類比輸出效果，最常見的方法是透過 PWM 的技巧。而我們會在下一章節詳細介紹 PWM 的函數，在此先簡單的說明一下，很多電子硬體（例如：樹莓派 2）事實上無法真正得做出類比輸出如 1.2V、0.2V…等，那程式到底要如何做出這樣的效果呢？

事實上，PWM 如果用視波器觀看輸出的樣子，就會如下圖所示。所以您看出來了吧！那是高電壓和 0V 之間快速轉換，最好在越短的時間內，重複做出這樣的週期動作，透過時間差比例，才會模擬出類比輸出的效果。所以就是在很短的時間內，調整這端時間的高和低電壓的比例，就能達到類似 1.2V、0.2V 的效果。

圖 13-6 PWM 在視波器上執行的情況

而本章節是透過 PWM 的方式，快速的在接腳上輸出高電壓和低電壓的切換效果，因為速度很快，所以才會產生出電壓差。而有關於 PWM，本書前面 PWM 的章節會特別介紹相關的知識，我們可以用這個方法來模擬出類比電壓。

我們可以透過高頻率的 PWM，並且讓高低電壓對應的占空比為 0%~100%，所以輸出的電壓會在 0V 到 3.3V 之間。所以是以 3.3V＊參數 value/100 這樣的公式，來達到電壓的輸出。

13.4 Analog Output 的輸出

介紹

事實上樹莓派無法直接輸出真正所謂類比電壓，如 1.2V 或 0.8V…等這樣特定的電壓，但使用 analogWrite 函數，以 PWM 的方式在接腳上輸出一的一個效果（有關於 PWM，在本書「第 14 章 PWM 輸出－步進馬達控制」會特別介紹相關的知識），我們可以用這個方法來模擬出類比電壓。analogWrite 較多應用在 LED 亮度控制、電機轉速控制等方面。

在本章節中我們會透過改變類比電壓，調整 LED 燈的明亮度。

硬體準備

- 樹莓派 2 或樹莓派 3 的板子
- 一個 LED
- 一個 220 ohm 電阻，顏色為紅紅棕，最後一色環金或銀
- 麵包板
- 二條接線

硬體接線

Raspberry Pi 2 接腳	元件接腳
Pin 29 / GPIO5	LED 長腳，並將 LED 短腳與電阻連接。
GND	LED 短腳透過 220 ohm 電阻。

硬體接線設計圖 ch13\13-4\13-4.fzz

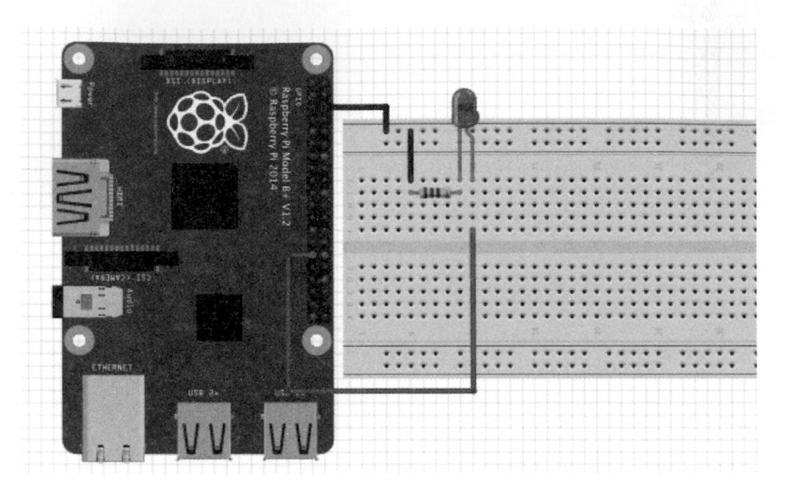

圖 13-7 硬體接線

如果設備允許，會建議再放一個電容，透過電容會讓電壓更加穩定。

- 1 個 0.1uF 電容（號碼 104）
- 1 個 3.9K 電阻（橘白紅）

硬體接線設計圖 ch13\13-4\13-4B.fzz

圖 13-8 推薦硬體接線

如果設備許可，可以在示波器上面看到輸出的波形，會比較合適實際電壓，而不是高低電壓的變化。

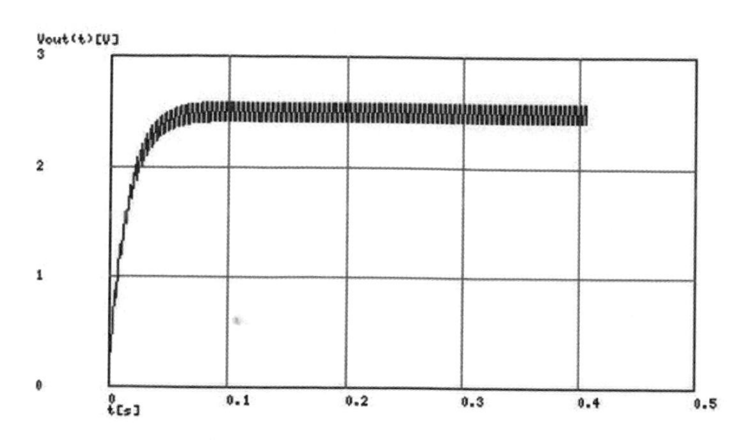

圖 13-9 在示波器執行，加上 DAC 的波形

介面設計

範例程式：ch13\13-4\RGBLED\CS\MainPage.xaml

```
1. <Page
2.     x:Class="RGBLED.MainPage"
3.     xmlns="http://schemas.microsoft.com/winfx/2006/xaml/presentation"
4.     xmlns:x="http://schemas.microsoft.com/winfx/2006/xaml"
5.     xmlns:local="using:RGBLED"
6.     xmlns:d="http://schemas.microsoft.com/expression/blend/2008"
7.     xmlns:mc="http://schemas.openxmlformats.org/markup-compatibility/
       2006"
8.     mc:Ignorable="d"
9.     Loaded="Page_Loaded">
10.
11.    <Grid Background="{ThemeResource ApplicationPageBackgroundThemeBrush}">
12.      <StackPanel HorizontalAlignment="Center" VerticalAlignment="Center">
13.          <Ellipse x:Name="LED" Fill="LightGray" Stroke="White" Width="100"
                 Height="100" Margin="10"/>
14.          <TextBlock x:Name="DelayText" Text="100%" Margin="10"
                 TextAlignment="Center" FontSize="26.667" />
             <Slider x:Name="Delay" Width="200" Value="100" Maximum="100"
                 LargeChange="100" SmallChange="1" Margin="10"
                 ValueChanged="Delay_ValueChanged" STEPFrequency="10"/>
15.          <TextBlock x:Name="GpioStatus" Text="Waiting to initialize
                 GPIO…" Margin="10,50,10,10" TextAlignment="Center"
                 FontSize="26.667" />
16.          </StackPanel>
```

```
17.     </Grid>
18. </Page>
```

程式說明

- 第 13 行：畫面上紅色、綠色、藍色的圈圈。
- 第 14 行：文字，用來顯示秒數。
- 第 15 行：滑動元件，用來調整時間的長短，範圍在 0 到 100，調整後會呼叫程式中的「Delay_ValueChanged」函數。
- 第 16 行：文字，用來顯示接腳的情況。

注意 本實驗使「滑動元件」可透過 Maximum 最大和 Minimum 最小，調整範圍。

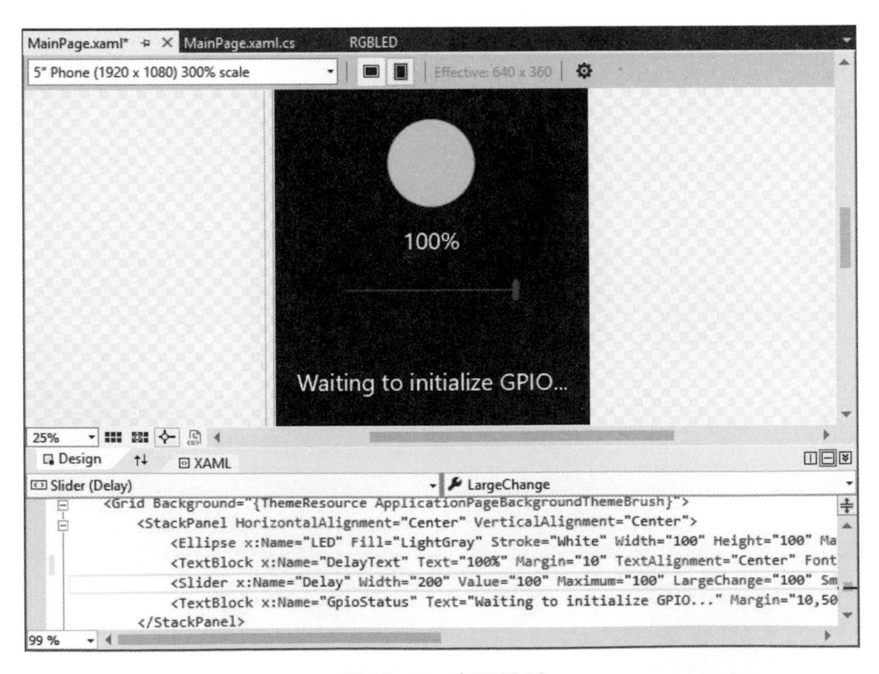

圖 13-10 介面設計

實際範例

首先建立一個 PWM 類別，透過 thread 多工的方法呼叫無限迴圈，並依照指定的時間調整高電壓和低電壓的時間。

範例程式：ch13\13-4\RGBLED\RGBLED\CS\PWM.cs

```
1.  using System;
2.  using System.Collections.Generic;
3.  using System.Diagnostics;
4.  using System.Linq;
5.  using System.Text;
6.  using System.Threading.Tasks;
7.  using Windows.Devices.Gpio;
8.  using Windows.Foundation;
9.  namespace RGBLED
10. {
11.     class PWM
12.     {
13.         public GpioPin pin;
14.         public double currentDirection;
15.         public double PulseFrequency = 100;
16.         private Stopwatch stopwatch;
17.         public void setValue(GpioPin iPin,double icurrentDirection,
               double iPulseFrequency)                    // 設定 PWM 的時間
18.         {     this.currentDirection = icurrentDirection;
            // PWM 高電壓的時間
19.             this.PulseFrequency = iPulseFrequency; // PWM 週期時間
20.             this.pin = iPin;                        // 設定 GPIO 的接腳
21.         }
22.         public void PWMStart()                      // 啟動 PWM
23.         {     stopwatch = Stopwatch.StartNew();     // 時間
24.             Windows.System.Threading.ThreadPool.RunAsync(this.
                PWMthread,Windows.System.Threading.WorkItemPriority.
                High);   多工
25.         }
26.         private void PWMthread(IAsyncAction action) // 多工的動作
27.         {     while (true)                           // 無限迴圈
28.             {     if (currentDirection != 0) // 高電壓的時間是否為 0
29.                 {          this.pin.Write(GpioPinValue.High);
                 // 設定為高電壓
30.                 }
31.                 Wait(currentDirection);      // 等待，執行高電壓的時間
32.                 this.pin.Write(GpioPinValue.Low); // 設定為低電壓
33.                 Wait(PulseFrequency - currentDirection);
                // 等待，執行低電壓的時間
34.             }
35.         }
```

```
36.         private void Wait(double milliseconds)      // 等待的處理函數
37.         {
38.             long initialTick = stopwatch.ElapsedTicks; // 現在時間
39.             long initialElapsed = stopwatch.ElapsedMilliseconds;
                // 現在的毫秒數
40.            double desiredTicks = milliseconds / 1000.0 * Stopwatch.
                Frequency; // 轉換秒數
41.             desiredTicks = milliseconds / 10000.0 * Stopwatch.
                Frequency;  // 計算等待時間
42.             double finalTick = initialTick + desiredTicks;
                // 結束等待的時間
43.             while (stopwatch.ElapsedTicks < finalTick)
                // 等待，判斷現在時間
44.             {
45.             }
46. }     }    }
```

程式說明

- 第 17-21 行：設定高電壓和整個 PWM 週期的時間和接腳。
- 第 24 行：執行和啟動多工。
- 第 38-42 行：從現在的時間，加上要等待的時間。
- 第 43 行：抓取現在時間，並判斷是大於等待時間。

然後在主程式指定接腳，並且呼叫 PWM 類別，而用戶可以透過 UI 畫面上的「滑動元件」調整 PWM 的高電壓時間。

範例程式：ch13\13-4\RGBLED\RGBLED\CS\MainPage.xaml.cs

```
1. …                                              // using 定義，省略顯示
2. namespace RGBLED
3. {
4.     public sealed partial class MainPage : Page
5.     {
6.         private LedStatus ledStatus;            // 狀態
7.         private GpioPin redpin;                 // 紅色接腳變數
8.         private PWM RPWM;
9.         public MainPage()
10.         {
11.             InitializeComponent();           // 初始化元件
12.             var gpio = GpioController.GetDefault();  // GPIO 初始化
13.
14.             if (gpio == null)       {
15.                 GpioStatus.Text = "There is no GPIO controller on
                    this device."; // 錯誤處理
```

```
16.                 return;
17.             }
18.             const int RPI2_RED_LED_PIN = 4;
19.             redpin = gpio.OpenPin(RPI2_RED_LED_PIN); // 指定接腳 4
20.             redpin.Write(GpioPinValue.High);   // 紅色高電位
21.             redpin.SetDriveMode(GpioPinDriveMode.Output);
                // 接腳輸出
22.             GpioStatus.Text = string.Format(   // 顯示文字接腳號碼
23.                 "Red Pin = {0}",  redpin.PinNumber);
24.
25.             RPWM = new PWM();                        // 呼叫 PWM 類別
26.             RPWM.setValue(redpin, 1, 0, 100);
                // 指定接腳、時間和高電壓時間
27.             RPWM.PWMStart();                         // 執行 PWM
28.
29.         }
30.
31.
32.
33.         private void Delay_ValueChanged(object sender,
               RangeBaseValueChangedEventArgs e) // 「滑動元件」會呼叫的函數
34.         {
35.             DelayText.Text = e.NewValue + "%";
36.             if (RPWM != null)  {
37.                 RPWM.setValue(redpin, 1, e.NewValue, 100);
                    // 調整 PWM 的時間
38.             }
39. }     }   }
```

程式說明

- 第 12-21 行：設定數位輸出的接腳。
- 第 25-27 行：呼叫 PWM 函數。
- 第 33 行：「滑動元件」會呼叫的函數。
- 第 37 行：調整 PWM 的時間。

執行結果

本範例執行後的硬體結果如下圖所示，可以用畫面中的「滑動元件」，來調整 PWM 的時間快慢，也就是時間差，而這時就能看到 LED 燈的明亮度變化。

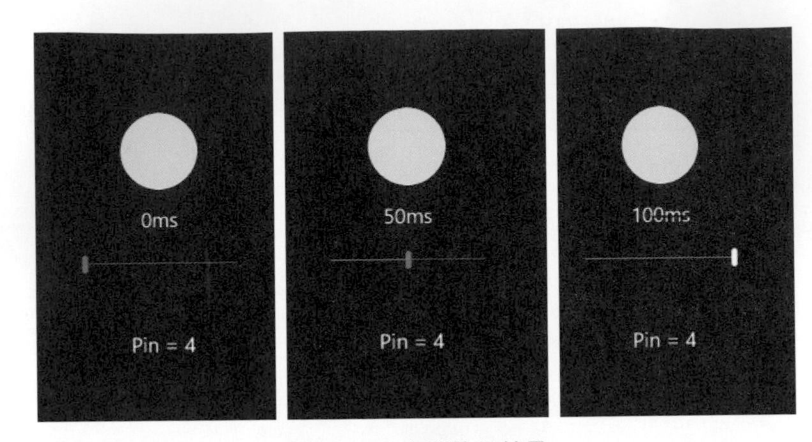

圖 13-11 實際執行結果

當調整「滑動元件」時，就能看到LED燈明亮度的調整，請看下圖所示。

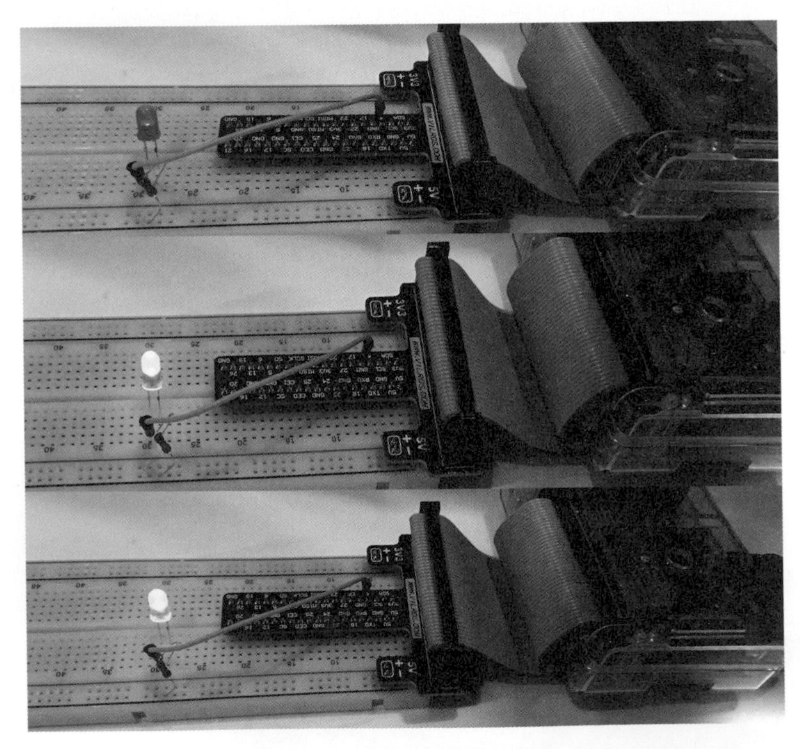

圖 13-12 實際硬體執行結果

這時可以用三用電表測量接腳的輸出電壓，電壓計算方法是 3.3V 乘上[高低電壓的比例/100]，使用的方法是：

1. 請先把「三用電表」轉到 20V DC（V -）的位置。
2. 將「三用電表」紅色探針接在 LED 的正極（長腳），並把黑色探針接在 LED 燈的接地（短腳）。

如此一來，就能夠看到三用電表上的數字，即現在輸出的電壓，如下圖所示是 0.75V DC 5 直流電。

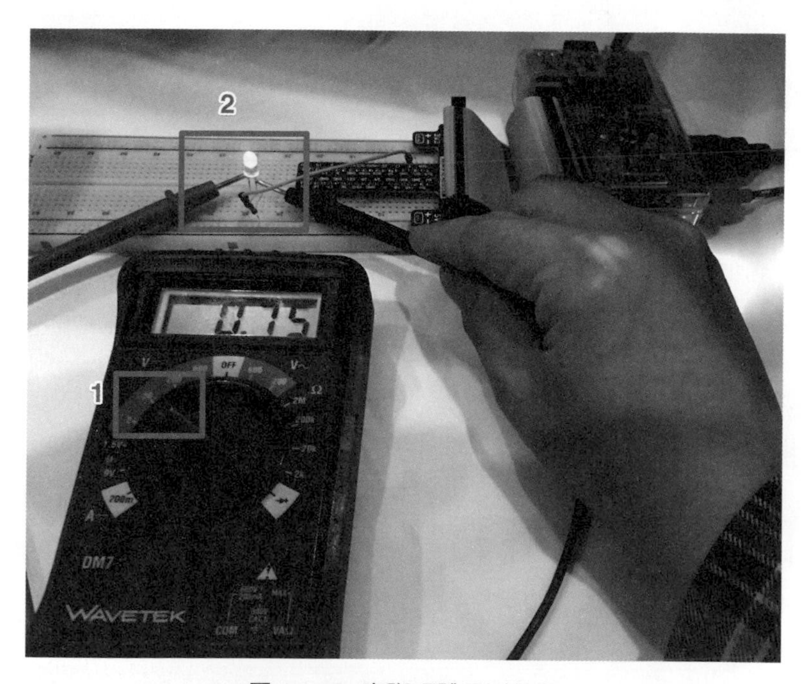

圖 13-13 實際硬體量測結果

教學影片

完整的教學影片可以觀看 *13-2-PWM*，裡面會有詳細的過程；而硬體執行情況請參考 *13-2-PWM2-and-Hardware*。

13.5 RGB LED 燈－全彩顏色的控制

介紹

在「13.2 RGB 燈光控制」只能控制三個顏色，而在本專題，將會透過 RGB LED 燈光控制，並控制每個顏色的明亮度，就能做出全彩的功能，要如何讓紅、綠、藍三色能有不同的亮度呢？就是透過類比輸出，調整紅、綠、藍三色的明暗度，就能讓用戶任意的設定出各種顏色。

硬體準備

- 樹莓派 2 或樹莓派 3 的板子
- 一個 RGB LED
- 一個 220 ohm 電阻，顏色為紅紅棕，最後一色環金或銀
- 麵包板
- 二條接線

硬體接線

Raspberry Pi 2 接腳	元件接腳
Pin 7 / GPIO4	RGB LED 長腳，並將 LED 短腳與電阻連接。
Pin 29 / GPIO5	RGB LED 長腳，並將 LED 短腳與電阻連接。
Pin 31 / GPIO6	RGB LED 長腳，並將 LED 短腳與電阻連接。
GND	RGB LED 接地透過 220 ohm 電阻。

硬體接線設計圖 ch13\13-5\13-5.fzz

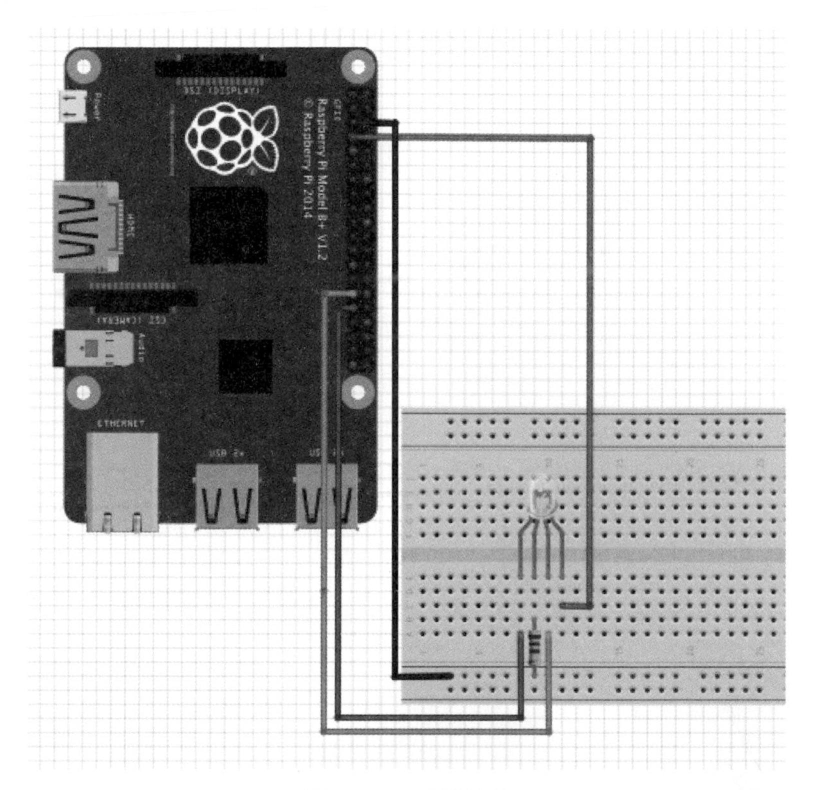

圖 13-14 硬體接線

步驟

首先請將 Raspberry Pi 2 關機，並把硬體接線依照上圖連完成後，再開機。

介面設計

為了讓用戶可以自行調整顏色，所以把介面調整成三個「滑動元件」，可以分別調整紅色、綠色和藍色等三個顏色，並把範圍調整為 0~255 之間，比較符合全彩顏色的計算方法#000000 到#FFFFFF 的顏色定義規範。

範例程式：ch13\13-5\RGBLED\RGBLED\CS\MainPage.xaml

```
1. <Page
2.     x:Class="RGBLED.MainPage"
3.     xmlns="http://schemas.microsoft.com/winfx/2006/xaml/presentation"
4.     xmlns:x="http://schemas.microsoft.com/winfx/2006/xaml"
```

```
5.     xmlns:local="using:RGBLED"
6.     xmlns:d="http://schemas.microsoft.com/expression/blend/2008"
7.     xmlns:mc="http://schemas.openxmlformats.org/markup-compatibility/2006"
8.     mc:Ignorable="d"
9.      >
10.
11.    <Grid Background="{ThemeResource ApplicationPageBackgroundThemeBrush}">
12.     <StackPanel HorizontalAlignment="Center" VerticalAlignment="Center">
13.        <Ellipse x:Name="LED" Fill="LightGray" Stroke="White" Width="100"
                   Height="100" Margin="10"/>
14.        <TextBlock x:Name="DelayText" Text="100%" Margin="10"
                   TextAlignment="Center" FontSize="26.667" />
           <Slider x:Name="Red" Width="200" Value="100" Maximum="255"
                   LargeChange="100" SmallChange="1" Margin="10"
                   ValueChanged="ValueChanged_R" STEPFrequency="10"/>
           <Slider x:Name="Green" Width="200" Value="100" Maximum="255"
                   LargeChange="100" SmallChange="1" Margin="10"
                   ValueChanged="ValueChanged_G" STEPFrequency="10"/>
           <Slider x:Name="Blue" Width="200" Value="100" Maximum="255"
                   LargeChange="100" SmallChange="1" Margin="10"
                   ValueChanged="ValueChanged_B" STEPFrequency="10"/>
15.        <TextBlock x:Name="GpioStatus" Text="Waiting to initialize GPIO…"
                   Margin="10,50,10,10" TextAlignment="Center" FontSize=
                   "26.667" />
16.        </StackPanel>
17.    </Grid>
18. </Page>
```

程式說明

- 第 13 行：畫面上紅、綠色、藍色的圈圈。
- 第 14 行：文字，用來顯示秒數。
- 第 15 行：「滑動元件」用來調整紅色接腳的時間長短，範圍在 0 到 255，調整後會呼叫程式中的「ValueChanged_R」函數。
- 第 16 行：「滑動元件」用來調整綠色接腳的時間長短，範圍在 0 到 255，調整後會呼叫程式中的「ValueChanged_G」函數。
- 第 17 行：「滑動元件」用來調整藍色接腳的時間長短，範圍在 0 到 255，調整後會呼叫程式中的「ValueChanged_B」函數。
- 第 16 行：文字，用來顯示接腳的情況。

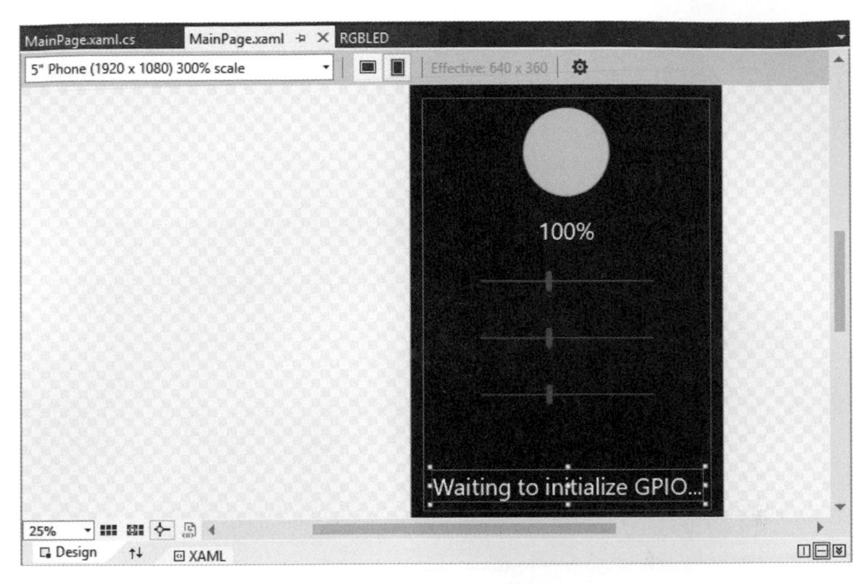

圖 13-15 介面設計

實際範例

本程式執行後，會先設定三個接腳來處理 RGB LED 燈光，並且透過上一節所設計的ＰＷＭ類別來調整，經由計時器定時調整接腳的輸出情況，也就模擬出類比輸出的效果，即能調整 RGB LED 燈光的顏色。

範例程式：ch13\13-5\RGBLED\RGBLED\CS\MainPage.xaml.cs

```
1. …                                        // using 定義，省略顯示
2. namespace RGBLED
3. {
4.     public sealed partial class MainPage : Page
5.     {
6.         private GpioPin redpin, greenpin, bluepin;   // 接腳變數
7.         private PWM RPWM, GPWM, BPWM;               // PWM 類別變數
8.         private double RValue, GValue, BValue;      // 明亮度的變數
9.         public MainPage()
10.        {
11.            InitializeComponent();                   // 初始化元件
12.            var gpio = GpioController.GetDefault(); // GPIO 初始化
13.            if (gpio == null)                       // 錯誤處理
14.            {
15.                GpioStatus.Text = "There is no GPIO controller on
                   this device.";
16.                return;
17.            }
```

```
18.         redpin   = gpio.OpenPin(4);              // 指定接腳 4
19.         greenpin = gpio.OpenPin(5);              // 指定接腳 5
20.         bluepin  = gpio.OpenPin(6);              // 指定接腳 6
21.
22.         redpin.SetDriveMode(GpioPinDriveMode.Output);
            // 接腳數位輸出
23.         greenpin.SetDriveMode(GpioPinDriveMode.Output);
            // 接腳數位輸出
24.         bluepin.SetDriveMode(GpioPinDriveMode.Output);
            // 接腳數位輸出
25.
26.         GpioStatus.Text = string.Format(        // 顯示接腳號碼文字
27.             "Red Pin = {0},Green Pin = {1}, Blue Pin = {2} ",
28.             redpin.PinNumber, greenpin.PinNumber, bluepin.
                PinNumber);
29.
30.         RPWM = new PWM();                       // 紅色 PWM 類別初始化
31.         RPWM.setValue(redpin, 0, 255);          // 紅色 PWM 接腳設定
32.         RPWM.PWMStart();                        // 紅色 PWM 啟動
33.         GPWM = new PWM();                       // 綠色 PWM 類別初始化
34.         GPWM.setValue(greenpin, 0, 255);        // 綠色 PWM 接腳設定
35.         GPWM.PWMStart();                        // 綠色 PWM 啟動
36.         BPWM = new PWM();                       // 藍色 PWM 類別初始化
37.         BPWM.setValue(bluepin, 0, 255);         // 藍色 PWM 接腳設定
38.         BPWM.PWMStart();                        // 藍色 PWM 啟動
39.
40.     }
41.
42.
43.     private void ValueChanged_R(object sender,
        // 「滑動元件」改變的觸發事件
                RangeBaseValueChangedEventArgs e)
44.     {
45.         RValue = e.NewValue;                    // 保存紅色明亮度的變數
46.         SetRGB();                               // 設定 RGB 燈
47.     }
48.     private void ValueChanged_G(object sender,
        // 「滑動元件」改變的觸發事件
                RangeBaseValueChangedEventArgs e)
49.     {
50.         GValue = e.NewValue;                    // 保存綠色明亮度的變數
51.         SetRGB();                               // 設定 RGB 燈
52.     }
53.     private void ValueChanged_B(object sender,
        // 「滑動元件」改變的觸發事件
            RangeBaseValueChangedEventArgs e)
54.     {
55.         BValue = e.NewValue;                    // 保存藍色明亮度的變數
```

```
56.                SetRGB();                            // 設定 RGB 燈
57.            }
58.            private void SetRGB()                    // 設定 RGB 燈
59.            {
60.                DelayText.Text = RValue + ","+ GValue + ", "+Bvalue;
                   // 顯示數值
61.                if (RPWM != null) RPWM.setValue(redpin, RValue, 255);
                   // 調整明亮
62.                if (GPWM != null) GPWM.setValue(greenpin, GValue, 255);
                   // 調整明亮
63.                if (BPWM != null) BPWM.setValue(bluepin, BValue, 255);
                   // 調整明亮
64.
65.            }
66.            //
67.        }
68. }
69.
```

程式說明

- 第 12-24 行：設定數位輸出的三個接腳。
- 第 30-38 行：PWM 的初始化和設定。
- 第 43-57 行：「滑動元件」呼叫的函數，並儲存明亮度的變數，再設定 RGB 燈。
- 第 61-63 行：調整數位輸出的值。

執行結果

本範例執行後的硬體結果如下圖所示。用戶可以透過介面調整接腳的輸出，讓類比輸出來改變 RGB LED 燈光的紅色、綠色、藍色之明暗度，也就能整合出各種的顏色。

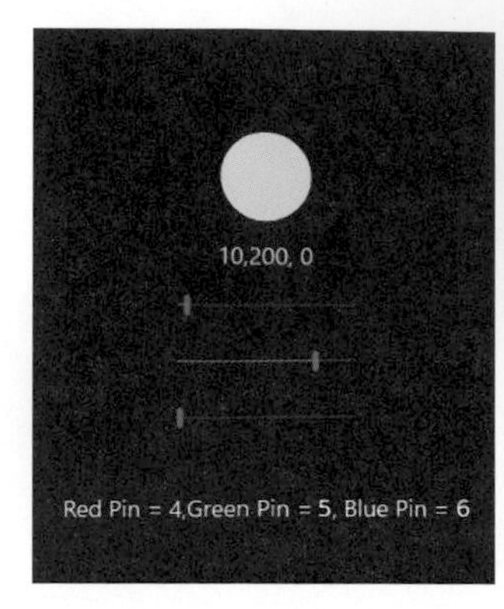

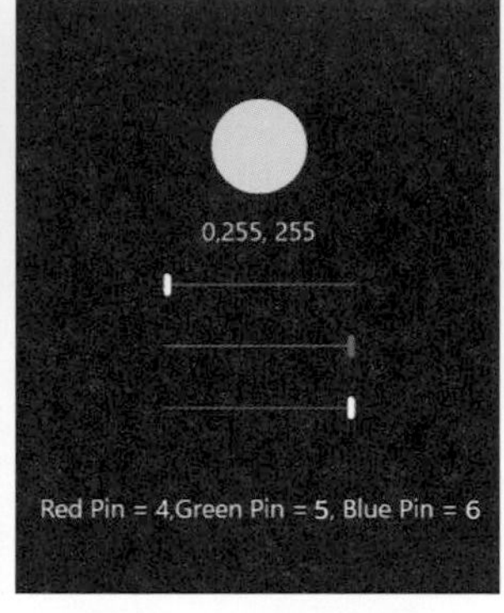

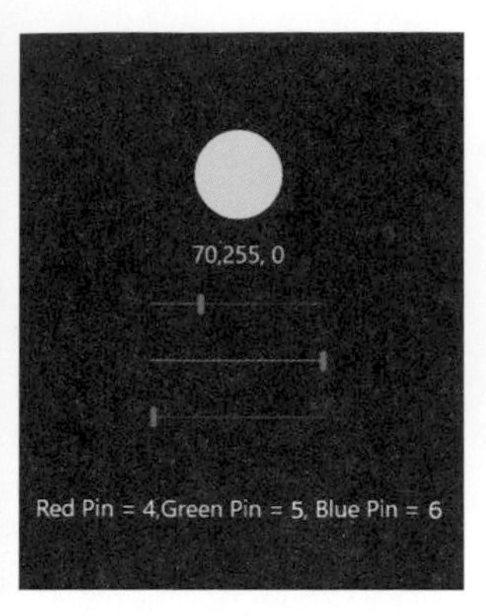

圖 13-16 執行畫面

而實際硬體上，在 RGB LED 燈不單單只能顯示紅色、綠色和紅色，經由類比輸出透過三個顏色的相互混色調整，就能有多種的顏色。

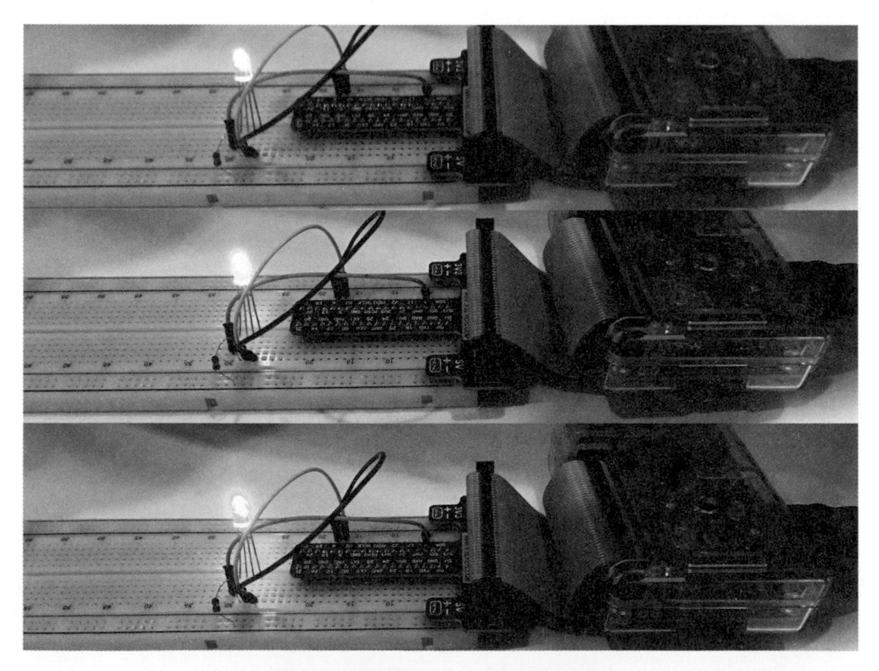

圖 13-17 執行的實際硬體結果

教學影片

完整的教學影片可以觀看 *13-4-RGB-Final*，裡面會有詳細的過程；而硬體執行情況請參考 *13-4-RGB-Final-Hardware*。

PWM 輸出－步進馬達控制

14
CHAPTER

本章重點

這個章節將會介紹 Win IoT 的程式語言如何處理 PWM 輸出，並用來控制步進馬達。

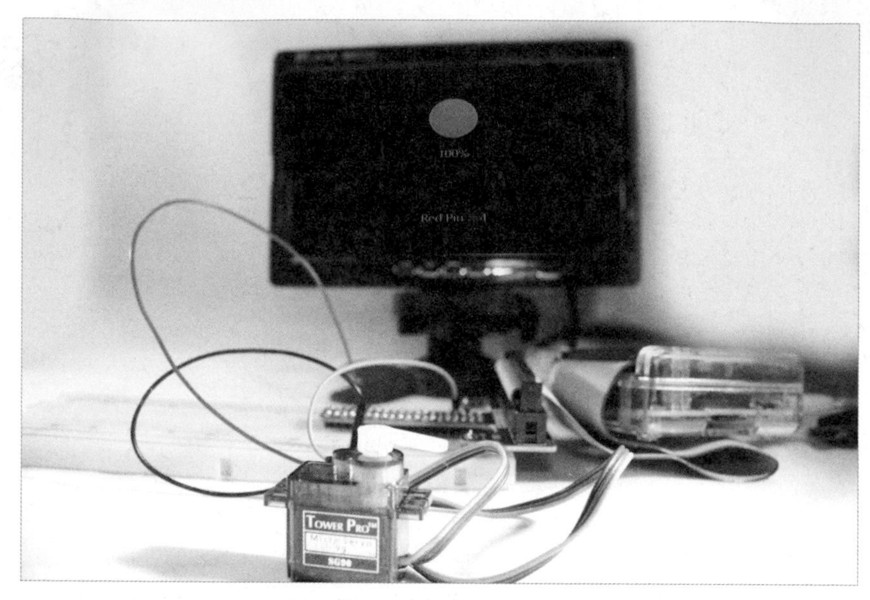

圖 14-0 本章完成圖

14.1 Windows 10 IoT Core 的 PWM 脈衝寬度調變

介紹

PWM（Pulse Width Modulation 脈衝寬度調變）是將訊號編碼於脈波寬度上的一種技術，利用微處理器的數位輸出，此技術以數位方式來模擬類比訊號，是一種非常有效的技術，其廣泛應用在資料傳輸上。而因數位訊號只存在 High、LOW 電位的變化，相較於類比訊號，比較不會受到雜訊干擾。

PWM 方式是透過對一系列脈衝的寬度進行調配，有效地獲得所需要的波形和電壓。透過 PWM 訊號，脈波寬度在整個週期所占的比例稱為工作週期（duty cycle），是指位於邏輯高準位（logic high level）的波型在整個週期中占所的比例。

脈衝寬度調製是一種類比時間高低控制方式。廣泛應用在測量、通信及功率控制變換上，最常見的應用為上一章節所提到的模擬類比輸、LED 亮度控制、電機轉速控制、控制步進馬達…等。

如果我們設定 PWM 是 500Hz，而底下的圖中綠色的直線每個間隔為 2 Milliseconds，就是 1/500Hz 秒，也就是 PWM 的極限。

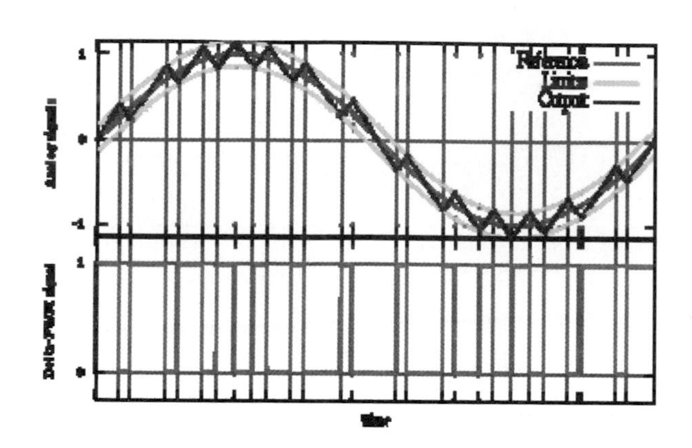

圖 14-1 類比轉成 PWM

PWM 的一個優點是從處理器到被控系統信號都是數位形式的，無須進行轉換。讓信號保持為數位形式可使資料穩定，而這也是在某些時候將 PWM 用於通信的主要原因。從模擬信號轉向 PWM 可以極大地延長通信距離。在接收端，通過適當的 RC 或 LC 網路可以濾除調製高頻方波，並將信號還原為模擬形式。PWM 控制技術一直是變頻技術的核心技術之一。1964 年 A.Schonung 和 H.stemmler 首先提出把這項通訊技術應用到交流傳動中。從最初採用模擬電路完成三角調製波和參考正弦波比較，產生正弦脈寬調製 SPWM 信號以控制功率器件的開關開始，到目前採用全數字化方案。

而 PWM 頻率 Hz 的數算法，通過數算在某時間內(t)內重複事件發生的次數 n，就可以獲得重複事件發生的頻率：

$$f = n/t$$

例如，假若在 2 秒內發生了 10 次，則頻率 f 為 5Hz。

$$f = 10/2$$

14.2 PWM 函數

函數介紹

嚴格來說，Windows 10 IoT Core 的 IoT 指令，不管是軟體和硬體上都沒有提供 PWM 的功能，在此柯老師特地寫了一組 PWM 的類別函數來完成此目的。該組類別函數有：

```
PWM.setValue ( GpioPin Pin, , double HighDuring ,double During)
```

該函數實際執行的原理，是透過自己設定的高電位和低電位的頻率。

- Pin：接腳號碼
- HighDuring：高電位的時間，單位是 ms 豪秒
- During：一個ＰＷＭ波形的時間，單位是 ms 豪秒

請留意 During 時間一定要比 HighDuring 大。

```
PWM.PWMStart()
```

啟動 PWM，並且持續執行。

實際範例

設定接腳 4 為一個 1000ms（一秒）中的 100ms 為高電位，900ms 為低電位。

部分範例程式 ch14\14-2\PWM-A\CS\MainPage.xaml.cs

```
var gpio = GpioController.GetDefault();
var redpin = gpio.OpenPin(4);
redpin.SetDriveMode(GpioPinDriveMode.Output);    // 設定接腳 GPIO4 為輸出
GPWM = new PWM();
GPWM.setValue(redpin, 100, 1000);    // 設定一個 1000ms 中，100ms 為高電位
GPWM.PWMStart();                     // 執行
```

另外，為了方便比較熟悉 Arduino 的開發者瞭解，這裡刻意使用相同函數名稱，做出相同的 PWM 的動作。

```
PWM.init(GpioPin Pin, double frequency)
```

該函數實際執行的原理是透過自己定的頻率。

- Pin：接腳號碼
- frequency：頻率單位是 Hz

```
PWM.start(double dc)
```

在程式啟動 PWM 時使用。

- dc：duty cycle 範圍在 0.0 到 100.0 之間。其意思是高電壓的時間在這個頻率中占多少。

實際範例

設定接腳 4 的頻率為 0.5Hz，也就是執行一個週期要花 2 秒鐘，並且 50%是高電壓，其他都是低電壓。

部分範例程式 ch14\14-2\PWM-B\CS\MainPage.xaml.cs

```
var gpio = GpioController.GetDefault();
var redpin = gpio.OpenPin(4);
redpin.SetDriveMode(GpioPinDriveMode.Output);     // 設定接腳 GPIO4 為輸出
GPWM = new PWM();
GPWM.init(redpin, 0.5);     // 設定一個 1000ms 中，100ms 為高電位
GPWM.start(50);             // 執行
```

所以，當透過 PWM start(dc)函數指定 dc 參數數值在 0 到 100 之間時，PWM start(100)就是 100%都是高電壓，也就會造成 3.3V 的效果，GPIO.start(100/2)就會造成 1.65V 的效果。不過就如類比輸出時所提到的，盡量讓 Hz 時間越大約好，以樹莓派 2 為例，至少要 100Hz 以上才會有效果。

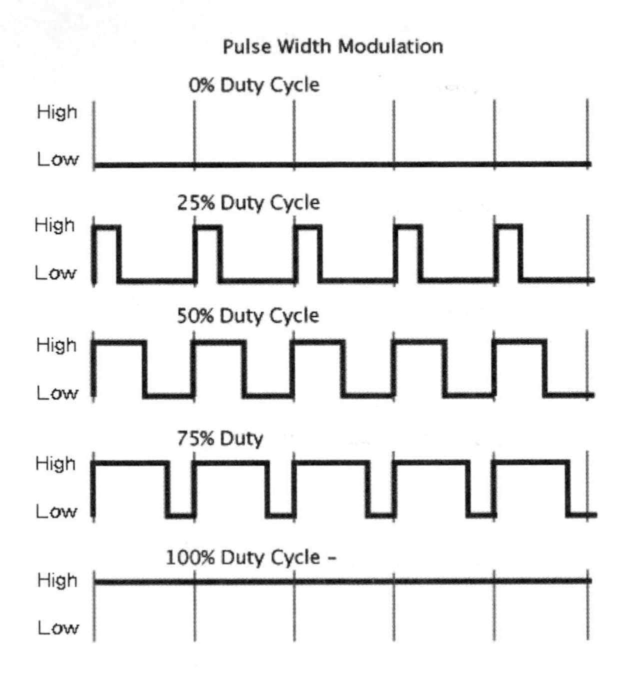

圖 14-2 類比轉成 PWM

```
PWM.ChangeFrequency(frequency)
```

程式中即時改變 frequency 頻率，單位是 Hz。

- frequency：頻率單位是 Hz

範例：

設定接腳 4 的頻率為 100Hz，由 100% 都是高電壓，變換到頻率為 20Hz。

```
import RPi.GPIO as GPIO
GPIO.setmode(GPIO.BCM)
GPIO.setup(12, GPIO.OUT)
GPIO.PWM(4, 50)
GPIO.ChangeFrequency (20)
```

```
PWM.ChangeDutyCycle(dc)
```

dc：duty cycle 範圍在 0.0 到 100.0 之間。其意思是高電壓的時間在這個頻率中占多少。

程式中即時改變 duty cycle 範圍在 0.0 到 100.0 之間。

實際範例

設定接腳 4 的頻率為 0.5Hz，由 150% 都是高電壓，於執行後，變換頻率為 1Hz，而 25% 是高電壓，75% 是低電壓。

部分範例程式 ch14\14-2\PWM-C\CS\MainPage.xaml.cs

```
var gpio = GpioController.GetDefault();
var redpin = gpio.OpenPin(4);
redpin.SetDriveMode(GpioPinDriveMode.Output);       // 設定接腳 GPIO4 為輸出
GPWM = new PWM();
GPWM.init(redpin, 0.5);             // 設定接腳 4 和頻率為 0.5Hz
GPWM.start(50);                     // 執行，且 50%為高電壓
GPWM.ChangeFrequency (1);           // 變換到頻率為 1Hz。
GPWM.ChangeDutyCycle(25);           // 執行，且 25%為高電壓
```

完整程式

而完整的 PWM.cs 程式說明如下：

範例程式：ch14\14-2\PWM-C\CS\PWM.cs

```
1. …                                              // using 定義，省略顯示
2. namespace RGBLED
3. {
4.     class PWM
5.     {
6.         public GpioPin pin;                    // 記錄接腳
7.         public double currentDirection;        // 高電壓的時間 ms
8.         public double PulseFrequency = 20;     // 週期的時間 ms
9.         private Stopwatch stopwatch;           // 時間
10.        private double msec=1000.0;            // 1 秒=1000ms 豪秒
11.        public void init(GpioPin iPin, double frequency)
           // 初始化函數
12.        {
13.            this.PulseFrequency = (msec * (1/frequency));
               // 轉換成週期時間
14.            this.pin = iPin;                   // 記錄接腳
15.        }
16.        public void start(double dc)           // 執行 PWM
17.        {
18.            currentDirection = dc * this.PulseFrequency / 100;
               // 計算高電壓的時間 ms
19.            PWMStart();
```

```
20.         }
21.         public void ChangeFrequency(double frequency)
            // 改變 frequency 頻率
22.         {
23.             this.PulseFrequency = (msec * (1 / frequency));
                // 轉換成週期時間
24.         }
25.         public void ChangeDutyCycle(double dc)    // 改變高電壓比例
26.         {
27.             currentDirection = dc * msec / 100 ; // 計算高電壓的時間 ms
28.         }
29.         public void setValue(GpioPin iPin, double icurrentDirection,
                            double iPulseFrequency) // 設定 PWM 的時間
30.         {
31.             this.currentDirection = icurrentDirection;
                // 高電壓的時間 ms
32.             this.PulseFrequency = iPulseFrequency;
                // 週期的時間 ms
33.             this.pin = iPin;                        // 記錄接腳
34.         }
35.         public void PWMStart()                      // 執行 PWM
36.         {
37.             stopwatch = Stopwatch.StartNew();    // 時間
38.             Windows.System.Threading.ThreadPool.RunAsync(this.
                PWMthread,
                Windows.System.Threading.WorkItemPriority.High);
                // 多工
39.         }
40.         private void PWMthread(IAsyncAction action)
            // 真正處理 PWM 的函數
41.         {     while (true)
42.               {   if (currentDirection != 0)
43.                   {       this.pin.Write(GpioPinValue.High);
                      // 設定高電位
44.                   }
45.                   Wait(currentDirection);         // 等待，執行高電壓的時間
46.                   this.pin.Write(GpioPinValue.Low); // 設定為低電壓
47.                   Wait(PulseFrequency - currentDirection);
                      // 等待，執行低電壓的時間
48.               }
49.         }
50.         private void Wait(double milliseconds)     // 等待的處理函數
51.         {
52.             long initialTick = stopwatch.ElapsedTicks;  // 現在時間
53.             long initialElapsed = stopwatch.ElapsedMilliseconds;
                // 現在的豪秒數
54.             double desiredTicks = milliseconds / 1000.0 * Stopwatch.
                Frequency; // 轉換秒數
```

```
55.                 double finalTick = initialTick + desiredTicks;
                    // 結束等待的時間
56.                 while (stopwatch.ElapsedTicks < finalTick)
                    // 等待，判斷現在時間
57.                 {
58.                 }
59. }     } }
```

程式說明

- 第 13-14 行：設定整個 PWM 週期的時間和接腳。
- 第 18 行：設定和計算高電壓的時間。
- 第 31-33 行：設定高電壓和整個 PWM 週期的時間和接腳。
- 第 38 行：執行和啟動多工。
- 第 55 行：由現在的時間加上要等待的時間。
- 第 56 行：抓取現在時間，並判斷是大於等待時間。

執行結果

本範例執行後的三個範例都很類似，硬體結果如下圖所示。依照程式的設定，調整 LED 燈的明亮和時間，硬體接線同「13.5 RGB LED 燈－全彩顏色的控制」的硬體接線。

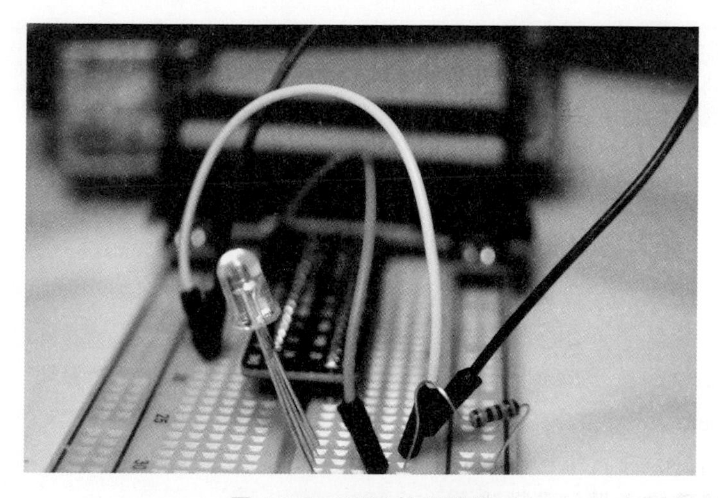

圖 14-3 PWM 執行效果

而程式的介面如下圖所示。

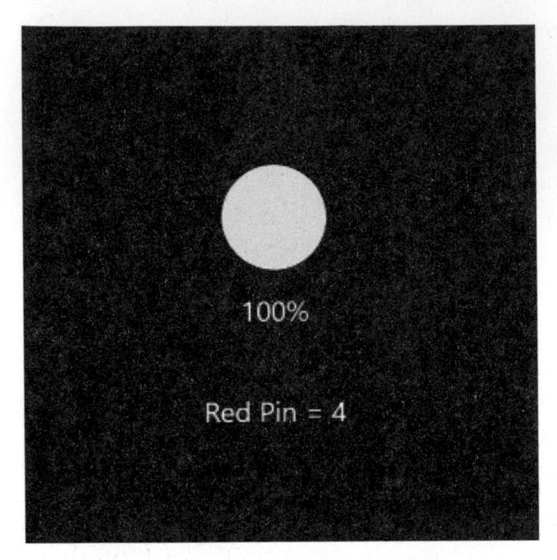

圖 14-4 PWM 範例程式執行結果

教學影片

硬體執行情況針對三個程式分別有三段教學影片可參考，請參考 *14-2-PWM-A*、*14-2-PWM-B* 和 *14-2-PWM-C*。

14.3 Servo 步進馬達

介紹

Servo 步進馬達是一個非常重要的一個元件，Servo 步進馬達的特別之處在於可以控制馬達的旋轉角度。步進馬達是脈衝馬達的一種，為具有如齒輪狀突起（小齒）相鍥合的定子和轉子，可藉由切換流向定子線圈中的電流，以一定角度逐步轉動的馬達。步進馬達的特徵是因採用開迴路（Open Loop）控制方式處理，不需要運轉量檢知器（sensor）或編碼器，且因切換電流觸發器的是脈波信號，不需要位置檢出和速度檢出的回授裝置，所以步進馬達可正確的依比例追隨脈波信號而轉動，因此就能達成精確的位置和速度控制，且穩定性佳。

圖 14-5 TOWER PRO MG996R Servo 步進馬達

目前市面上有各式各樣的 Servo 步進馬達，請見表 14-1。

表 14-1 市面上常見的 Servo 步進馬達

名稱	扭力	扭矩	速度
TOWER PRO MG996R	11 公斤	9.4 公斤/cm(4.8V) 11 公斤/cm(6V)	0.17 秒/60 度(4.8V) 0.14 秒/60 度(6V)
TOWER PRO 輝盛 MG995	13 公斤	13 公斤/cm(6V)	0.17 秒/60 度(4.8V) 0.13 秒/60 度(6V)
TOWER PRO MG90S	2.8 公斤	2.4 公斤/cm(4.8V) 2.8 公斤/cm(6V)	0.11 秒/60 度(4.8V) 0.09 秒/60 度(6.0V)
TOWER PRO MG945	13 公斤	10.5 公斤/cm(4.8V) 10.6 公斤/cm(6V)	0.20 秒/60 度(4.8V) 0.17 秒/60 度(6.0V)
TOWER PRO MG946R	13 公斤	10.5 公斤/cm(4.8V), 13 公斤/cm(6V)	0.20 秒/60 度(4.8V) 0.17se 秒/60 度(6.0V)

在馬達系統中，最常用的馬達不外乎是步進馬達和伺服馬達。其中，步進馬達主要可分為 2 相、5 相、微步進系統；伺服馬達則主要分為 DC 伺服和 AC 伺服兩種。RC SERVO 為多數小型機器人最主要的致動器，它的體積小、重量輕，並且可提供精確的旋轉角度與足夠的扭力，目前市面上知名的廠牌國產的有祥儀、廣營、栗研等，日、韓系則有 Kondo、Hitec，所生產的 RC SERVO 大部分是透過 PWM（脈波寬度調變）來控制。

市面上的 RC SERVO 控制介面可分為以下幾種：PWM、RS232、RS485、I2C，其中 PWM 控制是一種受歡迎的控制方式，我們實驗的部分也會用 PWM 來控制 SERVO 步進馬達。

一般 SERVO 步進馬達是利用 duty cycle high 的寬度來控制 RC SERVO 的旋轉角度。舉例來說，KONO KRS-788HV 這個 SERVO 所接受的 duty cycle high 寬度介於 700us~2300us 之間，因此使用者必須提供此範圍的 PWM 訊號才能令它動作。

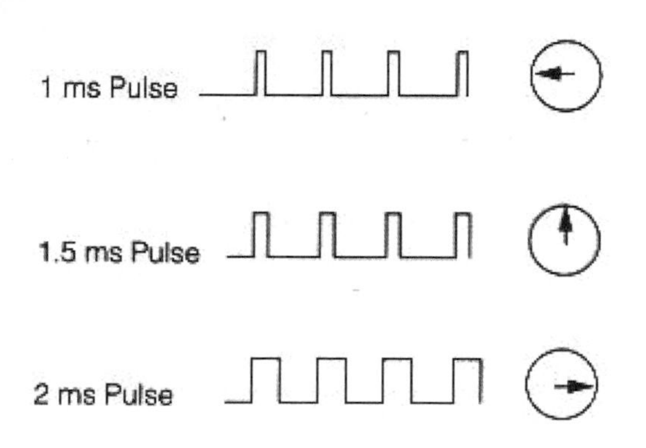

圖 14-6 改變 duty cycle high 寬度來控制 RC SERVO 角度示意圖

- 1ms 的高電壓，將馬達轉到左邊 9 點鐘的方向。
- 1.5ms 的 高電壓，將馬達轉到上面 12 點鐘的方向。
- 2ms 的 高電壓，將馬達轉到右邊 3 點鐘的方向。

以 KRS-788HV 為例，給予 1500us(1.5ms)的 PWM 訊號，它會旋轉到 90 度處（因為 1500us 寬度為中間值，KRS-788HV 的可動角度為 0~180 度，所以對應到中間位置）。改變 PWM duty cycle 控制 RC SERVO 角度示意圖，於不同的 RC SERVO 製造商就會預設不同的 PWM 與旋轉角度範圍（一般是 180 度或 270 度），所以在控制之前，最好先仔細閱讀 SERVO 步進馬達使用手冊，不同的 SERVO 步進馬達會有不同的情況。有的有角度的限制，有的是轉速的設定，都不一樣，重點是挑選 SERVO 步進馬達時，要看一下扭力和轉速，以免扭力太小，到時無法旋轉起您的東西。

可應用範圍

- 遙控汽車
- 機械手臂
- 機器人

14.4 使用 PWM－實驗：控制 Servo 步進馬達旋轉角度

實驗介紹

本章節透過控制 Servo 步進馬達旋轉角度，來看 Windows 10 IoT Core 如何與 Servo 步進馬達做互動。讓用戶透過 UI 介面，來控制 Servo 步進馬達角度為 0。

硬體準備

- 樹莓派 2 或樹莓派 3 的板子
- 一個 Servo 步進馬達
- 麵包板
- 二條接線

硬體規格

這一個實驗我們用 TOWER PRO MG90 金屬齒輪，可以有 2.8 公斤大扭力伺服器，只要 4.8v 電壓就可以轉動。

製造商編號：

- 型號編號：MG90S
- 產品尺寸：23*12.2*29mm
- 產品淨重：14g
- 產品扭矩：2.4kg/cm(4.8v)~2.8kg/cm(6v)
- 工作電壓：4.8~6v
- 工作溫度：0℃~55℃
- 動作死區：5μs
- 工作模式： 類比（金屬齒輪）

圖 14-7 TOWER PRO MG90 Servo 步進馬達的外型

一般以 PWM 訊號控制的 RC SERVO 對外連接線如下圖所示，白線為 PWM 訊號線，紅線為電源線，黑線為地線。使用者通常會透過微處理器連接 SERVO 控制器來提供 PWM 訊號及電源。

此設備有三個接腳分別是：

- VCC 電源：線的顏色為紅色。
- GND 接地：線的顏色為黑色或棕色。
- Pulse 脈衝：用來控制角度，線的顏色為橘色或黃色。

硬體接線

Raspberry Pi 2 和 Raspberry Pi 3 接腳	元件接腳
Pin 7 / GPIO 4	Servo 步進馬達的 Pulse 脈衝
Pin 6 / GND	Servo 步進馬達的 GND 接地
Pin 1 / 3.3V	Servo 步進馬達的 VCC 電源

硬體接線設計圖 ch14\14-4\14-3.fzz

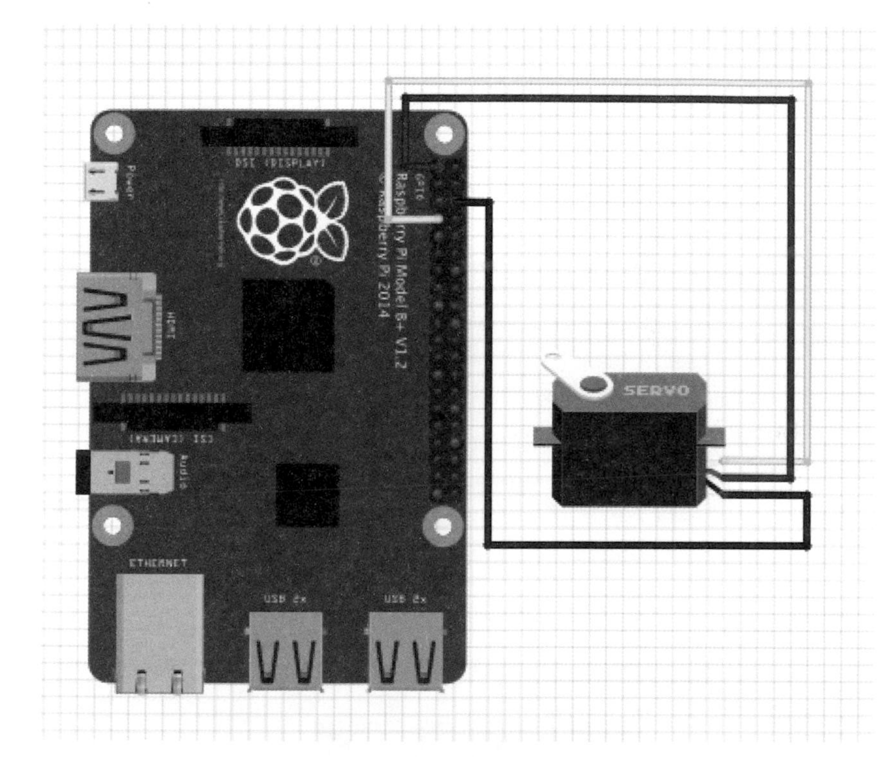

圖 14-8　硬體接線圖

介面設計

範例程式：ch14\14-4\ServoMotor\CS\MainPage.xaml

```
1. <Page
2.      x:Class="RGBLED.MainPage"
3.      xmlns="http://schemas.microsoft.com/winfx/2006/xaml/presentation"
4.      xmlns:x="http://schemas.microsoft.com/winfx/2006/xaml"
5.      xmlns:local="using:RGBLED"
6.      xmlns:d="http://schemas.microsoft.com/expression/blend/2008"
7.      xmlns:mc="http://schemas.openxmlformats.org/markup-compatibility/
        2006"
8.      mc:Ignorable="d"
9.      >
10.
11.    <Grid Background="{ThemeResource ApplicationPageBackgroundThemeBrush}">
12.       <StackPanel HorizontalAlignment="Center" VerticalAlignment="Center">
13.          <Ellipse x:Name="LED" Fill="LightGray" Stroke="White" Width="100"
                   Height="100" Margin="10"/>
```

```
14.         <TextBlock x:Name="DelayText" Text="100%" Margin="10"
                    TextAlignment="Center" FontSize="26.667" />
            <Slider x:Name="Delay" Width="200" Value="100"
                    Minimum="0" Maximum="100"  Margin="10"
                    ValueChanged="ValueChanged" STEPFrequency="1"/>
15.         <TextBlock x:Name="GpioStatus" Text="Waiting to initialize
                    GPIO..." Margin="10,50,10,10" TextAlignment="Center"
                    FontSize="26.667" />
16.         </StackPanel>
17.     </Grid>
18. </Page>
```

程式說明

- 第 13 行：畫面上的圈圈。
- 第 14 行：文字，用來顯示滑動元件的移動情況。
- 第 15 行：滑動元件，用來調整時間的長短，範圍在 0 到 100，調整後會呼叫程式中的「ValueChanged」函數。
- 第 16 行：文字，用來顯示接腳的情況。

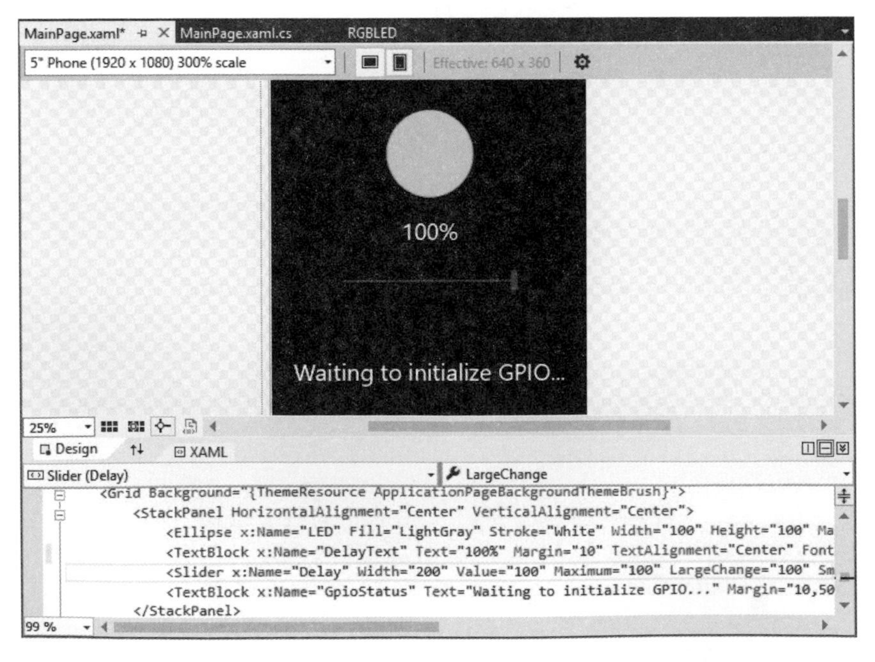

圖 14-9 介面設計

在這程式中，有個重點就是馬達要如何設定轉速。以TOWER PRO MG90 金屬齒輪的 Servo Motor步進馬達來說，一個PWM的波長為 20ms，如果要

- 0ms 的高電壓，將馬達轉到 9 點鐘左邊的方向。
- 1ms 的高電壓，將馬達轉到 12 點鐘上面的方向。
- 2.5ms 的高電壓，將馬達轉到 3 點鐘右邊的方向。

注意 請注意！如果你有不同的步進馬達，就需要微調這個數字喔！

實際範例

範例程式：ch14\14-4\ServoMotor\CS\MainPage.xaml.cs

```
1. …                                                   // using 定義，省略顯示
2. namespace RGBLED
3. {
4.     public sealed partial class MainPage : Page
5.     {
6.         private GpioPin redpin;                    // 接腳 變數
7.         private PWM RPWM;
8.         private double RValue, GValue, BValue;
9.         private double motorMaxPos, motorPulseFrequency;
10.         public MainPage()
11.         {
12.             InitializeComponent();                 // 初始化元件
13.             var gpio = GpioController.GetDefault(); //  GPIO 初始化
14.             if (gpio == null)
15.             {
16.               GpioStatus.Text = "There is no GPIO controller on this
                  device."; // 錯誤處理
17.                 return;
18.             }
19.             redpin = gpio.OpenPin(4);              // 指定接腳 4
20.             redpin.SetDriveMode(GpioPinDriveMode.Output);
                // 接腳數位輸出
21.             GpioStatus.Text = string.Format(
22.                 "Red Pin = {0} ",     redpin.PinNumber);
                    // 顯示接腳號碼
23.             motorPulseFrequency = 20;              // 指定波長 20ms
24.             RPWM = new PWM();                      // PWM 初始化
25.             RPWM.init(redpin, motorPulseFrequency);
                // 設定 PWM 接腳和波長
```

```
26.             RPWM.PWMStart();                    // 啟動 PWM
27.         }
28.         private void ValueChanged(object sender,
29.                    RangeBaseValueChangedEventArgs e)
                       // 「滑動元件」會呼叫的函數
30.         {
31.              DelayText.Text = e.NewValue + "%";
32.              if (RPWM != null)  {
33.                  RPWM.setValue(redpin, 0+(2.5*(e.NewValue / 100)),
                     motorPulseFrequency);          // 調整 PWM 的時間
34.              }
35. }    }    }
```

程式說明

- 第 12-21 行：設定數位輸出的接腳。
- 第 25-27 行：呼叫 PWM 函數。
- 第 33 行：「滑動元件」會呼叫的函數。
- 第 33 行：調整 Servo 步進馬達的高電壓時間，這裡馬達的高電壓範圍為 0ms~2.5ms，請依照實際的步進馬達調整。

執行結果

執行後，用戶可以透過畫面上的「滑動元件」調整範圍，就能改變 P W M的高電壓時間，進而影響 Servo Motor 步進馬達。

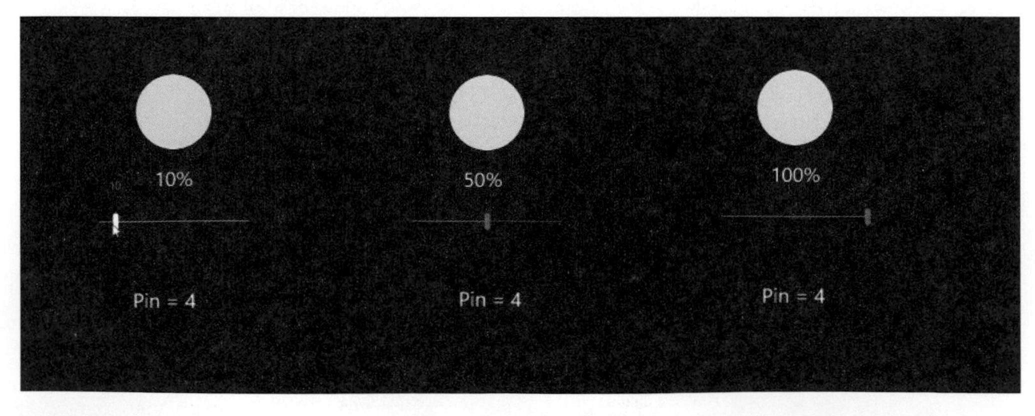

圖 14-10 執行結果

而實際的執行的硬體結果如下圖所示。因為程式調整高電壓的時間，就能改變步進馬達的旋轉角度。

圖 14-11 執行結果

教學影片

執行的影片請參考 *14-4-ServoMotor*；而硬體的執行的效果則可以參考 *14-4-ServoMotor-Hardware*。

補充資料

依照經驗，當透過樹莓派 2 連結三個以上的馬達時，這些馬達的扭力就會不夠，並且會讓樹莓派 2 不正常的突然關機，這是因為馬達的用電量比較大。所以解決的方法是，請將樹莓派 2 的電源接上電流 A 較高的變電器，如 3A 以上，就可以解決這個問題。若連接 12 個以上的馬達，使用 3A 5V DC 的變電器就可以了，直接連接在馬達的電源和接地上。一般的 Android 手機用的 USB 充電插頭都是 0.5A 5V 的變壓器，請用 3A 5V 以上的電源。

類比資料輸入

本章重點

本章節將介紹Win IoT的程式語言，如何讀取和送出類比的資料。

圖 15-0 本章完成圖

15.1 類比資料讀取

介紹

Windows 10 IoT Core 和樹莓派在軟體和硬體的功能上，目前都無法直接讀取類比資料，但是我們可以透過 IC 來達到。

在本章節實驗的目的是讀取類比資料，市面上很多裝置都需要使用類比輸入並讀取類比資料，例如：可變電阻的電阻值、二氧化碳檢測器、瓦斯監測感應器、光敏電阻…等，所以在物聯網中，透過硬體讀取類比輸入的技巧是非常重要且常見的需求。

圖 15-1 可變電阻

15.2 數位輸入 IC

介紹

Raspberry Pi 無法直接讀取真正所謂的類比電壓，如 1.2V 或 0.8V…等，那還有什麼方法可做到這樣的功能呢？

我們需要透過其他方法來解決這個問題，其中可以透過 ADC（Analog to digital converters 類比轉數位）IC 來讀取類比資料，並透過 IC 轉換成 8bits 的數位資料。常見的 ADC IC 有：

- ADC0804：有 8 個接腳的數位輸出。（本章節會介紹）
- MCP3008：只有 4 個接腳的數位輸出。
- AD7705：有二組類比輸入的接腳。

圖 15-2 ADC IC 的外觀

而市面上 ADC 的 IC 都是透過 SPI 的方法與 IC 溝通，而 SPI 的原理和使用方式，將會在 16 章詳細說明。而本章節的類比資料讀取，將會透過 IC ADC0804 來完成，其接腳功能如下圖所示，請留意該 IC 上的邊邊，有個半圓弧狀的凹洞，這是方便使用者分辨方向和接腳位置的設計。

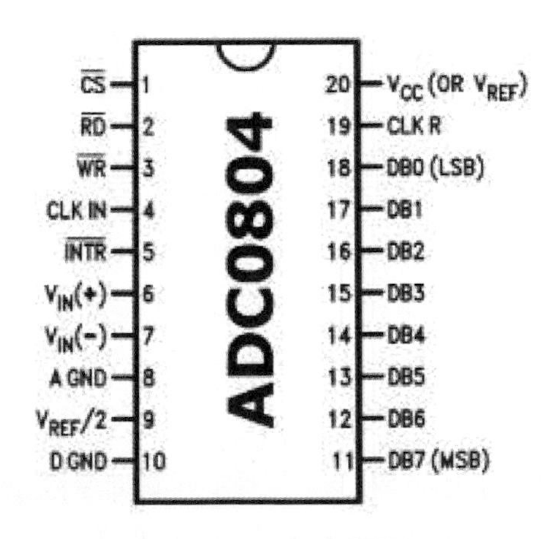

圖 15-3 接腳功能圖

表 15-1 接腳功能表

接腳號碼	功能描述	名稱
1	啟動	啟動
2	讀取動作的設定	Read 讀取
3	寫入動作的設定	Write 寫入
4	計時器	Clock IN 計時器

接腳號碼	功能描述	名稱
5	中斷動作	Interrupt 中斷
6	類比資料的數入	Vin(+)類比資料
7	接地	Vin(-)類比資料
8	類比的接地	Analog Ground 接地
9	接地	接地
10	接地	Digital Ground 接地
11	8 bits 的數位輸出資料	D7 數位輸出
12		D6 數位輸出
13		D5 數位輸出
14		D4 數位輸出
15		D3 數位輸出
16		D2 數位輸出
17		D1 數位輸出
18		D0 數位輸出
19	計時器	Clock R 計時器
20	5V 電源	Vcc 電源

而 ICADC0804 的使用方法和硬體接線方法，如下圖所示。

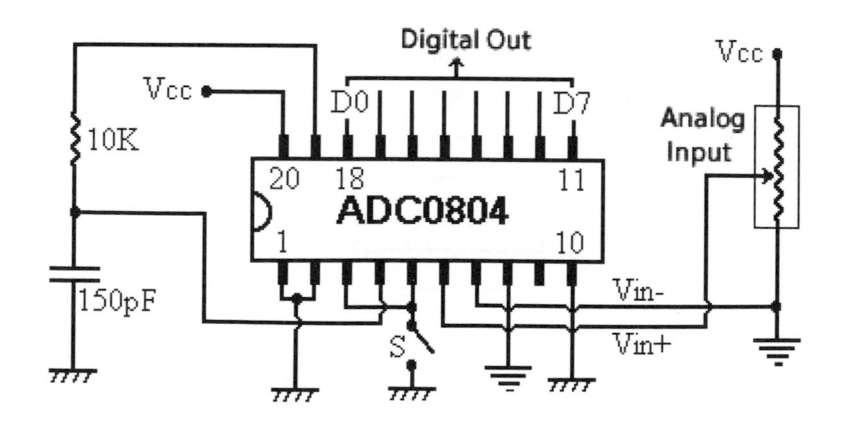

圖 15-4 ADC 0804 使用方式

15.3 實驗－ADC 0804 類比輸入和 2 進位 LED 燈

介紹

因為使用 IC ADC0804 接線就已經很複雜了，所以在此把專案的動作分成兩回。本章節將使用 ADC0804 IC 來做類比輸入的讀取，並且把輸出的 8 個數位接腳，透過 LED 燈來顯示，這樣看起來，8 個 LED 燈就會像是 1 個位元（8 個字元）的 LED 數字燈。而欲測試 ADC0804 是否連接正確，需要透過讀取可變電阻的類比資料，並且透過 LED 燈把它顯示出來，如此一來，就是一個標準的讀取類比資料硬體。當然在網路上也可以找到現成的 ADC0804 模組電路板。

硬體準備

- 8 個 LED
- 1 個 10k ohm 電阻，顏色為棕黑橙，最後一色環金或銀
- 1 個 IC 是 ADC0804
- 1 個 150 pf 的電容，上面的號碼是 151
- 麵包板
- 數條接線
- 電池 AA 二個（3.3V）
- 一個可變電阻

硬體接線

Raspberry Pi 2 接腳	元件接腳
Pin 29 / GPIO5	LED 長腳，並將 LED 短腳與電阻連接。
GND	LED 短腳透過 220 ohm 電阻。

這個實驗不用 Raspberry Pi 的硬體和軟體，是單純的硬體時間，請在沒有接上電源和電池的情況下進行。依照下圖的硬體接線圖，接過一次硬體線路。理論上 LED 燈要連接電阻來防止燒壞 LED 燈。如果您時間允許，應該要這樣做，但因為線路已經很複雜了，也可以省略。所以，請買好一點的 LED 燈以避免被燒壞，另外 IC 的電源 5V 和 3.3V 都可以使用。

ADC0804 接腳 pin	元件接腳
Pin 1	電池 GND
Pin 2	電池 GND
Pin 3	Pin 5
Pin 4	連接到電容
Pin 5	Pin 3
Pin 6	連接到可變電阻
Pin 7	電池 GND
Pin 8	電池 GND
Pin 9	不用接線
Pin 10	電池 GND
Pin 11	第 1 個 LED 燈的長腳。然後，LED 燈的短腳先接 10K ohm 電阻，再接到 GND
Pin 12	第 2 個 LED 燈的長腳。然後，LED 燈的短腳先接 10K ohm 電阻，再接到 GND
Pin 13	第 3 個 LED 燈的長腳。然後，LED 燈的短腳先接 10K ohm 電阻，再接到 GND
Pin 14	第 4 個 LED 燈的長腳。然後，LED 燈的短腳先接 10K ohm 電阻，再接到 GND
Pin 15	第 5 個 LED 燈的長腳。然後，LED 燈的短腳先接 10K ohm 電阻，再接到 GND
Pin 16	第 6 個 LED 燈的長腳。然後，LED 燈的短腳先接 10K ohm 電阻，再接到 GND
Pin 17	第 7 個 LED 燈的長腳。然後，LED 燈的短腳先接 10K ohm 電阻，再接到 GND
Pin 18	第 8 個 LED 燈的長腳。然後，LED 燈的短腳先接 10K ohm 電阻，再接到 GND
Pin 19	先接 10K ohm 電阻，再接到電容
Pin 20	5V 電池的正極

硬體接線設計圖 ch15\ch15-3\15-3.fzz

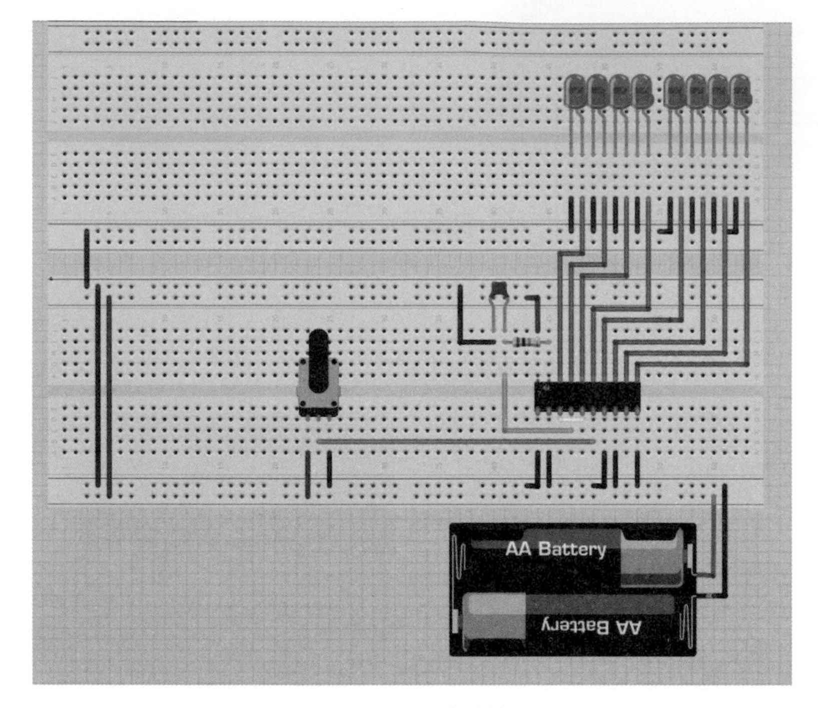

圖 15-5 硬體接線

步驟

這個實驗不用 Raspberry Pi 和 Windows 電腦，只是單純的電子硬體線路。請先確定線路一切正常，再接上 5V 或 3.3V 的電池（2 個 AA 電池）。

這實驗的目的是透過用戶調整可變電阻，就可以看到 8 個 LED 燈顯示 2 進位電阻的資料。

如果手邊沒有電池，也可以用 Raspberry Pi 的 GPIO 上的 Pin 2（第二個接腳）5V 和 Pin 6（第六個接腳）GND 來代替電池。

教學影片

因為這個硬體線路非常複雜，所以如果在實驗時有問題，請參考教學影片 *15-3-ADC0804-Analog-to-Digital-IC*，比較一下看哪個接腳沒有接好。

此影片是柯博文老師親自教學，如何透過 ADC0804 IC 去讀取可變電阻，就會把資料透過 8 個 LED 顯示在上面。

圖 15-6 實際硬體結果

另外我也會建議，如果在麵包板測試成功，可以到電子材料行購買電路板，透過焊槍和錫把 ADC0804 做成一個模組，因為使用的機會非常高，也可以省掉以後再次接線的麻煩。

圖 15-7 自製 AD0804 電子模組

另外對焊槍不熟悉者，也可以用膠帶把測試成功的麵包板捆著，僅把電源、接地、數位輸出、類比輸入接線用較長的線拉出來，這也是一個克難的方式。

15.4 讀取數位資料－透過 ADC0804

介紹

如果您剛剛的第一個實驗順利，接下來我們會做第二步的實驗，就是把這 8 條所謂的數位資料接到 Raspberry Pi 板子上，再透過程式來讀取資料，並且把它顯示在電腦螢幕上。

硬體準備

和上一個實驗一樣的硬體，並把電池和 LED 燈移除，使用 Raspberry Pi 2 來供電和讀取資料。

- 樹莓派 2 或樹莓派 3 的板子
- 一個可變電阻
- 一個 10k ohm 電阻，顏色為棕黑橙，最後一色環金或銀
- 1 個 ADC0804 IC
- 1 個 150 pf 的電容，上面的號碼是 151
- 麵包板
- 數條接線

硬體接線

請先將上一個 ADC0804 實驗的線接好，關機後拔除電源，並把上一個實驗的電池拔掉。依照下方的硬體接線圖，連接 Raspberry Pi 的硬體線路。不同的是把 LED 燈上面的 8 條接線連接到 Raspberry Pi 的 GPIO 上，和電源做些調整。

Raspberry Pi 接腳	ADC0804 元件
Pin 1 / 電源 3.3V	Pin 20
Pin 6 / GND	電源 Gnd
Pin 7 / GPIO4	Pin 18
Pin 25 / GPIO5	Pin 17
Pin 11 / GPIO17	Pin 16
Pin 12 / GPIO18	Pin 15
Pin 15 / GPIO22	Pin 14
Pin 16 / GPIO23	Pin 13
Pin 18 / GPIO24	Pin 12
Pin 22 / GPIO25	Pin 11
Raspberry Pi 接腳	ADC0804 元件

硬體接線設計圖 ch15\15-4\15-4-analog_inputB.fzz

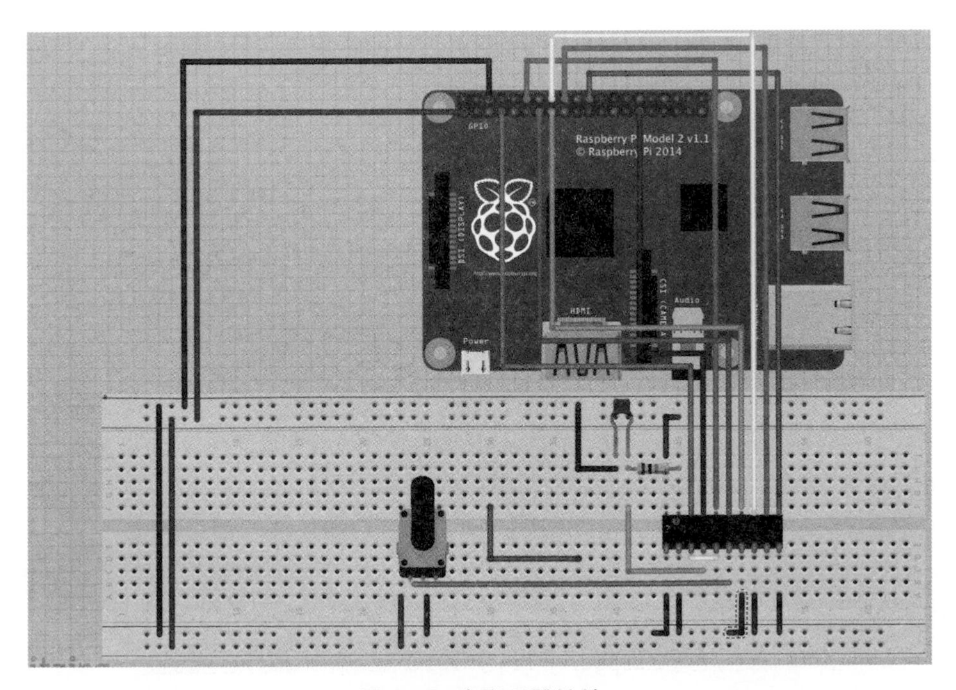

圖 15-8 實際硬體接線

介面設計

範例程式：ch15\15-4\analogin\MyIoTApp\MainPage.xaml

```
1. <Page
2.     x:Class="MyIoTApp.MainPage"
3.    xmlns="http://schemas.microsoft.com/winfx/2006/xaml/presentation"
4.     xmlns:x="http://schemas.microsoft.com/winfx/2006/xaml"
5.     xmlns:local="using:MyIoTApp"
6.     xmlns:d="http://schemas.microsoft.com/expression/blend/2008"
7.    xmlns:mc="http://schemas.openxmlformats.org/markup-compatibility/2006"
8.     mc:Ignorable="d">
9.     <Grid Background="{ThemeResource ApplicationPageBackgroundThemeBrush}">
10.         <StackPanel HorizontalAlignment="Center" VerticalAlignment=
            "Center">
11.             <TextBox x:Name="Message" Text="Hello, World!"
                Margin="10" IsReadOnly="True"/>
12.             <TextBox x:Name="Pins" Text="Pins" Margin="10"
                IsReadOnly="True"/>
13.             <Button x:Name="ClickMe" Content="Click Me!"
                Click="ClickMe_Click"
14.                 Margin="10" HorizontalAlignment="Center"/>
15.         </StackPanel>
16.     </Grid>
</Page>
```

程式說明

- 第 11 行：文字，用來顯示讀取類比的資料值。
- 第 12 行：文字，用來顯示 8 個接腳的位置
- 第 13 行：按鈕，按下後就會結束程式。

圖 15-9 介面設計

請留意一下，本程式是透過 IO ADC0804 將類比資料轉換成 8bits 的數位資料，再透過本程式讀取 8 個類比輸入的資料，並且經由 2 進位的計算，轉換成 10 進位顯示在文字元件上。

實際範例

範例程式：ch15\15-4\analogin\MyIoTApp\MainPage.xaml.cs

```
1.  …                                          // using 定義，省略顯示
2. namespace MyIoTApp
3. {
4.     public sealed partial class MainPage : Page
5.     {
6.         private GpioPin Input0,Input1, Input2, Input3, Input4, Input5,
           Input6, Input7;
7.         private DispatcherTimer timer;
8.         public MainPage()
9.         {
10.            this.InitializeComponent();      // 初始化元件
11.            GpioController gpio=GpioController.GetDefault();
               //取得 GPIO 控制
12.            Input0 = gpio.OpenPin(4);        // 指定打開接腳 4
```

```
13.            Input0.SetDriveMode(GpioPinDriveMode.Input);
               // 接腳為數位輸入
14.            Input1 = gpio.OpenPin(5);         // 指定打開接腳 5
15.            Input1.SetDriveMode(GpioPinDriveMode.Input);
               // 接腳為數位輸入
16.            Input2 = gpio.OpenPin(17);        // 指定打開接腳 17
17.            Input2.SetDriveMode(GpioPinDriveMode.Input);
               // 接腳為數位輸入
18.            Input3 = gpio.OpenPin(18);        // 指定打開接腳 18
19.            Input3.SetDriveMode(GpioPinDriveMode.Input);
               // 接腳為數位輸入
20.            Input4 = gpio.OpenPin(22);        // 指定打開接腳 22
21.            Input4.SetDriveMode(GpioPinDriveMode.Input);
               // 接腳為數位輸入
22.            Input5 = gpio.OpenPin(23);        // 指定打開接腳 23
23.            Input5.SetDriveMode(GpioPinDriveMode.Input);
               // 接腳為數位輸入
24.            Input6 = gpio.OpenPin(24);        // 指定打開接腳 24
25.            Input6.SetDriveMode(GpioPinDriveMode.Input);
               // 接腳為數位輸入
26.            Input7 = gpio.OpenPin(25);        // 指定打開接腳 25
27.            Input7.SetDriveMode(GpioPinDriveMode.Input);
               // 接腳為數位輸入
28.            timer = new DispatcherTimer();   // 定時
29.            timer.Interval = TimeSpan.FromMilliseconds(500);
               // 設定每 0.5 秒反應
30.            timer.Tick += Timer_Tick;         // 指定時間到的反應函數
31.            timer.Start();                    // 啟動定時器
32.            Pins.Text = string.Format("Pin0 ={0},Pin1 ={1},
               Pin2 ={2},Pin3 ={3},Pin4 ={4},
               Pin5 ={5},Pin6 ={6},Pin7 ={7}"
33.            , Input0.PinNumber, Input1.PinNumber, Input2.PinNumber
34.            , Input3.PinNumber, Input4.PinNumber, Input5.PinNumber
35.            , Input6.PinNumber, Input7.PinNumber);
               // 顯示 8 個接腳的位置
36.        }
37.        private void Timer_Tick(object sender, object e)
38.        {
39.            int value = 0;
40.            value += ReadInput(Input0); // 讀取
41.            value += (ReadInput(Input1) << 1); // 讀取並乘上 2 後相加
42.            value += (ReadInput(Input2) << 2); // 讀取並乘上 4 後相加
43.            value += (ReadInput(Input3) << 3); // 讀取並乘上 8 後相加
44.            value += (ReadInput(Input4) << 4); // 讀取並乘上 16 後相加
45.            value += (ReadInput(Input5) << 5); // 讀取並乘上 32 後相加
46.            value += (ReadInput(Input6) << 6); // 讀取並乘上 64 後相加
47.            value += (ReadInput(Input7) << 7); // 讀取並乘上 128 後相加
```

```
48.             Message.Text = string.Format("Analog Value ={0}", value);
                // 顯示讀到的數值
49.         }
50.         private int ReadInput(GpioPin iGpioPin)
51.         {
52.             GpioPinValue value = iGpioPin.Read(); // 讀取數位輸入
53.             if (value == GpioPinValue.High) // 判斷數位輸入是否為高電位
54.             {
55.                 return 1;
56.             }
57.             return 0;
58.         }
59.        private void ClickMe_Click(object sender, RoutedEventArgs e)
          // 按鍵離開程式
60.       {     App.Current.Exit();
61. }    }     } …                              // using 定義，省略顯示
```

程式說明

- 第 11-27 行：設定 8 個數位輸入的接腳。
- 第 28-31 行：設定計時器。
- 第 37-48 行：讀取 8 個數位輸入的情況，並由 8bits 的 2 進位資料，轉換為 10 進位，然後顯示在畫面上。
- 第 50-58 行：取得特定接腳的數位輸入情況。

執行結果

執行後，用戶透過調整可變電阻，就會看到畫面上數值的變化，數字會在 0 到 255 之間，也就是 8 字元的範圍內。

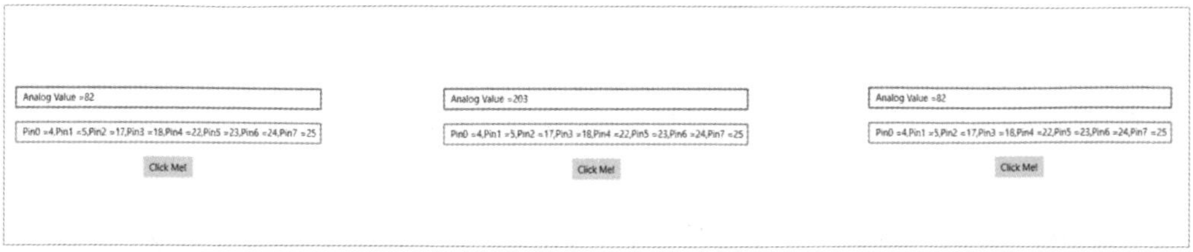

圖 15-10 執行結果

實際的硬體執行結果如下圖所示。

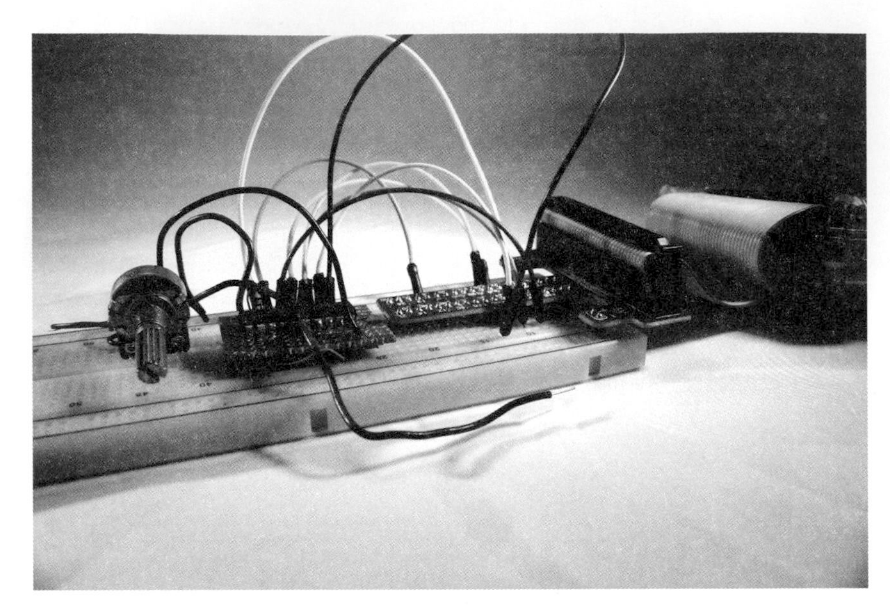

圖 15-11 實際的硬體執行結果

教學影片

教學影片和硬體的執行效果可以參考 *15-4-AnanlogInput*。影片中可以看到，如何透過 C# 去讀取可變電阻的值。

注意 市面上很多感應器都是類比輸入，而 IC 接線較爲複雜。本實驗很重要，一定要順利做出喔！

補充說明

如果擔心因為一下子占用了 8 個 GPIO 的接腳後，就沒有其他的接腳可以使用，有幾個方法可以調整：

1. 如果不要輸入資料的精準程度，可放棄低位元的接腳。
2. 萬一接腳還不夠，可以透過 74HC595 這一類的 IC 來達到目的，能夠讓 Raspberry Pi 的 3 個 GPIO 接腳，額外控制 8 個接腳。

另外，本程式也可以再做更好的調整。如果要換算電壓，可以透過讀進來的數字除以範圍，也就是 255，乘上電壓值 5V 就可以求得。

例如：讀到的數字是 120，電壓值就是(120/255)*5 也就是 2.39V。實際可以用三用電表印證。

15.5 實驗：小夜燈－光敏電阻

介紹

光敏電阻是一種特殊的電阻，只要接觸到光就會改變電阻，簡稱光電阻，又名光導管。它的電阻和光線的強弱有直接關係。光線越強，產生的自由電子也就越多，電阻就會越小。所以在這個實驗中，需要用到太陽光或是電燈，當有光線照射時，電阻內原本處於穩定狀態的電子受到激發，成為自由電子。

光電流 = 亮電流 – 暗電流

- 暗電阻：當電阻在完全沒有光線照射的狀態下（室溫），稱這時的電阻值為暗電阻（當電阻值穩定不變時，例如 1kM 歐姆），與暗電阻相對應的電流為暗電流。
- 亮電阻：當電阻在充足光線照射的狀態下（室溫），稱這時的電阻值為亮電阻（當電阻值穩定不變時，例如 1 歐姆），與亮電阻相對應的電流為亮電流。
- 光電流 = 亮電流 - 暗電流電極的條件，外型會有很多變化，運用在不同的使用情況，來做到打開電路和閉合電路。

圖 15-12 光敏電阻的外型

實驗介紹

相信各位一定都有買過晚上會自動亮起來的小夜燈，那是如何設計的呢？這個實驗將介紹如何透過用光敏電阻來確認天色已暗，還有照明的明暗度。

硬體準備

和上一個實驗一樣的硬體，把電池和 LED 燈移除，並使用 Raspberry Pi 來供電和讀取資料。

- 樹莓派 2 或樹莓派 3 的板子
- 一個 10k ohm 電阻，顏色為棕黑橙，最後一色環金或銀
- 1 個 ADC0804 IC。
- 1 個 150 pf 的電容，上面的號碼是 151
- 麵包板
- 數條接線
- 一個光敏電阻

硬體接線

請先將上一個 ADC0804 實驗的線接好，關機後拔除電源，並把上一個實驗的電池先拔掉。依照下方的硬體接線圖接上 Raspberry Pi 的硬體線路。不同的是把 LED 燈上面的 8 條接線連接到 Raspberry Pi 的 GPIO 上，和電源做些調整。

Raspberry Pi 接腳	ADC0804 元件
Pin 1 / 電源 3.3V	Pin 20
Pin 6/ GND	電源 Gnd
Pin 7 / GPIO4	Pin 18
Pin 25 / GPIO5	Pin 17
Pin 11 / GPIO17	Pin 16
Pin 12 / GPIO18	Pin 15
Pin 15 / GPIO22	Pin 14
Pin 16 / GPIO23	Pin 13

Raspberry Pi 接腳	ADC0804 元件
Pin 18 / GPIO24	Pin 12
Pin 22 / GPIO25	Pin 11

Raspberry Pi 接腳	光敏電阻元件接腳
Analog Pin A0	光敏電阻接腳 1
GND	光敏電阻接腳 2 透過 220 ohm 電阻

硬體接線設計圖 ch15\15-5\15-5-Photoresistance-.fzz

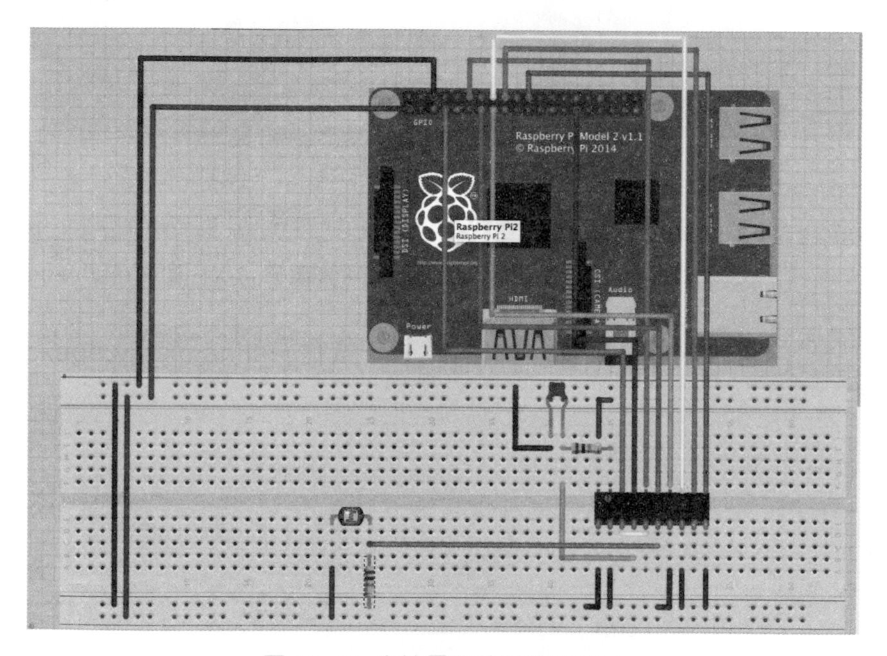

圖 15-13 光敏電阻的硬體接線圖

實際範例

請使用行上一章節的範例程式便可。

執行結果

本程式每 0.5 秒會讀取光敏電阻的電阻值一次，並且透過 ADC0804 的 IC 讀取 8bits 的資料，並把資料顯示出來。所以，在畫面上就能即時看到光敏電阻的電阻值。

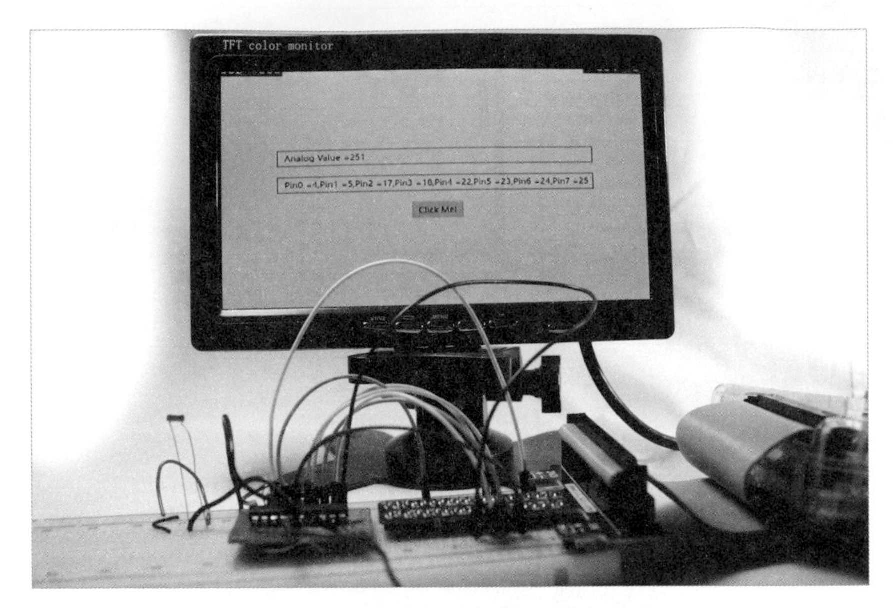

圖 15-14 光敏電阻所讀取的執行結果

教學影片

教學影片和硬體的執行效果可以觀看 *15-5-Photoresistance*，影片中可以看到如何透過 C# 讀取光敏電阻的值。

脈衝 Pulse 輸入和輸出－距離感應器

本章重點

這個章節將會介紹 Win IoT 的程式語言如何處理脈衝 Pulse 輸入和輸出的方法。

圖 16-0 本章完成圖

16.1 脈衝 Pulse

介紹

脈衝是相對於連續信號在整個信號週期內短時間發生變化的信號，例如大部分信號週期內沒有信號（低電匯），然後出現一個高電壓時，這就是產生一個脈衝 Pulse 訊號。

電壓或電流的波形像心電圖上的脈搏跳動的波形，但現在聽到的電源脈衝、聲脈衝…又作何解釋呢？脈衝的原意被延伸為：隔一段相同的時間發出的波等機械形式；學術上把脈衝定義為：在短時間內突變，隨後又迅速返回其初始值的物理量。

在脈衝的定義內，我們不難看出脈衝有間隔性的特徵，因此我們可以把脈衝作為一種信號。脈衝信號的定義由此產生：

相對於連續信號在整個信號週期內短時間發生的信號，大部分信號週期內沒有信號，就像人的脈搏一樣。現在一般指數字信號，它已經是一個週期內有一半時間（甚至更長時間）有信號。計算機內的信號就是脈衝信號，又叫數字信號。

脈衝 Pulse 函數，分成輸出和輸入的動作。輸出時，可以指定某一個高電壓的時間或是某低電壓的時間。而脈衝 Pulse 輸入則是用於讀取設定接腳脈衝的時間長度，脈衝可以是 HIGH 或 LOW，只要電壓由低變高或是由高到低，都可以算。而該函數所返回的數值，單位為 Microseconds 微秒。

16.2 脈衝 Pulse 輸出處理

介紹

為了完成脈衝 Pulse 的功能，在此柯老師特地寫了一組 Pulse 的類別函數來完成此目的。

物聯網 IOT 最主要的目的就是控制周邊設備，本專案將結合上述函數在 Windows 10 IoT Core 的環境中實際應用，並依照開發者的指定改變 GPIO 接腳的動作，透過脈衝 Pulse 指定輸出時間，控制 LED 燈的亮和暗，也就是做出脈衝 Pulse 輸出的動作。

硬體準備

- 樹莓派 2 或樹莓派 3 的板子
- 一個 LED
- 一個 220 ohm 電阻，顏色為紅紅棕，最後一色環金或銀
- 麵包板
- 數條接線

硬體接線

Raspberry Pi 接腳	元件接腳
Pin 7 / GPIO4	LED 長腳，並將 LED 短腳與電阻連接。
GND	LED 短腳透過 220 ohm 電阻。

硬體接線設計圖 ch16/16-2/16-2.fzz

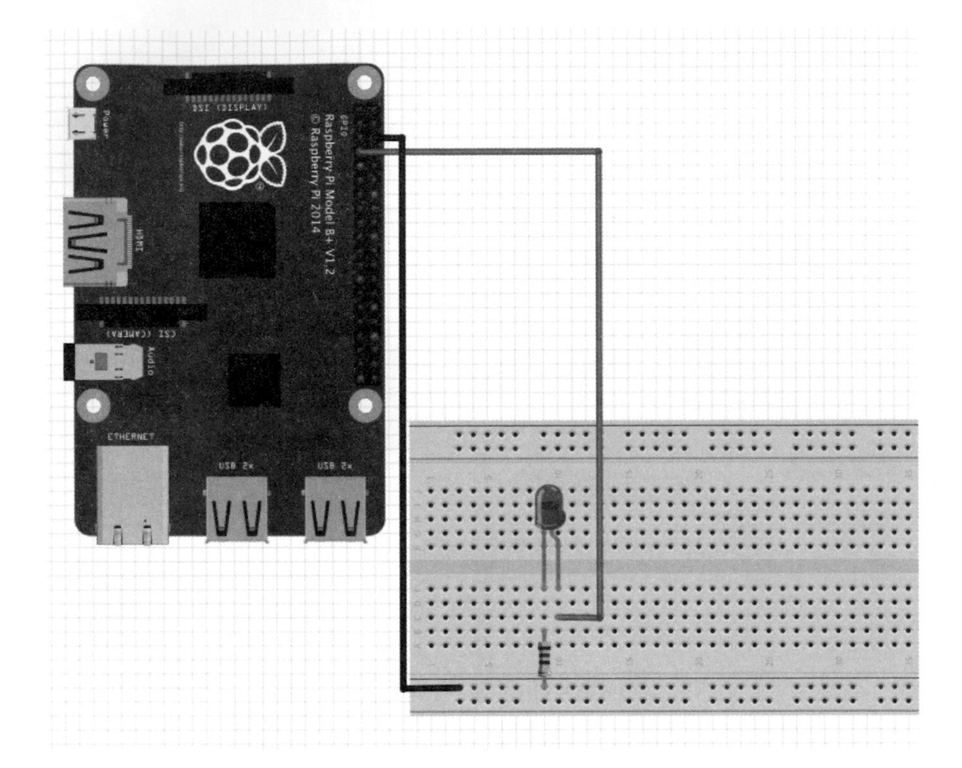

圖 16-1 硬體接線

步驟

首先請把 Raspberry Pi 關機，並將硬體接線依照上圖連完成後，再開機。請確認 Raspberry Pi 的網路 IP 位址和 LED 的接腳。

介面設計

範例程式：ch16\16-2\16-2-A\PulseApp\PulseApp\MainPage.xaml

```
1. <Page
2.     x:Class="PulseApp.MainPage"
3.     xmlns="http://schemas.microsoft.com/winfx/2006/xaml/presentation"
4.     xmlns:x="http://schemas.microsoft.com/winfx/2006/xaml"
5.     xmlns:local="using:PulseApp"
6.     xmlns:d="http://schemas.microsoft.com/expression/blend/2008"
7.     xmlns:mc="http://schemas.openxmlformats.org/markup-compatibility/2006"
8.     mc:Ignorable="d">
9.
```

```
10.    <Grid Background="{ThemeResource ApplicationPageBackgroundThemeBrush}">
11.        <StackPanel HorizontalAlignment="Center" VerticalAlignment="Center">
12.                <TextBox x:Name="Message" Text="Hello, World!"
13.                        Margin="10" IsReadOnly="True"/>
14.            </StackPanel>
15.    </Grid>
16. </Page>
```

程式說明

- 第 14 行：文字，用來顯示文字訊息。

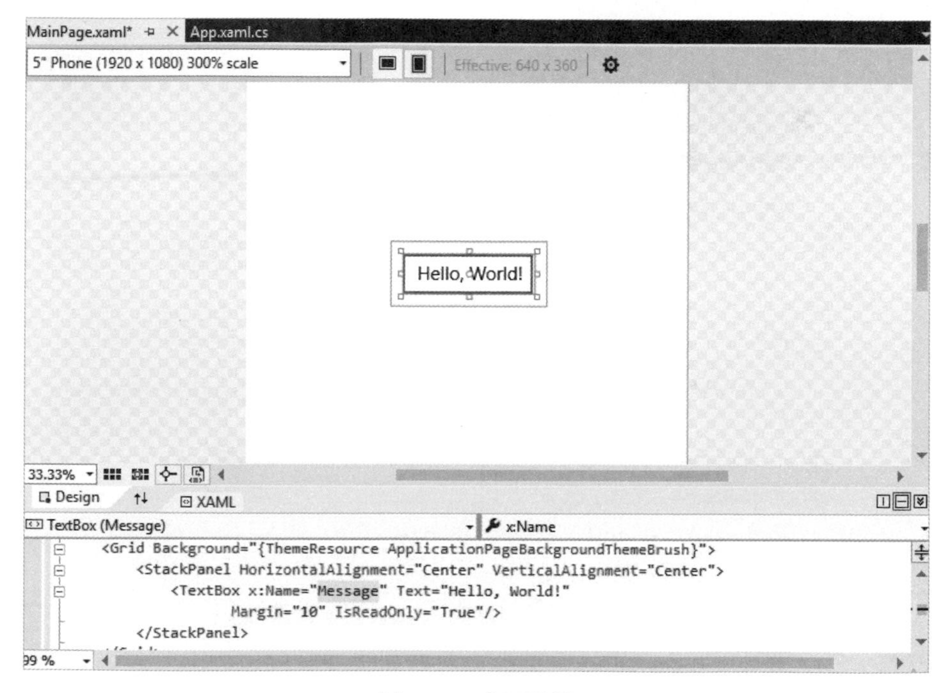

圖 16-2 介面設計

說明

本專題將使用計時器，指定透過指定接腳 GPIO 4 為輸出，並且調整該接腳的脈衝 Pulse 電壓為高電位，這樣就能夠將 LED 燈光打開。

為了讓各位瞭解脈衝 Pulse 的寫法，在此透過三個程式來解說脈衝 Pulse 輸出的原理。

程式版本A

範例程式：ch16\16-2\16-2-A\PulseApp\PulseApp\MainPage.xaml.cs

```
1. …                                                 // using 定義，省略顯示
2. namespace PulseApp
3. {
4.     public sealed partial class MainPage : Page
5.     {
6.         private GpioPin mEchoPin;               // 輸出接腳設定
7.         public MainPage()
8.         {
9.             this.InitializeComponent();         // 初始化元件
10.            var gpio = GpioController.GetDefault(); // GPIO 初始化
11.            mEchoPin = gpio.OpenPin(4);         // 指定接腳 4
12.            mEchoPin.SetDriveMode(GpioPinDriveMode.Output);
               // 接腳數位輸出
13.            var mre = new ManualResetEventSlim(false);
               // 通知已發生事件等待的多工
14.            for (;;)                            // 無窮迴圈
15.            {
16.                mEchoPin.Write(GpioPinValue.High); // 設定為高電位
17.                //  mre.Wait(TimeSpan.FromMilliseconds(0.01));
18.                mre.Wait(TimeSpan.FromMilliseconds(1000));
                   // 等待 1000ms
19.                mEchoPin.Write(GpioPinValue.Low);  // 設定為低電位
20.                mre.Wait(TimeSpan.FromMilliseconds(1000));
                   // 等待 1000ms
21.            }
22.        }
23.    }
24. }
```

程式說明

- 第 13 行：通知已發生事件等待的多工。
- 第 16 行：設定高電位。
- 第 18 行：指定等待的時間，等同發出脈衝 Pulse 的訊號。
- 第 19 行：改變電位，也就是結束脈衝 Pulse 的訊號。

本程式執行的結果會發現，程式會在第 14-21 行一直巡迴，因此無法顯示畫面和處理其他的事情。程式和範例的執行教學可以參考 *16-2-A-Pulse*。

圖 16-3 執行結果

程式版本 B

因為前一版本，無法顯示和離開程式，所以在版本 B：

範例程式：ch16\16-2\16-2-B\PulseApp\PulseApp\MainPage.xaml.cs

```
1. …                                          // using 定義，省略顯示
2. namespace PulseApp
3. {
4.     public sealed partial class MainPage : Page
5.     {
6.         private GpioPin mEchoPin;         // 輸出接腳設定
7.         public MainPage()
8.         {
9.             this.InitializeComponent(); // 初始化元件
10.             var gpio = GpioController.GetDefault();  // GPIO 初始化
11.             mEchoPin = gpio.OpenPin(4);              // 指定接腳 4
12.             mEchoPin.SetDriveMode(GpioPinDriveMode.Output);
                // 接腳數位輸出
13.             Windows.System.Threading.ThreadPool.RunAsync(this.
                Pulsethread,
14.                     Windows.System.Threading.WorkItemPriority.High);
                        // 發出多工
15.         }
16.         private void Pulsethread(IAsyncAction action) // 多工處理函數
```

```
17.             {
18.                 var mre = new ManualResetEventSlim(false);
                    // 通知已發生事件等待的多工
19.                 for (;;)
20.                 {
21.                     mEchoPin.Write(GpioPinValue.High); // 設定為高電位
22.                     mre.Wait(TimeSpan.FromMilliseconds(1000));
                        // 等待 1000ms
23.                     mEchoPin.Write(GpioPinValue.Low);  // 設定為低電位
24.                     mre.Wait(TimeSpan.FromMilliseconds(1000));
                        // 等待 1000ms
25.                 }
26.             }
27.         }
28. }
```

程式說明

- 第 13 行：發出多工的動作，並且在背景的情況下，執行第 16 行的函數。

本程式 B 執行的結果會比程式 A 好很多，因為程式在第 13 行透過多工的動作，先離開程式，並在多工的情況下，一直無限巡迴程式。程式和範例的執行教學可以參考 *16-2-B-PulseThread*。

程式版本 C

這個版本是接續前一個版本，再新增一個類別 Pulse，透過類別的方法，處理相關的脈衝 Pulse 輸出的函數。

範例程式：ch16\16-2\16-2-C\PulseApp\PulseApp\Pulse.cs

```
1. …                                          // using 定義，省略顯示
2. namespace PulseApp
3. {
4.     class Pulse
5.     {
6.         public void  PulseOut(GpioPin iPinOut, GpioPinValue iHighLow,
                              double iMilliseconds)    // 脈衝輸出的函數
7.          {
8.              GpioPin mPinOut =  iPinOut;               // 指定接腳
9.              var mre = new ManualResetEventSlim(false);
                // 通知已發生事件等待
10.             mPinOut.Write(iHighLow);                 // 設定指定的電壓
11.             mre.Wait(TimeSpan.FromMilliseconds(iMilliseconds));
                // 脈衝時間
```

```
12.             if (iHighLow == GpioPinValue.High) // 送出相反的電壓
13.                 mPinOut.Write(GpioPinValue.Low);
14.             else
15.                 mPinOut.Write(GpioPinValue.Low);
16.         }
17.     }
18. }
```

程式說明

- 第 10 行：發出指定的電壓。
- 第 11 行：等待，脈衝時間。
- 第 12 行：發出相反的電壓。

使用 Pulse.cs 的方法如下：

範例程式：ch16\16-2\16-2-C\PulseApp\PulseApp\MainPage.xaml.cs

```
1. …                                            // using 定義，省略顯示
2. namespace PulseApp
3. {
4.     public sealed partial class MainPage : Page
5.     {
6.         private GpioPin mEchoPin;              // 輸出接腳設定
7.         public MainPage()
8.         {
9.             this.InitializeComponent();       // 初始化元件
10.            var gpio = GpioController.GetDefault(); // GPIO 初始化
11.            mEchoPin = gpio.OpenPin(4);       // 指定接腳 4
12.            mEchoPin.SetDriveMode(GpioPinDriveMode.Output);
               // 接腳數位輸出
13.            mPulse = new Pulse();             // 初始化類別
14.            Windows.System.Threading.ThreadPool.RunAsync(this.
               Pulsethread,
15.                Windows.System.Threading.WorkItemPriority.High);
                   // 發出多工
16.        }
17.        private void Pulsethread(IAsyncAction action) // 多工處理函數
18.        {
19.            mPulse.PulseOut(mEchoPin, GpioPinValue.High, 5000);
               // 呼叫脈衝 Pulse 輸出
20.        }
21.     }
22. }
```

程式說明

- 第 19 行：執行呼叫脈衝 Pulse 輸出，並且設定該脈衝為高電壓及執行 5000ms。

本程式 C 執行的效果最好，且於執行時，會發出一個高電壓的脈衝並執行 5000ms。執行效果和教學可以參考 *16-2-C-PulseThread-class*。

16.3 讀取脈衝 Pulse 輸入－實驗：讀取按下按鍵的時間

介紹

本章節將會使用一個按鈕透過接腳連接到樹莓派上，然後在程式中透過讀取脈衝 Pulse 輸入來查詢脈衝的改變，並回傳時間。這樣的動作，可以量測用戶按下和放開的時間，如此一來，就可以做出短按和長壓按鈕的判斷。

硬體準備

- 樹莓派 2 或樹莓派 3 的板子
- 一個 LED
- 二個 220 ohm 電阻
- 一個 4 個接腳的按鈕
- 麵包板
- 數條接線

硬體接線

Raspberry Pi 接腳	元件接腳
Pin 7 / GPIO4	LED 長腳。
Pin 29 / GPIO5	按鈕接腳 1。
3.3V	按鈕接腳 1。
GND	透過 220 ohm 電阻連接到 LED 短腳。 透過 220 ohm 電阻連接到按鈕接腳 2。

硬體接線設計圖 ch16\16-3\16-3.fzz

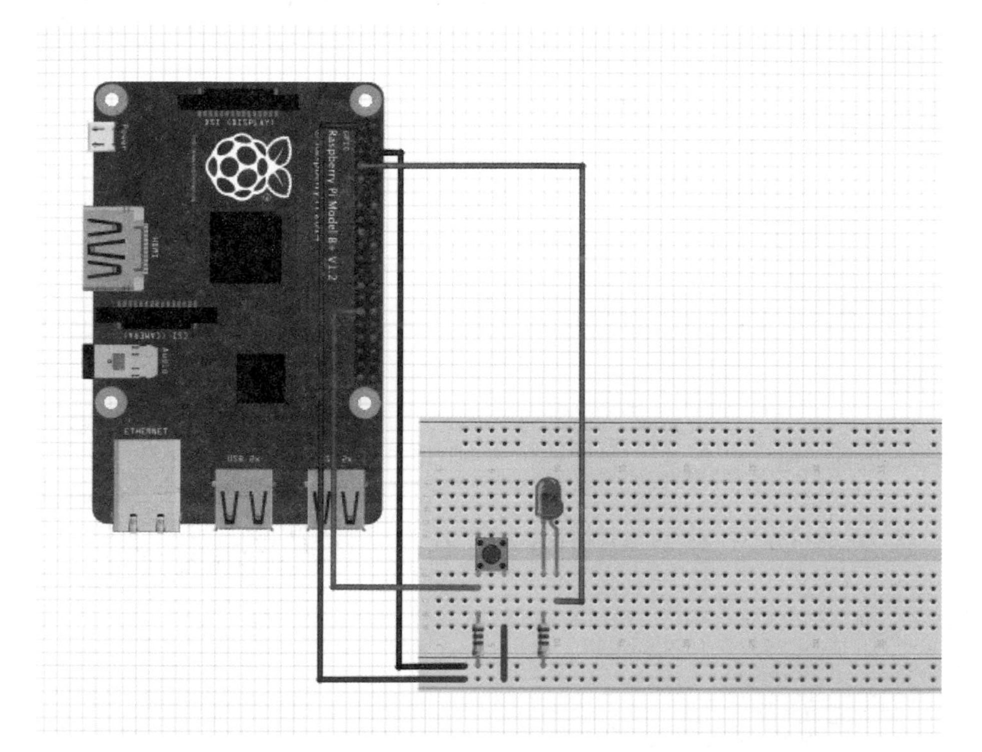

圖 16-4 硬體接線

步驟

首先請將 Raspberry Pi 關機，並把硬體接線依照上圖連接完成後，再開機。

介面設計

範例程式：ch16\16-3\PulseApp\PulseApp\MainPage.xaml

```
1. <Page
2.     x:Class="MyIoTApp.MainPage"
3.    xmlns="http://schemas.microsoft.com/winfx/2006/xaml/presentation"
4.     xmlns:x="http://schemas.microsoft.com/winfx/2006/xaml"
5.     xmlns:local="using:MyIoTApp"
6.     xmlns:d="http://schemas.microsoft.com/expression/blend/2008"
7.    xmlns:mc="http://schemas.openxmlformats.org/markup-compatibility/2006"
8.    mc:Ignorable="d">
9.    <Grid Background="{ThemeResource ApplicationPageBackgroundThemeBrush}">
10.       <StackPanel HorizontalAlignment="Center" VerticalAlignment="Center">
11.            <TextBox x:Name="Message" Text="Hello, World!"
```

```
12.                     Margin="10" IsReadOnly="True"/>
13.           </StackPanel>
14.       </Grid>
15. </Page>
```

程式說明

- 第 11 行：文字，用來顯示脈衝 Pulse 輸入的時間。

程式介面的外觀就如圖 16-2 一模一樣。

而在類別Pulse中，將新增一個PulseInput函數來讀取脈波的時間並回傳時間。

實際範例

範例程式：ch16\16-3\PulseApp\PulseApp\Pulse.cs

```
1. …                                                   // using 定義，省略顯示
2. namespace PulseApp
3.  {
4.      class Pulse
5.      {
6.         public void  PulseOut(GpioPin iPinOut, GpioPinValue iHighLow,
                                   double iMilliseconds) // 脈衝輸出的函數
7.          {
8.               GpioPin mPinOut =  iPinOut;             // 指定接腳
9.               var mre = new ManualResetEventSlim(false);
                 // 通知已發生事件等待
10.              mPinOut.Write(iHighLow);                // 設定指定的電壓
11.              mre.Wait(TimeSpan.FromMilliseconds(iMilliseconds));
                 // 脈衝時間
12.              if (iHighLow == GpioPinValue.High)      // 送出相反的電壓
13.                  mPinOut.Write(GpioPinValue.Low);
14.              else
15.                  mPinOut.Write(GpioPinValue.Low);
16.          }
17.         public double PulseInput(GpioPin iPinInput, GpioPinValue
            iHighLow)
18.          {                                           // Pulse 輸入函數
19.              var sw = new Stopwatch();               // 時間類別
20.              while (iPinInput.Read() != iHighLow)    // 判斷是否不同電壓
21.              {
22.              }
23.              sw.Start();                             // 開始時間
24.              while (iPinInput.Read() == iHighLow)
                 //等待要的 Pulse 電壓
25.              {
26.              }
```

```
27.             sw.Stop();                              // 停止時間
28.             return sw.Elapsed.TotalSeconds;         // 計算時間
29. }     }     }
```

程式說明

- 第 17 行：讀取脈衝 Pulse 輸入函數，並回傳脈衝時間。
- 第 27 行：等待脈衝 Pulse 輸入。
- 第 28 行：計算等待的時間。

PulseInput 函數的邏輯是，先判斷和等待相反的電壓，直到遇到要偵測的 Pulse 電壓就開始計算時間，並在無窮迴圈中等待這個 Pulse 電壓變換，再將整個時間計算後回傳。

範例程式：ch16\16-3\PulseApp\PulseApp\MainPage.xaml.cs

```
1. …                                                 // using 定義，省略顯示
2. namespace PulseApp
3. {
4.     public sealed partial class MainPage : Page
5.     {
6.         private GpioPin mEchoPin;
7.         private GpioPin triggerPin;
8.         private Pulse mPulse;
9.         private double val1;
10.         private DispatcherTimer timer;
11.         public MainPage()
12.         {
13.             this.InitializeComponent();       // 初始化元件
14.             var gpio = GpioController.GetDefault(); //取得 GPIO 控制
15.             mEchoPin = gpio.OpenPin(4);       // 指定打開接腳 4
16.             mEchoPin.SetDriveMode(GpioPinDriveMode.Output);
                // 接腳為數位輸出
17.             triggerPin = gpio.OpenPin(5);    // 指定打開接腳 5
18.             triggerPin.SetDriveMode(GpioPinDriveMode.Input);
                // 接腳為數位輸入
19.             mPulse = new Pulse();            // 啟動類別
20.             Windows.System.Threading.ThreadPool.RunAsync(this.Pulsethread,
21.             Windows.System.Threading.WorkItemPriority.High);
                // 多工呼叫 Pulsethread
22.             timer = new DispatcherTimer();  // 設定計時器
23.             timer.Interval = TimeSpan.FromMilliseconds(500);
                // 設定 0.5 秒處理一次
24.             timer.Tick += Timer_Tick;        // 時間到呼叫 Pulsethread
25.             timer.Start();                   // 啟動計時器
```

```
26.           }
27.           private async void Pulsethread(IAsyncAction action)
              // 多工處理
28.           {
29.               for (;;)
30.               {
31.                   mPulse.PulseOut(mEchoPin, GpioPinValue.High, 100);
                      // 輸出 100 毫秒
32.                   val1 =mPulse.PulseInput(triggerPin, GpioPinValue.Hig h);
                      // 等待輸入時間
33.               }
34.
35.           }
36.           private void Timer_Tick(object sender, object e) // 定時處理
37.           {
38.               Message.Text = String.Format("Pulse {0} sec", val1);
                  // 顯示脈衝 Pulse 時間
39.           }
40.       }
41. }
```

程式說明

- 第 14-18 行：數入輸出接腳設定。
- 第 20 行：多工處理。
- 第 22-25 行：計時器處理。
- 第 31-32 行：呼叫脈衝函數。
- 第 38 行：計算和顯示時間。

這程式比較特別的是，在 RunAsync 多工的處理中，無法更新應用程式上的元件，所以這也是為什麼會有計時器 Timer_Tick 函數，定時的顯示變數資料在畫面 UI 上。

執行結果

執行後，在用戶按下按鍵一段時間後，就能透過脈衝取得按下的時間，並且透過畫面顯示時間。

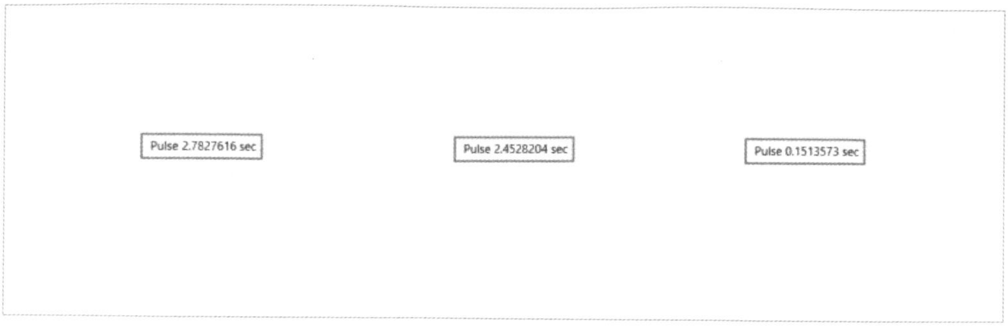

Pulse 2.7827616 sec　Pulse 2.4528204 sec　Pulse 0.1513573 sec

圖 16-5 執行結果

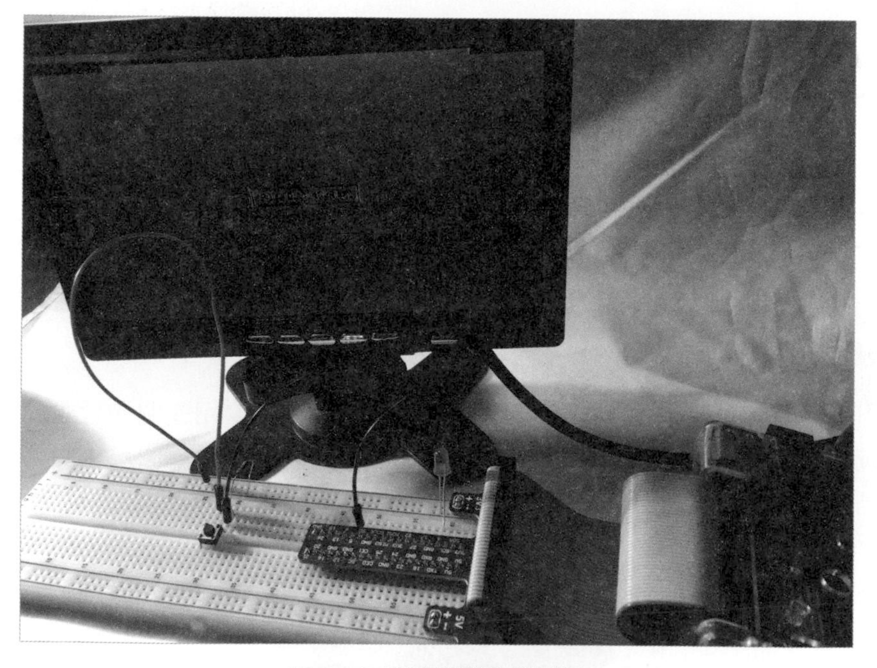

圖 16-6 實際硬體執行情況

教學影片

教學影片和硬體的執行效果可以觀看 *16-3-PulseInput*，影片中可以看到如何透過 C# 讀取用戶按下的時間。

16.4 Ultrasound 超聲波距離感應器

介紹

目前市面上有各式各樣的距離感測器，本章節我們會介紹的距離感測器，它用發出人類聽不到超高音波，透過發出與碰到物體再接收來計算出距離的感應器。超聲波距離傳感器可以提供非常精確的非接觸遠距離測量，你只要把感應器面向物體，就可以透過聲音的反彈來得知距離。以這個實驗的感應器來說，可以探測到約 2 公分（0.8 英寸）至 3 公尺（3.3 碼）之間的距離。市面上有很多這樣的設備，但因為價格的不同，會有不同距離的反應。

下圖為超聲波距離傳感器的工作原理，它是以發射超聲波（遠高於人類的聽覺範圍）並接收到反彈的時間來求得距離，回波脈衝寬度測量到目標的距離可以很容易地被計算出來。

16.4.1 超聲波距離傳感器－3 個接腳

硬體規格

目前市面上有各式各樣的距離感測器，這個實驗中，我們會用 3 個接腳的超聲波距離傳感器，品名：Parallax PING))) Ultrasonic Sensor，來做一個尺寸量測器。首先我們來了解 Parallax PING))) 超聲波距離傳感器的工作原理。

圖 16-7 超音波距離偵測感應器

一般來說，有 3 腳的和 4 腳的超音波距離偵測感應器，而這個實驗我們先介紹 3 個腳的，下一個實驗再用 4 個腳的做另一個實驗。3 個腳的接線是：

表 16-1 Parallax PING)))超聲波距離傳感器接腳表

Parallax PING))) 超聲波距離傳感器	功能
GND	Ground (Vss)接地
5V	5 VDC (Vdd) 5 伏特電力
SIG Signal	(I/O Pin)到時候連接到 Arduino 板子上的接腳。

這個實驗使用 Parallax 的超聲波距離傳感器，它的動作方法原理是：根據得到的數值，並透過計算顯示出距離。

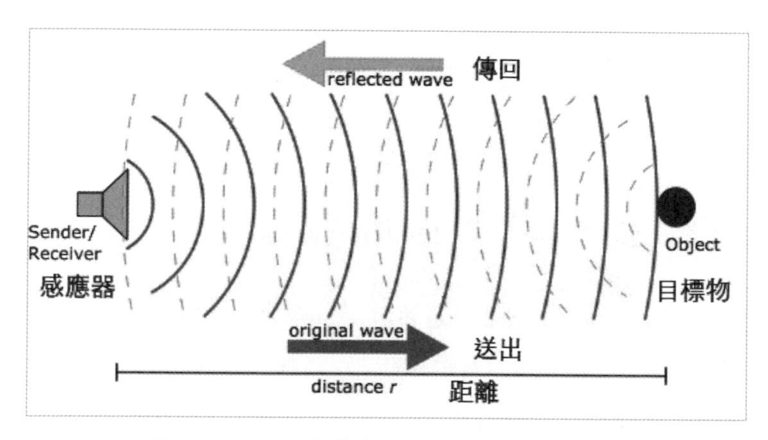

圖 16-8 超音波距離偵測感應器的動作原理

上面得到的資料再換算為 73.746 微秒/每英寸（即聲音傳播在 1130 英尺），如果是換算成公分，則為 340 公尺/秒或者是 29 公分/微秒。因為是透過超音波送出碰到物件後再反彈的時間，所以需要除以 2 來得到感應器與障礙物之間的距離。

關於詳細距離感應器的資料，可以參考 http://www.parallax.com/dl/docs/prod/acc/28015-PING-v1.3.pdf。

使用範例

```
1. mEchoPin = gpio.OpenPin(4);                          // 指定打開接腳 4
2. mEchoPin.SetDriveMode(GpioPinDriveMode.Output);      // 接腳為數位輸出
3. mPulse.PulseOut(mEchoPin, GpioPinValue.Low, 200);    // 輸出 200 毫秒
4. mPulse.PulseOut(mEchoPin, GpioPinValue.High, 100);   // 輸出 100 毫秒
5. mEchoPin.write(GpioPinValue.Low,);                   // 設定低電位
6. mEchoPin.SetDriveMode(GpioPinDriveMode.Input);       // 接腳為數位輸入
```

```
7. val1 =mEchoPin .PulseInput(mEchoPin, GpioPinValue.High); // 等待輸入時間
8. essage.Text = String.Format("Pulse {0} sec, Distance {1} cm", val1,
   val1*(34000/2) );
```

16.4.2 超聲波距離傳感器－4 個接腳

目前市面上有各式各樣的距離感測器，這個實驗中，我們會用 4 個接腳的超聲波距離傳感器來做倒車系統的警告器，如果太靠近，LED 燈就會亮起來。

硬體規格

4 個接腳的超聲波距離傳感器。

圖 16-9 4 腳的超音波距離偵測感應器

一般來說有 4 腳的和 3 腳的超音波距離偵測感應器，3 腳的我們在上一章節已經介紹過了，本章節是介紹 4 個接腳的超音波距離偵測感應器。不同的地方是 3 腳的把 SIG 訊號輸入輸出做在同一個接腳，4 腳的就把它分成 2 個接腳，一個是輸入 Trig 作為觸發事件，另一個是輸出，作為回傳距離的接腳。

4 個腳的接線是：

表 16-2 4 腳超聲波距離傳感器接腳表

4 腳超聲波距離傳感器	功能
GND	Ground (Vss)接地
5V	5 VDC (Vdd) 5 伏特電力
Trig	Arduino 板子上的接腳輸出，作為觸發事件
Echo	Arduino 板子上的接腳輸入，作為回傳距離

而得到的資料也是一樣的算法，請您參考上個章節的驗算法。計算法的部分，柯老師就不再重複說明。

使用範例

```
1. mPulse.PulseOut(mEchoPin, GpioPinValue.Low, 200);  // 輸出 200 毫秒
2. mPulse.PulseOut(mEchoPin, GpioPinValue.High, 100); // 輸出 100 毫秒
3. val1 =mPulse.PulseInput(triggerPin, GpioPinValue.Hig h); // 等待輸入時間
4. Message.Text = String.Format("Pulse {0} sec, Distance {1} cm", val1,
   val1*(34000/2) );
```

16.5 讀取脈衝 Pulse 輸入－實驗：判斷距離

介紹

這個章節中將會使用一個按鈕，透過接腳連接到樹莓派上，然後在程式中透過讀取脈衝 Pulse 輸入來查詢脈衝的改變，並回傳時間。這樣的動作，可以量測用戶按下和放開的時間，如此一來，就可以做出短按和長壓按鈕的判斷。

硬體準備

- 樹莓派 2 或樹莓派 3 的板子
- 一個 LED
- 二個 220 ohm 電阻
- 一個 4 個接腳的按鈕
- 麵包板
- 數條接線
- 4 個接腳的超音波距離偵測感應器

硬體接線

Raspberry Pi 接腳	元件接腳
Pin 7 / GPIO4	LED 長腳。
Pin 29 / GPIO5	按鈕接腳 1。
3.3V	按鈕接腳 1。
GND	透過 220 ohm 電阻連接到 LED 短腳。 透過 220 ohm 電阻連接到按鈕接腳 2。

硬體接線設計圖 ch16\16-5\16-5.fzz

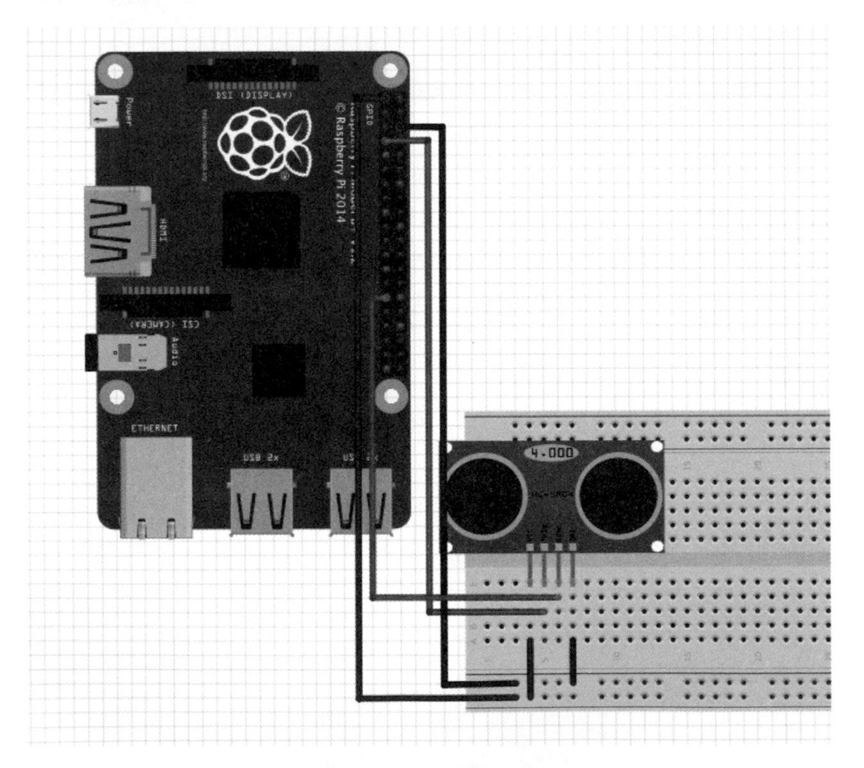

圖 16-10 硬體接線

步驟

首先請將 Raspberry Pi 關機，並把硬體接線依照上圖連接完成後，再開機。

介面設計

範例程式：ch16\16-5\PulseApp\PulseApp\MainPage.xaml

```
1. <Page
2.     x:Class="MyIoTApp.MainPage"
3.     xmlns="http://schemas.microsoft.com/winfx/2006/xaml/presentation"
4.     xmlns:x="http://schemas.microsoft.com/winfx/2006/xaml"
5.     xmlns:local="using:MyIoTApp"
6.     xmlns:d="http://schemas.microsoft.com/expression/blend/2008"
7.     xmlns:mc="http://schemas.openxmlformats.org/markup-compatibility/2006"
8.     mc:Ignorable="d">
9.     <Grid Background="{ThemeResource ApplicationPageBackgroundThemeBrush}">
10.        <StackPanel HorizontalAlignment="Center" VerticalAlignment="Center">
11.             <TextBox x:Name="Message" Text="Hello, World!"
12.                      Margin="10" IsReadOnly="True"/>
13.         </StackPanel>
14.     </Grid>
15. </Page>
```

程式說明

- 第 11 行：文字，用來顯示脈衝 Pulse 輸入的時間。

程式介面的外觀就如圖 16-2 一模一樣。

而在類別 Pulse 中，將新增一個 PulseInput 函數來讀取脈波的時間並回傳時間。

實際範例

範例程式：ch16\16-5\PulseApp\PulseApp\Pulse .cs

```
1. …                                                // using 定義，省略顯示
2. namespace PulseApp
3. {
4.     class Pulse
5.     {
6.         public void  PulseOut(GpioPin iPinOut, GpioPinValue iHighLow,
                                  double iMilliseconds) // 脈衝輸出的函數
7.         {
8.              GpioPin mPinOut =  iPinOut;                // 指定接腳
9.              var mre = new ManualResetEventSlim(false);
                // 通知已發生事件等待
10.              mPinOut.Write(iHighLow);                   // 設定指定的電壓
11.              mre.Wait(TimeSpan.FromMilliseconds(iMilliseconds));
                 // 脈衝時間
12.              if (iHighLow == GpioPinValue.High)     // 送出相反的電壓
```

```
13.                 mPinOut.Write(GpioPinValue.Low);
14.             else
15.                 mPinOut.Write(GpioPinValue.Low);
16.         }
17.         public double PulseInput(GpioPin iPinInput, GpioPinValue
            iHighLow)
18.         {                                              // Pulse 輸入函數
19.             var sw = new Stopwatch();                  // 時間類別
20.             while (iPinInput.Read() != iHighLow) // 判斷是否不同電壓
21.             {
22.             }
23.             sw.Start();                                // 開始時間
24.             while (iPinInput.Read() == iHighLow)
                //等待要的 Pulse 電壓
25.             {
26.             }
27.             sw.Stop();                                 // 停止時間
28.             return sw.Elapsed.TotalSeconds;            // 計算時間
29. }     }     }
```

程式說明

- 第 17 行：讀取脈衝 Pulse 輸入函數，並回傳脈衝時間。
- 第 27 行：等待脈衝 Pulse 輸入。
- 第 28 行：計算等待的時間。

PulseInput 函數的邏輯是，先判斷和等待相反的電壓，直到遇到要偵測的 Pulse 電壓時，就開始計算時間，並在無窮迴圈中等待這個 Pulse 電壓變換，再把整個時間計算後回傳。

範例程式：ch16\16-5\PulseApp\PulseApp\MainPage.xaml.cs

```
1. …                                          // using 定義，省略顯示
2. namespace PulseApp
3. {
4.     public sealed partial class MainPage : Page
5.     {
6.         private GpioPin mEchoPin;
7.         private GpioPin triggerPin;
8.         private Pulse mPulse;
9.         private double val1;
10.         private DispatcherTimer timer;
11.         public MainPage()
12.         {
13.             this.InitializeComponent();           // 初始化元件
```

```
14.             var gpio = GpioController.GetDefault();
                //取得 GPIO 控制
15.             mEchoPin = gpio.OpenPin(4);          // 指定打開接腳 4
16.             mEchoPin.SetDriveMode(GpioPinDriveMode.Output);
                // 接腳為數位輸出
17.             triggerPin = gpio.OpenPin(5);        // 指定打開接腳 5
18.             triggerPin.SetDriveMode(GpioPinDriveMode.Input);
                // 接腳為數位輸入
19.             mPulse = new Pulse();                // 啟動類別
20.             Windows.System.Threading.ThreadPool.RunAsync(this.
                Pulsethread,
21.             Windows.System.Threading.WorkItemPriority.High);
                // 多工呼叫 Pulsethread
22.             timer = new DispatcherTimer();       // 設定計時器
23.             timer.Interval = TimeSpan.FromMilliseconds(500);
                // 設定 0.5 秒處理一次
24.             timer.Tick += Timer_Tick;      // 時間到呼叫 Pulsethread
25.             timer.Start();                 // 啟動計時器
26.         }
27.         private async void Pulsethread(IAsyncAction action) // 多工處理
28.         {
29.             for (;;)
30.             {
31.         mEchoPin.Write(GpioPinValue.Low);
32.                 mPulse.PulseOut(mEchoPin, GpioPinValue.High, 0.01);
                    // 輸出 0.01 毫秒
33.                 val1 =mPulse.PulseInput(triggerPin, GpioPinValue.
                    High);// 等待輸入時間
34.             }
35.
36.         }
37.         private void Timer_Tick(object sender, object e) // 定時處理
38.         {
39.             Message.Text = String.Format(" Distance {0} cm",
                val1*(34000/2) );  // 顯示距離
40.         }
41.     }
42. }
```

程式說明

- 第 14-18 行：數位輸出接腳設定。
- 第 20 行：多工處理。
- 第 22-25 行：計時器處理。
- 第 31-33 行：呼叫脈衝函數，發出 4 腳超聲波距離傳感器所需的脈衝。
- 第 39 行：計算顯示距離和顯示時間

執行結果

執行後，就可以透過超聲波距離傳感器取得設計與周邊的距離，並且在畫面上顯示距離。

Distance : 5.8684 cm　　Distance : 8.3113 cm　　Distance : 16.0123 cm

圖 16-11 執行結果

實際的硬體執行如下圖所示。

圖 16-12 實際的硬體執行

教學影片

教學影片和硬體的執行效果可以觀看 *16-5-Pulse_UltraSound*，影片可以看到如何透過 C# 讀取超聲波距離傳感器所偵測的數據，並且顯示在畫面上。

注意 距離感應器都有偵測的範圍，所以需要依照需求挑選不同的距離感應器。

17

CHAPTER

UART 序列通信資料傳遞

本章重點

這個章節將會介紹如何完成 UART 序列通信資料傳遞，並與其他設備溝通。

圖 17-0 本章完成圖

17.1 UART 序列通信資料傳遞

介紹

UART（Universal asynchronous receiver/transmitter 通用異步接收/發送）是一種通用型非同步雙向傳輸和接收器，也就是雙向通信，它可以實現全雙工傳輸和接收。在物聯網的設備中，UART 是非常常見傳遞資料的一種方法，UART 通常用在與其他通訊介面（如 EIA RS-232）的連結上，也能用於 PC 電腦、周邊設備進行資料傳遞，例如感應器模組、藍牙模組、網路模組、Arduino、樹莓派和其他設備。

而 PC 電腦也有 UART 設備，最常見的就是 COM1，也有人稱為 RS-232。這個設備具有可以當 UART 資料傳遞的接腳，透過這樣的方法，電腦就可以和其他使用 RS-232C 接口的串聯設備通信了。

接下來在這章節中，我們會介紹一個常見的資料傳輸技術，它可以讓您將資料與不同的機器間傳遞，這樣的技術普遍使用在電子業界，例如：Raspberry Pi 可以使用這樣技術和 Arduino、PC 等其他硬體做溝通，我們會在後面的章節，跟大家介紹該怎麼進行。

首先將接收到的數據轉換成數位的串列數據來傳輸。資料從一個低位起始位開始，後面是 7 個或 8 個數據。當接收器發現開始資料有變化時，它就知道有數據準備發送，並嘗試與發送器的頻率同步。簡單來說，透過一條線把一整串資料轉換成 bit，並在每秒鐘依照雙方事先說好的速度，透過數位電壓的高低，把 bytes 傳遞給對方。其過程為：CPU 先把準備寫入串聯設備的數據放到 UART 寄存器中，再通過 FIFO（First Input First Output，先入先出）傳送到串聯設備，所以在傳遞資料之前，需要先講好雙方傳遞資料的速度和方法。

UART 還提供以下功能：將由計算機內部傳送過來的並列數據轉換為輸出的串列數據流。將計算機外部來的串列數據轉換為字串，供計算機內部使用並列數據的元件使用。在輸出的串列數據流中加入奇偶校正的資料，並對從外部接收的數據流進行奇偶校正。

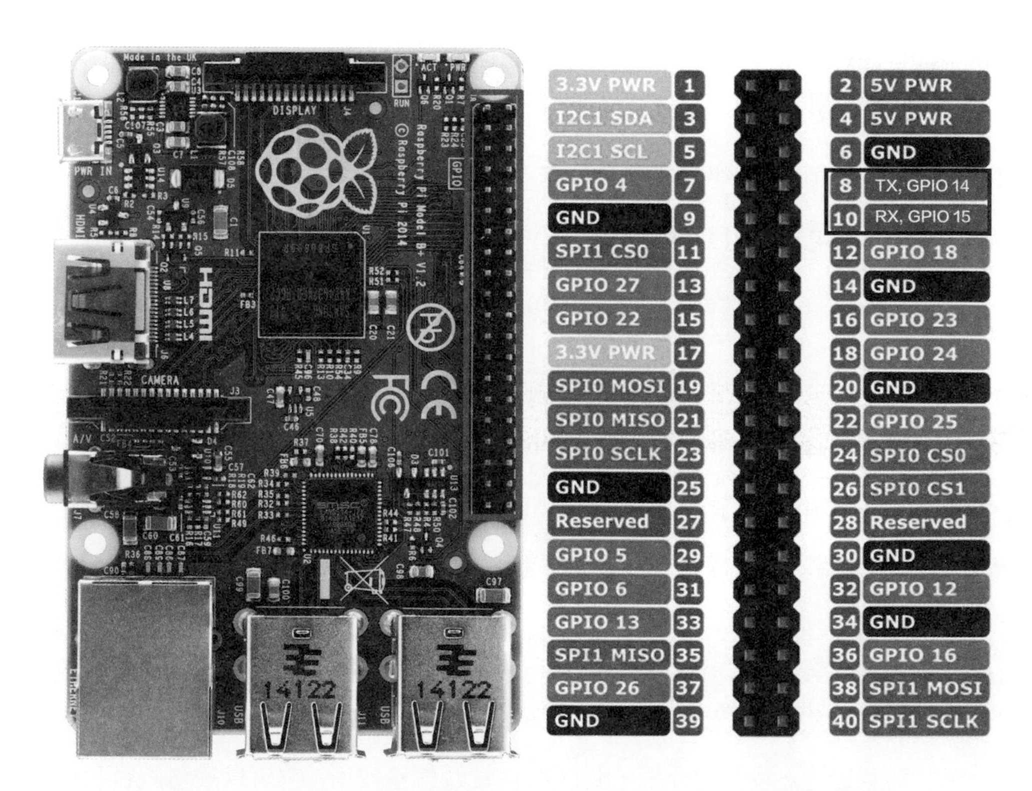

圖 17-1 Raspberry Pi 2 和 3 的 UART0 (Pin 8,Pin 10)硬體接腳圖

而樹莓派 2 目前只有 1 組可以使用 UART，分別是：

- Pin 8：UART TX 傳送資料接腳。
- Pin 10：UART RX 接收資料的接腳。

另外也可以在市面上購買 USB 轉 TTL 的設備，它能夠當成 UART 來傳遞，在本節後面的專題將會有專門介紹。

17.2 UART 相關函數

17.2.1 取得可用設備 GetDeviceSelector

介紹

在開始使用 UART 前，需要先找到該設備，因為機器上有可以連接 USB 的 UART 設備，所以在使用之前，需要在程式中透過程式指定的 UART 號碼進行動作。

語法

取得機器上的可用設備 UART 名稱。

```
public static string GetDeviceSelector( string portName )
```

回傳值字串，會回傳可用設備的 UART 名稱。

參數 portName 的輸入值在 Windows 10 IoT 可以指定為：

- UART－使用樹莓派 2 上的 Pin 8、Pin 10 接腳。
- 也可以不指定，這樣就會取得所有的設備。

17.2.2 取得設備詳細資料 FindAllAsync 和 FromIdAsync

介紹

同 GetDeviceSelector 函數，開始使用 UART 前，需要先找到該設備，並要取得該設備的詳細資料。所以就會需要 FindAllAsync 和 FromIdAsync 來取得該設備的詳細資料。

語法

透過指定 ID 可以取得該設備。

```
public static IAsyncOperation<SerialDevice> FromIdAsync( string deviceId )
```

回傳值字串，會回傳可用設備的 SerialDevice 函數，將用來設定 UART 傳遞的參數。

參數 deviceId 的輸入值，透過指定 ID 可以取得該設備。

使用範例

搜尋 UART 設備的寫法如下：

```
String portName = "UART0";                  // 指定設備名稱請注意後面的數字 0
String aqs = SerialDevice.GetDeviceSelector(portname);
var myDevices =
      await Windows.Devices.Enumeration.DeviceInformation.FindAllAsync
      (aqs, null);
 if (myDevices.Count > 0) {
    SerialDevice device = await SerialDevice.FromIdAsync(myDevices[0].
    Id);                                    // 取得該設備
}
```

UART 版本確認

請注意版本最少要是以下的版本，不然會找不到硬體上的 UART 設備：

- Windows 10 IoT Core：版本 10.0.10586.0
- Visual Studio：Visual Studio 2015 update 1
- Windows SDK：version 10586
  (Included with Visual Studio Update 1. Check Visual Studio install options)

Windows 10 作業系統可以透過系統軟體「Check for updates」打開「Update & security」視窗，點選「Check for updates」升級版本。

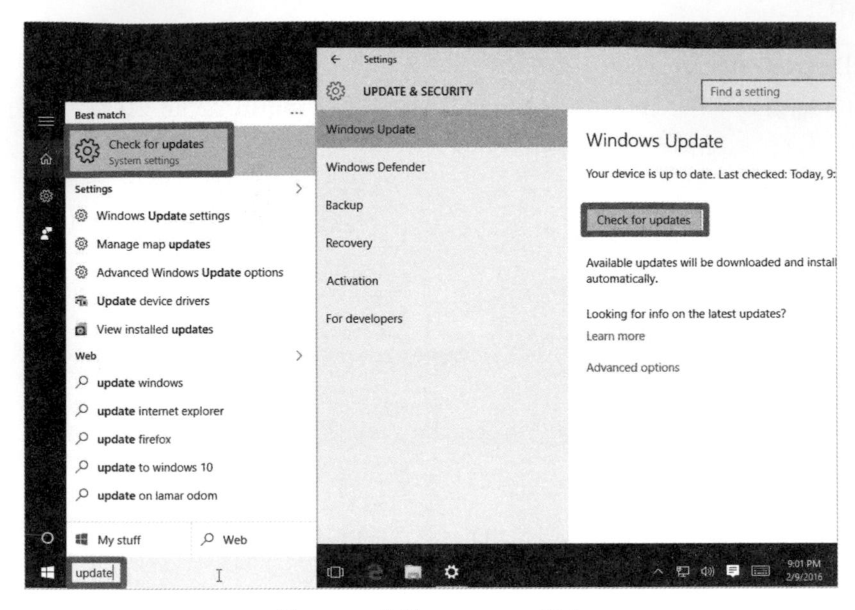

圖 17-2 升級 Windows 版本

而 Visual Studio 的版本升級可以在 https://dev.windows.com/en-us/downloads 取得最新的 Visual Studio，然後再安裝一次就可以了。而安裝軟體如果發現原本安裝的是較舊的版本，會自動詢問是否要更新版本，點選「Update」就可以了。如果升級有誤，就請移除舊的版本，並重新安裝。

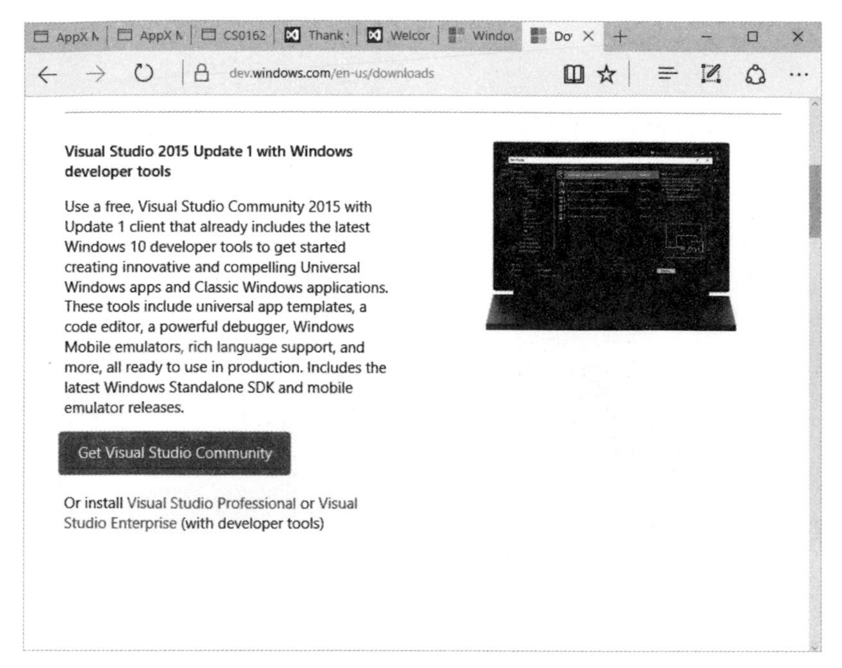

圖 17-3 升級到 Visual Studio 2015 update 1 版本

Package.appxmanifest 設定

另外，也需要在 Package.appxmanifest 中加上以下設定：

```
1. <Capabilities>
2.   <DeviceCapability Name="serialcommunication">
3.     <Device Id="any">
4.       <Function Type="name:serialPort" />
5.     </Device>
6.   </DeviceCapability>
7. </Capabilities>
```

修改方法如下，請用滑鼠在「Package.appxmanifest」按下右鍵，選取「Open With...」。

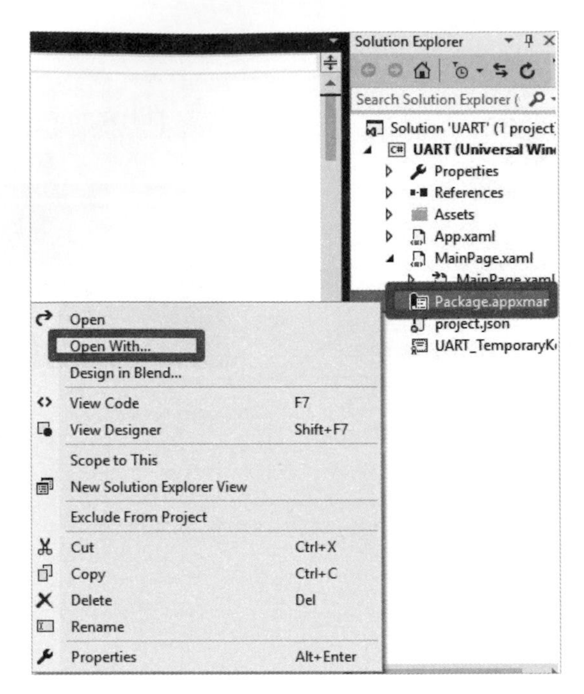

圖 17-4 在「Package.appxmanifest」選取「Open With...」

並在「Open With...」視窗中，選取「XML Text Editor」文字編輯器打開該檔案。

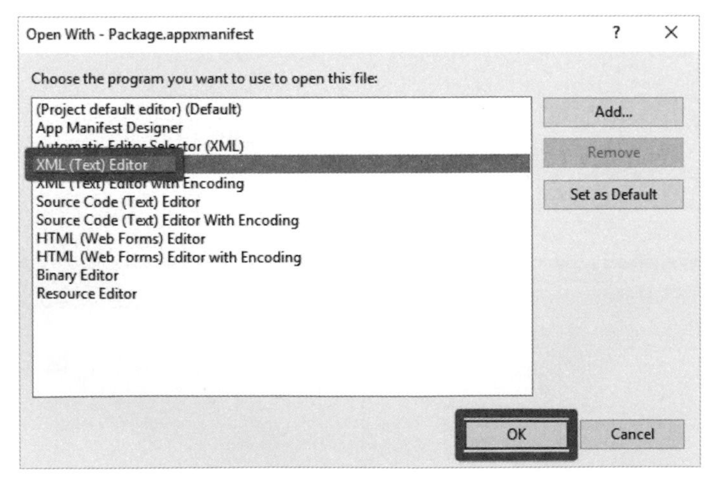

圖 17-5 在「Open With...」選取「XML Text Editor」

請留意一下，此設定要放在</Package>之前，如下圖所示。

```
MainPage.xaml.cs        Package.appxmanifest
  <Resources>
    <Resource Language="x-generate" />
  </Resources>
  <Applications>
    <Application Id="App" Executable="$targetnametoken$.exe"
      <uap:VisualElements DisplayName="SerialSample" Square1
        <uap:DefaultTile Wide310x150Logo="Assets\Wide310x150
        </uap:DefaultTile>
        <uap:SplashScreen Image="Assets\SplashScreen.png" />
      </uap:VisualElements>
    </Application>
  </Applications>
  <Capabilities>
    <DeviceCapability Name="serialcommunication">
      <Device Id="any">
        <Function Type="name:serialPort" />
      </Device>
    </DeviceCapability>
  </Capabilities>
</Package>
```

圖 17-6　添加 Package.appxmanifest 對 UART 的設定

注意　使用 UART 必要確認事項如下：Visual Studio 版本、Win 10 IoT 系統版本和 Package.appxmanifes。

17.2.3 設定 UART 設備傳輸速度－SerialDevice 類別

介紹

做 UART 動作之前，需要將雙方的傳輸方法設定一致。在 Windows Visual C# 程式語言中，就可以透過 SerialDevice 類別指定傳輸的速度等相關資料。

語法

設定 UART 設備的類別。

```
SerialDevice class
```

因為參數眾多，請透過以下實際範例進行瞭解。

使用範例

設定序列通信設備速度和參數：

```
1.        …                                      // 指定 UART 設備
2.  SerialDevice SerialPort = await SerialDevice.FromIdAsync(dis[0].Id);
3.  SerialPort.WriteTimeout = TimeSpan.FromMilliseconds(1000);
                                                 // 等待反應的時間
4.  SerialPort.ReadTimeout = TimeSpan.FromMilliseconds(1000);
                                                 // 等待反應的時間
5.  SerialPort.BaudRate = 9600;                  // 傳輸速度 9600 BPS
6.  SerialPort.Parity = SerialParity.None;       // 優先權
7.  SerialPort.StopBits = SerialStopBitCount.One; // 設定停止時的 bit
    SerialPort.DataBits = 8;                     // 傳輸位元 bit 數量
```

之前曾提到在 UART 傳遞資料之前，需要先講好雙方傳遞資料的速度和方法，所以程式中所使用的設定值是：

- 傳輸速度 Speed (baud rate)：9600 BPS（bit per sec 每秒傳輸的 bit 數量）
- 傳輸位元 Bits：8
- Parity：None
- Flow Control：None
- Stop Bits：1

一般來說傳輸速度有 2400 BPS、9600 BPS、115200 BPS…等，數字越大，傳遞也就越快。

17.2.4 UART 資料的輸出－DataWriter

介紹

UART 最重要的動作就是傳送資料，在設定設備和雙方的傳輸方法後，就能夠透過 DataWriter 傳遞資料。

語法

DataWriter 類別將資料寫入輸出資料流。

```
public uint WriteString( string value )
```

value 為要送出的字串。

另外也可以透過 WriteBytes 傳遞 byte[] 的字元。

使用範例

設定序列通信設備速度和參數後，就能夠透過 DataWriter 送出資料。以下是透過 WriteString 函數，送出字串"Hello world!"。

```
1. …                                                    // 指定和設定 UART 設備
2.  DataWriter dataWriter = new DataWriter();
3. dataWriter.WriteString( "Hello world!");             // 送出字串
4. uint bytesWritten = await SerialPort.OutputStream.WriteAsync
   (dataWriter.DetachBuffer());                         // 等待送出
```

17.2.5 UART 讀取資料－DataReader

介紹

UART 在設定設備和雙方的傳輸方法完成後，就能夠透過 DataReader 接收資料。

語法

DataReader 類別將資料讀入。

```
public string ReadString( uint codeUnitCount )
```

codeUnitCount 為讀取資料的長度。

回傳值為讀入的字串。

使用範例

設定序列通信設備速度和參數後，就能透過 DataReader 送出資料。以下是透過 ReadString 函數，讀取 UART 中的資料，並轉成字串。

```
1. …                                                    // 指定和設定 UART 設備
2. DataReader dataReader = new DataReader(SerialPort.InputStream);
3. uint bytesToRead = await dataReader.LoadAsync(1024); // 最長可以接收的字數
4. string rxBuffer = dataReader.ReadString(bytesToRead);
```

17.2.6 使用 Async 和 Await 設計非同步程式

您可以使用非同步程式設計，避免發生效能瓶頸並增強應用程式的整體回應性。不過，撰寫非同步應用程式的傳統技術可能很複雜，因而難以撰寫、偵錯和維護。

在 Visual Studio 2012 之後，推出了更簡單的方法，也就是非同步程式設計，它充分運用了.NET Framework 4.5 和 Windows 執行階段中的非同步支援。編譯器會幫開發人員處理困難的非同步程式，而所使用的應用程式仍保有類似同步程式碼的邏輯結構。因此，開發者可以輕鬆擁有非同步程式設計的所有優點。

Async 非同步程式

非同步對於可能在像是應用程式需要花比較長時間的工作，例如：存取網路資料…等。這類型動作的速度有時會變慢或延遲。如果這類活動在同步處理序中遭到封鎖，整個應用程式就必須等候。在非同步處理序中，應用程式可以在等待的同時處理其他工作，直到網路資料完成後，繼續將工作完成。

await 等待資料回傳

呼叫 Async 非同步程式，可以看是否需要等待回傳資料，如果不用，就跟一般呼叫函數的方法一樣。但是，如果需要等待資料回傳才能繼續執行，可以透過 await 關鍵字來處理，如下面的範例程式。

```
1.  …
2.  public MainPage()
3.  {
4.         this.InitializeComponent();
5.         int length = await ExampleMethodAsync();
6.  }
7.  public async Task<int> ExampleMethodAsync()
8.  {
9.    // 要花很久時間的工作
10.     return 1;
11. }
```

await 等待資料回傳

請留意，需使用 async

17.3 UART 序列通信資料傳遞

介紹

在瞭解 UART 序列通信資料傳遞的相關函數之後，該如何實際開發相關的 UART 應用程式？在本章節將透過硬體 UART 接線，實際做出並開發傳遞文字資料的專案。

硬體準備

- Raspberry Pi 2 或 3 板子二台（一台也可以）
- 數條接線

如果可以，請準備二個樹莓派 2，當實驗成功時會看到互相傳遞資料，感覺會比較真實。

二台硬體接線

Raspberry Pi 第一台的接腳	Raspberry Pi 第二台的接腳
Pin 8	Pin 10
Pin 10	Pin 8
GND	GND

硬體接線設計圖 ch17\17-3\17-3-1.fzz

圖 17-7 硬體接線

一台硬體接線

如果因為預算的關係，也可以用一台樹莓派。在機器上把自己的 RX 連接在自己的 TX 接腳上，以程式的開發來說是一樣的，意思就是自己送資料給自己。

硬體接線設計圖 ch17\17-3\17-3-2.fzz

圖 17-8 單一台樹莓派 2 的硬體接線

步驟

首先請將 Raspberry Pi 關機後，把硬體接線依照上圖連接完成，再開機。並且請再度確認所需的最低版本，不然會因為版本過於老舊，導致程式無法正常運作。

實際範例

本程式執行後，就會透過 UART 把字串資料傳遞出去。

範例程式：ch17\17-3\UART\UART\MainPage.xaml.cs

```
1. using Windows.Storage.Streams;                    // using 定義
2. using Windows.Devices.Enumeration;
3. using Windows.Devices.SerialCommunication;
4. using Windows.UI.Xaml.Controls;
5. using System;
6. namespace UART
7. {
8.     public sealed partial class MainPage : Page
9.     {
10.        public MainPage()
11.        {
12.            this.InitializeComponent();        // 初始化元件
13.            FunSerial();                       //呼叫 UART 動作函數
14.        }
15.        public async void FunSerial()
16.        {                                      請留意！需使用 async
17.            try
18.            {
19.              string aqs = SerialDevice.GetDeviceSelector("UART0");
                 // 尋找 UART 設備
20.              var dis = await DeviceInformation.FindAllAsync(aqs);
                 // 找到設備
21.              SerialDevice SerialPort = await SerialDevice.
                 FromIdAsync(dis[0].Id);  // 取得 ID
22.               // 設定序列通信設備速度和參數
23.              SerialPort.WriteTimeout =
                 TimeSpan.FromMilliseconds(1000);   // 等待時間
24.              SerialPort.ReadTimeout =
                 TimeSpan.FromMilliseconds(1000);   // 等待時間
25.              SerialPort.BaudRate = 9600;        傳輸速度
26.              SerialPort.Parity = SerialParity.None;
27.              SerialPort.StopBits = SerialStopBitCount.One;
28.              SerialPort.DataBits = 8;
29.
30.              string txBuffer = "Hello world!";  // 要送出的字串
31.              DataWriter dataWriter = new DataWriter();
```

```
32.                 dataWriter.WriteString(txBuffer);  // 送出字串
33.                 uint bytesWritten = await
                         SerialPort.OutputStream.WriteAsync(dataWriter.
                         DetachBuffer());                // 送出
34.
35.
36.                   const uint maxReadLength = 1024; // 從串口讀取數據
37.                   DataReader dataReader =
                      new DataReader(SerialPort.InputStream);
38.                   uint bytesToRead = await dataReader.
                      LoadAsync(maxReadLength);          // 設定
39.                   string rxBuffer = dataReader.
                      ReadString(bytesToRead);           // 讀取
40.                   this.data.Text = rxBuffer;         // 將顯示讀取資料
41.               }
42.               catch (Exception ex)   {               // 意外處理
43.               }
44.           }
45.  }     }
```

程式說明

- 第 19 行：尋找 UART0 設備。
- 第 20 行：找到選擇的序列通信設備。
- 第 21 行：指定 SerialDevice SerialPort 變數到選擇的設備上。
- 第 23-28 行：設定序列通信設備速度和參數，雙方的機器需要一模一樣，不然會有資料錯誤的情況發生。
- 第 30-33 行：UART 送出字串。
- 第 36-40 行：UART 讀取字串。

執行結果

本範例執行之後的硬體結果如下圖所示。但是執行後會發現一個問題，就是程式只有在一起啟動的那一剎那會讀取和送出 UART 的資料，而實際使用時，因為程式的關係，就不會有任何反應，所以解決的方法請看下一個章節。

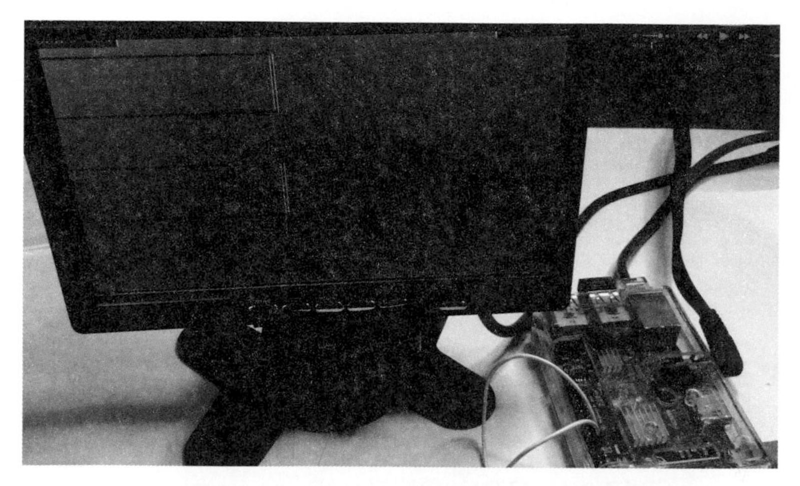

圖 17-9 執行結果

教學影片

完整的教學影片可以觀看 *17-3-UART*，裡面會有詳細的過程；硬體執行情況請參考 *17-3-UART-Hardware*。

17.4 UART 傳遞資料程式設計

介紹

上一章節的程式中，雖然把已經瞭解的 UART 序列通信資料傳遞之相關函數全部放在一起，但是相關傳遞資料的動作卻在程式一開始執行之後，就馬上接受和送出資料，而且之後就不會做出反應。所以，應該要把相關的函數擺在合適的位置，將於本範例中修改為：

- 透過送出按鈕才會將輸入框的資料送出。
- 建立一個新的多工，持續的接收資料。

硬體和接線準備

同上一章節。

步驟

首先請將 Raspberry Pi 2 關機後，依照上一章節的硬體接線圖把相關線路連接好，完成後再開機。

實際範例

本程式執行後，在輸入框輸入資料並點選按鍵後，就會透過 UART 把字串資料傳遞出去，並在多工中一直持續等待資料，且顯示在畫面上。

首先先調整畫面，增加二個文字框 TextBox 和一個 Button 按鈕，請透過 Visual Studio，點選 MainPage.xaml，並透過以下的程式，添加相關 UI 元件。

範例程式：ch17\17-4\UART\UART\MainPage.xaml

```
1. <Page
2.     x:Class="UART.MainPage"
3.    xmlns="http://schemas.microsoft.com/winfx/2006/xaml/presentation"
4.     xmlns:x="http://schemas.microsoft.com/winfx/2006/xaml"
5.     xmlns:local="using:UART"
6.     xmlns:d="http://schemas.microsoft.com/expression/blend/2008"
7.     xmlns:mc="http://schemas.openxmlformats.org/markup-compatibility/
       2006"
8.     mc:Ignorable="d">
9.     <Grid Background="{ThemeResource ApplicationPageBackgroundThemeBrush}" >
10.         <Button Name="sendTextButton" Content="Write"
             Click="sendTextButton_Click" Margin="20,20,0,0"
              VerticalAlignment="Top"  Height="40" />
11.       <TextBox x:Name="send" HorizontalAlignment="Left" Margin=
          "10,77,0,0" TextWrapping="Wrap" Text="" VerticalAlignment=
          "Top" Height="100" Width="300"/>
12.       <TextBox x:Name="data" HorizontalAlignment="Left" Margin=
          "10,230,0,0" TextWrapping="Wrap" Text="" VerticalAlignment=
          "Top" Height="100" Width="300"  />
13.     </Grid>
14. </Page>
```

按下按鈕之後，便會呼叫 sendTextButton_Click 函數。

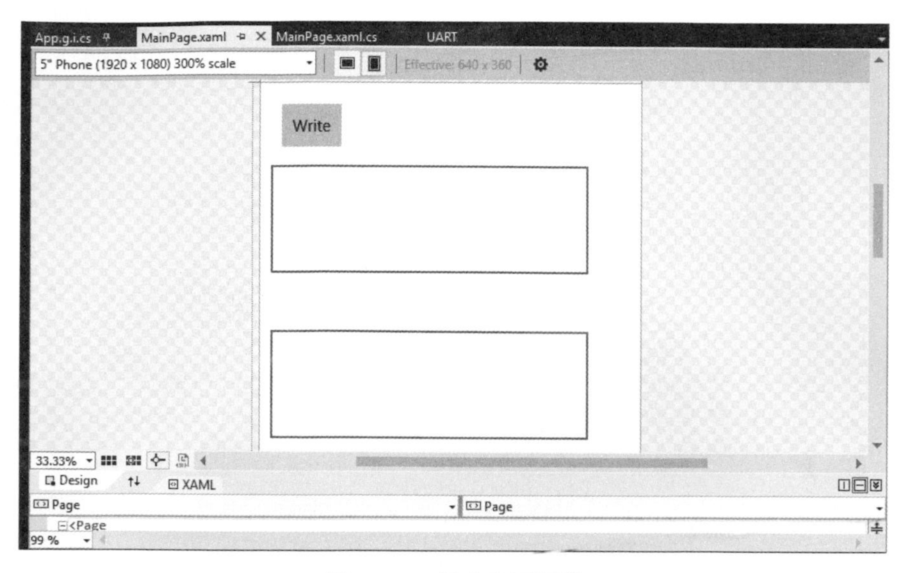

圖 17-10 程式畫面調整

範例程式：ch17\17-4\UART\UART\MainPage.xaml.cs

```
1. ……                                              // using 定義，省略。
2. namespace UART
3. {
4.     public sealed partial class MainPage : Page
5.     {
6.         private SerialDevice SerialPort;
7.         private CancellationTokenSource ReadCancellationTokenSource;
           // 多工取消
8.         private  DataWriter dataWriteObject = null;
9.         public MainPage() {
10.             this.InitializeComponent();        // 初始化元件
11.             FunSerial();
12.          }
13.          public async void FunSerial()
14.          {
15.             try  {
16.                string aqs = SerialDevice.GetDeviceSelector("UART0");
                  // 指定設備名稱
17.                 var dis = await DeviceInformation.FindAllAsync(aqs);
18.                 for (int i = 0; i < dis.Count; i++)  {
19.                     send.Text=send.Text + ", " + dis[i];
                        // 將設備名稱顯示在畫面上
20.                 }
21.               SerialPort = await SerialDevice.FromIdAsync(dis[0].Id);
                  // 取得該設備
```

```
22.                 // 指定 UART 設備
23.                 SerialPort.WriteTimeout = TimeSpan.FromMilliseconds
                    (1000);                            // 反應時間
24.                 SerialPort.ReadTimeout = TimeSpan.FromMilliseconds
                    (1000);                            // 反應時間
25.                 SerialPort.BaudRate = 9600; // 傳輸速度
26.                 SerialPort.Parity = SerialParity.None;     // 優先權
27.                 SerialPort.StopBits = SerialStopBitCount.One;
                    // 設定停止時的 bit
28.                 SerialPort.DataBits = 8;     // 傳輸位元 bit 數量
29.
30.                 ReadCancellationTokenSource =
                    new CancellationTokenSource();  // 多工
31.                 await ReadAsync(ReadCancellationTokenSource.Token);
32.             }
33.             catch (Exception ex)      {  }    // 錯誤處理
34.         }
35.
36.         private async Task ReadAsync(CancellationToken
            cancellationToken)
37.         {   for(;;){                              // 無限迴圈等待輸入
38.             const uint maxReadLength = 1024; // 最長可以接收的字數
39.       DataReader dataReader = new DataReader(SerialPort.InputStream);
40.       uint bytesToRead = await dataReader.LoadAsync(maxReadLength);
41.       string rxBuffer = dataReader.ReadString(bytesToRead); // 讀取輸入
42.             this.data.Text = rxBuffer;        // 將讀到的資料顯示畫面上
43.        }       }
44.         private async void sendTextButton_Click(object sender,
            RoutedEventArgs e) // 按鈕
45.         {
46.             if (SerialPort != null)  {
47.                 dataWriteObject = new DataWriter(SerialPort.
                    OutputStream);
48.                 await WriteAsync();           // 呼叫輸出處理多工
49.        }    }
50.        private async Task WriteAsync()        // 輸出處理多工
51.        {
52.             Task<UInt32> storeAsyncTask;
53.             if (send.Text.Length != 0){       // 輸入框是否有文字
54.                 dataWriteObject.WriteString(send.Text); // 送出字串
55.                 storeAsyncTask = dataWriteObject.StoreAsync().
                    AsTask();  // 等待送出
56.                 UInt32 bytesWritten = await storeAsyncTask;
57.                 if (bytesWritten > 0)
58.                 {
59.                     send.Text += send.Text + ", bytes written
                        successfully!"; // 顯示成功
60.                 }
```

```
61.                 }
62.                 else    {
63.                     send.Text = " Enter the text"; // 要求用戶輸入要傳送的文字
64.                 }
65.             }
66.         …
67. }
```

程式說明

- 第 16-28 行：設定序列通信設備速度和參數。
- 第 36-43 行：UART 讀取字串。請留意！這邊透過無限迴圈，一直等待輸入資料。
- 第 44 行：用戶按下 UI 上按鈕的處理函數。
- 第 50-65 行：UART 送出字串。

執行結果

本範例執行之後的硬體結果如下圖所示。如此一來，就能順利的在輸入框輸入文字並按下按鈕後，透過 UART 送出文字，並且在多工的情況下於無限迴圈中等待 UART 資料讀取，且顯示在畫面上。

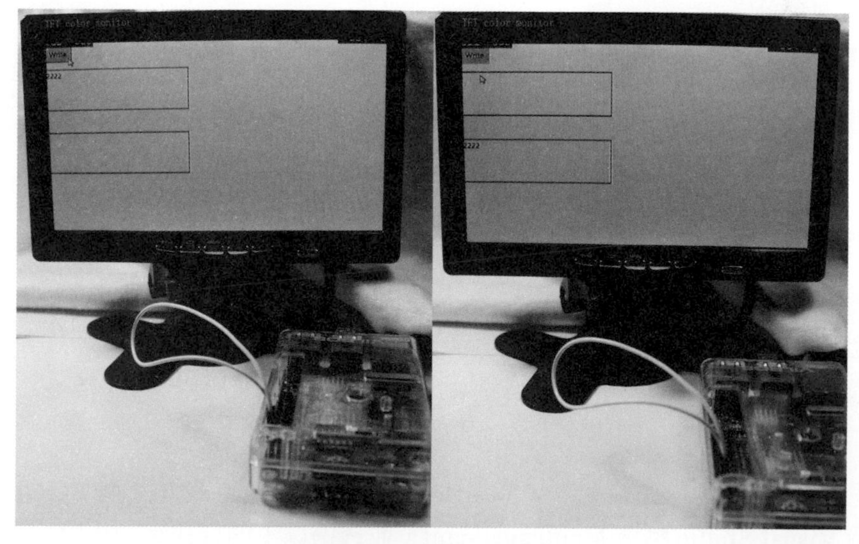

圖 17-11 執行結果

教學影片

完整的教學影片可以觀看 *17-4-UART-Task*，裡面會有詳細的過程；而硬體執行情況請參考 *17-4-UART-Task-Hardware*。

17.5 找尋該機器上所有的 UART 設備

介紹

延續上一章節的程式，雖然已經順利透過 UART 方法接收和傳遞文字資料，但是如果一個機器上有多個 UART 設備，那如何處理？而 Visual C# 如何透過同一個程式可以在電腦和樹莓派上執行？所以本範例將延續上一章，修改為：

- 列出所有可以用的 UART 設備。
- 用戶透過選取設備後，按下連接的按鈕，才選定和設定該 UART 設備。

硬體和接線準備

同上一章節。

步驟

首先請將 Raspberry Pi 2 關機，並依照上一章節的硬體接線圖把相關線路連接好，完成後再開機。

實際範例

本程式執行後，除了上面章節的功能外，主要是把所有 UAR 設備先在 ListBox 列表，並讓用戶選取，待選取後再連線；而於用戶輸入框輸入資料並點選按鍵後，就會透過 UART 把字串資料傳遞出去，並且在多工中一直持續等待資料，且顯示在畫面上。

首先先調整畫面，增加二個文字框 TextBox、一個列表 ListBox 和 3 個 Button 按鈕，請透過 Visual Studio 點選 MainPage.xaml，並透過以下的程式添加相關 UI 元件。因為畫面的定義 XAML 檔案較大，所以列出重點解說。

範例程式：ch17\17-5\SerialSample\CS\MainPage.xaml

```
1. …                                                    // 定義，省略
2.           <ListBox x:Name="ConnectDevices" ScrollViewer.
                 HorizontalScrollMode="Enabled"
                 ScrollViewer.HorizontalScrollBarVisibility="Visible"
                 ItemsSource="{Binding Source={StaticResource
                 DeviceListSource}}"
                 Width="400" Height="80" Background="Gray">
3.                 <ListBox.ItemTemplate>
4.                     <DataTemplate>
5.                         <TextBlock Text="{Binding Id}" />
6.                     </DataTemplate>
7.                 </ListBox.ItemTemplate>
8.             </ListBox>
9.         </StackPanel>
10. …                                                   // 定義位置，省略
11.          <Button Name="comPortInput" Content="Connect" Click=
             "comPortInput_Click"/>
12.          <Button Name="closeDevice" Margin="0,20,0,0"
                   Content="Disconnect" Click="closeDevice_Click"/>
13.  …                                                  // 定義位置，省略
14.  <TextBlock Text="Write Data:" HorizontalAlignment="Left"
     VerticalAlignment="Top"/>
15.   …                                                 // 定義位置，省略
16.  <TextBox Name="sendText" Width="300" Height="80"/>
17.  <Button Name="sendTextButton" Content="Write" Click=
     "sendTextButton_Click"/>
 …                                                      // 定義位置，省略
```

程式說明

- 第 2-9 行：定義列表 ListBox 的元件。
- 第 11 行：按下「Connect」連線該 UART 設備的按鈕。
- 第 12 行：按下「Disconnect」關閉該 UART 設備的按鈕。
- 第 14 行：輸出的文字，用戶可以在 TextBox 輸入文字。
- 第 16 行：讀取的資料，透過 UAR 讀取後的文字，在 TextBox 顯示。
- 第 17 行：UART 送出字串的按鈕。

重點如上。按下「Connect」按鈕之後，便會呼叫 comPortInput_Click 函數，進行連接該 UART 設備的動作。

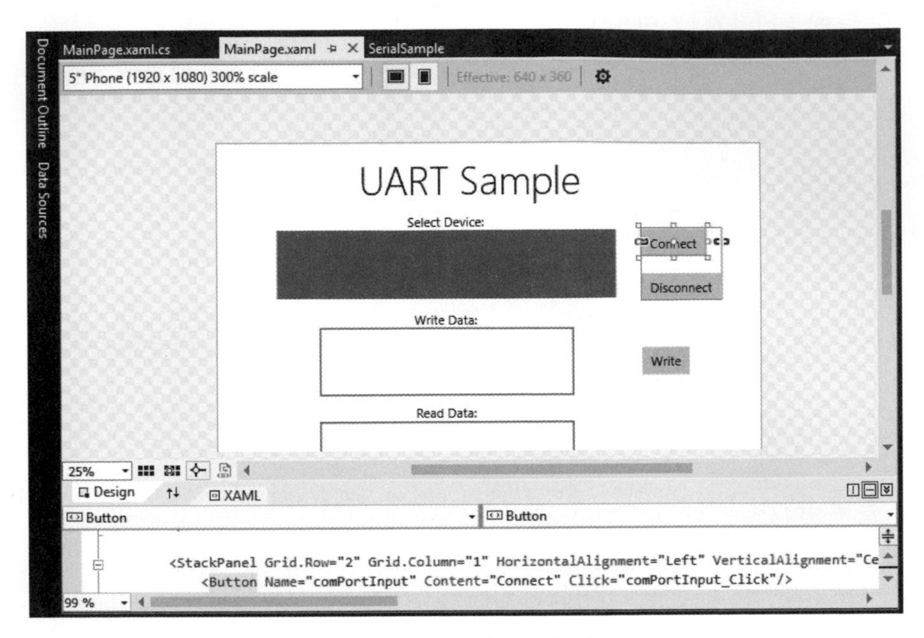

圖 17-12 程式畫面調整

範例程式：ch17\17-5\SerialSample\CS\MainPage.xaml.cs

```
1. …                                                            // using 定義
2. namespace SerialSample {
3.     public sealed partial class MainPage : Page  {
4.         private SerialDevice serialPort = null;
5.         DataWriter dataWriteObject = null;
6.         DataReader dataReaderObject = null;
7.         private ObservableCollection<DeviceInformation> listOfDevices;
           // 矩陣
8.         private CancellationTokenSource ReadCancellationTokenSource;
           // 多工
9.         public MainPage()      {
10.            this.InitializeComponent();                  // 初始化元件
11.            comPortInput.IsEnabled = false;              // 關閉「連線」按鈕
12.            sendTextButton.IsEnabled = false;            // 關閉「送出」按鈕
13.            listOfDevices = new ObservableCollection
               <DeviceInformation>();  // 矩陣初始化
14.            ListAvailablePorts();
15.        }
16.         private async void ListAvailablePorts()   { // 取得所有 UART 設備
17.            try   {
18.                string aqs = SerialDevice.GetDeviceSelector();
```

不用指定 UART 設備名稱

```
19.             var dis = await DeviceInformation.FindAllAsync(aqs);
                // 找到設備
20.             status.Text = "Select a device and connect";
21.             for (int i = 0; i < dis.Count; i++)                {
22.                 listOfDevices.Add(dis[i]);
                    // 把拿到的所有設備顯示在 ListBox 列表上
23.              }
24.              DeviceListSource.Source = listOfDevices;
25.              comPortInput.IsEnabled = true;     // 啟動按鈕
26.              ConnectDevices.SelectedIndex = -1;
27.         }
28.         catch (Exception ex)    {  status.Text = ex.Message;  }
            // 錯誤處理
29.     }
30.     private async void comPortInput_Click(object sender,
        RoutedEventArgs e){
31.         var selection = ConnectDevices.SelectedItems;
            // 當用戶按下「連線」按鈕
32.         if (selection.Count <= 0)   {           // 沒有選取設備
33.              status.Text = "Select a device and connect";
                 // 顯示錯誤訊號
34.              return;                            // 並結束
35.         }
36.       DeviceInformation entry = (DeviceInformation)selection[0];
          // 連接選取設備
37.         try         {
38.           serialPort = await SerialDevice.FromIdAsync(entry.Id);
              // 連接 UART
39.              comPortInput.IsEnabled = false;
40.              serialPort.WriteTimeout = TimeSpan.FromMilliseconds
                 (1000);  // 設定 UART
41.              serialPort.ReadTimeout = TimeSpan.FromMilliseconds
                 (1000);   // 等待時間
42.              serialPort.BaudRate = 9600;         // 傳輸速度
43.              serialPort.Parity = SerialParity.None;
44.              serialPort.StopBits = SerialStopBitCount.One;
45.              serialPort.DataBits = 8;
46.              serialPort.Handshake = SerialHandshake.None;
47.              status.Text = "Serial port configured successfully: ";
                 // 顯示 UART 的設定
48.              status.Text += serialPort.BaudRate + "-";
49.              status.Text += serialPort.DataBits + "-";
50.              status.Text += serialPort.Parity.ToString() + "-";
51.              status.Text += serialPort.StopBits;
52.             rcvdText.Text = "Waiting for data..."; // 顯示等待資料
53.              ReadCancellationTokenSource =
                 new CancellationTokenSource();
54.              sendTextButton.IsEnabled = true;
55.              Listen();                          // 呼叫 UART 接收函數
```

```
56.             }
57.             catch (Exception ex)  {
58.                 status.Text = ex.Message;
59.                 comPortInput.IsEnabled = true;
60.                 sendTextButton.IsEnabled = false;
61.         }    }
62.         private async void sendTextButton_Click(object sender,
            RoutedEventArgs e)
63.         {    try   {
64.                 if (serialPort != null)     {
65.                     dataWriteObject = new DataWriter(serialPort.
                        OutputStream);
66.                     await WriteAsync();        // 呼叫送出 TX 函數
67.                 }
68.                 else  {  status.Text = "Select a device and
                    connect";  }    // 錯誤處理
69.              } catch (Exception ex)  {
70.                 status.Text = "sendTextButton_Click: " + ex.Message;
                    // 錯誤處理
71.             }
72.             finally   {
73.                 if (dataWriteObject != null)
74.                 {   dataWriteObject.DetachStream();
75.                     dataWriteObject = null;
76.         }    }    }
77.
78.         private async Task WriteAsync()        {    // 送出 TX 函數
79.             Task<UInt32> storeAsyncTask;
80.             if (sendText.Text.Length != 0)     {
81.                 dataWriteObject.WriteString(sendText.Text);
82.                 storeAsyncTask = dataWriteObject.StoreAsync().
                    AsTask();          // 送出字串
83.                 UInt32 bytesWritten = await storeAsyncTask; // 送出
84.                 if (bytesWritten > 0)      {
85.                     status.Text = sendText.Text + ", bytes written
                        successfully!";
86.                 }
87.                 sendText.Text = "";                    // 清空輸入
88.             }
89.             else{status.Text = "Enter the text you ";      }
            // 錯誤處理
90.         }
91.         private async void Listen()    {            // 接收 UART 函數
92.             try {
93.                 if (serialPort != null)
94.                 {     dataReaderObject = new DataReader(serialPort.
                    InputStream);
95.                     while (true)        {          // 無窮迴圈
```

```
96.                     await ReadAsync(ReadCancellationTokenSource.
                        Token); // 多工
97.                 }
98.             }
99.         } catch (Exception ex)  {
100.            if (ex.GetType().Name == "TaskCanceledException")   {
                // 錯誤處理
101.                status.Text = "Reading task was cancelled,..";
102.                CloseDevice();
103.            }
104.            else {    status.Text = ex.Message;   }
105.        }
106.        finally {
107.            if (dataReaderObject != null)  {
108.                dataReaderObject.DetachStream();
109.                dataReaderObject = null;
110.    }       }       }
111.        private async Task ReadAsync(CancellationToken
        cancellationToken)      {
112.            Task<UInt32> loadAsyncTask;
113.            uint ReadBufferLength = 1024;           // 讀取長度
114.            cancellationToken.ThrowIfCancellationRequested();
            // 讀取 UART 資料
115.            dataReaderObject.InputStreamOptions =
            InputStreamOptions.Partial;
116.            loadAsyncTask = dataReaderObject.LoadAsync
            (ReadBufferLength)
            .AsTask(cancellationToken);
117.            UInt32 bytesRead = await loadAsyncTask;
118.            if (bytesRead > 0)     {
119.                rcvdText.Text = dataReaderObject.ReadString
                (bytesRead);  // 顯示
120.                status.Text = "bytes read successfully!";
121.            }
122.        }
123.        private void CancelReadTask()    {   // 取消讀取的多工
124.            if (ReadCancellationTokenSource != null)    {
125.                if (!ReadCancellationTokenSource.
                IsCancellationRequested)    {
126.                    ReadCancellationTokenSource.Cancel();
127.        }   }   }
128.        private void CloseDevice()     {      // 關閉設備
129.            if (serialPort != null)  {
130.                serialPort.Dispose();          // 關閉 UART
131.            }
132.            serialPort = null;
133.            comPortInput.IsEnabled = true;
134.            sendTextButton.IsEnabled = false;
135.            rcvdText.Text = "";
```

```
136.            listOfDevices.Clear();
137.        }
138.    private void closeDevice_Click(object sender, RoutedEventArgs e)
    // 關閉按鍵
139.        {           try {
140.                status.Text = "";
141.                CancelReadTask();
142.                CloseDevice();
143.                ListAvailablePorts();
144.            }
145.            catch (Exception ex)    {
146.                status.Text = ex.Message;
147.    }       }       }     }
```

程式說明

- 第 16-29 行：找出所有 UART 設備。
- 第 30-56 行：連接用戶選取的 UART 設備。

執行結果

本範例執行之後的硬體結果如下圖所示。將會列出所有可以使用的 UART 設備，連線後就可以進行 UART 通訊。

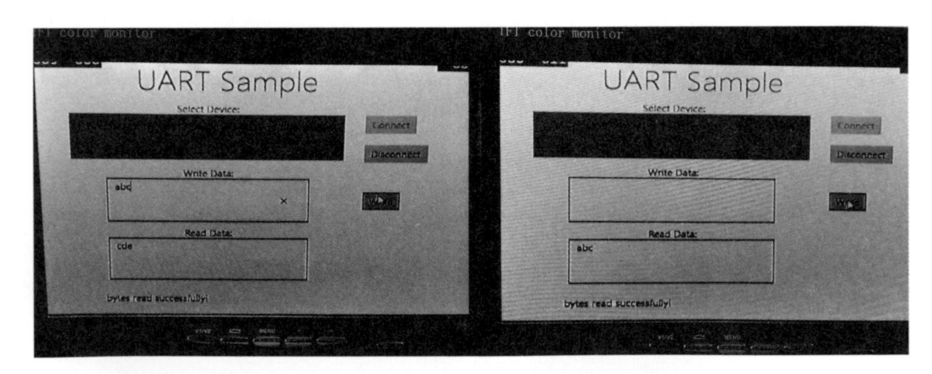

圖 17-13 執行結果

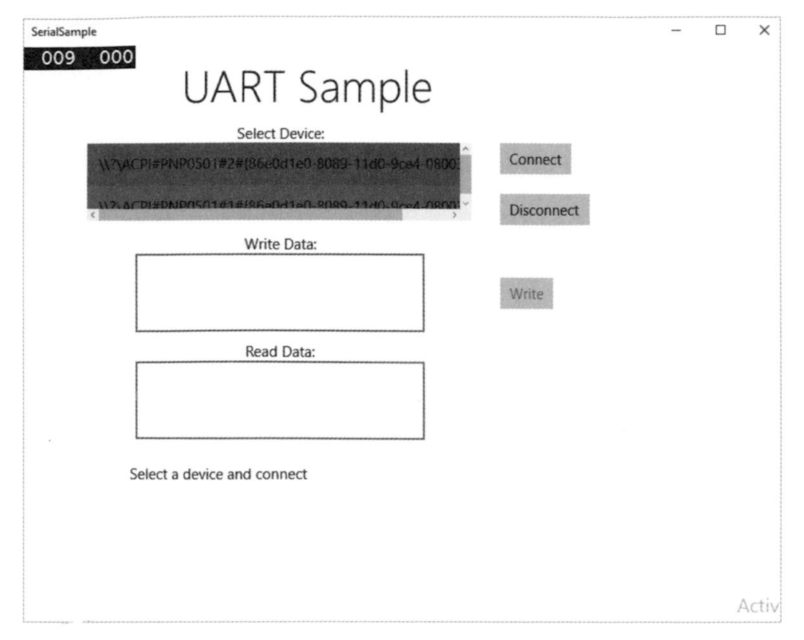

圖 17-14 本程式也能在 PC 上執行

教學影片

完整的教學影片可以觀看 *17-5-UART-selection*，裡面會有詳細的過程；硬體執行情況請參考 *17-5-UART-selection-Hardware*；而 PC 的執行部分請參考 *17-5-UART-selection-x86*。

17.6 Windows 10 IoT Core 與 PC 上的序列埠進行資料傳遞

17.6.1 電腦的 UART 序列埠介紹

介紹

在本章節將介紹 Windows 10 IoT Core 如何與 PC 透過 UART 進行資料的相互傳遞，所以我們需要借用個人電腦的序列埠。實驗步驟到最後，會了解我們如何做到，個人電腦與 Windows 10 IoT Core 的資料傳遞。

何謂電腦端的 UART？以桌上型電腦來說，不知道各位是否有看過 COM 1、CPM 2、Print port，其實它們就是使用 UART 來傳遞資料的接頭。

圖 17-15 桌上型電腦的 com Port 接口

嚴格來說，上圖所看的是 RS232 的介面，COM 1 port、COM 2 port 是電腦內部對外連結位置的一個說法。RS232 是一種介面，而我們常提到的 USB、1394 也是另外一種介面，只是大部分的電腦都把 COM 1 預設成 RS232 的介面而已。而且現在的作業系統都會自動偵測 COM port 是否有被使用，您只要把線插進去，馬上就會對應到正確的 COM port。

讓我們花點時間瞭解什麼叫做 RS232。一般來說，RS232 有分成兩種：

1. 9 個接腳的 RS232，例如：使用在滑鼠。
2. 25 個接腳的 RS232，例如：使用在印表機。

9 個接腳的 RS232

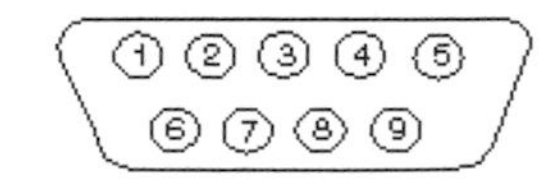

圖 17-16 9 個接腳的 RS232

表 17-1 DB-9 接腳定義

接腳	名稱	意義	接腳	名稱	意義
1	DCD	資料載波偵測	6	DSR	接收端已準備妥當（入）
2	RD	接收資料線（入）	7	RTS	傳送端要求傳送（出）
3	TD	傳輸資料線（出）	8	CTS	接收端清除準備接收（入）

接腳	名稱	意義	接腳	名稱	意義
4	DTR	資料終端備妥（出）	9	RI	鈴響指示（入）
5	SG	信號接地			

個人電腦上所使用 RS232 通訊介面上的非同步串列埠，能將平行格式的資料轉換成一系列循序的資料，以便於電腦與電腦或電腦與週邊設備之間之通訊，通常個人電腦上用串列埠連接的週邊設備有串列印表機、滑鼠，以及外部數據機等等。串列埠和平行埠兩者最大的不同點在於其傳遞資料的方式：如果使用平行連接的方式，則資料以位元組為單位同時由平行埠傳送出去；若採串列埠則資料會轉換成連續的資料位元，然後依序由埠送出，接收端收集這些資料後再將其合成為原來的位元組。RS232 用來作序列傳輸的控制晶片稱為 UART（Universal Asynchronous Receiver Transmitter），一般使用 INS 8250 或其相容晶片。RS232 共定義 25 個傳輸時使用的訊號，可是 PC 只使用其中的 9 個訊號，所以雖然外接的 D 型轉接器分 9-PIN 和 25-PIN 兩種，可是後者也僅是使用了 9 個信號而已，剩下的則保留未用。對應方式如下表：

表 17-2　各信號線在資料傳輸時的實際作用

信號線	功能
DCD	資料載波偵測，表示 MODEM 已偵測到載波信號
RxD	接收資料
TxD	傳送資料
DTR	接收終端機備妥，表示 UART 已和 MODEM 連接上
GND	訊號用接地
DSR	傳送端資料備妥，表示 MODEM 已和 UART 建立連線
RTS	要求傳送資料，UART 已可和 MODEM 交換資料
CTS	可送訊息，MODEM 已準備進行資料交換
RI	顯示 MODEM 已收到電話鈴響

25 個接腳的 RS232

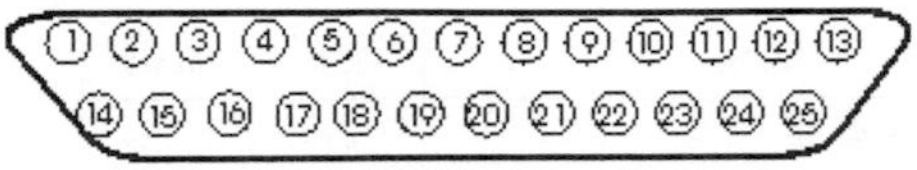

圖 17-17　25 個接腳的 RS232

表 17-3 DB-25 接腳定義

接腳	名稱	意義	接腳	名稱	意義
1	PG	保護用接地（外殼接地）	14	STD	次級傳輸資料
2	TD	傳輸資料線（出）	15	TC	DCE 傳送計時
3	RD	接收資料線（入）	16	SRD	次級接收資料
4	RTS	傳送端要求傳送（出）	17	RC	DCE 接收計時
5	CTS	接收端清除準備接收（入）	18	-	未配置
6	DSR	接收端已準備妥當（入）	19	SRS	次級要求傳送
7	SG	信號接地	20	DTR	資料終端備妥
8	DCD	資料載波偵測	21	SQD	訊號品質偵測
9	-	保留	22	RI	鈴響指示（入）
10	-	保留	23	DRS	資料訊號率偵測
11	-	未配置	24	XTC	DTE 傳送計時
12	SCD	次級資料載波偵測	25	-	未配置
13	SCS	次級清除以發送			

DB-25 共有 4 條資料線、11 條控制線、3 條時序線及 7 條備用線，常用的只有接腳 1 到 8 和 20、22 等 10 個接腳，有些廠商為了節省成本，甚至只有連接這 10 個接腳，其他的 15 接腳都沒有接線。以最廣泛使用的 RS-232 作為與電腦溝通的介面，可以做出收/發端的資料信號是相對「低」的電壓，如果傳輸線閒置時，傳輸信號（TD）的電壓將是負的，在傳輸中，電壓將是正負變化的。

傳送端驅動器正電壓在+5~+15V 之間，負電壓在-5~-15V 之間。接收端工作電壓在+3~+12V、-3~-12V 之間。由於傳送電位與接收電位僅 2V~3V 之電位差，其抑制共模雜訊的能力明顯不足，所以傳送距離大大的受到限制，其最大傳輸距離約 15 公尺，最高速率為 20Kbits/s。

因為 Raspberry Pi 板子所送出來的訊號，電壓在 0~3.3V 之間，所以嚴格來說，Raspberry Pi 所送出來的訊號，它的標準叫做 TTL，全名是 Transistor-Transistor Logic。

USB 轉 COM 1 轉換器

如果使用的是筆記型電腦，上面沒有 Com Port，可以考慮用 USB 轉 Com 的轉接頭，這樣攜帶也很方便。

圖 17-18 USB 轉 Com 的轉接頭

RS232 to TTL/CMOS 轉換器

因為 Raspberry Pi 板子上面所送出的訊號是 TTL，但是電腦卻是透過 RS232，所以需要做個電壓轉換的線路，或者您可以到市面上去購買 RS232 轉 TTL 的轉換器，非常便宜也省事多了。

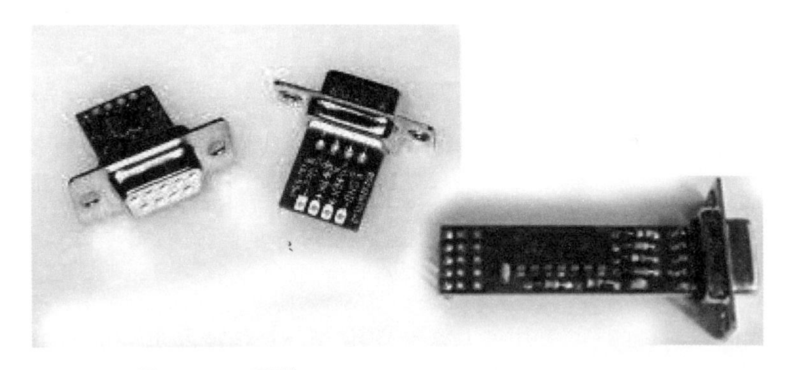

圖 17-19 硬體 RS232 to TTL/CMOS converter

自製 RS232 to TTL/CMOS 轉換器

如果想要自己做轉換器板子，可以透過電晶體來達到這樣的轉換目的。

需要的材料如下：

- R1 = 1k
- R2 = 4K7
- R3 = 10K
- R4 = 10K

- R5 = 1K
- D1 = 1N4148
- Q1 = BC557
- Q2 = BC547
- P1 = Port DB9

硬體接線圖如下：

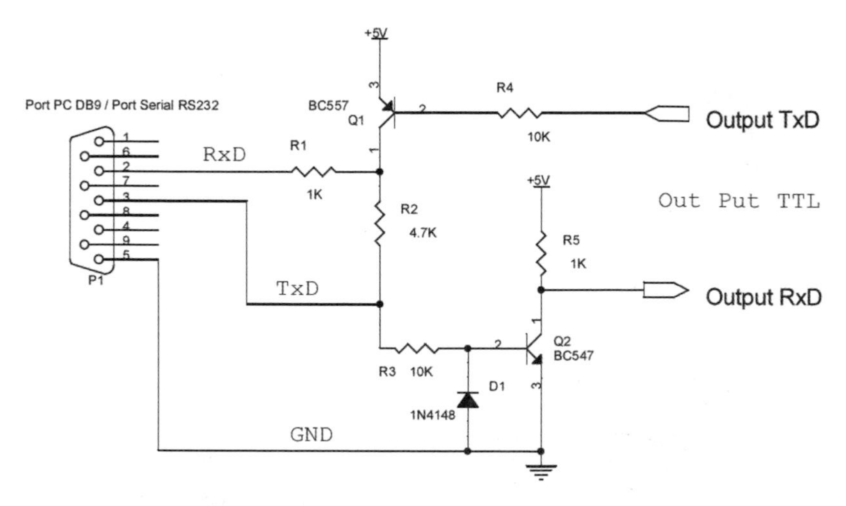

圖 17-20 硬體 RS232 轉 TTL/CMOS 的硬體線路圖

建議 現在市面上也有 USB 接頭直接轉成 TTL 的線。

硬體準備

- 樹莓派 2 或樹莓派 3 的板子
- 數條接線
- PC 一台
- USB 轉 TLL 轉換器

硬體線路

Raspberry Pi 接腳	元件接腳
Pin 8 / UAERT TXD	RS232 轉 TTL 的轉換板子的 RX
Pin 10 / UART RXD	RS232 轉 TTL 的轉換板子的 TX
GND	RS232 轉 TTL 的轉換板子的 GND 接地

硬體接線設計圖 ch17\17-6\17-6.fzz

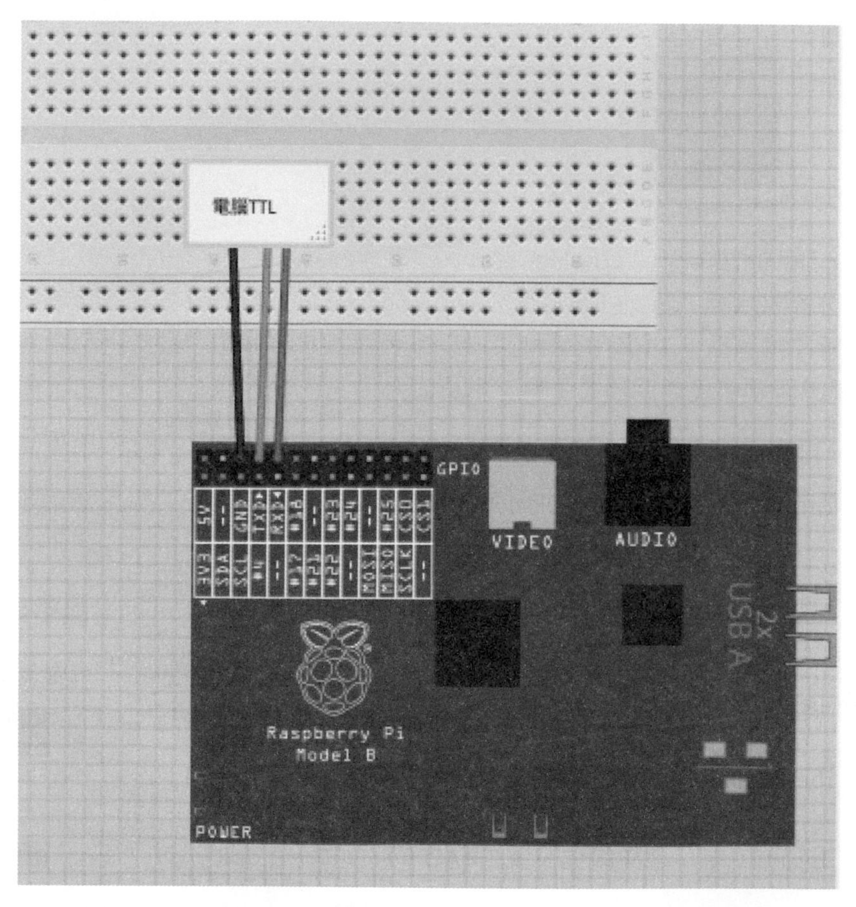

圖 17-21 通過 RS232 轉換的板子，連接到電腦的 com port 上

說明

本專題的程式，請沿用上一章「17.5 找尋該機器上所有的 UART 設備」的範例程式，並且在 Windows 10 IoT Core 的樹莓派 2 上執行。

實際硬體

本專題的實際硬體接線圖如下：

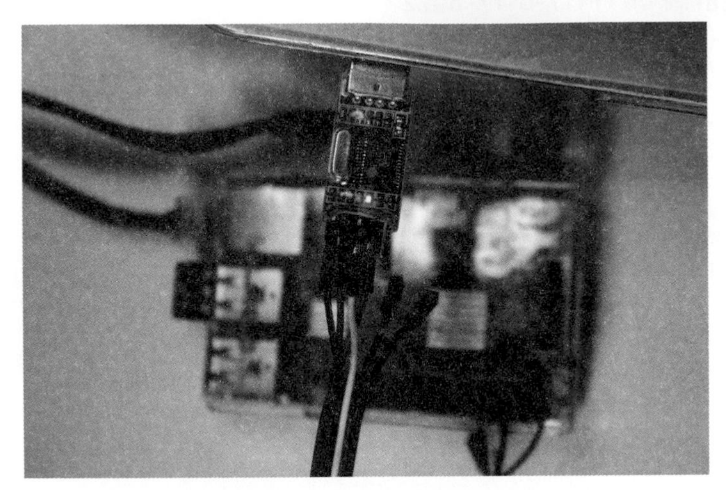

圖 17-22 實際硬體接線

17.6.2 Windows 軟體－Hyper Terminal 的使用

介紹

在電腦上若要使用第三方軟體來讀取和送出資料，可以利用 Hyper Terminal 這個軟體，或者是其他您熟悉的軟體都可以。

因為 Windows 10 已經把 Hyper Terminal 移除，所以請到 http://www.hilgraeve.com/hyperterminal/下載免費的試用版本，並進行安裝就可以了。

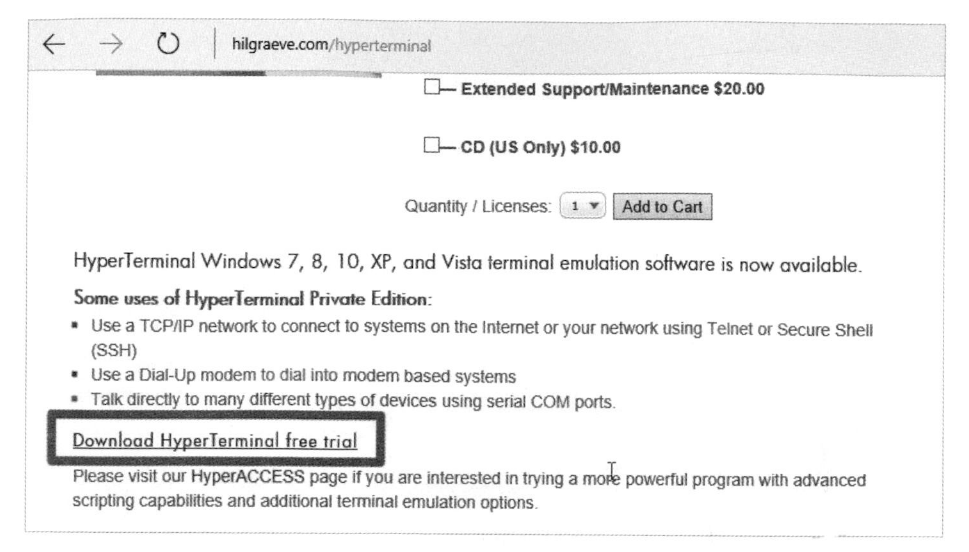

圖 17-23 下載安裝 Hyper Terminal

Windows 上 Hyper Terminal 的安裝和使用

Step 1 確認 Com Port 編號

請先確認是否已經把硬體接好，並且連接到電腦上。我們可以到 windows\系統\Device Manager 中的 Port (COM & LPT)，以筆者為例，您可以看到有個 Usb-Serial Comm Port 是使用 COM 23，所以請注意您的 COM Port 號碼。如果您是使用桌上型電腦，也請確定一下您連接的 COM Port 號碼，應該會是在 COM 1 和 COM 2，請以實際的為主。

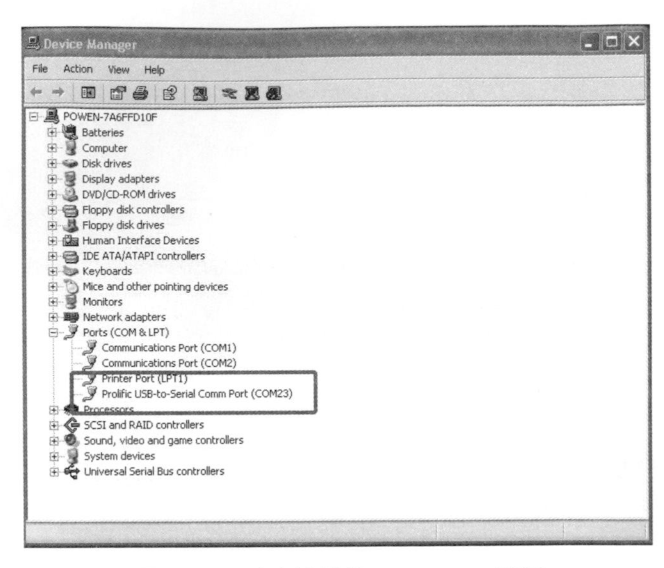

圖 17-24 確定連接的 COM Port 號碼

Step **2** 執行 Hyper Terminal 軟體

現在請把 windows 中的 Hyper Terminal 軟體打開，您可在程式集中的 Accessories\Communications\找到 Hyper Terminal 軟體，如果沒有的話，可以下載「AccessPort」也有同樣的功能。

請在執行 Hyper Terminal 軟體之後，先暫時給它一個名稱。

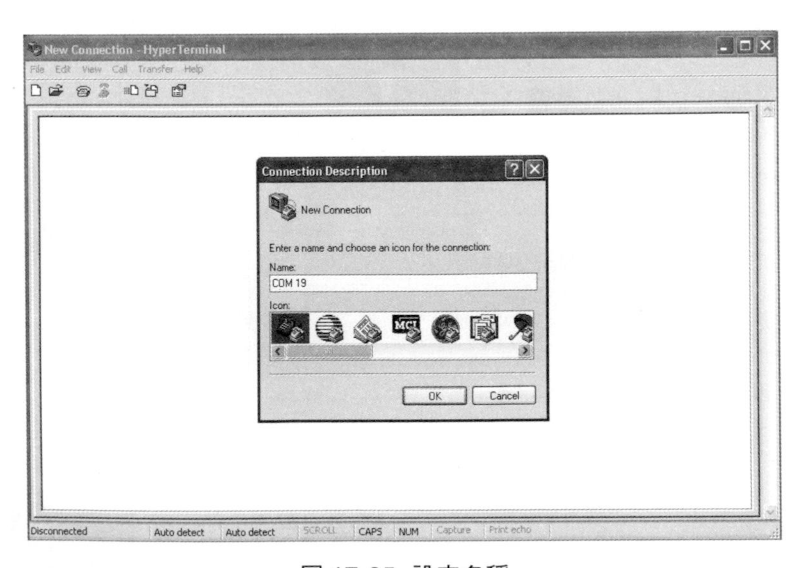

圖 17-25 設定名稱

Step 3 設定 COM PORT

接下來，Hyper Terminal 軟體便會詢問您要連結的 COM PORT 是要哪一個，所以在做這個動作之前，請確定設備已經連到電腦上，並且依照步驟 1，確定連結 com port 是哪一個。

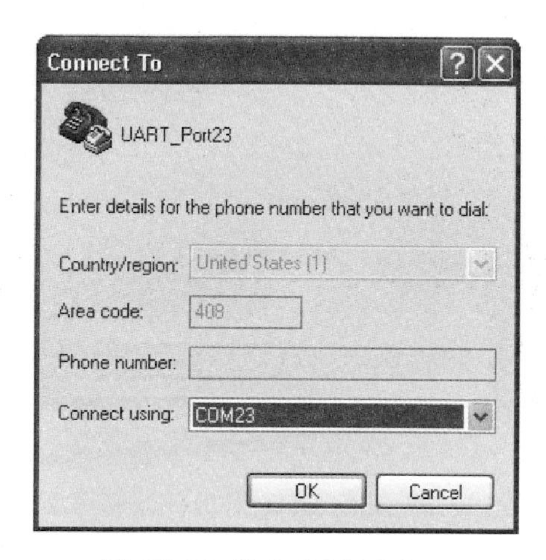

圖 17-26 設定 COM PORT

Step 4 設定 COM PORT 傳輸速度

再來就要設定雙方的傳輸速度，在這裡因為上一章節的 Windows 10 IoT Core 程式的關係，所以要設定一模一樣的傳輸速度。設定如下：

- Bits per second：9600。每秒傳輸速度。
- Data Bits：8。每次傳遞的字元數。
- Parity：None。
- Stop Bits：1。檢查碼。
- Flow Control：None。

然後按「OK」確定。

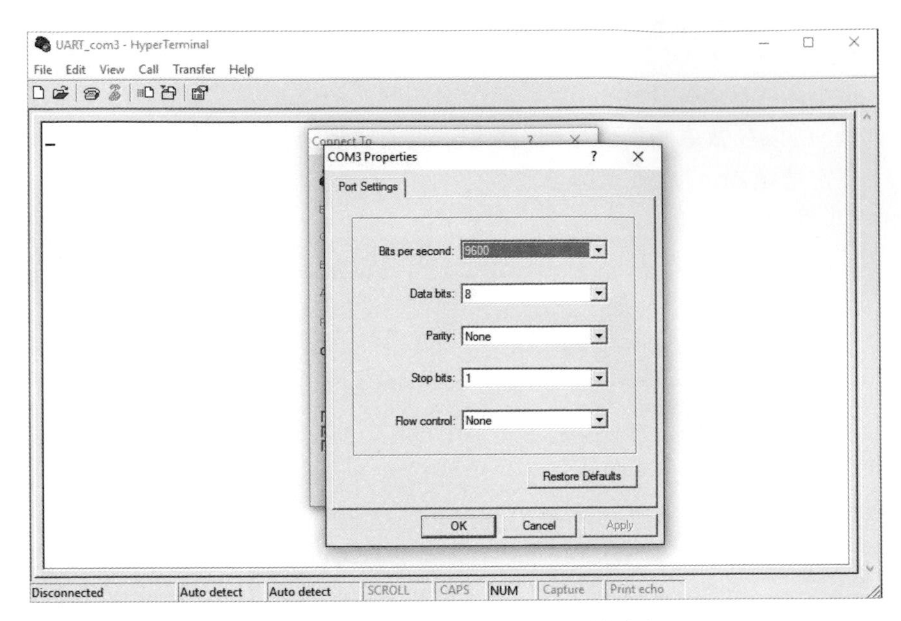

圖 17-27 設定 COM PORT 傳輸速度

Step **5** 執行程式

請先確認 Raspberry Pi 已經執行上一章節的程式並連線到 UART0 設備後，雙方就能傳遞資料了。

執行情況

Raspbeery Pi 2 在 Windows 10 IoT Core 上執行剛剛寫的 UART 程式，而 PC 端透過 Hyper Terminal 執行 UART 的動作，並且接收資料。

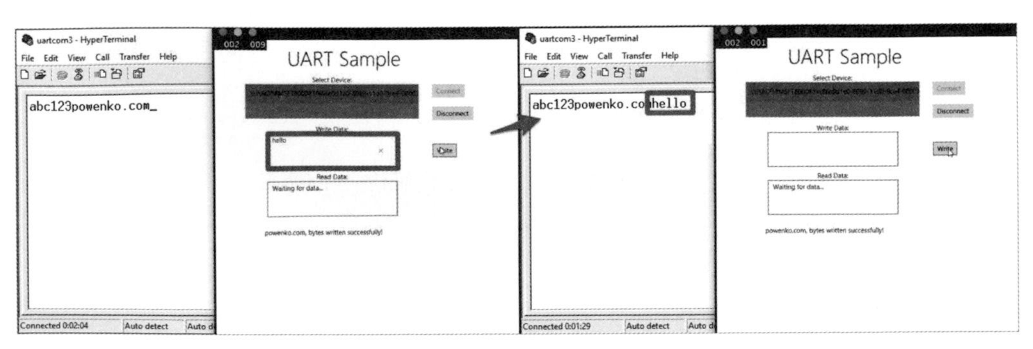

圖 17-28 將會看到 Raspberry Pi 傳過來的 UART 資料

教學影片

可以透過書附光碟中的教學影片 *17-6-UART-PC*，瞭解如何與 PC 透過 UART Com Port 傳遞資料的整個過程。

除錯經驗

如果無法順利接收到資料的話，可以把接線的 RX 和 TX 線對調再試看看，就會成功了。

17.6.3 透過 UART 程式傳遞資料

介紹

相信各位在電腦上已經可以接收到訊號了，但是如何透過自己寫的程式於 PC 與 Windows 10 IoT Core 設備間傳遞資料？請依照本章節的介紹實際操作，就能在 C# 程式中完成。

硬體和接線準備

同上一章節。

步驟

Step **1**　執行程式

首先請將 Raspberry Pi 關機，並依照上一章節的硬體接線圖把相關線路連接好，完成後再開機。接下來，在該設備的 Windows 10 IoT Core 的環境中執行「17.5 找尋該機器上所有的 UART 設備」章節的範例程式。

Step **2**　在 PC 端執行相同的軟體

同樣地在 PC 上於 Windows 10 的環境中執行「17.5 找尋該機器上所有的 UART 設備」的程式，並請設定為「x86」和「Local Machine」，就能執行該程式。

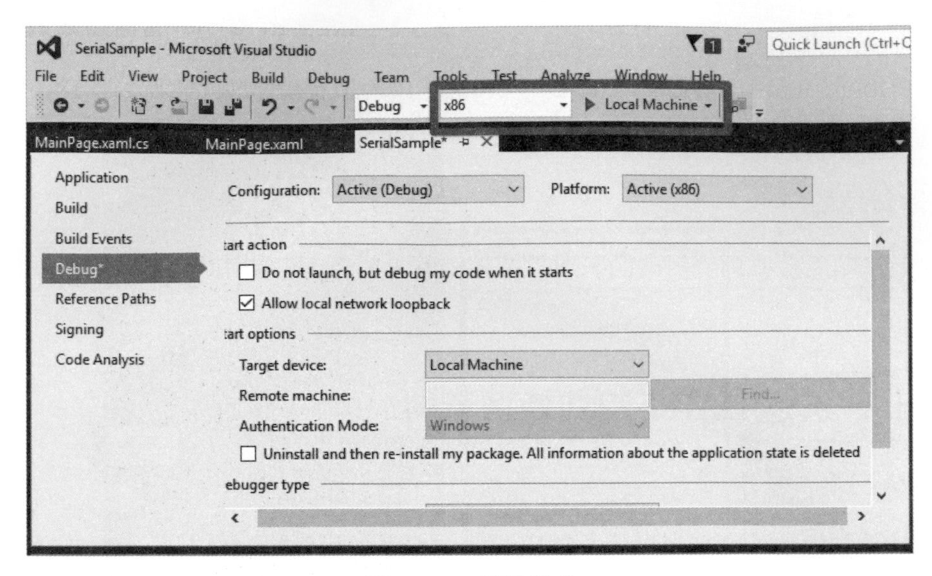

圖 17-29 執行程式

Step **3** 確認 Windows 10 IoT Core 的程式

請再度確認 Windows 10 IoT Core 也正在執行相同的程式，如果沒有，可以透過網頁到「Apps→App Manager 應用程式管理者」，使用以下的方法執行該程式：

1. 在「Installed apps」中選取程式。
2. 點選「Start」執行程式。
3. 確認執行的程式名稱為「SerialSample」。

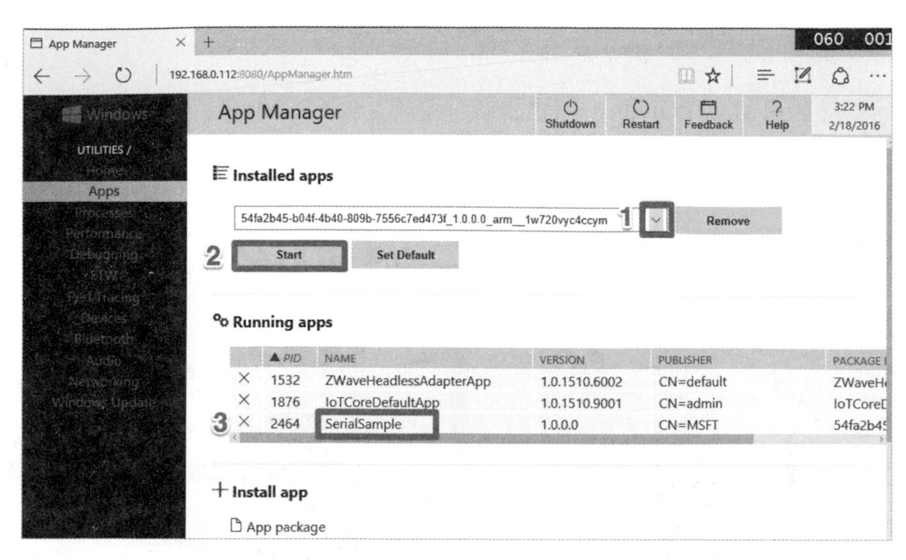

圖 17-30 確認 Windows 10 IoT Core 的程式

Step **4** 選取 Windows 10 IoT Core 的 UART 接口

在 PC 的環境中，請確認連接的是 USB 轉 TTL 的設備，並取得「Connect」連接，而 Windows 10 IoT Core 的設備也請一樣的連接到 UART 的接口上。

SerialSample
UART Sample
Select Device:
Connect
Disconnect
Write Data:
Write
Read Data:
Select a device and connect

圖 17-31 連接 UART 設備

執行結果

在 Windows 10 IoT Core 和 PC 上執行同樣的程式，連接後，就能互相傳遞字串，如下圖所示。

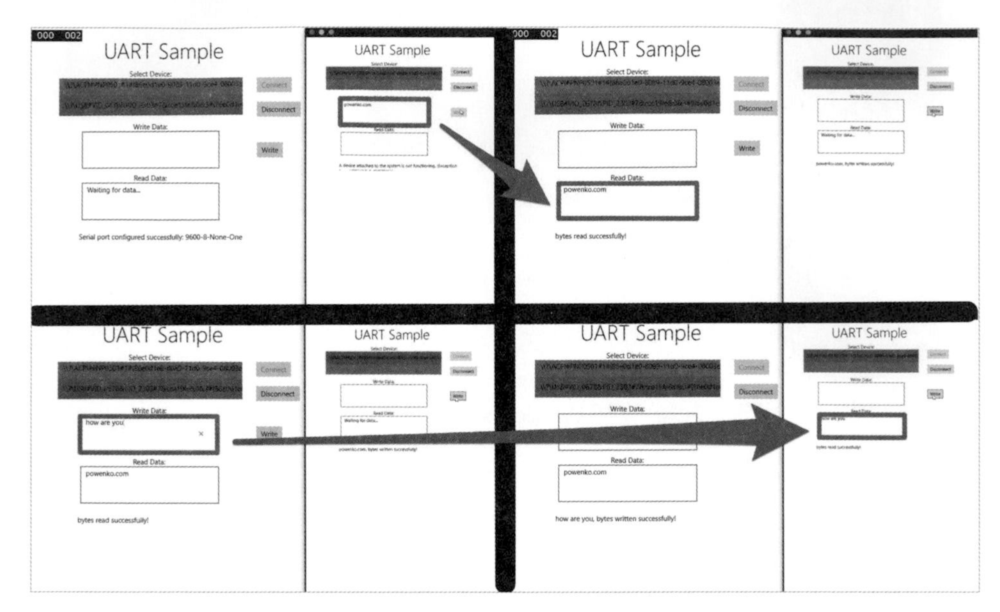

圖 17-32 將會看到的彼此傳過來的 UART 資料

教學影片

詳細的過程，請看書附光碟中的教學影片 *17-7-UART-PC-Porgram*，就能了解如何透過同一個 Windows 10 IoT 的程式，在 PC 和樹莓派上執行，並且傳遞資料。

除錯經驗

如果無法順利接收到資料的話，請確認連接的 UART 是否被其他設備占住。

17.6.4 在 Linux 設備上透過 UART 資料傳遞軟體－Install minicom 安裝測試

介紹

minicom 是一個小型的工具，它是可以在 Linux 上執行的軟體，透過該軟體，就能把資料經過 serial port 送到其他的設備上。

步驟

Step **1** 更新安裝程式

安裝的時候，請先更新您的 apt-get。

```
$sudo apt-get update
$sudo apt-get upgrade
```

Step **2** 安裝 minicom

安裝方法如下：

```
$ sudo apt-get install minicom
```

```
pi@raspberrypi ~ $ sudo apt-get install minicom
Reading package lists... Done
Building dependency tree
Reading state information... Done
The following extra packages will be installed:
  lrzsz
The following NEW packages will be installed:
  lrzsz minicom
0 upgraded, 2 newly installed, 0 to remove and 0 not upgraded.
Need to get 420 kB of archives.
After this operation, 1,189 kB of additional disk space will be used.
Do you want to continue [Y/n]? Y
Get:1 http://mirrordirector.raspbian.org/raspbian/ wheezy/main lrzsz armhf 0
.12.21-5 [106 kB]
```

圖 17-33 安裝 minicom

Step **3** 連線

之後若您想連線到其他設備傳送資料時，就可以透過以下的指令。

```
$ minicom -b 115200 -o -D /dev/ttyAMA0
```

```
Welcome to minicom 2.6.1

OPTIONS: I18n
Compiled on Apr 28 2012, 19:24:31.
Port /dev/ttyAMA0

Press CTRL-A Z for help on special keys

Hi! It message is from Windows PC........poweko.com

NOR                    VT102
```

圖 17-34 執行 minicom

執行結果

以這個例子來說，透過 windows 的 Hyper Terminal 或是在 Raspberry Pi 2 透過自己寫的 UART 程式溝通，就可以把資料做傳遞的動作。

要離開的時候，請先按下 Ctrl+A，然後緊接著按下 Z 鍵，就會出現 minicom 的選單。這時按下 X 就會詢問您是否要離開，選 Yes 就可以離開了。

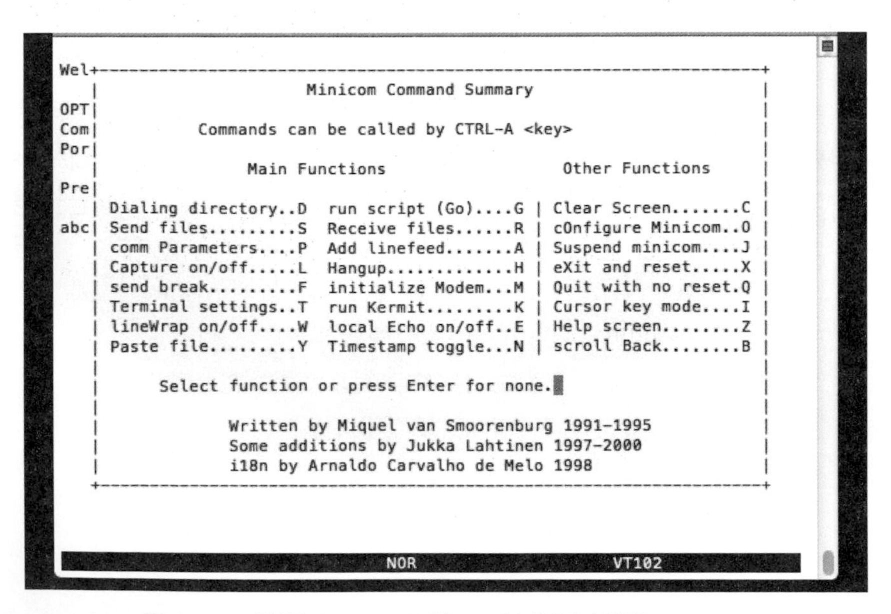

Minicom Command Summary
Commands can be called by CTRL-A <key>
Main Functions
Other Functions
Dialing directory..D run script (Go)....G | Clear Screen.......C
Send files.........S Receive files......R | cOnfigure Minicom..O
comm Parameters....P Add linefeed.......A | Suspend minicom....J
Capture on/off.....L Hangup.............H | eXit and reset.....X
send break.........F initialize Modem...M | Quit with no reset.Q
Terminal settings..T run Kermit.........K | Cursor key mode....I
lineWrap on/off....W local Echo on/off..E | Help screen........Z
Paste file.........Y Timestamp toggle...N | scroll Back........B
Select function or press Enter for none.
Written by Miquel van Smoorenburg 1991-1995
Some additions by Jukka Lahtinen 1997-2000
i18n by Arnaldo Carvalho de Melo 1998
NOR
VT102

圖 17-35 按下 Ctrl+A、Z 鍵、X 鍵就可以離開 minicom

擴充 UART

如果覺得樹莓派 2 只有一組 UART 不夠，希望能擴充的話，可以把 USB 轉 TTL 連接在樹莓派的 USB 槽，而 Windows 10 IoT Core 就能分辨出來並且使用。

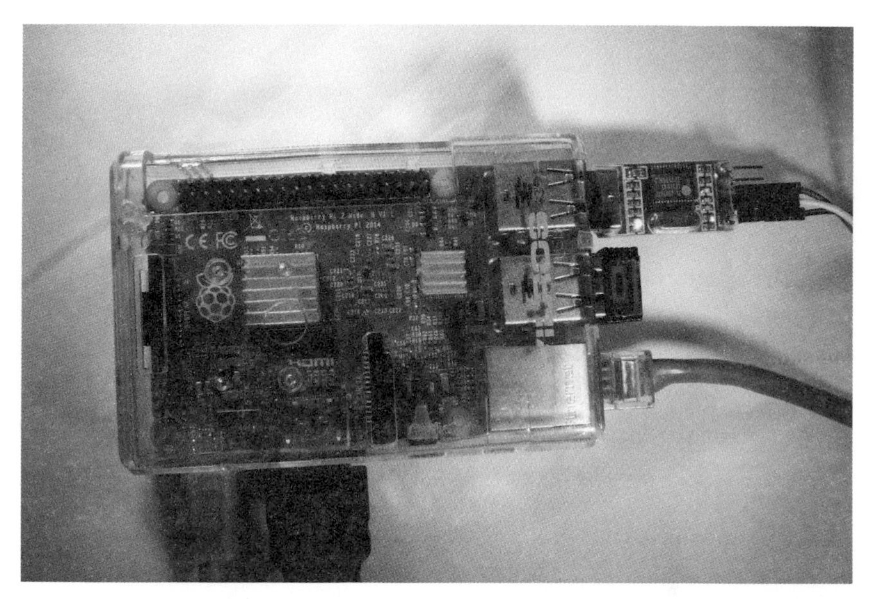

圖 17-36 透過 USB 轉 TTL 來擴充 UART

補充說明

如果想要把二個作業系統 Linux 和 Windows 10 IoT Core 的資料進行相互的 UART 傳遞，在 Windows 的環境中，可以使用本章所撰寫的程式；而 Linux（Rasbian）的程式，如果想自行撰寫，透過 Python 程式就可以做到。詳細方法請看柯老師的另一個著作「Raspberry Pi 最佳入門與實戰應用」，裡面會有詳細的介紹，另外這個程式也可以跟 Arduino 傳遞資料，詳細可以參考柯老師的 Arduino 書籍，裡面也有詳細介紹如何使用 Arduino 設定 Serial 來傳遞資料。

I^2C 和 SPI 資料傳遞控制－水平垂直

18 CHAPTER

本章重點

這個章節將會介紹 Win IoT 的程式語言如何處理 I2C 和 SPI 的資料型態，並且實作讀取水平垂直感應器。

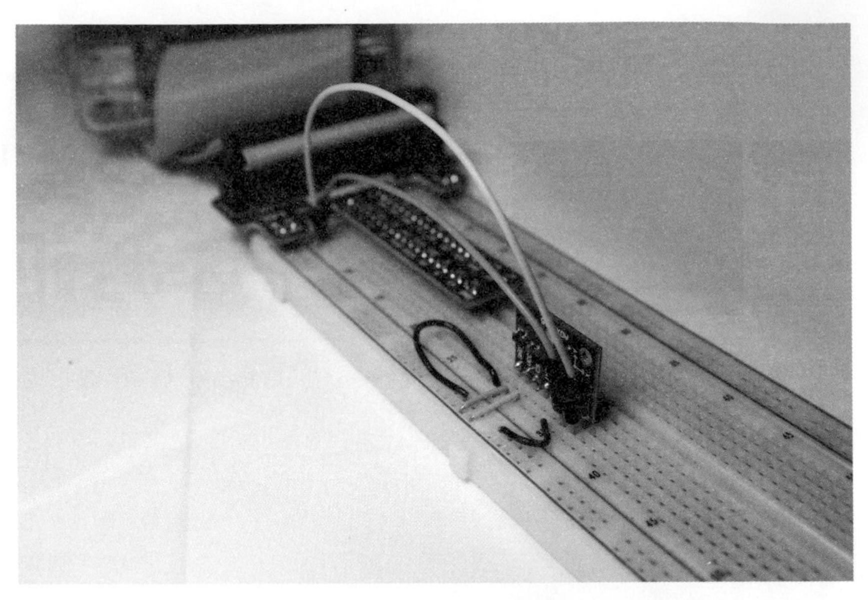

圖 18-0 本章完成圖

18.1 I²C 介紹

介紹

I²C（Inter-Integrated Circuit）字面上的意思是積體電路之間，它還另一個名稱為 I²C Bus，所以中文應該叫積體電路匯流排。它是一種串列通訊匯流排，使用內送流量備援容錯機制從架構，由飛利浦公司在 1980 年代為了讓主機板、嵌入式系統或手機用以連接低速週邊裝置而發展。I²C 的正確讀法為"I-squared-C"，而"I-two-C"則是另一種錯誤但被廣泛使用的讀法。

I²C 只使用兩條雙向線路，分別是：

- SDA 串列資料
- SCL 串列時脈

其利用「SCL 串列時脈」電位上拉，告知對方讀取現在的「SDA 串列資料」，然後存放在暫存器中，再等待下一個 bit 的資料，這樣一次一個 bit 的方法，將資料傳遞過去。

I²C 允許相當大的工作電壓範圍，但大多都是用電壓為+3.3V 或+5v。I²C 的參考設計，是使用一個 7 位元長度的位址空間但保留了 16 個位址，所以在一組匯流排最多可和 112 個節點通訊。

常見的 I²C 匯流排依傳輸速率有數種模式：

- 標準模式（100 Kbit/s）
- 低速模式（10 Kbit/s）

樹莓派 2 和 Windows 10 IoT Core 所指定的 I²C 接腳：

- 接腳 Pin 3：I2C1 SDA 串列資料
- 接腳 Pin 5：I2C1 SCL 串列時脈

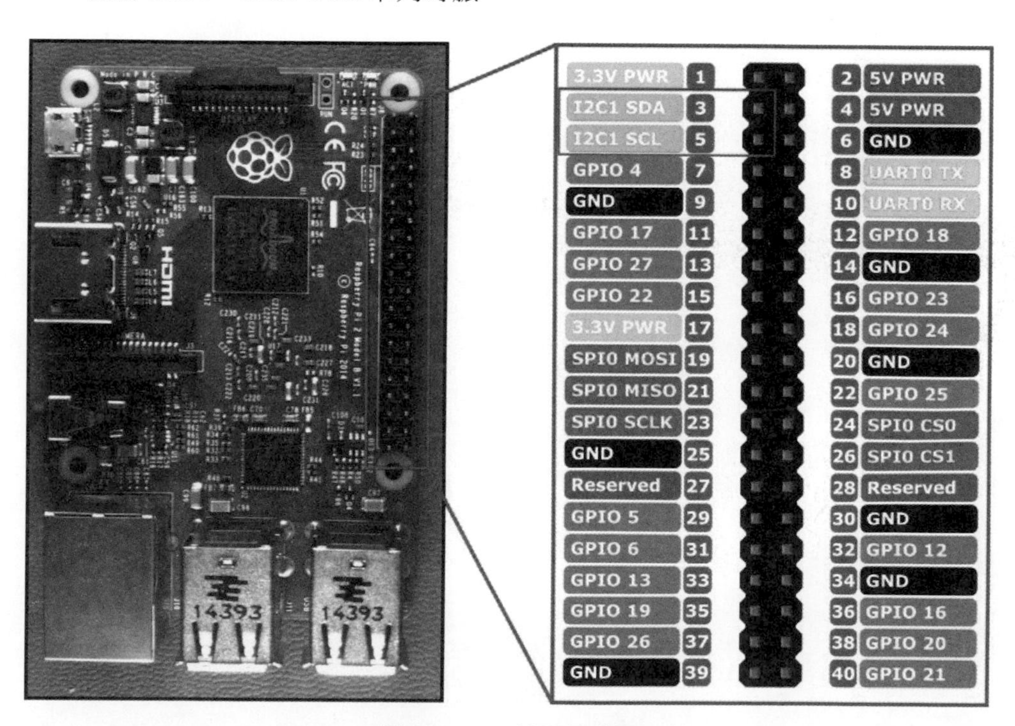

圖 18-1　I²C 接腳的位置

18.2 I²C 函數

函數介紹

Windows 10 IoT Core 的 IoT 指令上，有提供一組 I²C 類別，而對應的接腳為 Pin 3 (SDA)和 Pin 4 (SCL)，而 I²C 類別的函數有：

```
string aqs = I2cDevice.GetDeviceSelector("I2C1");
```

取得 I2C1 接腳，並且取得該設備。

```
string var dis = await DeviceInformation.FindAllAsync(aqs);
```

等待 I2C1 設備初始化。

```
var settings = new I2cConnectionSettings(0x40);
```

指定設備位置為 0x40。

```
I2cDevice device = await I2cDevice.FromIdAsync(dis[0].Id, settings
```

建立 I2cDevice 設備，並指定 I²C 匯流排。

```
device.Write(byte[])
```

使用 I2C1 接腳，並且送出資料。

實際範例

設定 I²C 的接腳，並將資料寫到指定設備（位置為 0x40）的 I²C 設備。

部分範例程式 Ch18-2/i2c/MainPage.xaml.cs

```
1.  using Windows.Devices.Enumeration;
2.  using Windows.Devices.I2c;                              // 定義檔
3.  public async void I2C() {
4.  string aqs = I2cDevice.GetDeviceSelector("I2C1"); // 取得 I2C1 接腳
5.  string var dis = await DeviceInformation.FindAllAsync(aqs);
                                                        //等待 I2C1 設備初始化
6.  if (dis.Count == 0) return;                         // 錯誤，沒發現設備
7.  var settings = new I2cConnectionSettings(0x40); // 指定設備位置為 0x40
```

```
8.          // 建立 I2cDevice 設備，並指定 I²C 匯流排
9.  using (I2cDevice device = await I2cDevice.FromIdAsync(dis[0].Id,
    settings)) {
10.     byte[] writeBuf = { 0x01, 0x02, 0x03, 0x04 }; // 要傳遞的資料
11.     device.Write(writeBuf);                       // 送出資料
12. }
```

18.3 ADXL345 三軸重力加速度/傾斜角度模組

介紹

ADXL345 數字三軸重力加速度/傾斜角度模組，是用來偵測左右、前後的傾斜角度，相信各位在現有的智慧型手機上都曾經看過這樣的功能，它就是透過這個模組來達到這樣的目的。本章節將介紹如何應用在 Windows 10 IoT Core，透過 I²C 函數取得相關的資料。

硬體準備

- 樹莓派 2 或樹莓派 3 的板子
- 一個 ADXL345 模組
- 麵包板
- 二條接線

硬體規格

硬體模組編號：

- ADXL345

ADXL345 是一款小巧纖薄的超低功耗三軸加速度計，可以對測量範圍高達±16g 的加速度進行高解析度（13 位元）測量。數位輸出資料為 16 位元二進位，可通過 SPI（3 線或 4 線）或者 I²C 數位介面訪問。

ADXL345 非常適合在移動設備上應用。它可以在傾斜檢測應用中測量靜態重力加速度，還可以測量運動或衝擊導致的動態加速度。其高解析度（3.9mg/LSB），能

夠測量不到 1.0 的傾斜角度變化。使用 ADXL345 等數位輸出加速度計時，無須進行類比數位轉換，因而可以節省系統成本和簡化硬體線路。

該元件提供多種特殊檢測功能。活動和非活動檢測功能通過比較任意軸上的加速度與用戶設置的閾值，來檢測有無運動發生。敲擊檢測功能可以檢測任意方向的單振和雙振動作。自由落體檢測功能可以檢測元件是否正在掉落。這些功能可以獨立映射到兩個中斷輸出引腳中的一個。

集成式記憶體管理系統採用一個 32 級先進先出（FIFO）緩衝器，可用於儲存資料，從而將主機處理器負荷降至最低，並降低整體系統功耗。

低功耗模式支援基於運動的智慧電源管理，從而以極低的功耗進行閾值感測和運動加速度測量。ADXL345 採用 3mm × 5mm × 1mm，14 引腳小型超薄塑膠封裝。

此設備的接腳依照順序分別是：

- GND 接地
- VCC 電源
- CS
- INT1
- INT2
- SD0
- SDA
- SCL

圖 18-2 ADXL345 數字三軸重力加速度/傾斜角度模組的外型

硬體接線

Raspberry Pi 接腳	元件接腳
Pin 6 /GND	ADXL345 的 GND 接地
Pin 1 / 5V	ADXL345 的 VCC 電源
Pin 1 / 5V	ADXL345 的 CS
無	ADXL345 的 INT1
無	ADXL345 的 INT2
無	ADXL345 的 SD0
Pin 3 / SDA	ADXL345 的 SDA
Pin 5 / SCL	ADXL345 的 SCL

硬體接線設計圖 ch18\18-3\18-3\18-3-Accelerometer.fzz

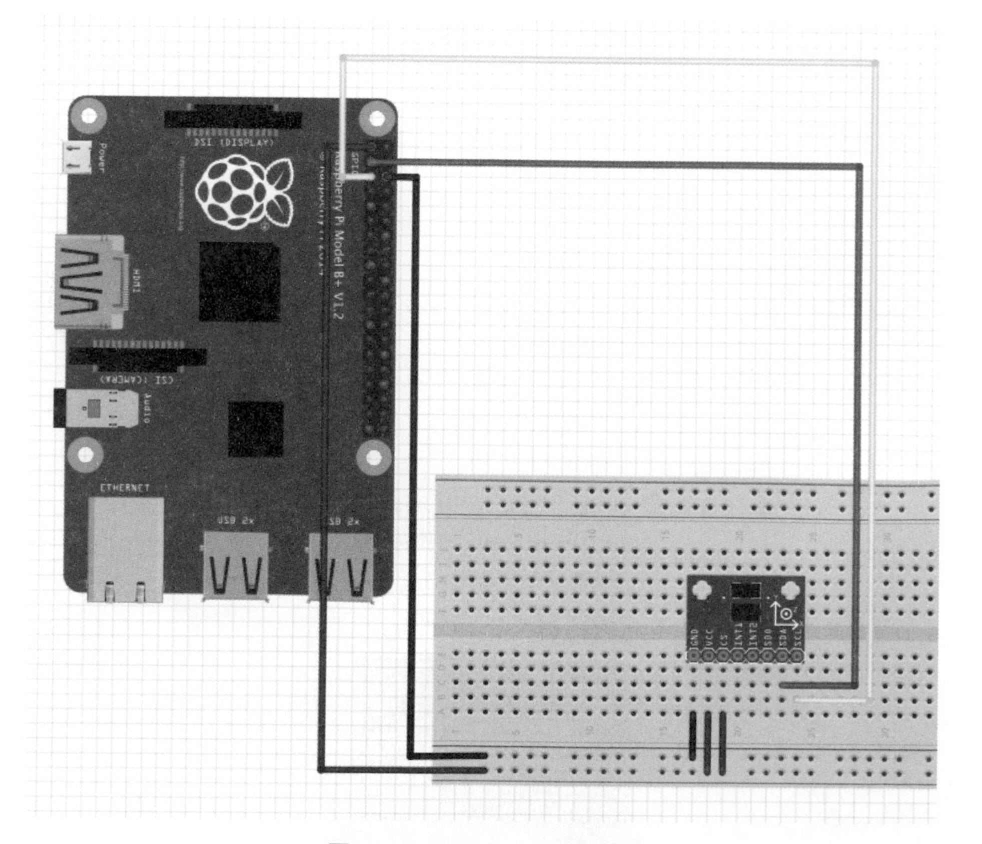

圖 18-3 ADXL345 硬體接線

步驟

首先請將 Raspberry Pi 關機，並把硬體接線依照上圖接線完成後，再開機。

介面設計

範例程式：ch18\18-3\I2CAccelerometer\CS\MainPage.xaml

```
1. <Page
2.     x:Class="I2CAccelerometer.MainPage"
3.     xmlns="http://schemas.microsoft.com/winfx/2006/xaml/presentation"
4.     xmlns:x="http://schemas.microsoft.com/winfx/2006/xaml"
5.     xmlns:local="using:I2CAccelerometer"
6.     xmlns:d="http://schemas.microsoft.com/expression/blend/2008"
7.     xmlns:mc="http://schemas.openxmlformats.org/markup-compatibility
       /2006"
8.     mc:Ignorable="d">
9.
10.     <Grid Background="{ThemeResource ApplicationPageBackgroundThemeBrush}">
11.         <TextBlock x:Name="Title" HorizontalAlignment="Center"
             Margin="0,250,0,0"
             TextWrapping="Wrap" Text="ADXL345 Accelerometer Data"
             VerticalAlignment="Top" Height="67" Width="640"
             FontSize="48" TextAlignment="Center"/>
12.         <TextBlock x:Name="Text_X_Axis" HorizontalAlignment="Center"
             Margin="0,322,0,0"   TextWrapping="Wrap" Text="X Axis: Not
             Initialized"
              VerticalAlignment="Top" Width="312" FontSize="26.667"
              Foreground="#FFC71818" TextAlignment="Center"/>
13.         <TextBlock x:Name="Text_Y_Axis" HorizontalAlignment="Center"
              Margin="0,362,0,0" TextWrapping="Wrap" Text="Y Axis: Not
              Initialized"
              VerticalAlignment="Top" Width="312" FontSize="26.667"
              Foreground="#FF14D125" TextAlignment="Center"/>
14.         <TextBlock x:Name="Text_Z_Axis" HorizontalAlignment="Center"
              Margin="0,407,0,0" TextWrapping="Wrap" Text="Z Axis: Not
              Initialized"
              VerticalAlignment="Top" Width="312" FontSize="26.667"
              Foreground="#FF1352C1" TextAlignment="Center"/>
15.         <TextBlock x:Name="Text_Status" HorizontalAlignment="Center"
              Margin="10,452,10,0" TextWrapping="Wrap" Text="Status:
              Initializing ..."
              VerticalAlignment="Top" Width="1346" FontSize="32"
              TextAlignment="Center"/>
16.     </Grid>
17. </Page>
```

程式說明

- 第 11、15 行：狀態。
- 第 12-14 行：顯示硬體 X、Y、Z 的情況

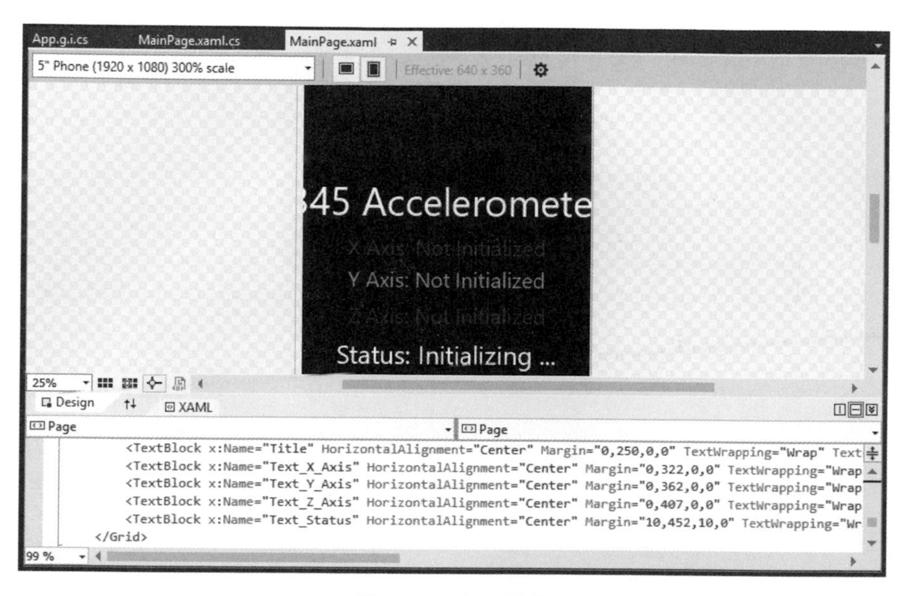

圖 18-4 介面外觀

實際範例

本程式執行後，就會透過 I^2C 跟硬體溝通，再將取得的資料顯示在畫面上。

範例程式：ch18\18-3\I2CAccelerometer\CS\MainPage.xaml.cs

```
1.                            // using 定義
2. namespace I2CAccelerometer
3. {
4.     struct Acceleration
5.     {
6.         public double X;
7.         public double Y;
8.         public double Z;
9.     };
10.
11.    // <介紹>
12.    // 這個範例程式，主要是介紹如何透過 I2C 讀取 ADXL345 的資料
13.    // </介紹>
14.    public sealed partial class MainPage : Page
```

```
15.   {
16.       private const byte ACCEL_I2C_ADDR = 0x53;
          // ADXL345 的 7-bit I²C 位置
17.       private const byte ACCEL_REG_POWER_CONTROL = 0x2D;
          // 電源控制的位置
18.       private const byte ACCEL_REG_DATA_FORMAT = 0x31;
          // Data Format 暫存器位置
19.       private const byte ACCEL_REG_X = 0x32;       // X 暫存器位置
20.       private const byte ACCEL_REG_Y = 0x34;       // Y 暫存器位置
21.       private const byte ACCEL_REG_Z = 0x36;       // Z 暫存器位置
22.       private I2cDevice I2CAccel;
23.       private Timer periodicTimer;
24.       public MainPage()
25.       {
26.           this.InitializeComponent();                  // 初始化元件
27.           Unloaded += MainPage_Unloaded; // 登記離開程式的處理函數
28.           InitI2CAccel();                              // I²C 處理函數
29.       }
30.       private async void InitI2CAccel()                // 在多工中處理
31.       {
32.           string aqs = I2cDevice.GetDeviceSelector(); // 取得 I²C 控制器
33.           var dis = await DeviceInformation.FindAllAsync(aqs);
              // 找 I²C 控制器設備
34.           if (dis.Count == 0)    {                    // 找不到的錯誤處理
35.               Text_Status.Text = "No I2C controllers were found on
                  the system";
36.               return;
37.           }
38.           var settings = new I2cConnectionSettings(ACCEL_I2C_ADDR);
              // 設備位置
39.           settings.BusSpeed = I2cBusSpeed.FastMode;
40.           I2CAccel = await I2cDevice.FromIdAsync(dis[0].Id,
              settings);    // 建立 I²C 設備
41.           if (I2CAccel == null)    {                  // 錯誤處理
42.               Text_Status.Text = string.Format(
43.                   "Slave address {0} on I2C Controller {1} is
                      currently in use by " +
44.               "another application. Please ensure that no other
                  applications are using I2C.",
45.                   settings.SlaveAddress,
46.                   dis[0].Id);                          // 錯誤訊息
47.               return;
48.           }
49.
50.     byte[] WriteBuf_DataFormat = new byte[] { ACCEL_REG_DATA_FORMAT,
        0x01 };                        // 0x01 設定資料格式+-4Gs
51.     byte[] WriteBuf_PowerControl = new byte[] { ACCEL_REG_POWER_
        CONTROL, 0x08 };               // 0x08 處理感應模式 measurement mode
```

```
52.             trv  {
53.                 I2CAccel.Write(WriteBuf_DataFormat);   // 寫入資料
54.                 I2CAccel.Write(WriteBuf_PowerControl); // 寫入資料
55.             }  catch (Exception ex)                    // 寫入錯誤處理
56.             {
57.                Text_Status.Text = "Failed to communicate with device:
                   " + ex.Message;
58.                return;
59.             }
60.             periodicTimer = new Timer(this.TimerCallback, null, 0,
                100);           // 每0.1秒讀取
61.         }
62.         private void MainPage_Unloaded(object sender, object args)
            // 離開程式
63.         {     I2CAccel.Dispose();                   // 關閉還原 I²C 設備
64.         }
65.         private void TimerCallback(object state) // 定時呼叫
66.         {
67.             string xText, yText, zText;
68.             string statusText;
69.             try  {                                 // 取得硬體的情況
70.                 Acceleration accel = ReadI2CAccel();
71.                 xText = String.Format("X Axis: {0:F3}G", accel.X);
72.                 yText = String.Format("Y Axis: {0:F3}G", accel.Y);
73.                 zText = String.Format("Z Axis: {0:F3}G", accel.Z);
74.                 statusText = "Status: Running";
75.             }
76.             catch (Exception ex)
77.             {
78.                 xText = "X Axis: Error";
79.                 yText = "Y Axis: Error";
80.                 zText = "Z Axis: Error";
81.                 statusText = "Failed to read from Accelerometer: " +
                    ex.Message;
82.             }
83.             var task = this.Dispatcher.RunAsync(
                  Windows.UI.Core.CoreDispatcherPriority.Normal, () =>
84.             {     Text_X_Axis.Text = xText; // 顯示資料畫面
85.                   Text_Y_Axis.Text = yText;
86.                   Text_Z_Axis.Text = zText;
87.                   Text_Status.Text = statusText;
88.             });
89.         }
90.         private Acceleration ReadI2CAccel()
91.         {
92.           const int ACCEL_RES = 1024; // 設定 ADXL345 為 1024
93.           const int ACCEL_DYN_RANGE_G = 8;  // ADXL345 8G 範圍
94.           const int UNITS_PER_G = ACCEL_RES // ACCEL_DYN_RANGE_G;
95.           byte[] RegAddrBuf = new byte[] { ACCEL_REG_X };
```

```
96.            byte[] ReadBuf = new byte[6];
97.            I2CAccel.WriteRead(RegAddrBuf, ReadBuf);
98.            short AccelerationRawX = BitConverter.ToInt16(ReadBuf, 0);
99.            short AccelerationRawY = BitConverter.ToInt16(ReadBuf, 2);
100.           short AccelerationRawZ = BitConverter.ToInt16(ReadBuf, 4);
101.           Acceleration accel;
102.           accel.X = (double)AccelerationRawX / UNITS_PER_G;
103.           accel.Y = (double)AccelerationRawY / UNITS_PER_G;
104.           accel.Z = (double)AccelerationRawZ / UNITS_PER_G;
105.           return accel;
106.           } } }
```

程式說明

- 第 90 行：讀取 X、Y、Z 的硬體資料。
- 第 65-89 行：定時讀取 ADXL345 設備。

執行結果

圖 18-5 執行結果

教學影片

執行效果的影片請參考 *18-3-i2c*。

18.4 SPI 介紹

介紹

SPI（Serial Peripheral Interface）是由摩托羅拉公司提出的一種同步串列外部設備－介面匯流排，它可以使 MCU 與各種週邊設備以串列方式進行通信及交換資訊,。匯流排採用 3 根或 4 根資料線進行資料傳輸，常用的是 4 根線，即兩條控制線（選擇目標對象的 CS 和時脈 SCLK）及兩條資料信號線資料輸入 SDI 和資料輸出 SDO。

SPI 是一種高速、全雙工、同步的通信匯流排。在摩托羅拉公司的 SPI 技術規範中，資料信號線 SDI 稱為 MISO（Master-In-Slave-Out，主入從出），資料信號線 SDO 稱為 MOSI（Master-Out-Slave-In，主出從入），控制信號線 CS 稱為 SS（Slave-Select，從屬選擇），將 SCLK 稱為 SCK（Serial-Clock，串列時鐘）。在 SPI 通信中，資料是同步進行發送和接收的。資料傳輸的時鐘是基於來自主處理器產生的時鐘脈衝，摩托羅拉公司沒有定義任何傳輸速度的規定。

SPI 介面資料傳輸

SPI 是以主從方式工作的（Master/Slave），其允許一個主設備和多個從設備進行通信，主設備透過不同的 SS/CS 信號線選擇不同的從設備進行通信。當主設備選中某一個從設備後，MISO 和 MOSI 用於串列資料的接收和發送，而 SCK 提供串列通信時脈，上升就發送，下降就接收。在實際應用中，未選中的從設備之 MOSI 信號線需處於高阻狀態，否則會影響主設備與被選中的從設備間之正常通信。

序列周邊接口（Serial Peripheral Interface Bus，SPI）又譯為串列外設接口，每個設備都有 4 條線。

- SS/CS：選取哪個周邊設備
- MOSI：主機送出訊號
- MISO：主機接收訊號
- CLK：時脈

其中 SS（Slave Select）是由主機（Master）選擇向哪個周邊設備（Slave）通信的，每個不同設備單獨連接一條專用線，信號高表示不啟用，信號低表示啟用。

另外三條線則可以多個設備共用。（主機應保證通過 SS 專線只選擇一個設備）

- MOSI（Master out，slave in）：主機發送、周邊設備接收
- MISO（Master in，slave out）：主機接收、周邊設備發送
- CLK：時鐘/時脈信號

而樹莓派 2 和 3 對接 SPI 的接腳如下：

- 接腳 Pin 19－SPI0 MOSI
- 接腳 Pin 21－SPI0 MISO
- 接腳 Pin 23－SPI0 SCLK
- 接腳 Pin 24－SPI0 CS0
- 接腳 Pin 26－SPI0 CS1

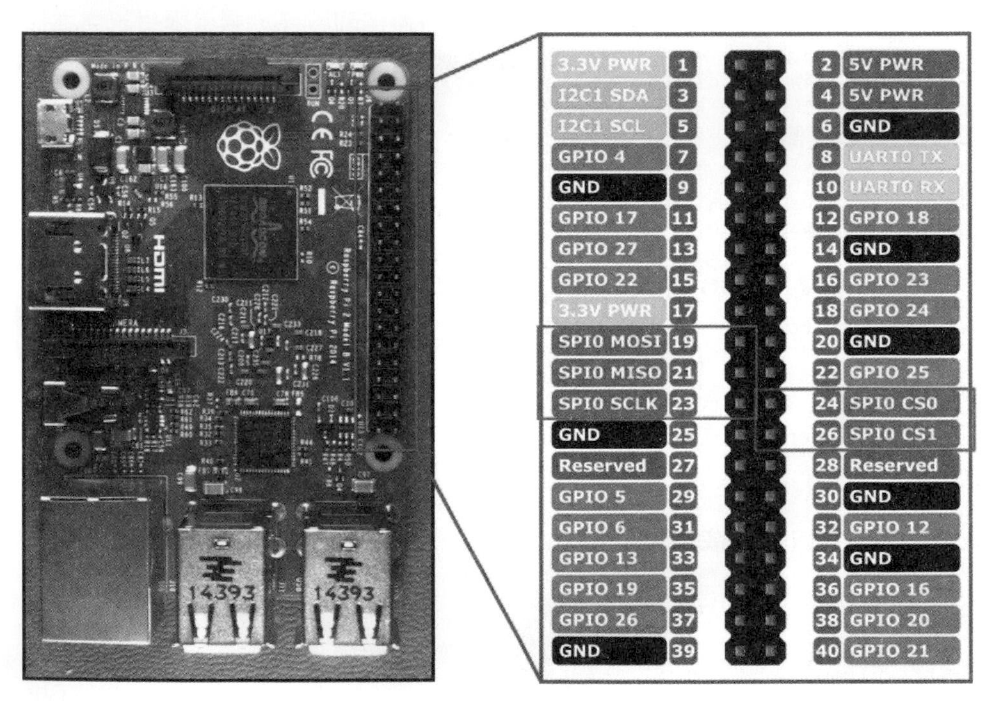

圖 18-6 SPI 接腳的位置

18.5 SPI 函數

函數介紹

Windows 10 IoT Core 的 IoT 指令有提供一組 SPI 類別，並自動對應到硬體的 SPI 接腳，而 SPI 類別的函數有：

```
string aqs = SpiDevice.GetDeviceSelector("SPI0");
```

取得 SPI 接腳，並且取得該設備。

```
string var dis = await DeviceInformation.FindAllAsync(aqs);
```

等待 SPI 設備初始化。

```
var settings = new SpiConnectionSettings(0);
```

設定為 SPI 為 0。

```
SpiDevice device = await SpiDevice.FromIdAsync(dis[0].Id, settings
```

建立 SPI0 設備，並指定 SPI 匯流排。

```
device.Write(byte[])
```

使用 SPI0 接腳，並送出資料。

實際範例

設定 SPI0 的接腳，並將資料送出 SPI 設備。

範例程式：ch18\18-5\SPI\CS\SPI.cs

```
1. using Windows.Devices.Enumeration;
2. using Windows.Devices.Spi;
3. using Windows.Devices.I2c;                            // 定義檔
4. public async void SPI() {
5.     string aqs = SpiDevice.GetDeviceSelector("SPI0");
       // 取得設備 SPI0 硬體資料
6.     var dis = await DeviceInformation.FindAllAsync(aqs);
       // 等待 I2C1 設備初始化
```

```
7.    if (dis.Count == 0); return;                  // 錯誤處理
8.    var settings = new SpiConnectionSettings(0);  // 設定為 SPI 為 0
9.    using (SpiDevice device = await SpiDevice.FromIdAsync(dis[0].Id,
      settings))  // 等待連線
10.   {
11.   byte[] writeBuf = { 0x01, 0x02, 0x03, 0x04 };
12.   device.Write(writeBuf);   // 送出資料
13.   }
14. }
```

程式說明

- 第 5 行：取得設備 SPI 硬體資料。
- 第 6 行：等待 SPI 設備初始化。
- 第 9 行：等待 SPI 連線。
- 第 12 行：送出資料。

BLE 藍牙 4.0 與 IoT－家電控制

19
CHAPTER

本章重點

本章節將介紹 Win IoT 的程式語言如何透過藍牙 4.0 的方式與智慧型手機連線，並且控制 110V 的家電。

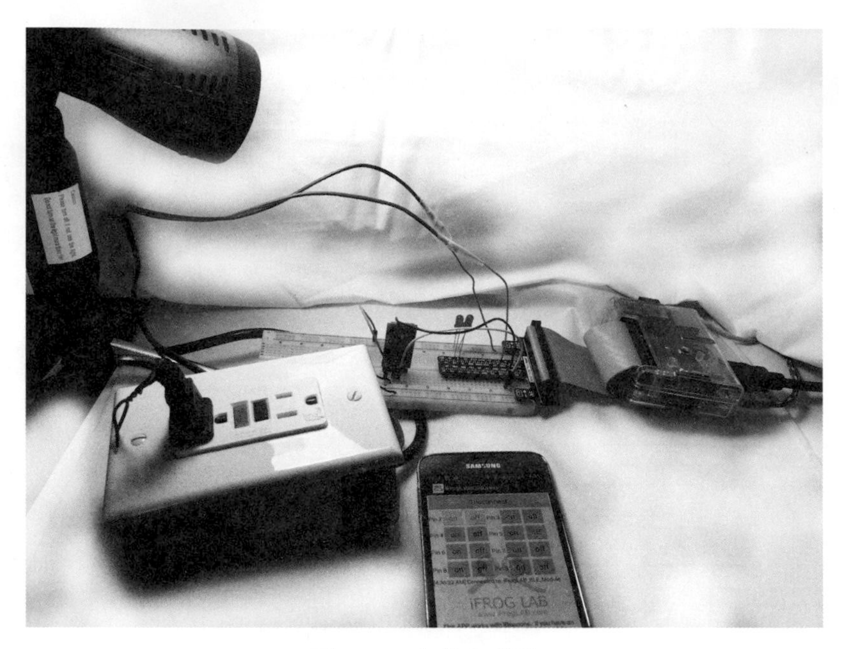

圖 19-0 本章完成圖

19.1 顯示所有的 iBeacon 設備

19.1.1 iBeacon 介紹

本章節將利用柯老師所參與設計的 iFrog Lab 公司的 F-60 UART 藍牙設備模組和樹莓派結合，成為一個 iBeacon 設備，並且透過手機搜尋得知該設備的遠近距離。

圖 19-1 iBeacon Logo

什麼是 iBeacon 呢？它是蘋果公司提出的「一種可以讓附近手持電子設備檢測到的一種新的低功耗、低成本信號傳送器」，硬體技術是用藍牙 4.0 低功耗藍牙（BLE）的規範延伸出來的。

它是可以用在室內定位系統的協議。而這種技術可以使一個智慧型手機或其他裝置在一個 iBeacon 基站的感應範圍內執行相應的命令。這樣的方法是幫助智慧型手機使用一個或多個 iBeacon，來確定手持智慧型手機的使用者大概位置的一個應用程式。

另外一個應用，是在一個 iBeacon 基站的幫助下，智慧型手機的軟體能大概找到它和這個 iBeacon 基站的相對位置。iBeacon 能讓手機收到附近售賣商品的通知，或是讓消費者將手機當成錢包或信用卡，在銷售點機器上完成支付。

介紹

在新款的智慧型手機設備中，還有一個很大的特色是執行藍牙 4.0 的功能。它提供無線資料傳輸和搜尋藍牙 4.0 的 iBeacon 功能，而這樣的設計，可以讓各位設計手機周邊設備，也就是物聯網相關的設備研發，這也是由 2013 年起陸續看到手機周邊的設備出現，如智慧型手錶、用手機開電燈、用手機開門等等物聯網的應用。

在本章節之中，我們將會介紹透過樹莓派 2 或 3 和 iFrogLab 藍牙 4.0 模組，來設計一整組的智慧家電設備，讓玩家可以用手機控制家裡電器開關，也就是達到現在很多廠商主推的，用手機就可以智慧控制家電的功能。

硬體準備

本專案需要以下的硬體：

- 樹莓派 2 或樹莓派 3 的板子
- 一個擁有藍牙 4.0 功能的 Android 或 iOS 手機
- 一個「iFrog Lab 公司的 F-60 UART 藍牙設備模組」或「iFrogLab 藍牙 4.0 BLE iBeacon 鑰匙環」
- 麵包板
- 數條接線

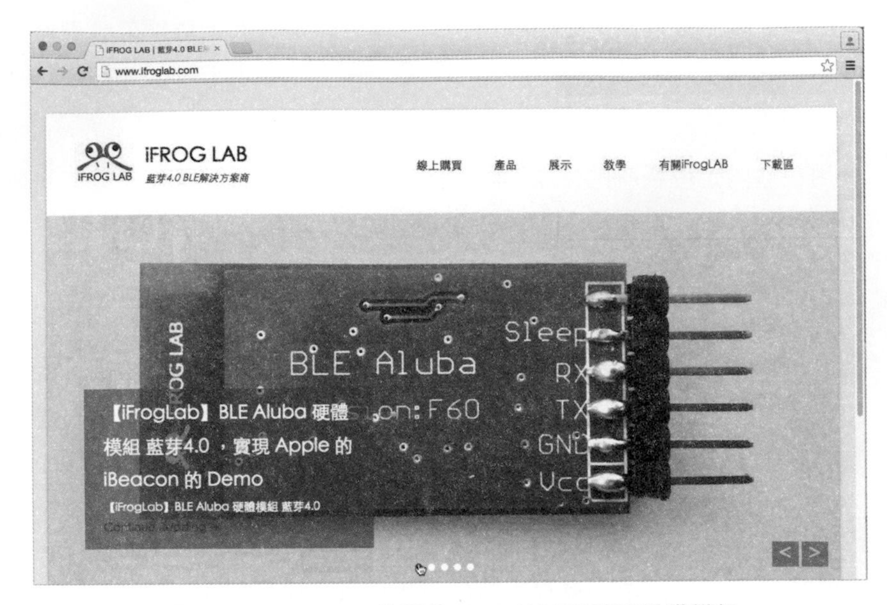

圖 19-2 iFrog Lab 公司的 F-60 UART 藍牙設備模組

「iFrogLab 藍牙 4.0 BLE iBeacon 鑰匙環」裡面有電池，按一下之後，就會發出 iBeacon 訊號。

圖 19-3 iFrogLab 藍牙 4.0 BLE iBeacon 鑰匙環

硬體設備

圖 19-4 iFrogLab F-60 的接腳

iFrogLab F-60 的接腳分別是：

1. 3.3V 電源，請連接到 Raspberry Pi 的 3.3V 電源。
2. 接地，請接到 Raspberry Pi 的 GND 接地。
3. RX 資料接收的接腳。
4. TX 資料送出的接腳。

硬體接線

請注意！樹莓派的 GPIO 有二種電源，分別是 5V 和 3.3V 直流電，請把 iFrog F-60 UART 藍牙 4.0 模組連接在 5V 直流電源。

Raspberry Pi 接腳	iFrogLab F-60 UART 元件
Pin 2 / 電源 5V	VCC
Pin 6 / GND	GND

硬體接線設計圖 ch19\19-1\19-1.fzz

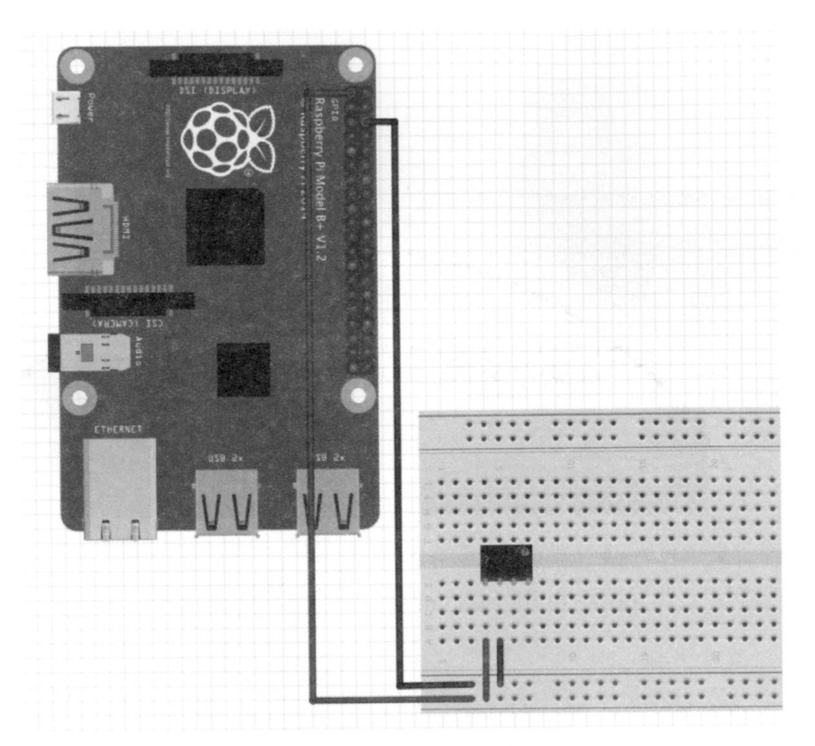

圖 19-5 Raspberry Pi 和 F-60 硬體接線設計圖

圖 19-6 實際硬體接線

而 Arduino，只需要把 F-60 硬體的電源連接在板子上的 5V 和 GND 接地就可。如果 Raspberry Pi 或 Arduino 都沒有，也可以用電池 3.3V 來啟動。

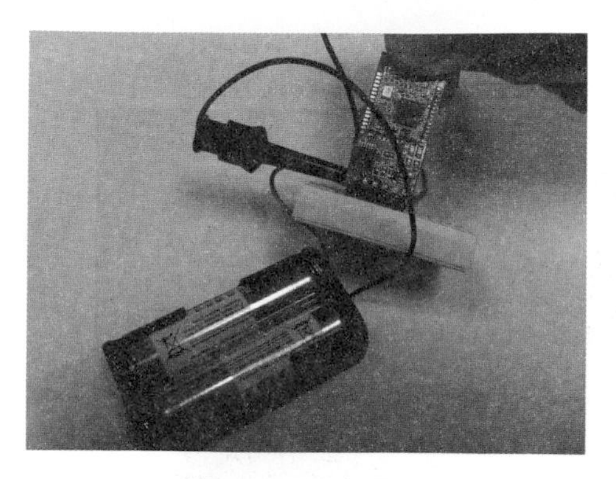

圖 19-7 接上電池

圖 19-8 接上 Arduino 硬體接線

APP

Android 的用戶請透過以下位址，更新安裝軟體。https://play.google.com/store/apps/details?id=com.looptek.guidedtour

這個軟體是 iFrogLab 在 Google Maket 上的 APP，其用來展示如何使用標準 iBeacons，以發現附近標準的 iBeacon 硬件，並且列出訊號強弱。其搜尋範圍大約 30 英呎，可以用在開發和測試 iBeacon 功能。

圖 19-9 iFrogLab iBeacon 的 Android APP 下載 QRCode 位置

書中光碟的 19-1-iFrogLabBLE_iBeacon 裡面有 Android 和 iOS 的原始程式，執行安裝後，就可以在 Android 和 iPhone、iPad 上使用。如果對 Android 的動作有興

趣，可以參考柯老師出版的「Android 6.0」書中有詳細解說；而 iOS 可以參考柯老師出版的「iOS 9 App 開發全面修練實戰」書中有詳細解說。

說明

本程式需要支援藍牙 4.0 功能的實際 iOS 或 Android 設備，和 iFrogLab 的藍牙 iBeacon 設備。當程式執行後，就會開始搜尋附近的藍牙 iBeacon 設備。請留意 iFrogLab 的 F-60 設備有 3 分鐘的休眠設計，休眠時就不會發出藍牙訊號，請再把 F-60 的電源重新接上，就會再度自動啟動。當然，您也可以在 Raspberry Pi 寫個 GPIO 程式，每 3 分鐘關閉該接腳並且再度打開，也就可以一直讓 F-60 啟動。

執行結果

範例程式的執行結果，在 APP 啟動時點選搜尋按鈕，就會開始執行和搜尋附近的藍牙 BLE 或 iBeacon 設備。

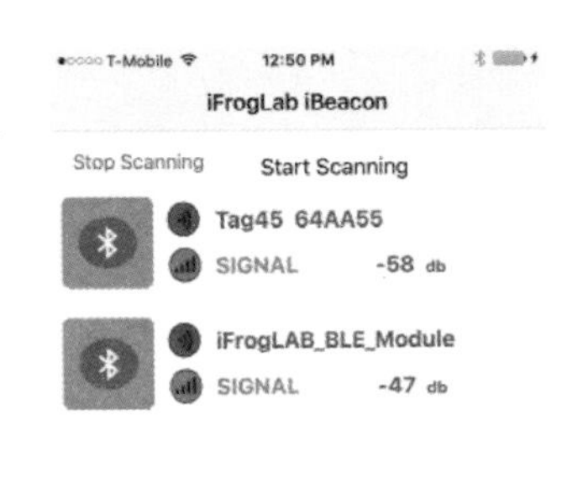

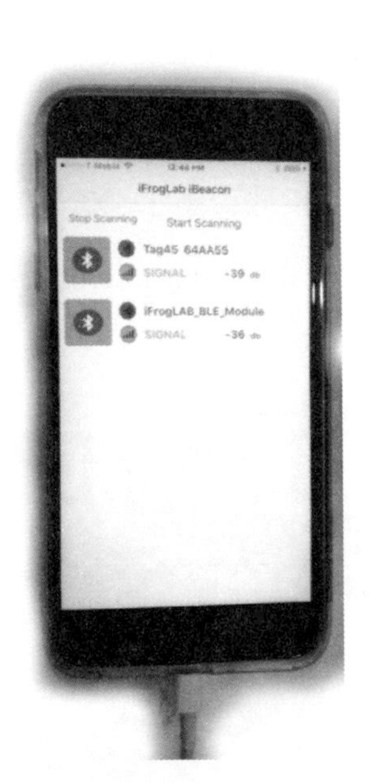

圖 19-10 範例執行結果

補充資料

iFrogLab iBeancon 還有其他 Android 和 iOS 完整的原始程式，到 iFrogLab 官網購買 F-60 硬體就能免費取得。

教學影片

詳細的 Android 版的執行結果和教學影片請看 *19-1-iBeacon-Android*，裡面會有詳細的解說；而 iOS 版的執行結果和教學影片請看 *19-1-iBeacon-iOS*。

19.2 iOS 傳送和接收資料給 Windows 10 IoT Core 設備

介紹

這個章節將會介紹，如何在 Windows 10 IoT Core 中透過樹莓派及藍牙 4.0，與 iOS 或 Android 設備彼此傳遞資料和文字。

硬體準備

本專案需要以下的硬體：

- 樹莓派 2 或樹莓派 3 的板子
- 一個擁有藍牙 4.0 功能的 Android 或 iOS 手機
- 一個「iFrog Lab 公司的 F-60 UART 藍牙設備模組」
- 麵包板
- 數條接線

硬體線路

Raspberry Pi 2 接腳	元件接腳
Pin 10	iFragLab F-60 板子的 RX
Pin 8	iFragLab F-60 板子的 TX
5V	iFragLab F-60 板子的 VCC 電源
GND	iFragLab F-60 板子的 GND 接地

如果有問題，可以嘗試把 RX 和 TX 的線對調。

硬體接線設計圖 ch19\19-2.fzz

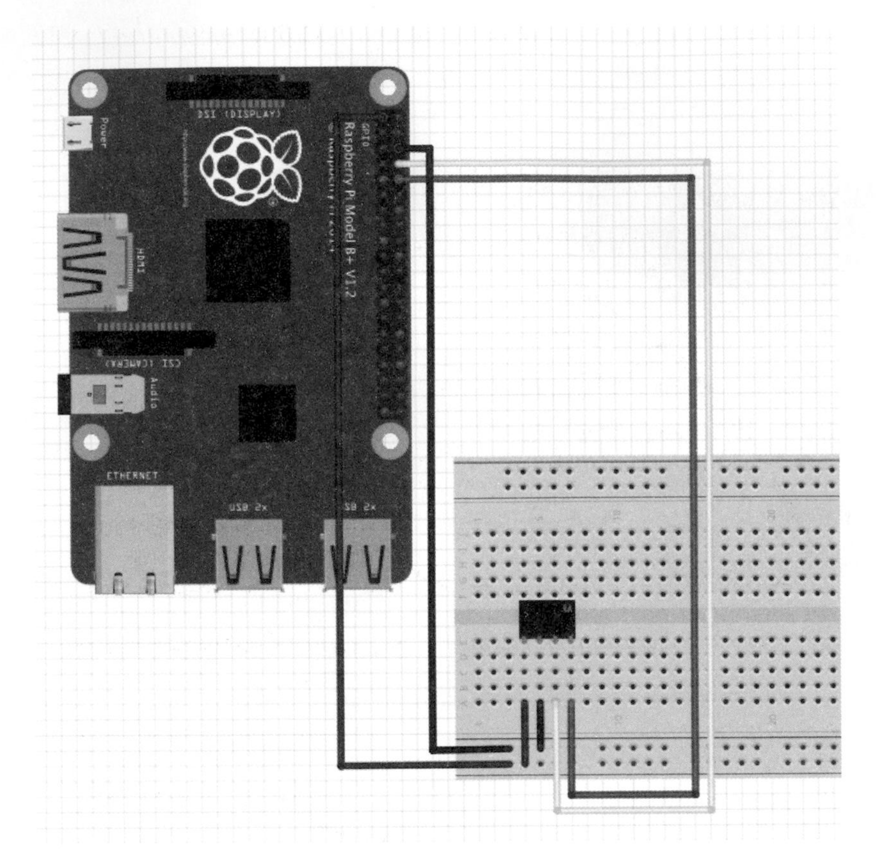

圖 19-11 Raspberry Pi 2 和 iFrogLab 的 F-60 硬體接線設計圖

執行效果

本程式需要有可支援藍牙 4.0 功能的實際 iOS 或 Android 設備，和 iFrogLab 的藍牙 iBeacon 設備，請留意有 3 分鐘自動休眠的設計。

APP

Android 的用戶請透過以下位址，更新安裝 UART 資料傳遞軟體 APP。https://play.google.com/store/apps/details?id=com.looptek.ifroglabbt_ap

這個軟體是 iFrogLab 在 Google Maket 上的 APP，而原始程式在光碟中的 ch19/ch19-2-UART/MyBTBLEUart 可以找到。我們可以用該 APP，來發現附近的標準 BLE 硬體並連線後，就能夠傳遞資料了。

書附光碟的 *ch19/ch19-2-UART* 裡面有 Android 和 iOS 的原始程式，執行安裝後，就可以在 Android 和 iPhone、iPad 上使用。如果對 Android 的動作感興趣，可以參考柯老師出版的「Android 6.0」書中有詳細解說；而 iOS 可以參考柯老師出版的「iOS 9 App 開發全面修練實戰」，書中有詳細解說。

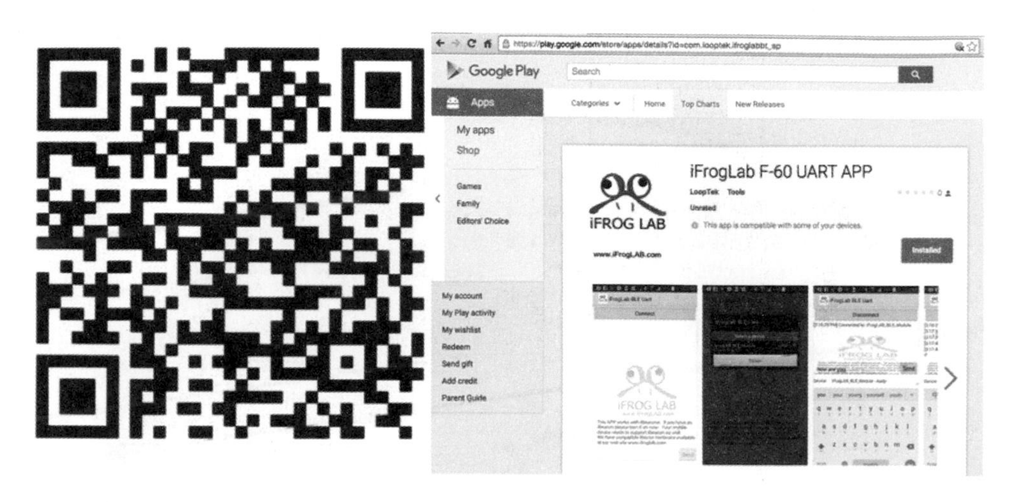

圖 19-12 iFrogLab iBeacon 的 Android APP 下載 QRCode 位置

實際範例

在 Windows 10 IoT Core 設備的程式，將沿用「17-4 UART 傳遞資料程式設計」的範例程式進行修改，最主要的差別是送出的 UART 字串中，在最後多了一個跳行的字"\n"，這樣 iFrogLab 才會將字串送出。

部分範例程式：ch19\19-2\UART\UART\MainPage.xaml.cs

```
1. ……                        // using 定義，省略。
2. namespace UART
3. {
4.     public sealed partial class MainPage : Page
5.     {
6.         private SerialDevice SerialPort;
7.         private CancellationTokenSource ReadCancellationTokenSource;
           // 多工取消
8.         private  DataWriter dataWriteObject = null;
9.         public MainPage() {
10.              this.InitializeComponent();  // 初始化元件
11.              FunSerial();
12.         }
13.          public async void FunSerial()
14.          {
```

```
15.             try  {
16.                 string aqs = SerialDevice.GetDeviceSelector("UART0");
                    // 指定設備名稱
17.                 var dis = await DeviceInformation.FindAllAsync(aqs);
18.                 for (int i = 0; i < dis.Count; i++)   {
19.                     send.Text=send.Text + ", " + dis[i];
                        // 將設備名稱顯示在畫面上
20.                 }
21.                 SerialPort = await SerialDevice.FromIdAsync
                    (dis[0].Id); // 取得該設備
22.                 //指定 UART 設備
23.                 SerialPort.WriteTimeout =
                    TimeSpan.FromMilliseconds(1000); // 反應時間
24.                 SerialPort.ReadTimeout =
                    TimeSpan.FromMilliseconds(1000); // 反應時間
25.                 SerialPort.BaudRate = 9600;      // 傳輸速度
26.                 SerialPort.Parity = SerialParity.None; // 優先權
27.                 SerialPort.StopBits = SerialStopBitCount.One;
                    // 設定停止時的 bit
28.                 SerialPort.DataBits = 8;  // 傳輸位元 bit 數量
29.
30.                 ReadCancellationTokenSource =
                   new CancellationTokenSource(); // 多工
31.                 await ReadAsync(ReadCancellationTokenSource.Token);
32.             }
33.             catch (Exception ex)      {  }       // 錯誤處理
34.         }
35.
36.         private async Task ReadAsync(CancellationToken cancellationToken)
37.         {   for(;;){                                // 無限迴圈等待輸入
38.             const uint maxReadLength = 1024;    // 最長可以接收的字數
39.             DataReader dataReader = new DataReader
                (SerialPort.InputStream);
40.             uint bytesToRead = await dataReader.LoadAsync
                (maxReadLength);
41.             string rxBuffer = dataReader.ReadString
                (bytesToRead);// 讀取輸入
42.             this.data.Text = rxBuffer;  // 將讀到的資料顯示畫面上
43.         }   }
44.         private async void sendTextButton_Click(object sender,
            RoutedEventArgs e) // 按鈕
45.         {
46.             if (SerialPort != null)   {
47.                 dataWriteObject = new DataWriter
                   (SerialPort.OutputStream);
48.                 await WriteAsync();     // 呼叫輸出處理多工
49.         }   }
50.         private async Task WriteAsync() // 輸出處理多工
```

```
51.         {
52.                 Task<UInt32> storeAsyncTask;
53.                 if (send.Text.Length != 0){    // 輸入框是否有文字
54.                      dataWriteObject.WriteString(send.Text+"\n");
                         // 送出字串
55.                      storeAsyncTask = dataWriteObject.StoreAsync()
                         .AsTask();  // 等待送出
56.                      UInt32 bytesWritten = await storeAsyncTask;
57.                      if (bytesWritten > 0)
58.                      {
59.                           send.Text += send.Text + ",  bytes written
                              successfully!"; // 顯示成功
60.                      }
61.                 }
62.                 else    {
63.                     send.Text = " Enter the text"; // 要求用戶輸入要傳送的文字
64.                 }
65.           }
66.         …
67. }
```

多加跳行的代號

程式說明

- 第 16-28 行：設定序列通信設備速度和參數。
- 第 36-43 行：UART 讀取字串。請留意！此處透過無限迴圈，一直等待輸入資料。
- 第 44 行：用戶按下畫面上按鈕的處理函數。
- 第 50-65 行：UART 送出字串。

執行結果

請注意，這個專案需要同時執行手機和 Raspberry Pi 2 設備，點選連接並確定成功後，就可以順利的把 iOS 或 Android 設備，透過執行 Windows 10 IoT Core 的 Raspberry Pi，經由藍牙 BLE 4.0 連接，並且傳遞文字資料。

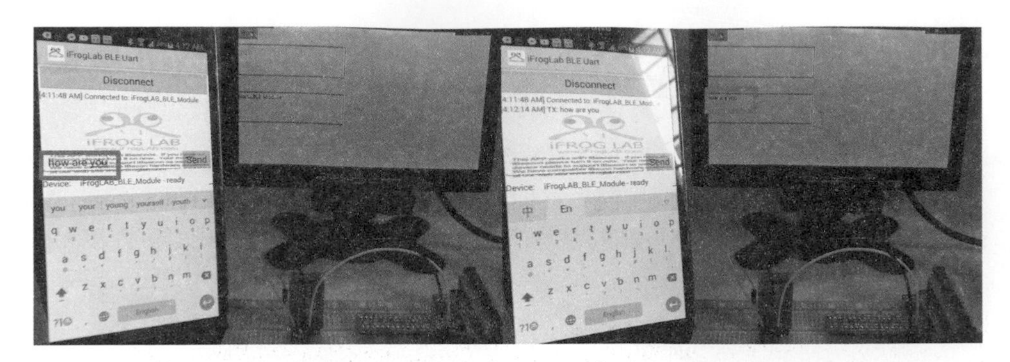

圖 19-13 樹莓派 2 與 Android 執行情況

而 Windows 10 IoT Core 也能夠透過藍牙 4.0 將資料回傳給 Android 智慧型手機設備。請留意！送到藍牙 4.0 設備的資料傳遞速度是 9600BPS。

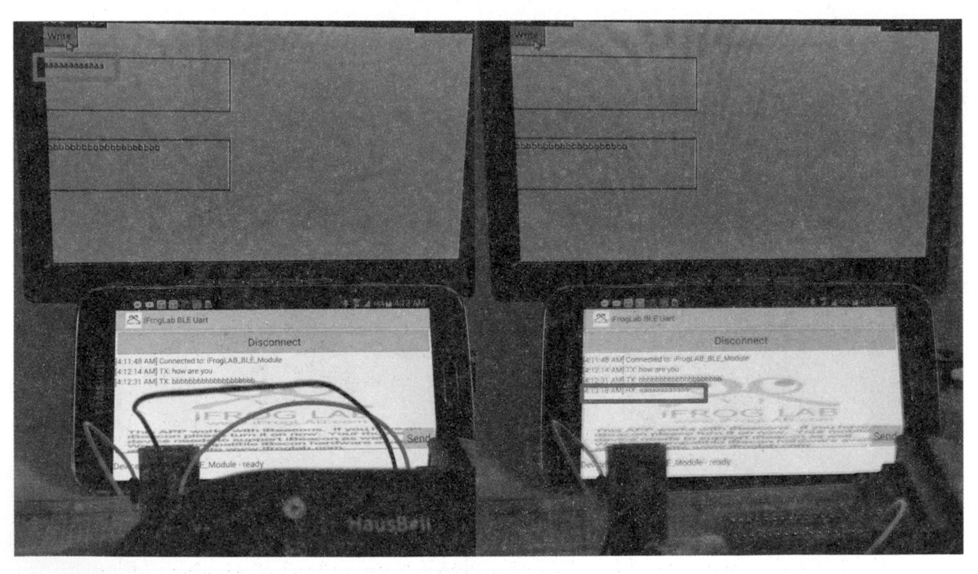

圖 19-14 樹莓派 2 送出資料到 Android 執行情況

而 iOS，也可以以此應用程式和 Windows 10 IoT Core 的設備用戶傳遞資料。

圖 19-15 樹莓派 2 與 iOS 執行情況

教學影片

詳細的 Android 版的執行結果和教學影片請看 *19-2-Uart-Android*，裡面會有詳細的解說；而 iOS 版的執行結果和教學影片請看 *19-2-Uart-iOS*。

補充資料

如果要瞭解如何在「樹莓派」上執行，連接 iOS 或 Android 連接並傳遞資料，可以參考柯老師的另一本著作「Raspberry Pi 2 最佳入門與實戰應用」，裡面會有詳細的解說。

19.3 智慧手機控制 LED

介紹

本章節將介紹如何使用 iOS 或 Android 設備，在 Windows 10 IoT Core 環境中透過藍牙 4.0 將樹莓派上的 LED 燈光開啟和關閉。

硬體準備

本專案需要以下的硬體：

- 樹莓派 2 或樹莓派 3 的板子
- 一個擁有藍牙 4.0 功能的 Android 或 iOS 手機
- 一個「iFrog Lab 公司的 F-60 UART 藍牙設備模組」
- 麵包板
- 數條接線
- 3 個 LED
- 3 個 220 ohm 電阻，顏色為紅紅棕，最後一色環金或銀

硬體線路

樹莓派 2 或樹莓派 3 的接腳	元件接腳
Pin 10 / Uart RX	iFragLab F-60 板子的 TX
Pin 8 / Uart TX	iFragLab F-60 板子的 RX
Pin 1/ 5V	iFragLab F-60 板子的 VCC 電源
Pin 6/ GND	iFragLab F-60 板子的 GND 接地 LED 短腳透過 220 ohm 電阻
GPIO4	LED 燈正極
GPIO5	LED 燈正極
GPIO6	LED 燈正極

如果有問題，可以嘗試把 RX 和 TX 的線對調。

硬體接線設計圖 ch19\19-3\19-3.fzz

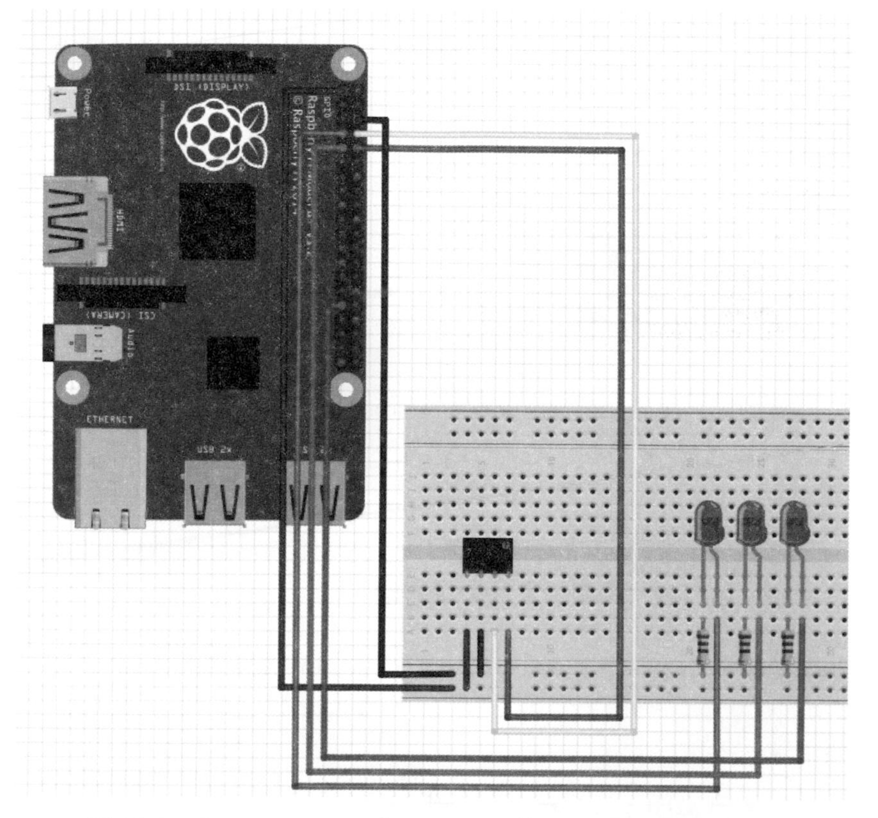

圖 19-16 Raspberry Pi 2 和 iFrogLab 的 F-60 硬體接線設計圖

APP

Android 的用戶請透過以下位址，更新安裝 UART 資料傳遞軟體 APP。
https://play.google.com/store/apps/details?id=com.powehnko.ifroglabbt_ap_pins

這個軟體是 iFrogLab 在 Google Maket 上的 APP，而原始程式在光碟中的 ch19/19-3-LEDs/iFrogLabbt_ap_pins 可以找到。我們可以用該 APP 來發現附近的標準 BLE 硬體並連線後，就能夠控制接腳。

書中光碟的 ch19/19-3-LEDs 裡面有 Android 和 iOS 的原始程式，執行安裝後，就可以在 Android 和 iPhone、Pad 上使用。如果對 Android 的動作感興趣，可以參考柯老師出版的「Android 6.0」書中有詳細解說，而 iOS 則可以參考柯老師出版的「iOS 9 App 開發全面修練實戰」書中有詳細解說。

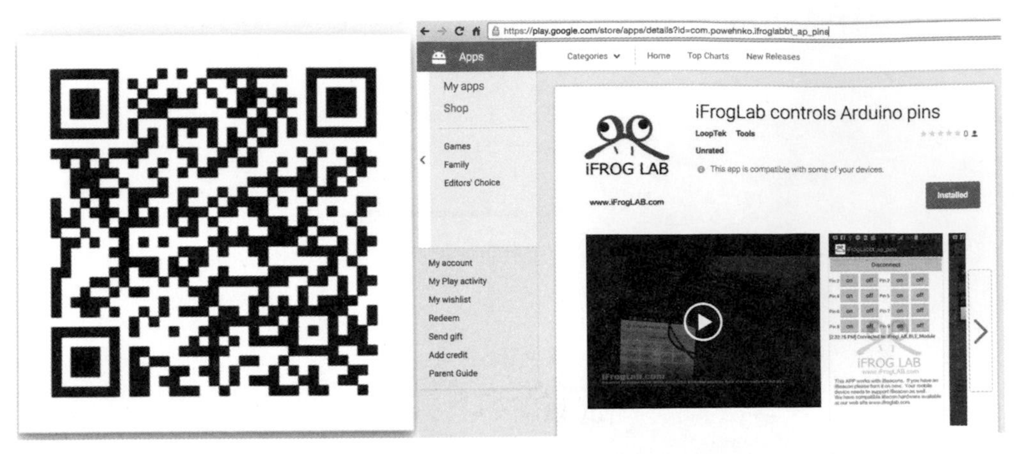

圖 19-17 iFrogLab iBeacon 的 Android APP 下載 QRCode 位置

實際範例

在 Windows 10 IoT Core 設備的程式，將沿用上一章的範例，先設定 GPIO 的接腳，並且用判斷字串的方法，控制相對應的接腳動作。

部分範例程式：ch19\19-3\UART\UART\MainPage.xaml.cs

```
1.  ……                                          // using 定義，省略。
2.  namespace UART
3.  {
4.      public sealed partial class MainPage : Page
5.      {
6.          private SerialDevice SerialPort;
7.          private CancellationTokenSource ReadCancellationTokenSource;
            //多工取消
8.          private  DataWriter dataWriteObject = null;
9.          public MainPage() {
10.             this.InitializeComponent();  // 初始化元件
11.             gpioiInit();
12.             FunSerial();
13.          }
14.          public void gpioiInit()
15.          {
16.             GpioController gpio = GpioController.GetDefault();
                // 取得 GPIO 的動作
17.             pin4 = gpio.OpenPin(4);  // 指定接腳 4
18.             pin4.SetDriveMode(GpioPinDriveMode.Output); // 設定輸出
19.             pin5 = gpio.OpenPin(5); // 指定接腳 5
20.             pin5.SetDriveMode(GpioPinDriveMode.Output); // 設定輸出
21.             pin6 = gpio.OpenPin(6); // 指定接腳 6
```

```
22.             pin6.SetDriveMode(GpioPinDriveMode.Output); // 設定輸出
23.         }
24.         public async void FunSerial()
25.         {
26.             try  {
27.                 string aqs = SerialDevice.GetDeviceSelector
                    ("UART0");     // 指定設備名稱
28.                 var dis = await DeviceInformation.FindAllAsync(aqs);
29.                 for (int i = 0; i < dis.Count; i++)   {
30.                     send.Text=send.Text + ", " + dis[i];
                     // 將設備名稱顯示在畫面上
31.                 }
32.                 SerialPort = await SerialDevice.FromIdAsync
                    (dis[0].Id); // 取得該設備
33.                 // 指定 UART 設備
34.                 SerialPort.WriteTimeout =
                    TimeSpan.FromMilliseconds(1000);  // 反應時間
35.                 SerialPort.ReadTimeout =
                    TimeSpan.FromMilliseconds(100); // 加快時間
36.                 SerialPort.BaudRate = 9600; // 傳輸速度
37.                 SerialPort.Parity = SerialParity.None; // 優先權
38.                 SerialPort.StopBits = SerialStopBitCount.One;
                    // 設定停止時的 bit
39.                 SerialPort.DataBits = 8; // 傳輸位元 bit 數量
40.
41.                 ReadCancellationTokenSource =
                    new CancellationTokenSource(); // 多工
42.                 await ReadAsync(ReadCancellationTokenSource.Token);
43.             }
44.             catch (Exception ex)      {  }       // 錯誤處理
45.         }
46.
47.        private async Task ReadAsync(CancellationToken cancellationToken)
48.        {    for(;;){                                  // 無限迴圈等待輸入
49.             const uint maxReadLength = 1024;    // 最長可以接收的字數
50.             DataReader dataReader =
                new DataReader(SerialPort.InputStream);
51.             uint bytesToRead = await dataReader.LoadAsync
                (maxReadLength);
52.             string rxBuffer = dataReader.ReadString
                (bytesToRead);// 讀取輸入
53.             this.data.Text = rxBuffer;          // 將讀到的資料顯示畫面上
54.               rxBuffer=rxBuffer.Replace("\n", ""); // 去除跳行
55.               rxBuffer=rxBuffer.Replace("\r", ""); // 去除跳行
56.               if (rxBuffer == "m4 on")
                  { pin4.Write(GpioPinValue.High); } // 開燈
57.               else if (rxBuffer == "m4 off")
                  { pin4.Write(GpioPinValue.Low ); } // 關燈
```

```
58.                else if (rxBuffer == "m5 on")
                   { pin5.Write(GpioPinValue.High); } // 開燈
59.                else if (rxBuffer == "m5 off")
                   { pin5.Write(GpioPinValue.Low); }  // 關燈
60.                else if (rxBuffer == "m6 on")
                   { pin6.Write(GpioPinValue.High); } // 開燈
61.                else if (rxBuffer == "m6 off")
                   { pin6.Write(GpioPinValue.Low); }  // 關燈
62.         }      }
63.  …                      // 同上一章的 UART 函數，省略
64. }
```

程式說明

- 第 14-23 行：設定 GPIO 的輸出接腳。
- 第 35 行：這裡使用 100ms，用意在 UART 讀取字串，速度加快，不然會感覺到送出資料後，約等一秒才會有反應。
- 第 54-61 行：依照讀取到的 UART 字串，判斷字串，並設定 GPIO 接腳。

執行結果

請注意，這個專案需要同時執行手機和 Raspberry Pi 2 設備，點選連接並確定成功後，就可以順利的把 iOS 或 Android 設備，透過執行 Windows 10 IoT Core 的 Raspberry Pi 2，經由藍牙 BLE 4.0 連接後，就可以控制接腳開關和上面的 LED 開關。

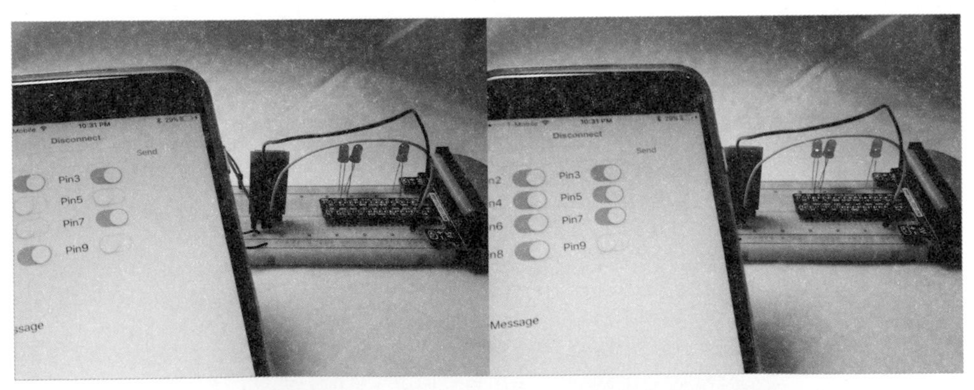

圖 19-18 在「樹莓派」上執行，連接 iOS 並控制設備上的 LED 燈

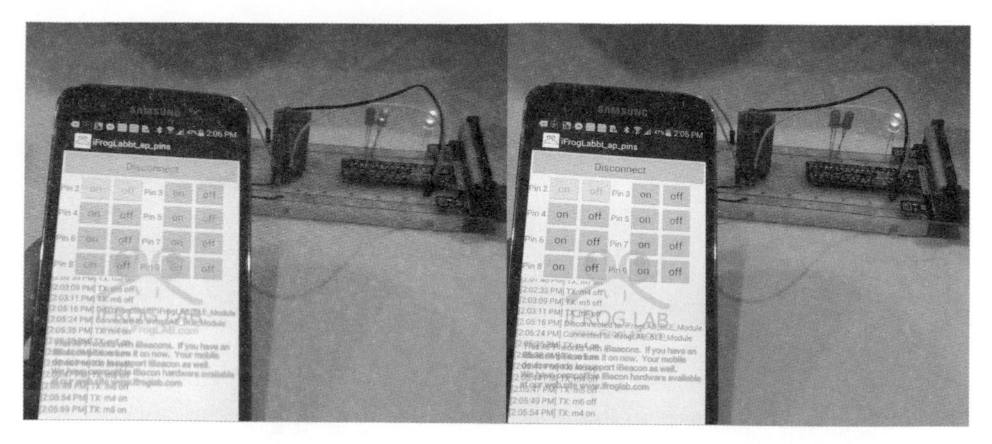

圖 19-19　在「樹莓派」上執行，連接 Android 並控制設備上的 LED 燈

教學影片

詳細的 Android 版的執行結果和教學影片請看 *19-3-LEDs-Android*，裡面會有詳細的解說；而 iOS 版的執行結果和教學影片則請看 *19-3-LEDs-iOS*。

19.4 智慧手機控制家電開關－繼電器

19.4.1 繼電器

介紹

本章節將進行 110V 繼電器的實驗，繼電器透過小的直流電來控制交流電的開關。當然您可以在市面上看到各式各樣不同的繼電器，包含控制不同的 AC 與 DC 的繼電器，這裡我們會介紹專門對家電控制的 110V 交流電的繼電器。所以這章節中，繼電器是的主要功能，它是一種電子控制元件，具有控制系統（又稱輸入迴路）和被控制系統（又稱輸出迴路），通常應用於自動控制電路中。它實際上是用較小的電流去控制較大電流的一種「自動開關」，所以下面的實驗，就可以看到我們用 Arduino 5V DC 的電力，透過繼電器的控制開關功能，來達到 110V AC 的開關動作。

以繼電器的分類有：

- 電磁式繼電器
- 感應式繼電器
- 電動式繼電器
- 電子式繼電器
- 熱繼電器
- 光繼電器

常見的造型如下，分別是電子式繼電器、電磁式繼電器和電子式繼電器。

圖 19-20 各種繼電器的外觀

購買繼電器的時候一定要注意看一下上面的標誌來選用，因為不同繼電器的控制系統（又稱輸入迴路）和被控制系統（又稱輸出迴路）都不一樣。所以在購買和設計之前，必須決定好控制系統和被控制系統的電壓，而電壓又有分成 AC 交流、DC 直流的差異，所以在挑選繼電器時一定要留意。

可應用範圍：

- 家電控制
- 馬達控制
- 電燈控制
- 遠端遙控

19.4.2 智慧手機控制繼電器

介紹

本章節將介紹如何使用 iOS 或 Android 智慧手機設備，透過藍牙 4.0 及樹莓派上的繼電器，把使用 Windows 10 IoT Core 環境的電燈打開或關閉。

硬體準備

本專案需要有以下的硬體：

- 樹莓派 2 或樹莓派 3 的板子
- 一個擁有藍牙 4.0 功能的 Android 或 iOS 手機
- 一個「iFrog Lab 公司的 F-60 UART 藍牙設備模組」
- 麵包板
- 數條接線
- 2 個 LED
- 3 個 220 ohm 電阻，顏色為紅紅棕，最後一色環金或銀
- 1 個 5V DC 控制 110~220 AC 的繼電器

硬體線路

樹莓派 2 或樹莓派 3 的接腳	元件接腳
Pin 10 / Uart RX	iFragLab F-60 板子的 TX
Pin 8 / Uart TX	iFragLab F-60 板子的 RX
5V	iFragLab F-60 板子的 VCC 電源
GND	iFragLab F-60 板子的 GND 接地 LED 短腳和繼電器接地透過 220 ohm 電阻接地
GPIO4	繼電器正極
GPIO5	LED 燈正極
GPIO6	LED 燈正極

本範例延續前一節的範例程式，只是把其中一個 LED 燈換成繼電器。如果有問題，可以嘗試把 RX 和 TX 的線對調。

請依照下圖把 Raspberry Pi、iFrogLab 的 F-60 和繼電器硬體接線連接起來。因為本實驗會用到 110V~220V 的室內電源，危險性較高，所以建議室內電源連接到繼電器之前，最好買有保險絲的電源線和開關。在整個連接的動作中，請盡量把電源移除，並且在連接的地方用絕緣膠帶捆住，然後再連接到室內家電，建議使用低耗電的設備做測試，如 LED 的小檯燈，並且建議在做這實驗時，先請有電器、電子、電機相關背景的朋友協助，以免發生斷路、爆炸或意外。

硬體接線設計圖 ch19\19-4\19-4.fzz

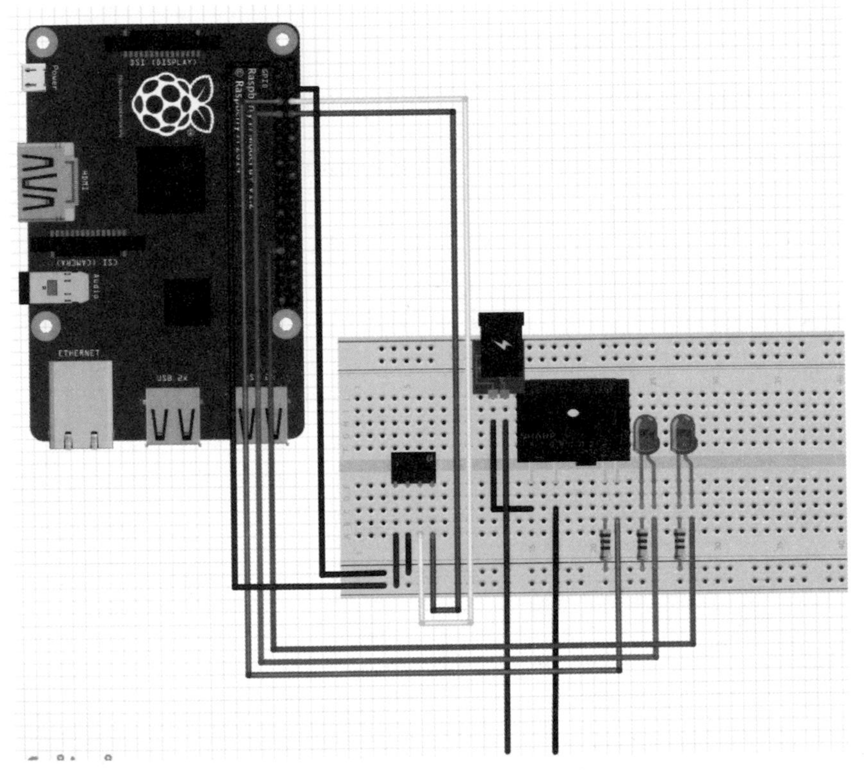

圖 19-21 Raspberry Pi 2、iFrogLab 的 F-60 和繼電器硬體接線設計圖

注意 這實驗有一定的風險，要請電子、電機相關背景的朋友協助喔！沒用時請把電源移除！

APP 和程式

這一個章節的 APP 程式和上一章節是一樣的。

執行結果

請注意，這個專案需要同時執行手機和 Raspberry Pi 2 設備，點選連接並確定成功後，就可以順利的把 iOS 或 Android 設備，透過執行 Windows 10 IoT Core 的 Raspberry Pi2，經由藍牙 BLE 4.0 連接後，就可以控制接腳開關和上面的繼電器，而繼電器所連接的家電，如電燈，就會做出相對應的開和關反應。

圖 19-22 在「樹莓派」上執行，連接 Android 並控制設備上的繼電器

圖 19-23 在「樹莓派」上執行，連接 iOS 連接並控制設備上繼電器

教學影片

詳細 Android 版的執行結果和教學影片請看 *19-4-relay-Android*，裡面會有詳細的解說；而 iOS 版的執行結果和教學影片則請看 *19-4-relay-iOS*。

多個數位輸出接腳

本章重點

本章節將介紹 Win IoT 的程式語言如何使用 74HC595。

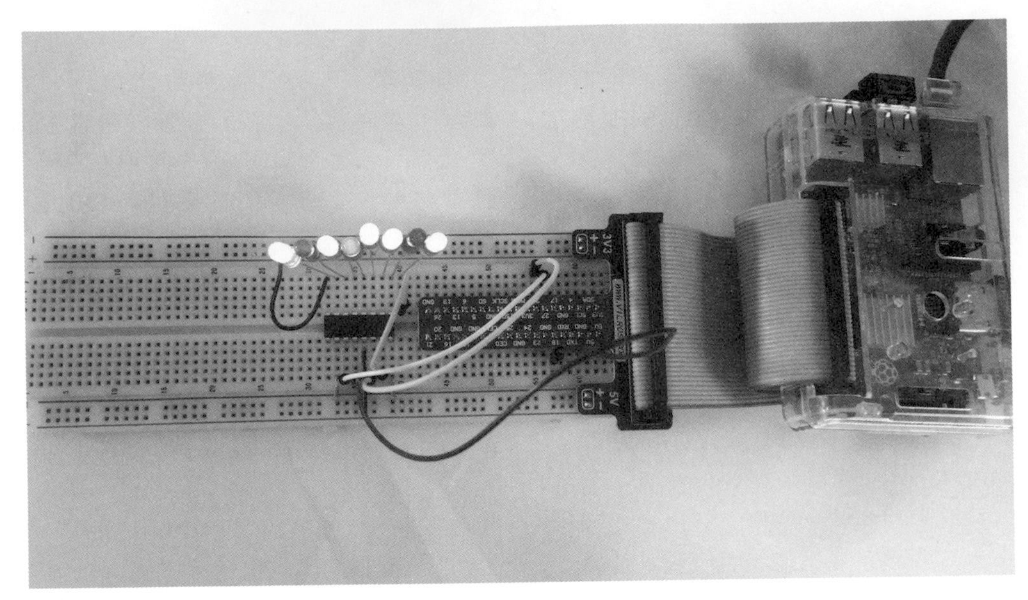

圖 20-0 本章完成圖

20.1 延伸出多個接腳－74HC595

介紹

在筆者參與多個專案當中，最常出現的問題就是 Windows 10 IoT Core 和樹莓派 2 上的接腳有限，有沒辦法增加接腳的數量。

樹莓派 2 或樹莓派 3 有 17 個 GPIO 數位輸出的接腳，但總是還覺得不夠，這時不夠的接腳，就可以透過 74HC595 這一類的 IC 來滿足需求。它能夠讓樹莓派的 3 個接腳控制 8 個接腳，當然你可以使用多個 74HC595 來再延伸或擴展出更多的接腳。

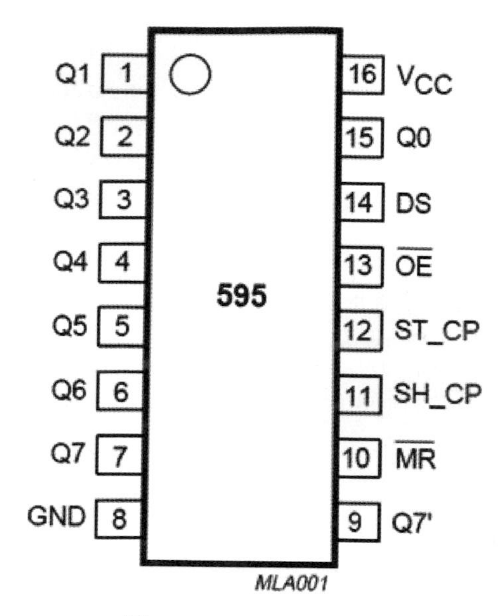

圖 20-1 74HC595 接腳

74HC595 以使用序列資料的方法，使用 3 個接腳來控制 IC 上的 8 個接腳的輸出，處理方法如下：

1. 設定「接腳 14 序列資料輸入（Serial data input）」1 個 bit 的資料。
2. 使用「接腳 11SSH_CP SRCLK」設定一個由低到高的脈衝，把資料放在暫存器。
3. 上面的步驟，一共做 8 次，也就是指定 74HC595 輸出的 8 個接腳。
4. 使用「接腳 12 ST_CP RCLK」設定一個由低到高的脈衝，這樣 IC 就會把暫存器的 8 bit 對應到 Q0~Q7 接腳的輸出。

表 20-1 接腳功能表

腳位編號	名稱	說明
1-7、15	Q0~Q7	輸出腳位
8	GND	接地
7	Q7'	序列輸出（Serial Out）
10	MR	Master Reset，清除所有資料，低電位有效（Active low）
11	SH_CP SRCLK	（串列式時鐘）當此引腳拉高，將 1 個 bit 移位寄存器

腳位編號	名稱	說明
12	ST_CP RCLK	STorage register clock pin (Latch Pin) （寄存器時鐘）需要被拉高設置輸出到新的移位寄存器的值，這必須直接 SRCLK 再次變低後，拉高
13	OE	Output Enable，允許輸出，低電位有效（Active low）
14	DS	序列資料輸入（Serial data input）
16	Vcc	供應電壓

74HC595 的使用方法和硬體接線方法，如下圖所示。

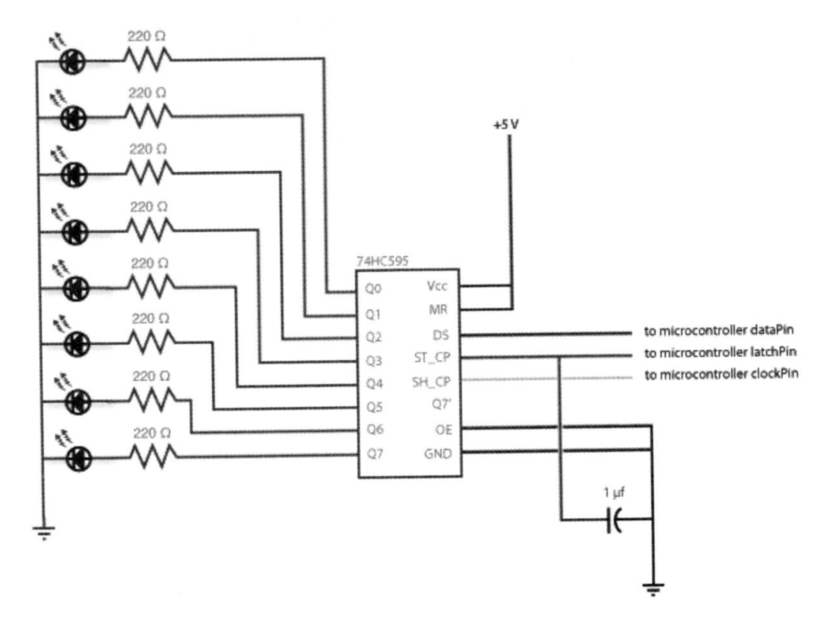

圖 20-2 74HC595 使用方式

如果需要控制更多接腳，如 16 個接腳，也可以考慮使用 STP16C596，或者使用多個 74HC595 做串接。

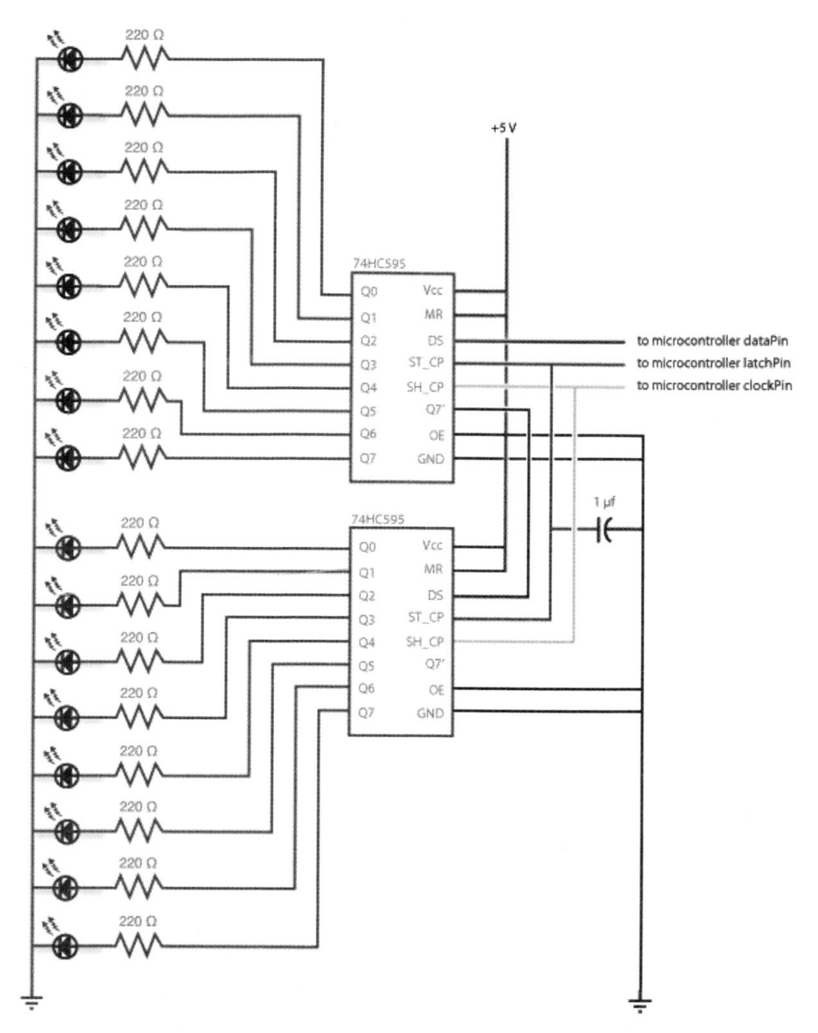

圖 20-3 2 個 74HC595 的使用方式

20.2 實驗 74HC595

介紹

在瞭解 74HC595 之後，該如何開發相關的應用程式？在本章節將實際透過硬體按鍵的輸入動作，使用 3 個接腳連接 74HC595，控制 8 個數位輸出 LED 燈的開和關動作。

硬體準備

- 樹莓派 2 或樹莓派 3 的板子
- 8 個 LED
- 8 個 220Ω 電阻，顏色為紅紅棕，最後一色環金或銀
- 1 個 74HC595 的 IC
- 1 個 150 pf 的電容，上面的號碼是 151
- 麵包板
- 數條接線

硬體接線

Raspberry Pi 接腳	74HC 595 接線
Pin 15 / GPIO22	Pin 14 DS 資料接腳
Pin 13 / GPIO27	Pin 11 SH_CP SRCLK
Pin 12 / GPIO18	Pin 12 ST_CP RCLK
	Pin 12 再接 0.1"f 電容到接地 GND
Pin 6 / 接地 GND	Pin 8，接地 GND
Pin 2 / 5V	Pin 9，5V

LED 燈在接地之前建議先接上 220Ω 電阻，這樣可以避免 LED 燈燒壞。

硬體接線設計圖 *ch20\20-1\20-1-IC_74HC595_shiftOut.fzz*

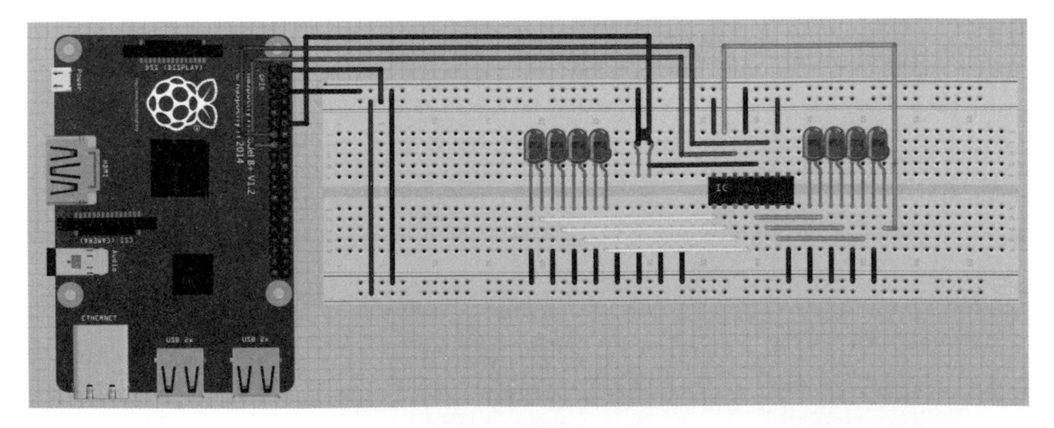

圖 20-4 硬體接線圖

實際範例

本實驗的介面設計並沒有特別處理。請留意一下，本程式透過把要控制的 8 個接腳先轉成 2 進位的方法，經由指定 1 個 bit 載送出一個脈波，然後把 8 個 bit 全部送出，再透過 ST_CP 的 RCLK 送出一個脈波，就能夠控制 8 個接腳了。

範例程式：ch20\20-1\App\App\MainPage.xaml.cs

```
1. ……                                          // using 定義，省略。
2. namespace App
3. {
4.     public sealed partial class MainPage : Page
5.     {
6.        private GpioPin PinSDI;               // Serial Digital Input
7.        private GpioPin PinRCLK;              // Register Clock
8.        private GpioPin PinSRCLK;             // Serial Clock
9.        byte[] LED = new byte[] { 0x01, 0x02, 0x04, 0x08, 0x10, 0x20,
          0x40, 0x80 };// 陣列
10.       public MainPage()
11.       {
12.             this.InitializeComponent();     // 初始化元件
13.             var gpio = GpioController.GetDefault();
                //取得 GPIO 控制
14.             PinSDI = gpio.OpenPin(22);      // 指定打開接腳 22
15.             PinSDI.SetDriveMode(Windows.Devices.Gpio.
                GpioPinDriveMode.Output);
16.             PinRCLK = gpio.OpenPin(18);     // 指定打開接腳 18
17.             PinRCLK.SetDriveMode(Windows.Devices.Gpio.
                GpioPinDriveMode.Output);
18.             PinSRCLK = gpio.OpenPin(27);    // 指定打開接腳 27
19.             PinSRCLK.SetDriveMode(Windows.Devices.Gpio.
                GpioPinDriveMode.Output);
20.             PinSDI.Write(GpioPinValue.Low); // 設定低電位
21.             PinRCLK.Write(GpioPinValue.Low);// 設定低電位
22.             PinSRCLK.Write(GpioPinValue.Low);       // 設定低電位
23.             Windows.System.Threading.ThreadPool.RunAsync
                (this.threadFun,
24.                   Windows.System.Threading.WorkItemPriority.
                      High); // 多工
25.         }
26.         private void threadFun(IAsyncAction action)
27.         {
28.             var mre = new ManualResetEventSlim(false);
29.             for (;;)
30.             {
31.                 foreach (var led in LED) // 效果一 依照陣列顯示
32.                 {
```

```
33.                     SIPO(led);
34.                     PulseRCLK();             // 下一個字元
35.                     mre.Wait(TimeSpan.FromMilliseconds(50));
                                                 // 延遲 50ms
36.                 }
37.                 for (var i = 0; i < 3; i++) // 效果二 全亮、全滅
38.                 {
39.                     SIPO(0xff);              //全亮
40.                     PulseRCLK();             // 下一個字元
41.                     mre.Wait(TimeSpan.FromMilliseconds(100));
                        // 延遲 0.1 秒
42.                     SIPO(0x00);              // 全滅
43.                     PulseRCLK();             // 下一個字元
44.                     mre.Wait(TimeSpan.FromMilliseconds(100));
                        // 延遲 0.1 秒
45.                 }
46.                 mre.Wait(TimeSpan.FromMilliseconds(500));
                    // 延遲 0.5 秒
47.                 foreach (var led in LED.Reverse()) // 效果三 倒退
48.                 {    SIPO(led);
49.                     PulseRCLK();             // 下一個字元
50.                     mre.Wait(TimeSpan.FromMilliseconds(50));
                        // 延遲 50ms
51.                 }
52.             }
53.         }
54.         void SIPO(byte b)  // 送出一個字元 (8 bits) 函數
55.         {
56.             for (var i = 0; i < 8; i++)      // 送出 8 個 bit
57.             {
58.                 PinSDI.Write((b & (0x80 >> i)) > 0 ? GpioPinValue.
                    High : GpioPinValue.Low);
59.                 PulseSRCLK();                // 下一個字元
60.             }
61.         }
62.         void PulseRCLK() // Pulse Register Clock 脈波寄存器計時器
63.         {
64.             PinRCLK.Write(GpioPinValue.Low);    // 設定低電位
65.             PinRCLK.Write(GpioPinValue.High);  // 設定高電位
66.         }
67.         void PulseSRCLK() // Pulse Serial Clock 脈波序列通信計時器
68.         {
69.             PinSRCLK.Write(GpioPinValue.Low);  // 設定低電位
70.             PinSRCLK.Write(GpioPinValue.High); // 設定高電位
71. }    }    }
```

程式說明

- 第 13-19 行：設定三個數位輸出的接腳。
- 第 31-36 行：效果一，依照陣列顯示 byte[] LED，一個一個讀取，並且送出。
- 第 37-44 行：效果二，透過 SIPO(0xff);設定全亮、SIPO(0x00);設定全滅，重複執行三次。
- 第 37-44 行：效果三，依照陣列顯示 byte[] LED，從最後開始讀取，並且送出。
- 第 54-60 行：一次只能控制一個 bit，並透過該 IC 的位移的技巧移動，設定 PulseSRCLK 重複 8 次，就能夠指定 8 個接腳。

執行結果

執行後，用戶經由 74HC595 就能透過 3 個接腳控制 8 個接腳。執行時就會看到 8 個 LED 燈，依照程式的指定做出變化。

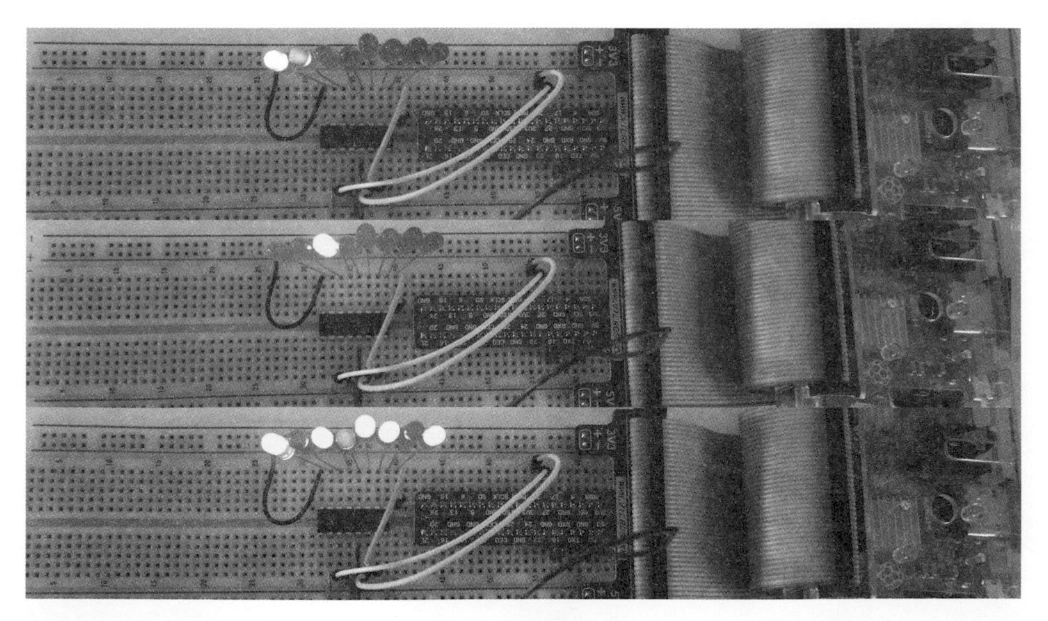

圖 20-5 執行結果

教學影片

本範例的教學影片請參考 *ch20-1-74HC595*；而硬體執行的情況，可以參見 *ch20-1-74HC595-Hardware*。

Win 10 IoT Core 的 Arduino 程式

本章重點

A.1 安裝 Windows IoT Core Project Templates 專案樣版

A.2 設定 Windows 10 IoT Core

A.3 建立和執行 Arduino 程式專案

本章節將使用 Windows Visual Studio 2015，用 Arduino 程式語言，來開發和執行 Windows 10 IoT Core 的設備。

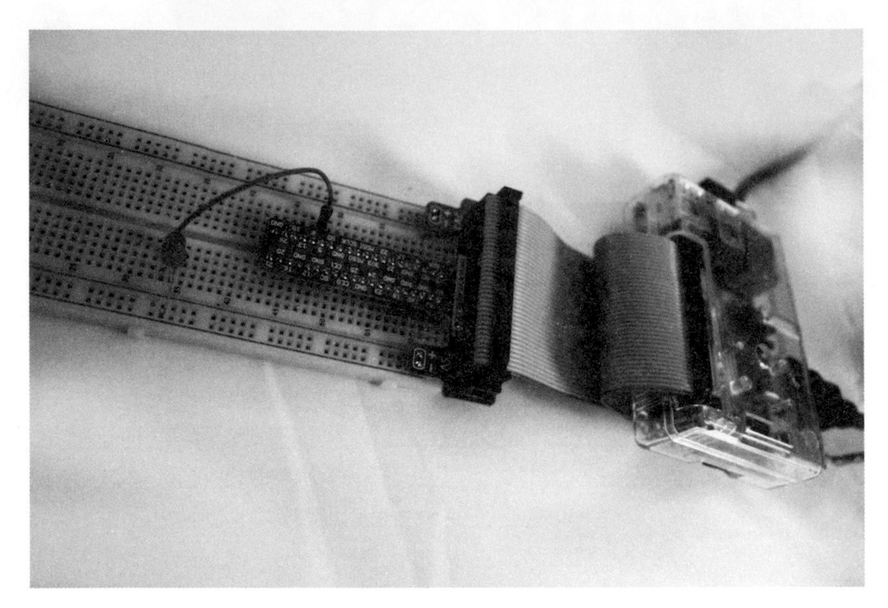

圖 A-0 本章完成作品

A.1 安裝 Windows IoT Core Project Templates 專案樣版

介紹

在 Windows 10 IoT Core 之中，現在也可以讓熟悉 Arduino 程式語言的開發者透過 Visual Studio 和 Windows 10 IoT Core 設備，將原本的 Arduino 程式語言在 Windows 10 IoT Core 設備上執行，也就是說把 Arduino 的程式執行在樹莓派上面。

步驟

Step 1 進入專案樣版官方網站

請打開瀏覽器，並且到以下的網址 https://visualstudiogallery.msdn.microsoft.com/55b357e1-a533-43ad-82a5-a88ac4b01dec，連接到微軟的 Windows IoT Core Project Templates 專案樣版官方網站，如果網址過

長不容易輸入，也可以透過搜尋網站找尋關鍵字「Windows IoT Core Project Templates」就能夠找到該網站，並點選「Download 下載」按鈕。

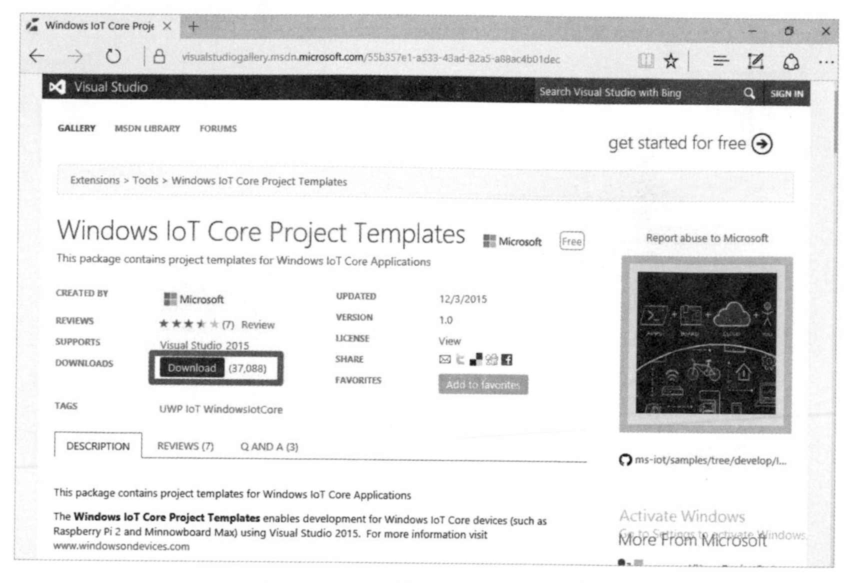

圖 A-1 點選「Download」按鈕

Step **2** 下載和安裝

請依照以下的步驟下載和安裝「Windows IoT Core Project Templates 專案樣版」：

1. 點選和執行剛剛下載的「WindowsIoTCoreTemplates.vsix」。
2. 等待初始化。
3. 在安全視窗中，點選「Yes 確定」。
4. 在「VSIX Install 安裝」視窗中，勾選安裝該樣版在「Visual Studio 2015」中，並點選「Install」安裝按鈕。
5. 完成後，就會看到安裝完成，並點選「Close 關閉」按鈕。

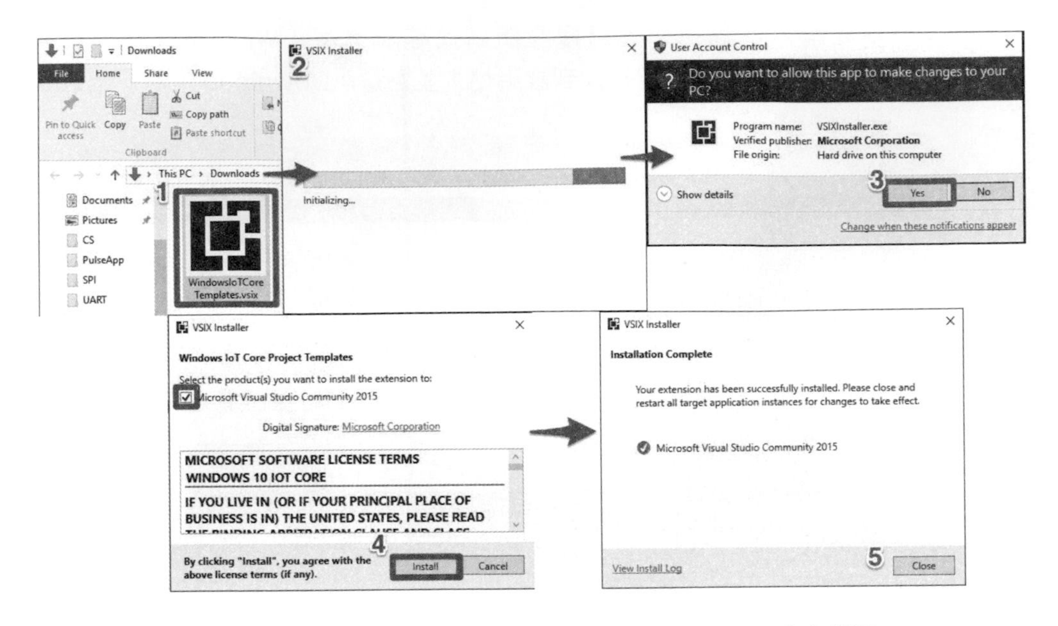

圖 A-2 安裝「Windows IoT Core Project Templates 專案樣版」

教學影片

完整安裝設定的教學影片可以參考 *a-1-installArduino*。

A.2 設定 Windows 10 IoT Core

介紹

在 Windows 10 IoT Core 之中如果要執行 Arduino 程式語言，需要將設備設定為「Lightning Setup 閃電設置」才能順利執行。請依照以下的步驟處理。

步驟

Step **1** 打開 Windows 10 IoT Core 設備

請依照一般的方法，將安裝過 Windows 10 IoT Core 的 Mirco SD 卡放入設備，如樹莓派 2，開機並確認該設備的 IP 位址。

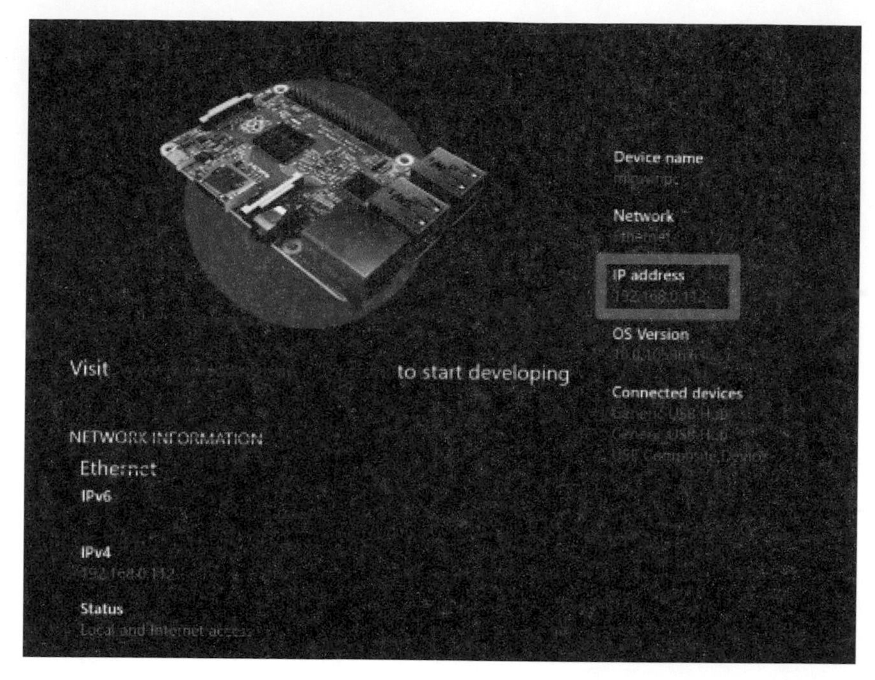

圖 A-3 開機並記下 IP address 網路位址

Step **2** 瀏覽器連線到 Windows 10 IoT Core

此時可以在這區域網路中，在任何 PC、手機、平板上，透過瀏覽器連線到實際的網路位置。

1. 例如連上 http://192.168.0.112:8080 網頁，就是連接到 Raspberry Pi 2 的設備上並做設定和處理。請自行調整網路位置，並且不要忘記在後面加上 :8080。
2. 接下來會跳出詢問視窗，請輸入帳號和密碼，請輸入：

   帳號：Administrator

   密碼：p@ssw0rd

   請注意！密碼的 a 和 o 是@符號代替字母 a，數字 0 代替字母 o。
3. 完成後，請按下「OK」按鍵，就能夠順利使用。

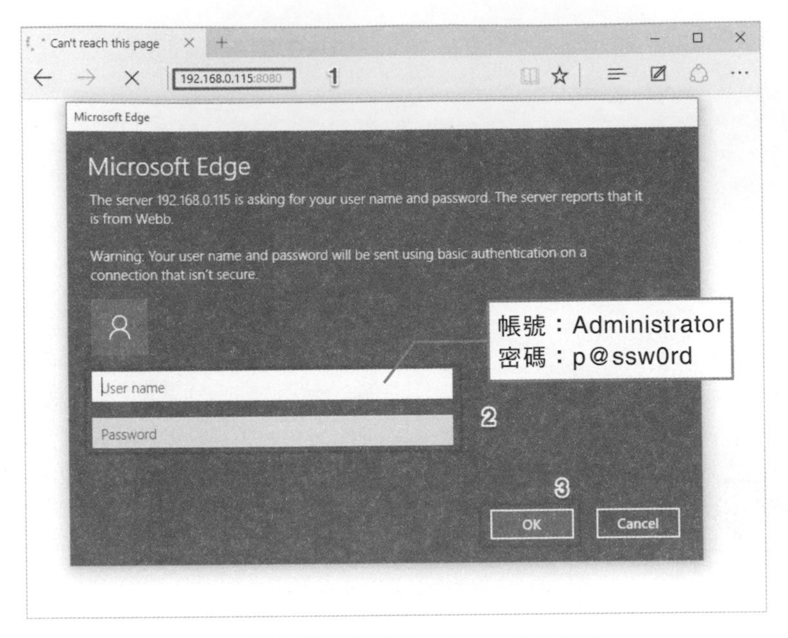

圖 A-4 瀏覽器連線到 Windows 10 IoT Core

Step **3** 設定 Direct Memory Mapped Driver

設定為 Direct Memory Mapped Driver 記憶體對應驅動模式。

1. 點選設備「Devices」。
2. 在「Default Controller Driver 定義控制驅動」，選擇「Direct Memory Mapped Driver 記憶體對應驅動模式」。
3. 點選「Update Driver 更新驅動程式」。

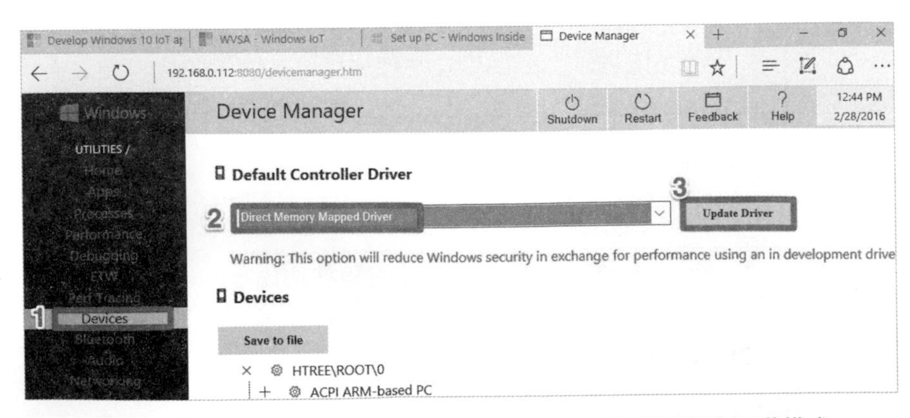

圖 A-5 設定爲 Direct Memory Mapped Driver 記憶體對應驅動模式

Step **4** 確認並重新開機

完成以上步驟，Windows 10 IoT Core 會詢問是否要重新開機？請選取「OK」按鈕，重新開機後才能正常使用。

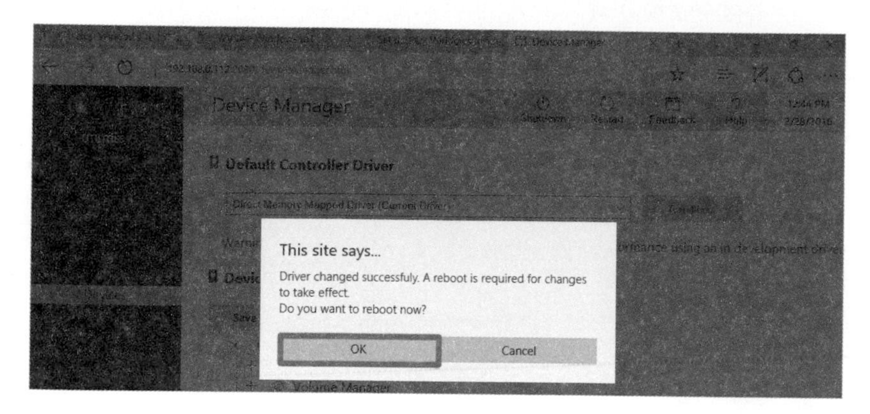

圖 A-6 確認並重新開機

教學影片

完整安裝設定的教學影片可以參考 *a-2-LightningSetupGuide*。

A.3 建立和執行 Arduino 程式專案

介紹

這個章節中，將會從無到有完成一個 Arduino 程式的專案，並且在樹莓派上面執行 Arduino 程式，以及控制樹莓派 2 的 GPIO5 接腳讓 LED 燈閃爍。開發者可以用 Arduino 程式語言開發出的程式，在 Windows 10 IoT 系統的樹莓派上面執行。

硬體準備

- Raspberry Pi 板子
- 一個 LED
- 一個 220 ohm 電阻
- 麵包板

- 二條接線

硬體接線

Raspberry Pi 接腳	元件接腳
Pin 29 / GPIO5	Led 長腳
GND	Led 短腳透過 220 ohm 電阻

範例程式中 ch0a\a-3.fzz 硬體接線設計圖

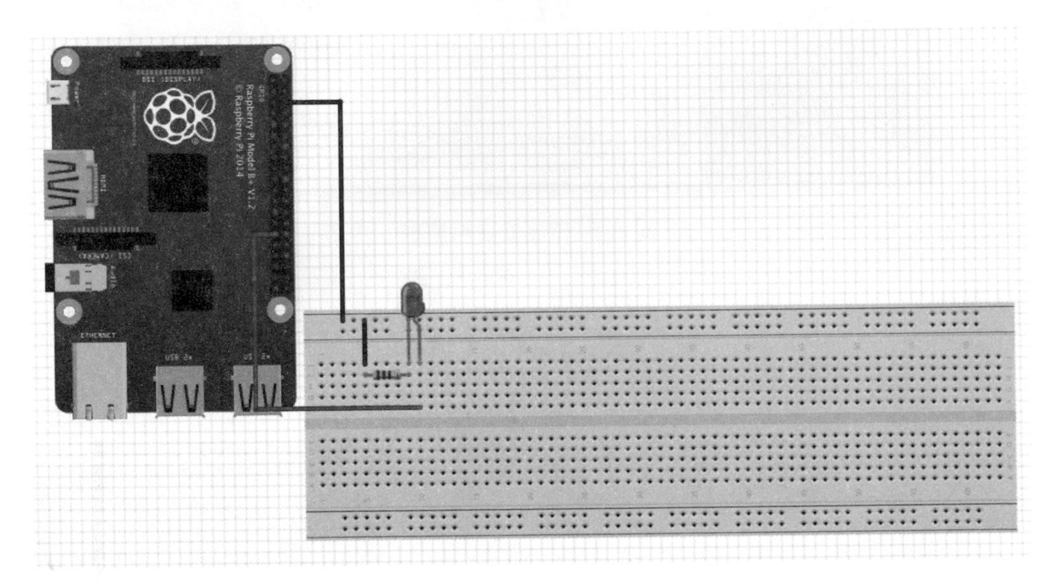

圖 A-7 硬體接線

Raspberry Pi 2 的硬體接腳圖如下圖所示，請小心接腳的號碼。

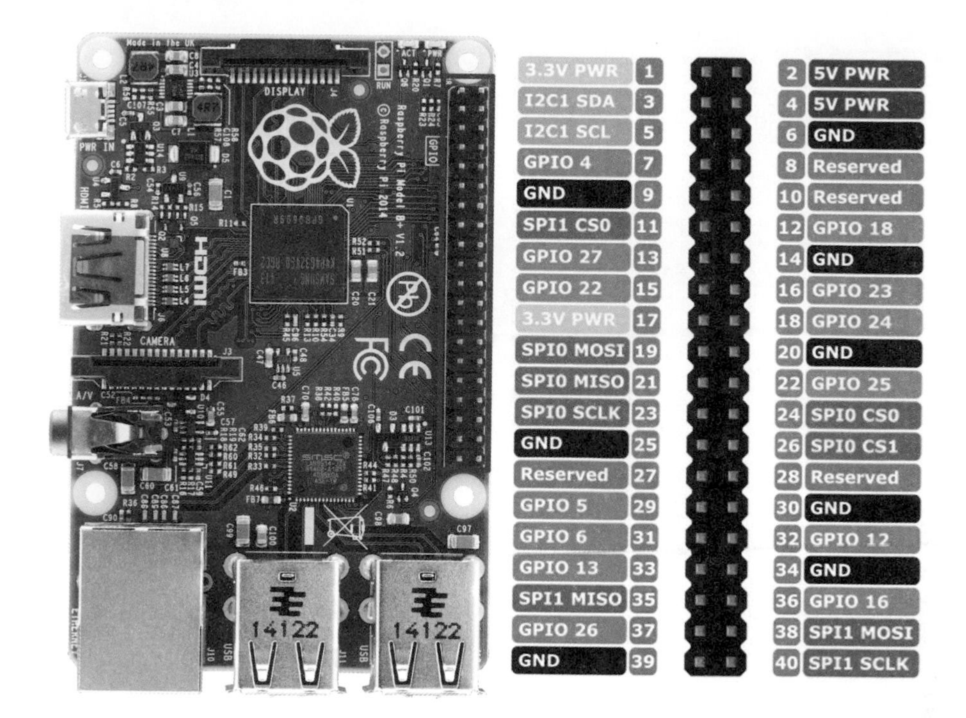

圖 A-8 Raspberry Pi 2 的硬體接腳圖

步驟

Step 1 硬體接線和開機

首先請把 Raspberry Pi 2 關機，並把硬體接線依照上圖連接完成後，再透過「Windows 10 IoT Core」開機。請確認 Raspberry Pi 2 的網路 IP 位址和已經完成「Direct Memory Mapped Driver 記憶體對應驅動模式」設定。

Step 2 打開 Visual Studio 專案

首先打開 Visual Studio 開發環境，可以在「程式集」裡面尋找「Visual Studio」。

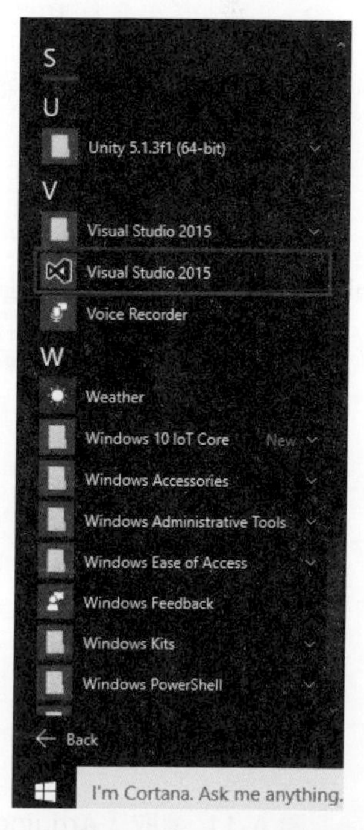

圖 A-9 打開 Visual Studio 開發環境

Step **3** 建立新專案

在 Visual Studio 開發環境中，選取「File」→「New」→「Project...」建立新專案。

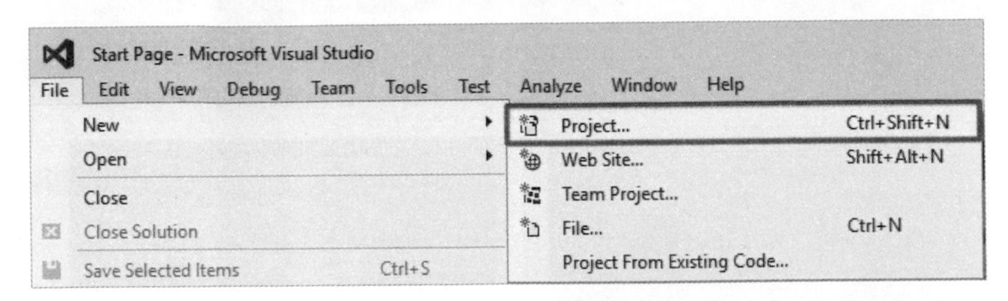

圖 A-10 建立新專案

Step **4** 選取「Arduino Wiring Application for Windows IoT Core」專案

在 Visual Studio 專案中：

1. 選取「Template」→「Visual C++」→「Windows」→「Windows IoT Core」。
2. 選取「Arduino Wiring Application for Windows IoT Core」建立一個新專案。
3. 設定專案名稱和路徑。
4. 點選「OK」按鈕確認。

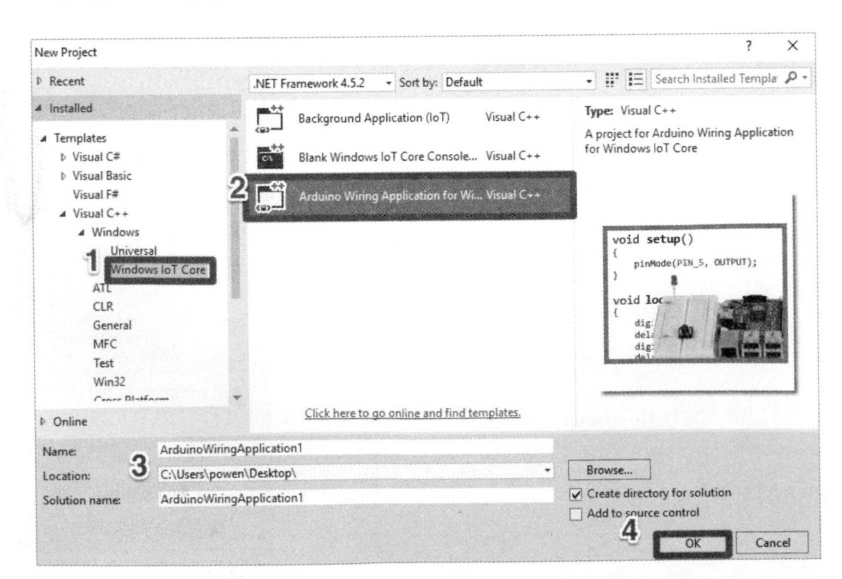

圖 A-11 選取「Arduino Wiring Application for Windows IoT Core」專案

Step **5** 打開專案屬性

在建立的專案中，請在專案上按下右鍵選取「Properties 屬性」。

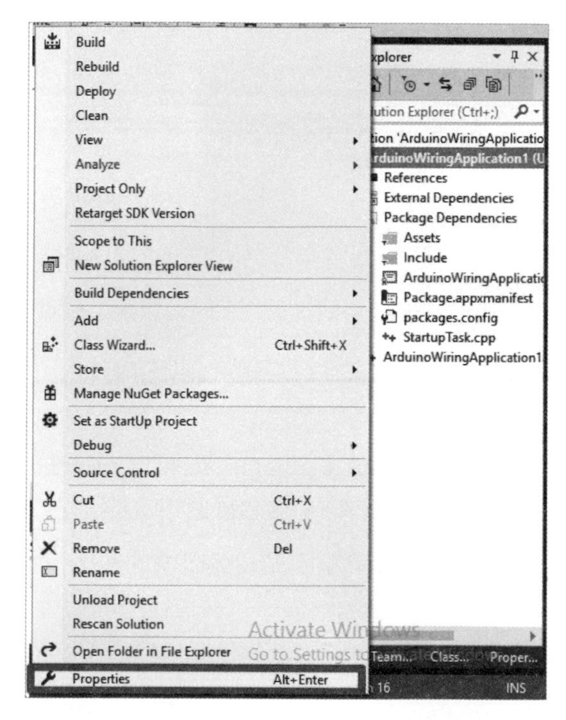

圖 A-12 打開專案屬性

Step **6** 屬性設定

在屬性設定中，如果您要將程式在樹莓派上執行，請修改以下設定：

1. 選取「Debug」。
2. 設定機器是樹莓派的「ARM」CPU。
3. 指定「Configuration Properties」屬性。
4. 請在「Machine Name 機器名」輸入樹莓派 2 現在的 IP 網路位址。
5. 設定「Authentication Type 身分驗證類型」中，設定「Universal」。

設定完畢後，請按下「OK」確認。

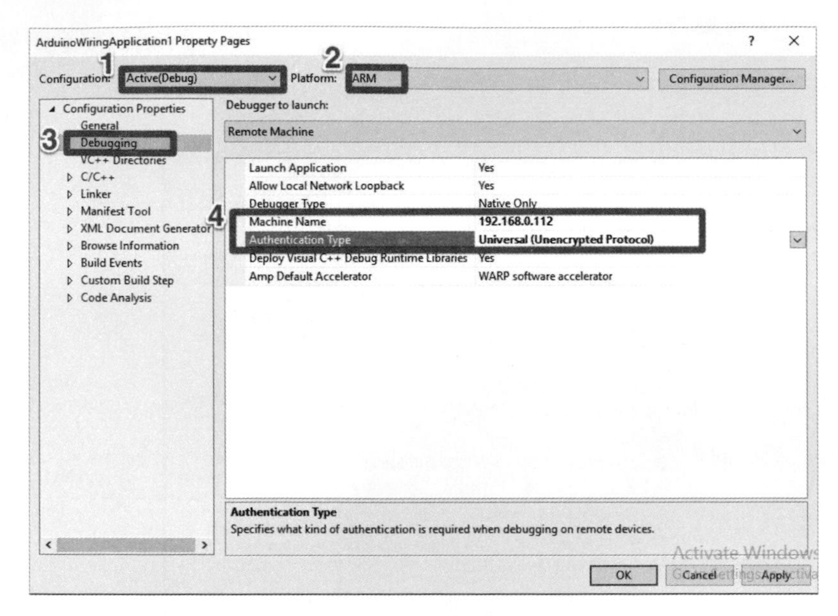

圖 A-13 屬性設定

介面設計

因為選擇「Arduino Wiring Application for Windows IoT Core」專案程式無法顯示畫面，所以不用處理介面設計。

說明

本專題將使用計時器指定接腳 GPIO5 為輸出，並設定接腳的電壓為高電位，當等待一段時間後，再設定為低電位，並等待一段時間。如此一來，就會看到 LED 燈光閃爍的狀態。

而程式完全不用修改，當初在建立樣版專案時，就已經建立 ino 檔案並寫好 LED 燈閃爍的程式。

部分範例程式：ch0a\ArduinoWiringApplication1\ArduinoWiringApplication1.ino

```
1. void setup()                              // Arduino 程式啟動後的設定函數
2. {
3.     pinMode(GPIO5, OUTPUT);                // 指定接腳 5 輸出接腳設定
4. }
5.
6. void loop()                               // 一直重複執行
```

```
7. {
8.      digitalWrite(GPIO5, LOW);              // 設定為低電位
9.      delay(1000);                           // 等待 1000ms
10.      digitalWrite(GPIO5, HIGH);            // 設定為高電位
11.      delay(1000);                          // 等待 1000ms
12. }
```

程式說明

- 第 1 行：Arduino 啟動後第一個會呼叫的函數。
- 第 6 行：該函數會重複並且持續的一直執行。

本範例中可以看到使用 Arduino 程式語言在 Raspberry Pi 2 控制數位輸出開關的 IoT 物聯網之範例程式。而這個程式是用 Visual Studio 來開發，整個程式執行邏輯如下。

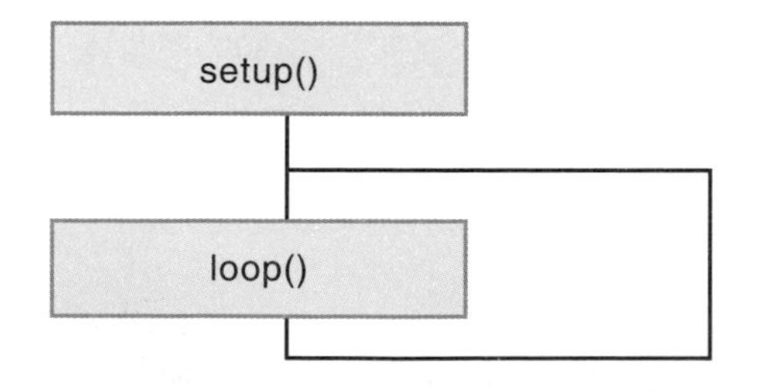

圖 A-14　Arduino 程式邏輯

設定

如果要在樹莓派 2 上執行本專案，請設定為「Debug 除錯」、「ARM」和「Remote Machine」，並按下綠色三角形或 F5 鍵，就能順利執行程式。

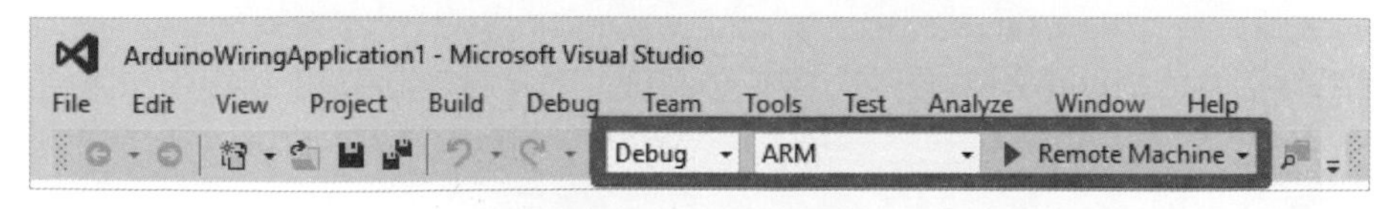

圖 A-15　執行程式

執行後，就能看到硬體的 GPIO5 上的 LED 燈光，會每 1 秒亮和暗，並且持續閃爍。

圖 A-16 實際硬體執行情況

特別的是，當 Arduino 程式執行時，Windows 10 IoT Core 的畫面並沒有變化，也就和平常一樣，如下圖所示。

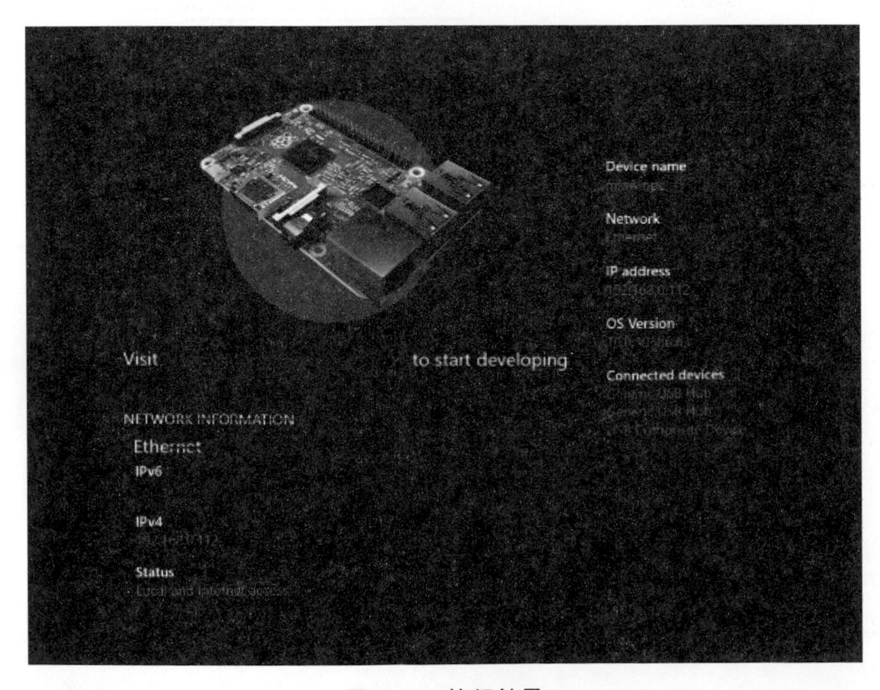

圖 A-17 執行結果

教學影片

教學影片和硬體的執行效果可以觀看 *a-3-ArduinoProject*，於影片中將可以看到如何撰寫 Arduino 程式，並在樹莓派 2 上執行。

補充資料

本章節介紹了如何在 Visual Studio 中撰寫 Arduino 程式語言，並且如何在使用 Windows 10 IoT Core 的樹莓派機器上執行該程式。您可以使用 Arduino 官方程式語言和函式庫進行開發，但是目前仍無法在 Arduino 的硬體上面測試和執行。

如果想對 Arduino 程式語言有更多認識，可以參考柯老師的另外一本著作「Arduino 互動設計專題與實戰（深入 Arduino 的全方位指南）」。

接腳定義

在接腳定義的部分，跟 Arduino 程式有些不同，Arduino 的接腳定義是使用數字，但是如果是要用在樹莓派 2 或樹莓派 3，定義接腳則如下表。

表 A-1 接腳定義與對應樹莓派 2 或樹莓派 3 接腳號碼

接腳定義	對應的樹莓派的接腳號碼
GPIO4	7
GPIO5	29
GPIO6	31
GPIO12	32
GPIO13	33
GPIO16	36
GPIO17	11
GPIO19	35
GPIO20	38
GPIO21	40
GPIO22	15
GPIO23	16
GPIO24	18
GPIO25	22
GPIO27	13

接腳定義	對應的樹莓派的接腳號碼
LED_BUILTIN	板子上的 LED 燈
GPIO_GCLK	7
I2C_SCL1	5
I2C_SDA	13
SPI_CS0	24
SPI_CS1	26
SPI_CLK	23
SPI_MISO	21
SPI_MOSI	19
RXD0	10
TXD0	8

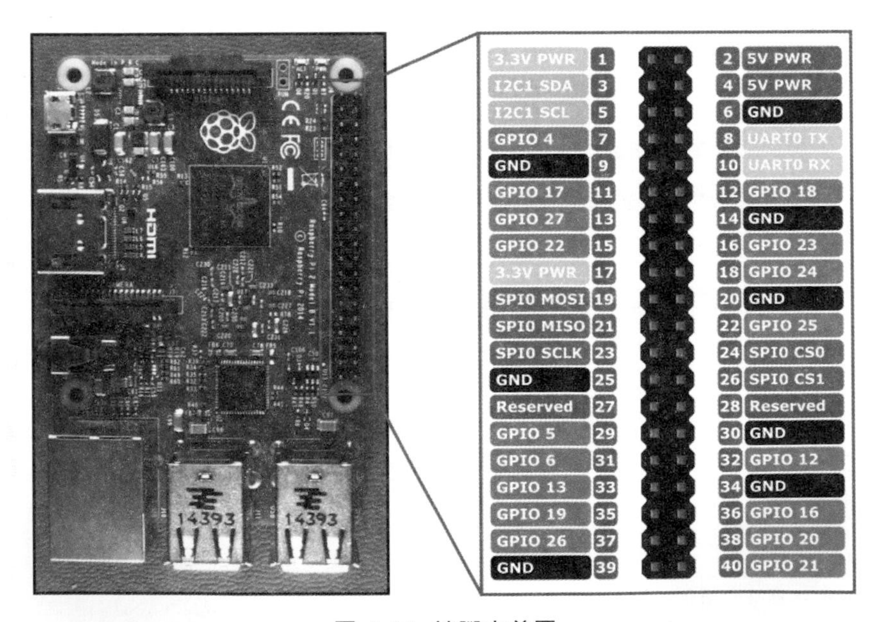

圖 A-18 接腳定義圖

Windows 10 IOT 物聯網入門與實戰 --使用 Raspberry Pi

作　　者：柯博文
企劃編輯：王建賀
文字編輯：江雅鈴
設計裝幀：張寶莉
發 行 人：廖文良

發 行 所：碁峰資訊股份有限公司
地　　址：台北市南港區三重路 66 號 7 樓之 6
電　　話：(02)2788-2408
傳　　真：(02)8192-4433
網　　站：www.gotop.com.tw
書　　號：AEH003500
版　　次：2016 年 09 月初版
　　　　　2017 年 04 月初版二刷
建議售價：NT$580

國家圖書館出版品預行編目資料

Windows 10 IOT 物聯網入門與實戰：使用 Raspberry Pi / 柯博文著. -- 初版. -- 臺北市：碁峰資訊, 2016.09
面；　公分
ISBN 978-986-476-099-2(平裝)
1.WINDOWS(電腦程式)　2.作業系統　3.電腦程式設計
312.53　　105011654

讀者服務

- 感謝您購買碁峰圖書，如果您對本書的內容或表達上有不清楚的地方或其他建議，請至碁峰網站:「聯絡我們」\「圖書問題」留下您所購買之書籍及問題。(請註明購買書籍之書號及書名，以及問題頁數，以便能儘快為您處理)
http://www.gotop.com.tw
- 售後服務僅限書籍本身內容，若是軟、硬體問題，請您直接與軟體廠商聯絡。
- 若於購買書籍後發現有破損、缺頁、裝訂錯誤之問題，請直接將書寄回更換，並註明您的姓名、連絡電話及地址，將有專人與您連絡補寄商品。
- 歡迎至碁峰購物網
http://shopping.gotop.com.tw
選購所需產品。